弹 性 力 学

张晓敏　编著

科 学 出 版 社
北 京

内容简介

本书根据高等院校工程力学专业弹性力学课程的基本要求，系统讲述弹性固体应力和变形的基本原理，同时也为结构工程、采矿工程、材料工程、机械工程、航空航天和车辆船舶等专业的本科生和研究生在相关工程领域进行应力分析奠定理论和应用的基础。

本书可作为结构工程、采矿工程、材料工程、机械工程、航空航天和车辆船舶等相关专业的本科学生和研究生修读弹性力学课程的教材，也可供高校教师、科研和工程技术人员参考。

图书在版编目(CIP)数据

弹性力学 / 张晓敏编著. — 北京：科学出版社, 2020.1 (2022.7 重印)
ISBN 978-7-03-061885-6

Ⅰ. ①弹… Ⅱ. ①张… Ⅲ. ①弹性力学 Ⅳ. ①O343

中国版本图书馆 CIP 数据核字 (2019) 第 150758 号

责任编辑：莫永国 陈 杰 / 责任校对：彭 映
责任印制：罗 科 / 封面设计：墨创文化

科学出版社出版
北京东黄城根北街16号
邮政编码：100717
http://www.sciencep.com

成都锦瑞印刷有限责任公司印刷
科学出版社发行 各地新华书店经销
*
2020年1月第 一 版 开本：787×1092 1/16
2022年7月第三次印刷 印张：18 1/2
字数：435 000

定价：69.00 元
(如有印装质量问题,我社负责调换)

序　言

工程力学、结构工程、采矿工程、材料工程、机械工程、微电子技术、航空航天和车辆船舶等本科和研究生专业往往开设了必修或选修课“弹性力学”，其目的是为应力分析奠定基础，以增强其在各自专业领域的发展潜力。本书即可作为弹性固体变形和应力分析基础的简明教材或教学参考书。

遵循这个宗旨，本书在讲述变形几何学、应力理论和弹性固体本构理论的基础上，叙述线弹性固体应力分析问题的提法和数学模型的组构，多层次地表述位移、应变和应力场必须满足的力平衡、变形协调和本构关系三个环节，讲解验证应力场、应变场和位移场是否为给定问题解的原理和方法，并给出具体的演算细节。

考虑到在修读本课程时学生已经有了数学分析和线性代数知识的储备，因此本书在编写中充分考虑了与这些知识的衔接，有意识地训练学生必要的数学解析能力，而这类涉及学生发展潜力的数理解析和数理逻辑推演能力在其之后的课程和教学环节中很难再次得到课程教学的体验。

本书的编写力求简明而又体现学科理论体系的完备性。为此，将基础部分、工程应用基础性专题和例题解案分别叙述，关键细节做了详细推演，注意体现学科传统体系的完备性及学科的近代成果。

全书包含绪论和 14 章内容。绪论叙述课程的目的、弹性力学的由来和发展、弹性力学的模型和变形体力学的基本概念。第 1 章“向量和张量”，介绍角标量和张量的概念、运算法则、坐标变换、张量函数和张量分析；第 2 章“应变理论”，叙述应变张量、几何方程、应变协调方程、应变状态理论；第 3 章“应力理论”，讲述应力张量、平衡方程、应力的边界条件、应力状态理论；第 4 章“弹性固体本构方程”，叙述弹性固体、超弹弹性固体、线弹性固体、应变能密度、余应变能密度、各向同性与各向异性的概念，详细讲述 Hooke 介质的本构方程；第 5 章“弹性力学问题的提法和解法”，叙述弹性力学问题的提法和数学模型的建立，即按位移解、按应力解和按应力函数解，验证位移场是否为问题的解，验证应力场是否为问题的解；第 6 章“弹性力学解的普遍原理”，讲述线性齐次性质和叠加原理，应变能定理，唯一性定理，互易定理和 Saint-Venant 原理；第 7 章“弹性力学基本方程的正交曲线坐标系描写”，叙述学习弹性力学不可或缺的曲线坐标系的基础知识和最常用的柱坐标和球坐标，导出弹性力学的基本方程的正交曲线坐标描写；第 8 章“平面问题”，介绍两类平面问题及工程背景，基本方程，两类平面问题的数学同一性，按位移解，按应力解和按应力函数解，应力函数的边值，直角坐标与极坐标解例；第 9 章“柱体的扭转和弯曲”，介绍柱体的自由扭转问题及边界条件，按翘曲函数解，剪应力环流定理，应力函数解及薄膜比拟，薄壁截面柱体自由扭转，柱体在端截面内受横向集中力弯曲问题的应力函数解，弯曲中心，扭转和弯曲问题的解例以及 Saint-Venant 问题综合；

第 10 章“轴对称问题”，讲述轴对称问题的提法和通解，球对称问题，Kelvin 问题，Boussinesq 问题以及半空间界面的沉陷问题和刚模问题，小变形光滑物体接触问题的模型和 Hertz 解；第 11 章“热应力”，讲述热力耦合应力应变关系和热传导方程，热应力问题的提法，热力耦合的解耦模型，热弹性位移势，热弹性平面问题；第 12 章“弹性波的传播”，介绍波动方程，两类弹性波，平面波和表层波；第 13 章“变分原理”，介绍变分法与欧拉方程的概要，可能位移、虚位移、可能应力和虚应力的概念，虚功原理和虚功方程，虚应力功原理和虚应力功方程，最小势能原理，最小余能原理，弹性力学几个专题的变分方程，Rayleigh-Ritz 法与 Galerkin 法；第 14 章“复变函数解析方法”，用复变函数解平面问题和柱体自由扭转问题。

书中列出了 70 余个练习题，并给出了解答，适当选取书中章节，可用于 36～72 学时的课程教学。对学时的多少和读者希望涉及知识的宽度和深度都具有足够的适宜性。在教学的同时，作者常接触采矿工程、材料工程、机械工程和微电子技术等专业的高年级本科生、研究生和青年教师，与他们讨论弹性力学相关问题，在本书内容的编写过程中也注意到了与这些专业的适宜性。

本书在编写过程中得到了重庆大学航空航天学院及工程力学系同仁的支持和帮助，在此一并致谢。

本书在编写中力求融入作者的教学经验和体会，使内容结构体系和教学内容有些个性。但囿于作者水平，本书不足之处在所难免，敬请读者批评指正。

作者于重庆

2018 年 5 月

目　录

绪　论

§0.1　课程的目的

弹性力学研究特殊的可变形体——弹性固体的变形运动的原理和分析方法，是构件和结构的静态和动态变形分析、应力分析、强度失效分析与强度评价的理论基础。

因此，弹性力学课程是普通高等学校工程力学、土木工程、桥梁工程、航空航天工程、车辆和船舶工程等专业的技术基础课。课程的主要目的是在理论力学和材料力学课程的基础上，培养学生分析和处理变形固体力学问题的能力，为构件和结构的应力分析和强度评价奠定基础。

§0.2　弹性力学的由来和发展

弹性力学是牛顿力学体系的发展，是适用于变形体的分支力学。

这个学科的建立以 19 世纪初 Cauchy、Navier 和 Saint-Venant 成功构建的经典弹性理论体系和一系列的应用算例为标识。

18 世纪末和 20 世纪初，Love 和 Muskhelishvili 的著作则是经典弹性理论发展的里程碑。

20 世纪中叶，科学和技术的进步使弹性力学走上工程应用的前台，在机械、建筑、航空和舰船等各类工程领域得到广泛应用。因此往往将弹性力学归类为工程应用基础。

如今，经典弹性力学已成为各类现代工程的理论基础和应用基础，通过与计算技术的紧密结合，成为研究工作和工程实施的必需手段，其涉及的学科范围已拓宽到包含非线性、非均匀材料、非常规条件等在内的非经典范畴，并成为科学和技术创新的基础。

§0.3　连续介质弹性力学的模型

本书讨论可变形固体变形运动的原理和分析方法。因此，首先需要建立变形体介质模型，然后把变形固体模型化为由模型介质组构的模型物体。模型介质最基本的形式是“连续介质”。

连续介质直观上可以理解为组成物体的物质连续地占满物体所在的空间区域，从数学上讲，可以建立物体与三维欧氏空间一个区域的同构。根据这个模型，与连续介质相关的物理量，在物体所占的空间区域内，在数学意义下是空间坐标的连续函数。例如，材料的密度是变形物体所占空间区域的连续函数，温度也是构件物体所占空间区域定义的连续函数。通常将密度和温度的这种分布称为密度场和温度场。本书涉及的场主要是应力场、位移场和应变场。从数学角度讲，弹性力学就是与应力、位移和应变有关的场论。学习弹性力学，要学会以场分布的观点处理变形体问题。

应当注意连续介质假设适用范围的条件限制，例如考虑原子尺度结构上的物理现象时，用连续介质模型是没有意义的。一个模型的简化正确与否，最终需要通过实验来判断。

以连续介质为基本模型的力学分支的总和，统称为连续介质力学，或连续统力学。通常弹性力学总是以连续介质为基本模型，因此弹性力学是连续介质力学的一个分支学科。

本课程讨论的主要内容属于经典弹性力学。所谓经典弹性力学，是指建立模型用到以下六项基本假设，即：

(1) 连续介质假设；

(2) 均匀介质假设；

(3) 各向同性介质假设；

(4) 线性弹性假设；

(5) 小变形假设；

(6) 介质无初应力假设。

所谓均匀介质假设指介质的物理性质与检测或取样的位置无关。在给定点，如果介质的物理性质与取样和试验的方向无关，则称在该点介质是各向同性的。如果物体各处都是各向同性的，则称这个物体是各向同性体。

线性弹性假设、小变形假设和介质无初应力假设将在本书中具体讨论。

§ 0.4 变形体力学的基本概念

0.4.1 集中力、面力和体力

描述力时，需要把握力的大小、方向和作用点。根据力作用点在空间中的几何分布，将力分为集中力、面力和体力。

(1) 如果受力点是一个点，则这个力称为集中力。集中力的量度单位是牛顿，简称为“牛”，记为N。集中力是在很小的面积上施加有限量值的力的受力模型。例如：药物注射时针尖作用在皮肤表面的力可以模拟为一个集中力；起吊重物时通过吊绳作用在起重机起重臂端部的力往往也可模拟为一个集中力。

(2) 如果受力点的集合是一个面，则相应的力系称为面力。面力的一个典型例子是浸入液体中的固体表面所受的力。如果液体与固体均静止，表示液体和浸入固体的表面之间无切向力，液体对固体的力分布在被浸固体的表面上，方向沿物体表面的法线指向物体内部。单位面积上力的总量称为液体在该处的压强。如果液体是水，水对固体表面的压力又叫静水压力。

面力的作用面称为受力面。设受力面 S 上的面元 ΔS 上力的总和为 $\Delta\boldsymbol{F}$（图 0.1），则面元上面力的平均面密度为

$$\overline{\boldsymbol{p}} = \Delta\boldsymbol{F}/\Delta S$$

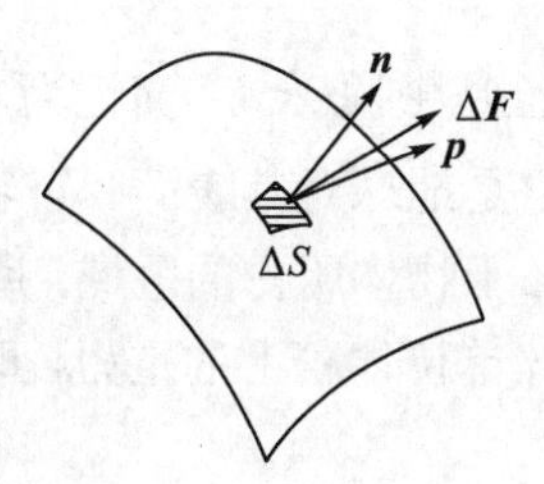

图 0.1　面力的平均面密度

点 M 处的面密度则定义为含有点 M 的面元 ΔS 收缩到点 M 时的极限

$$\boldsymbol{p} = \lim_{\Delta S \to 0} \overline{\boldsymbol{p}}$$

显然，面密度可能随着点 M 的位置和时间而变化，因此 $\boldsymbol{p}$ 是定义在受力面 S 上的与时间有关的矢量函数

$$\boldsymbol{p} = \boldsymbol{p}(x, y, z, t) \qquad (x, y, z) \in S$$

其中，t 为时间变量。

面力的面密度又称为集度，量度单位是**帕斯卡**，简称“帕”，记作 Pa:

$$\text{Pa=N/m}^2$$

它又是流体压强的量度单位。对于气体的压强，国家标准规定在海平面处，15℃时大气的压强为一个国际标准大气压，它等于 1.013×10^5Pa。讨论固体中的应力往往用到更大的面力量度单位 MPa 和 GPa：

$$1\text{GPa} = 10^3\text{MPa} = 10^9\text{Pa}$$

本书不考虑面元 ΔS 上可能存在的力矩 ΔM 、ΔM 与面元 ΔS 比值，以及在面元收缩到点 M 时此比值存在极限的可能性。

(3) 如果受力点的集合是一个所占区域为 V 的三维连续体，则相应的力系称为体力。体元 ΔV 上力的总和记为 ΔF 。在这个体元上，体力的平均体密度(图 0.2)为

$$\overline{f} = \Delta F / \Delta V$$

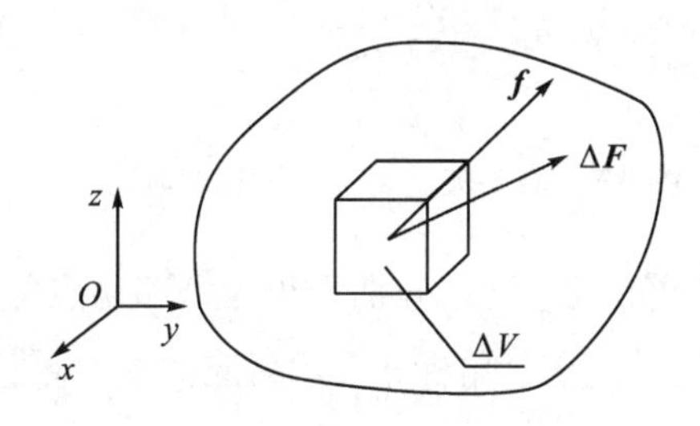

图 0.2　体力的平均体密度

点 M 处的体力密度则定义为含有点 M 的体元 ΔV 收缩到点 M 时的极限，即：

$$\boldsymbol{f} = \lim_{\Delta V \to 0} \overline{\boldsymbol{f}}$$

显然，体力密度 $\boldsymbol{f}$ 可能随着点 M 的位置和时间而变化，因此 $\boldsymbol{f}$ 是定义在受力区域 V 上的与时间有关的矢量函数，表示为

$$\boldsymbol{f} = \boldsymbol{f}(x, y, z, t) \qquad (x, y, z) \in V$$

体力密度又称为体力集度，量度单位是牛顿/米^3，简记为$\mathrm{N/m^3}$或$\mathrm{Pa/m}$。

体力的一个典型例子是重力。它是地球对其表面附近物体的万有引力。因为万有引力作用于质量上，质量以一定形式分布于物体所占的区域，所以重力的受力点集合是物体所占的区域。重力的体力密度就是物体单位体积上的重力，即容重或比重；重力的方向指向地心。

集中力、面力和体力都是矢量，都是定义在一定区域的矢量场。

0.4.2 内力和应力

内力是维系物体形状，提供物体强度的因素。一般地说，物体任何两部分之间总存在内力。但是，变形体力学仅研究因载荷作用而产生于物体的两毗连部分接触面上内力的附加部分。这个思想称为**柯西应力原理**。

毗连的两部分物体接触面上内力的附加部分是一种面力，称为应力矢量。将两部分物体间的接触面想象为一个截面，在接触面上点M处，确定截面的法线，确定法线的正方向，记法线的单位矢量为$\boldsymbol{n}$。在截面上，将法线正向部分物体施予法线负向部分物体的应力矢量记为$\boldsymbol{p}$。一般地说，应力矢量$\boldsymbol{p}$与点的位置、时间t和截面法线方向$\boldsymbol{n}$均有关系：

$$\boldsymbol{p}=\boldsymbol{p}(M,t,\boldsymbol{n}) \tag{0.4.1}$$

用σ_n表示应力矢量$\boldsymbol{p}$在截面法线方向$\boldsymbol{n}$上的投影，用τ_n表示应力矢量$\boldsymbol{p}$在截面与$\boldsymbol{n}$和$\boldsymbol{p}$组成平面的交线上的确定方向$\boldsymbol{s}$的投影(图 0.3)，那么：

$$\boldsymbol{p}=\sigma_n\boldsymbol{n}+\tau_n\boldsymbol{s} \tag{0.4.2}$$

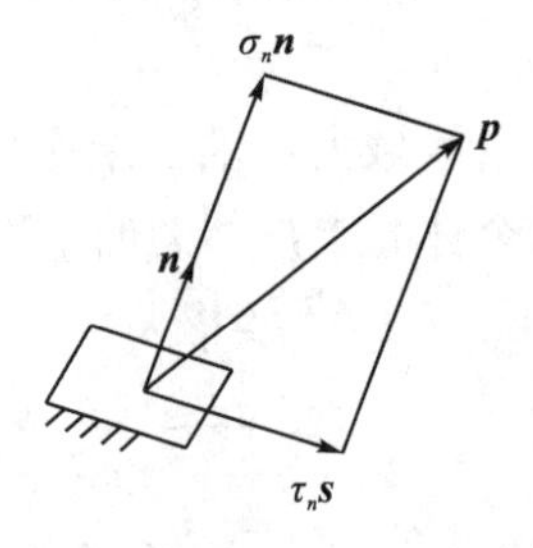

图 0.3 应力矢量、正应力和切应力

式中，$\boldsymbol{s}$为面上的切向单位矢量；σ_n和τ_n分别为正应力和切应力。σ_n的正值表示法线线元素受拉，负值表示法线线元素受压。角标n表示对应的法线单位矢量为$\boldsymbol{n}$，并在其后的叙述中简述为“截面的法线为$\boldsymbol{n}$”。

0.4.3 位移和应变

选择物体的一个状态为**参考状态**。设参考状态下物体占有的空间区域为V，质点M的坐标为(x,y,z)。在**变形状态**下，这个物体占有的空间区域记为v，质点M变形状态的位置记为m，相应的坐标记为(ξ,η,ς)，如图 0.4 所示。一般地说，矢量$\overline{Mm}$与点的位置和时间t均有关系，记作$\boldsymbol{u}(M,t)$，这便是质点M的位移。将它作为定义在区域V上的矢量场，称为位移场。与位移场相应，物体的每一线元素、面元素和体元都有相应的位置和形状的变化。

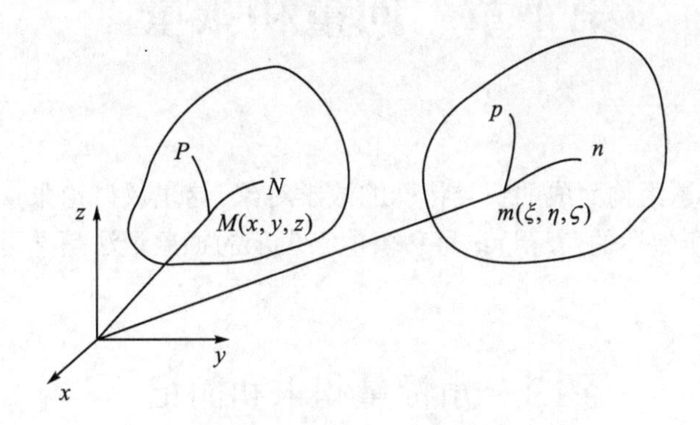

图 0.4 位移与线元素的变形

变形后在给定时刻，即给定的变形状态下，自点 M 引出的线元素 MN 成为由同一些质点组成的线元素 mn。如果 MN 和 mn 的长度分别记为 $\mathrm{d}L$ 和 $\mathrm{d}l$，那么点 M 处在 MN 方向的线应变 ε_{MN} 定义为

$$\varepsilon_{MN} = (\mathrm{d}l - \mathrm{d}L)/\mathrm{d}L \tag{0.4.3}$$

自点 M 引出两个彼此正交的线元素 MN 和 MP，变形后成为由同一质点组成的两线元素 mn 和 mp。夹角 $\angle nmp$ 不再是直角。点 M 处方向 MN 和 MP 间的剪应变 γ_{NMP} 定义为

$$\gamma_{NMP} = \frac{\pi}{2} - \angle nmp \tag{0.4.4}$$

正应变又称为线应变，剪应变又称为切应变或角应变。方向 MN 和 MP 间的剪应变与方向 MP 和 MN 间的剪应变是同一个量，因此 $\gamma_{NMP} = \gamma_{PMN}$。

常常用到所谓“小应变”和“小变形”的概念。所谓小应变指正应变和剪应变与 1 相比均为微小量的变形情况。例如，与 1 相比不超过 2×10^{-3} 的应变量总可以称为小应变。小变形的概念将在之后叙述。

§ 0.5 课程的内容

弹性力学的主题是已知物体所受的载荷，求产生于物体上的变形和应力。课程的内容就是围绕这个主题，组构与位移、应变和应力相关的场论分析体系。包含于其中的普通高等学校课程教学的主要内容是：变形几何学、应力张量和平衡方程、弹性和线弹性本构方程、弹性力学问题的提法和解法、弹性力学解的普遍原理、平面问题弹性力学、柱体的扭转和弯曲、轴对称问题、热应力问题、弹性波、变分原理和数值方法。

第 1 章　向量和张量

张量是由多个分量组构而成的一类特殊的数学对象。这里仅讨论张量的直角坐标系描述和表示方法。本章所叙述的角标量记号和黑体字表示的抽象记法是学习和参阅近代文献的基础。

§ 1.1　角标量和求和简记

1.1.1　角标量

定义 $a_j(j=1,2,3)$ 为一阶角标量。记号 a_j 既表示 a_1、a_2、a_3 这三个量的全体，也表示三个量中的一个量。

定义 $A_{ji}(j,i=1,2,3)$ 为二阶角标量。记号 A_{ji} 既表示 A_{11}、A_{12}、A_{13}、A_{21}、A_{22}、A_{23}、A_{31}、A_{32}、A_{33} 这九个量的全体，也表示九个量中的一个量。之后的叙述中省略 $(j=1,2,3)$ 和 $(j,i=1,2,3)$。

依此类推，可以定义三阶及三阶以上的角标量，例如定义 $D_{jikl}(j,i,k,l=1,2,3)$ 为四阶角标量，等等。特殊地，可以将一个数定义为零阶角标量。

用 x_1、x_2、x_3 表示点 m 在直线直角坐标系 $Ox_1x_2x_3$ 中的坐标。因此一阶角标量 x_j 描述了点 m 的**位矢**三分量。

定义　Kronecker δ

Kronecker δ 记为 δ_{jk}，定义为

$$\delta_{jk}=\delta_{kj}=\begin{cases}1, & j=k\\ 0, & j\neq k\end{cases} \tag{1.1.1}$$

考察表达式 $\sum_{i=1}^{3}\delta_{ij}A_i=\delta_{1j}A_1+\delta_{2j}A_2+\delta_{3j}A_3$，根据 δ_{ij} 的定义：当 $j=1$ 时，$\delta_{i1}A_i=A_1$；当 $j=2$ 时，$\delta_{i2}A_i=A_2$；当 $j=3$ 时，$\delta_{i3}A_i=A_3$；由此可见，$\delta_{ij}A_i=A_j$。因此 δ_{ij} 也称为“换名算子”。

定义　交换记号

交换记号记为 e_{jkl}，定义为

$$e_{jkl}=\begin{cases}1, & \text{当}j\text{、}k\text{、}l\text{为1、2、3的偶排列}\\ -1, & \text{当}j\text{、}k\text{、}l\text{为1、2、3的奇排列}\\ 0, & \text{其余的情况}\end{cases} \tag{1.1.2}$$

用 $\boldsymbol{i}_1$、$\boldsymbol{i}_2$、$\boldsymbol{i}_3$ 分别表示直线直角坐标系 $Ox_1x_2x_3$ 的坐标轴 Ox_1、Ox_2、Ox_3 的单位矢量。这三

个矢量两两正交，构成了直线直角坐标系的标架，因此有

$$\boldsymbol{i}_j \cdot \boldsymbol{i}_k = \delta_{jk} \tag{1.1.3}$$

进一步约定两矢量的叉积遵守右螺旋规则，对于右手系标架 $\boldsymbol{i}_1$、$\boldsymbol{i}_2$、$\boldsymbol{i}_3$，有关系

$$\boldsymbol{i}_1 \times \boldsymbol{i}_2 = \boldsymbol{i}_3,\ \boldsymbol{i}_2 \times \boldsymbol{i}_3 = \boldsymbol{i}_1,\ \boldsymbol{i}_3 \times \boldsymbol{i}_1 = \boldsymbol{i}_2,\ \boldsymbol{i}_2 \times \boldsymbol{i}_1 = -\boldsymbol{i}_3,\ \boldsymbol{i}_3 \times \boldsymbol{i}_2 = -\boldsymbol{i}_1,\ \boldsymbol{i}_1 \times \boldsymbol{i}_3 = -\boldsymbol{i}_2 \tag{1.1.4}$$

此外有如下恒等式

$$\boldsymbol{i}_1 \times \boldsymbol{i}_1 = \boldsymbol{0},\ \boldsymbol{i}_2 \times \boldsymbol{i}_2 = \boldsymbol{0},\ \boldsymbol{i}_3 \times \boldsymbol{i}_3 = \boldsymbol{0} \tag{1.1.5}$$

或者表示为

$$\boldsymbol{i}_k \times \boldsymbol{i}_l = \sum_{m=1}^{3} e_{klm} \boldsymbol{i}_m \tag{1.1.6}$$

此外，容易证明如下混合积公式成立：

$$(\boldsymbol{i}_j \times \boldsymbol{i}_k) \cdot \boldsymbol{i}_l = e_{jkl} \tag{1.1.7}$$

需要注意，按照惯例，本书约定两矢量的叉积遵守右螺旋规则。但是如果坐标系 $Ox_1x_2x_3$ 的单位矢量 $\boldsymbol{i}_1$、$\boldsymbol{i}_2$、$\boldsymbol{i}_3$ 不是右手系标架，而是左手系标架，只需将两矢量的叉积改为左螺旋规则，将式(1.1.2)等号右端前两行互换，式(1.1.6)和式(1.1.7)仍适用。

如果 a_1、a_2、a_3 是矢量 $\boldsymbol{a}$ 的三分量，那么一阶角标量 a_j 正是矢量 $\boldsymbol{a}$ 的角标量描写。矢量的代数运算便可以用角标量运算表示。

如果角标量 a_j、b_j、c_j 分别是矢量 $\boldsymbol{a}$、$\boldsymbol{b}$、$\boldsymbol{c}$ 的角标量，那么可以建立与矢量运算对应的角标量运算：

加法
$$\boldsymbol{a}+\boldsymbol{b}=\boldsymbol{c},\quad a_j + b_j = c_j \tag{1.1.8}$$

数乘
$$f\boldsymbol{a}=\boldsymbol{b},\quad fa_j = b_j \tag{1.1.9}$$

点积
$$\boldsymbol{a}\cdot\boldsymbol{b}=f,\quad \sum_{j=1}^{3} a_j b_j = f \tag{1.1.10}$$

叉积
$$\boldsymbol{a}\times\boldsymbol{b}=\boldsymbol{c},\quad \sum_{j=1}^{3}\sum_{k=1}^{3} e_{mjk} a_j b_k = c_m \tag{1.1.11}$$

混合积
$$(\boldsymbol{a}\times\boldsymbol{b})\cdot\boldsymbol{c}=f,\quad \sum_{j=1}^{3}\sum_{k=1}^{3}\sum_{m=1}^{3} e_{jkm} a_j b_k c_m = f \tag{1.1.12}$$

这里 f 为数，即零阶角标量。

1.1.2　求和简记

求和简记约定：在角标量表达式中，存在相同的两角标则表示对此角标从 1 到 3 的求和，且省略求和符号。例如：

$$a_j b_j = a_k b_k = \sum_{j=1}^{3} a_j b_j \tag{1.1.13}$$

$$e_{mjk} a_j b_k = e_{mpq} a_p b_q = \sum_{j=1}^{3}\sum_{k=1}^{3} e_{mjk} a_j b_k \tag{1.1.14}$$

$$A_{ji}a_j b_i = A_{pq}a_p b_q = \sum_{j=1}^{3}\sum_{i=1}^{3} A_{ji}a_j b_i \tag{1.1.15}$$

$$A_{jj} = A_{ii} = \sum_{i=1}^{3} A_{ii} \tag{1.1.16}$$

$$A_{ji}B_{ji} = A_{pq}B_{pq} = \sum_{j=1}^{3}\sum_{i=1}^{3} A_{ji}B_{ji} \neq A_{ji}B_{ij} \tag{1.1.17}$$

$$\boldsymbol{i}_k \times \boldsymbol{i}_l = e_{klm}\boldsymbol{i}_m = \sum_{m=1}^{3} e_{klm}\boldsymbol{i}_m \tag{1.1.18}$$

$$f_{k,k} = \frac{\partial f_k}{\partial x_k} = \frac{\partial f_i}{\partial x_i} = \frac{\partial f_1}{\partial x_1} + \frac{\partial f_2}{\partial x_2} + \frac{\partial f_3}{\partial x_3} \tag{1.1.19}$$

这里与省略求和符号对应地出现的成对角标称为哑标。单个出现的角标则称为**自由角标**。哑标可以用不使表达式混淆的任何其他字母代替。对多重求和，不应在同一式中出现重复的哑标记号。

这样约定的求和简记可以缩约指标，省略了求和记号，突显了自由角标的效果，称为爱因斯坦(Einstein)求和约定。

结合求和约定，关于 δ_{ij} 有下列公式成立：

(1) $\delta_{ii} = \delta_{11} + \delta_{22} + \delta_{33} = 3$

(2) $\delta_{ik}\delta_{kj} = \delta_{ij}$

(3) $\delta_{ij}\delta_{ij} = \delta_{ii} = \delta_{jj} = 3$

(4) $\delta_{ij}\delta_{jk}\delta_{kl} = \delta_{il}$

(5) $a_{ik}\delta_{kj} = a_{ij}$

(6) $a_{ij}\delta_{ij} = a_{ii} = a_{11} + a_{22} + a_{33}$

(7) $a_i\delta_{ij} = a_j$

此外，文献中常用到 e-δ 相关的公式：

(1) e-δ 恒等式

$$e_{ijk}e_{pqr} = \begin{vmatrix} \delta_{ip} & \delta_{iq} & \delta_{ir} \\ \delta_{jp} & \delta_{jq} & \delta_{jr} \\ \delta_{kp} & \delta_{kq} & \delta_{kr} \end{vmatrix}$$

(2) $e_{ijk}e_{imn} = \delta_{jm}\delta_{kn} - \delta_{jn}\delta_{km}$

(3) $e_{ijk}e_{rjk} = 2\delta_{ir}$

(4) $e_{ijk}e_{ijk} = 6$

§1.2 坐标变换、张量的定义和描写

1.2.1 坐标变换

直线直角坐标系 $Ox_1x_2x_3$ 与另一直线直角坐标系 $O'x_1'x_2'x_3'$ 有不同的标架，分别记为

$\boldsymbol{i}_1$、$\boldsymbol{i}_2$、$\boldsymbol{i}_3$ 和 $\boldsymbol{i}_1'$、$\boldsymbol{i}_2'$、$\boldsymbol{i}_3'$。同一点 m 在这两个坐标系的坐标分别记为 x_1、x_2、x_3 和 x_1'、x_2'、x_3'。表达 x_1、x_2、x_3 和 x_1'、x_2'、x_3' 关系的数学形式称为坐标变换式。

两坐标系原点间的有向线段记为 $\boldsymbol{d}=\boldsymbol{OO'}$，点 m 在两坐标系的位矢分别记为 $\boldsymbol{x}$ 和 $\boldsymbol{x}'$，对应的角标量分别记为 x_j 和 x_j'。按矢量的坐标分解记法：

$$\boldsymbol{x}=x_1\boldsymbol{i}_1+x_2\boldsymbol{i}_2+x_3\boldsymbol{i}_3=x_k\boldsymbol{i}_k\text{，}\quad \boldsymbol{x}'=x_1'\boldsymbol{i}_1'+x_2'\boldsymbol{i}_2'+x_3'\boldsymbol{i}_3'=x_p'\boldsymbol{i}_p' \tag{1.2.1}$$

矢量的如下几何关系成立：

$$\boldsymbol{x}=\boldsymbol{x}'+\boldsymbol{d} \tag{1.2.2}$$

或

$$x_k\boldsymbol{i}_k=x_l'\boldsymbol{i}_l'+\boldsymbol{d} \tag{1.2.3}$$

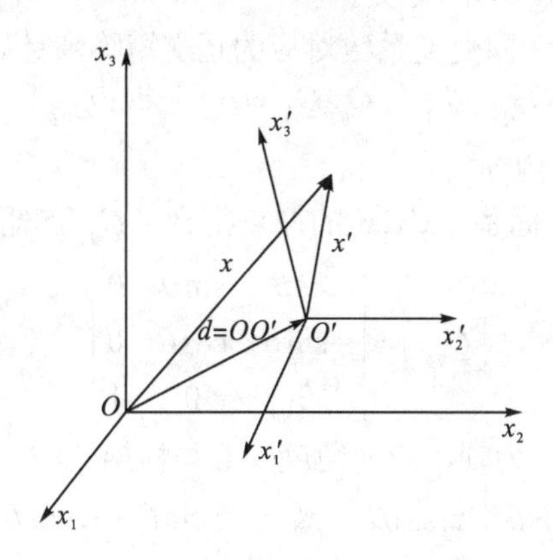

图 1.1　坐标系 $Ox_1x_2x_3$ 和坐标系 $O'x_1'x_2'x_3'$

用 $\boldsymbol{i}_p$ 点乘式(1.2.3)的两端，得出：

$$x_p=\boldsymbol{i}_p\cdot(x_k\boldsymbol{i}_k)=x_k\boldsymbol{i}_p\cdot\boldsymbol{i}_k=x_k\delta_{pk}=\boldsymbol{i}_p\cdot\boldsymbol{i}_l'x_l'+d_p \tag{1.2.4}$$

同理，用 $\boldsymbol{i}_q'$ 点乘式(1.2.3)的两端，注意到 $\boldsymbol{i}_1'$、$\boldsymbol{i}_2'$、$\boldsymbol{i}_3'$ 的两两正交性，得出：

$$x_q'=\boldsymbol{i}_k\cdot\boldsymbol{i}_q'x_k-d_q' \tag{1.2.5}$$

式(1.2.2)就是坐标变换式，式(1.2.4)和式(1.2.5)便是坐标变换的分量形式。这里

$$d_p=\boldsymbol{i}_p\cdot\boldsymbol{d}\text{，}\quad d_q'=\boldsymbol{i}_q'\cdot\boldsymbol{d} \tag{1.2.6}$$

定义　变换系数

标架 $\boldsymbol{i}_1$、$\boldsymbol{i}_2$、$\boldsymbol{i}_3$ 到标架 $\boldsymbol{i}_1'$、$\boldsymbol{i}_2'$、$\boldsymbol{i}_3'$ 的变换系数为 $Q_{q'p}$，定义为一个二阶角标量：

$$Q_{q'p}=\boldsymbol{i}_q'\cdot\boldsymbol{i}_p=\boldsymbol{i}_p\cdot\boldsymbol{i}_q' \tag{1.2.7}$$

所得到的坐标变换式(1.2.5)和式(1.2.4)便分别表示为如下简洁形式

$$x_q'=Q_{q'k}x_k-d_q'\text{，}\quad x_p=Q_{l'p}x_l'+d_p \tag{1.2.8}$$

显然，标架间的几何关系也可以表达为

$$\boldsymbol{i}_q'=Q_{q'p}\boldsymbol{i}_p\text{，}\quad \boldsymbol{i}_p=Q_{q'p}\boldsymbol{i}_q' \tag{1.2.9}$$

以及

$$d_q'=Q_{q'k}d_k\text{，}\quad d_p=Q_{l'p}d_l' \tag{1.2.10}$$

因为$\boldsymbol{i}_1$、$\boldsymbol{i}_2$、$\boldsymbol{i}_3$和$\boldsymbol{i}'_1$、$\boldsymbol{i}'_2$、$\boldsymbol{i}'_3$都是直角坐标系的标架，因此以$Q_{q'p}$为分量的矩阵$\left[Q_{q'p}\right]$是正交矩阵，用角标量表示正交矩阵满足的条件为

$$Q_{q'p}Q_{q'k}=\delta_{pk}\,,\quad Q_{q'p}Q_{l'p}=\delta_{ql} \tag{1.2.11}$$

$$\det[Q_{q'p}]=\pm 1 \tag{1.2.12}$$

式(1.2.12)表示以$Q_{q'p}$为分量的行列式之值为±1。取+1表示标架$\boldsymbol{i}_1$、$\boldsymbol{i}_2$、$\boldsymbol{i}_3$和标架$\boldsymbol{i}'_1$、$\boldsymbol{i}'_2$、$\boldsymbol{i}'_3$同为右手系，或同为左手系。取−1表示标架$\boldsymbol{i}_1$、$\boldsymbol{i}_2$、$\boldsymbol{i}_3$和标架$\boldsymbol{i}'_1$、$\boldsymbol{i}'_2$、$\boldsymbol{i}'_3$一个为右手系，另一个为左手系。前一种情况下总可以用一个旋转将标架$\boldsymbol{i}_1$、$\boldsymbol{i}_2$、$\boldsymbol{i}_3$与标架$\boldsymbol{i}'_1$、$\boldsymbol{i}'_2$、$\boldsymbol{i}'_3$重合，因此称为**正常变换**。后一种情况下除了用一个旋转之外还要将一个基本单位矢量反向，才可将标架$\boldsymbol{i}_1$、$\boldsymbol{i}_2$、$\boldsymbol{i}_3$与标架$\boldsymbol{i}'_1$、$\boldsymbol{i}'_2$、$\boldsymbol{i}'_3$重合，称为**非正常变换**。本书除特别说明外，涉及的坐标变换都是正常变换，即变换系数对应的正交矩阵满足如下条件：

$$Q_{q'p}Q_{q'k}=\delta_{pk}\,,\quad Q_{q'p}Q_{l'p}=\delta_{ql}\,,\quad \det[Q_{q'p}]=1 \tag{1.2.13}$$

例 1.1 坐标面内的定轴旋转

如果坐标系$Ox_1x_2x_3$与坐标系$O'x'_1x'_2x'_3$的原点重合，$Q_{q'p}$的矩阵为

$$\left[Q_{q'p}\right]=\begin{bmatrix}\cos\theta & \sin\theta & 0\\ -\sin\theta & \cos\theta & 0\\ 0 & 0 & 1\end{bmatrix} \tag{1.2.14}$$

则它表示标架$\boldsymbol{i}_1$、$\boldsymbol{i}_2$、$\boldsymbol{i}_3$以Ox_3为轴，旋转角度θ后与标架$\boldsymbol{i}'_1$、$\boldsymbol{i}'_2$、$\boldsymbol{i}'_3$重合。坐标变换式为

$$x'_1=x_1\cos\theta+x_2\sin\theta\,,\quad x'_2=-x_1\sin\theta+x_2\cos\theta\,,\quad x'_3=x_3 \tag{1.2.15}$$

1.2.2 张量的定义和描写

1. 一阶张量

定义一阶张量为三个数的全体，这三个数在坐标系$Ox_1x_2x_3$中表示为u_k，在坐标系$O'x'_1x'_2x'_3$中表示为$u'_{l'}$，且对于任何满足式(1.2.13)的变换系数$Q_{q'p}$，关系

$$u_k=Q_{l'k}u'_{l'}\ 或\ u'_{l'}=Q_{l'k}u_k \tag{1.2.16}$$

成立，称u_k为这一阶张量在坐标系$Ox_1x_2x_3$中的分量。

对于之前所学过的矢量，它在不同坐标系的分量服从式(1.2.16)表达的坐标变换法则。因此矢量就是一阶张量，也常称为向量。

一阶张量的描述方法：

(1)抽象记法，用黑体记为$\boldsymbol{u}$；

(2)角标量记法，在给定的坐标系$Ox_1x_2x_3$中记为u_k；

(3)分解记法，在给定的坐标系$Ox_1x_2x_3$中记为$u_k\boldsymbol{i}_k$；

(4)矩阵记法，在给定的坐标系$Ox_1x_2x_3$中记为$\begin{bmatrix}u_1 & u_2 & u_3\end{bmatrix}^{\mathrm T}$或$\left[u_k\right]$。这里矩阵的右上角标“T”表示转置运算。按这个记法，式(1.2.16)可以写为

$$[u'_{k'}]=[Q_{k'l}][u_l] \tag{1.2.17}$$

或

$$\begin{bmatrix} u_1' \\ u_2' \\ u_3' \end{bmatrix} = \begin{bmatrix} Q_{1'1} & Q_{1'2} & Q_{1'3} \\ Q_{2'1} & Q_{2'2} & Q_{2'3} \\ Q_{3'1} & Q_{3'2} & Q_{3'3} \end{bmatrix} \begin{bmatrix} u_1 \\ u_2 \\ u_3 \end{bmatrix}$$

一般地说，不必具体地表明特定的坐标系及对应的分量。为了方便描述，本书约定$\boldsymbol{u}$和$\boldsymbol{u}'$分别为坐标系$Ox_1x_2x_3$和坐标系$O'x_1'x_2'x_3'$表达的同一个一阶张量，即

$$\boldsymbol{u} = u_k \boldsymbol{i}_k, \quad \boldsymbol{u}' = u_{p'}' \boldsymbol{i}_p' \tag{1.2.18}$$

2. 二阶张量

定义二阶张量为3^2个数的全体，这3^2个数在坐标系$Ox_1x_2x_3$中表示为S_{kl}，在坐标系$O'x_1'x_2'x_3'$中表示为$S_{p'q'}'$，且对于任何满足式(1.2.13)的变换系数$Q_{q'p}$，关系

$$S_{p'q'}' = Q_{p'k} Q_{q'l} S_{kl} \quad 或 \quad S_{kl} = Q_{p'k} Q_{q'l} S_{p'q'}' \tag{1.2.19}$$

成立，称S_{kl}为这二阶张量在坐标系$Ox_1x_2x_3$中的分量。

二阶张量的描述方法：

(1)抽象记法，用黑体记为$\boldsymbol{S}$；

(2)角标量记法，在给定的坐标系$Ox_1x_2x_3$中记为 S_{kl}；

(3)分解记法，在给定的坐标系$Ox_1x_2x_3$中记为 $S_{kl}\boldsymbol{i}_k \otimes \boldsymbol{i}_l$，这里引入了并矢记号$\otimes$，称$\boldsymbol{i}_k \otimes \boldsymbol{i}_l$为二阶张量在坐标系$Ox_1x_2x_3$中的**并矢基**，即二阶张量的基；

(4)矩阵记法，在给定的坐标系$Ox_1x_2x_3$中记为$[S_{kl}]$或

$$[S_{kl}] = \begin{bmatrix} S_{11} & S_{12} & S_{13} \\ S_{21} & S_{22} & S_{23} \\ S_{31} & S_{32} & S_{33} \end{bmatrix} \tag{1.2.20}$$

按这个记法，式(1.2.19)可以写为

$$[S_{p'q'}'] = [Q_{p'k}][S_{kl}][Q_{q'l}]^{\mathrm{T}}, \quad [S_{kl}] = [Q_{p'k}]^{\mathrm{T}}[S_{p'q'}'][Q_{q'l}] \tag{1.2.21}$$

这里用到正交矩阵的如下性质

$$[Q_{q'p}]^{-1} = [Q_{q'p}]^{\mathrm{T}} \tag{1.2.22}$$

一般地说，不必具体地表明特定的坐标系及对应的分量。也可以约定$\boldsymbol{S}$和$\boldsymbol{S}'$分别为坐标系$Ox_1x_2x_3$和坐标系$O'x_1'x_2'x_3'$表达的同一个二阶张量：

$$\boldsymbol{S} = S_{kl}\boldsymbol{i}_k \otimes \boldsymbol{i}_l, \quad \boldsymbol{S}' = S_{p'q'}'\boldsymbol{i}_p' \otimes \boldsymbol{i}_q' \tag{1.2.23}$$

3. 高阶张量

依此类推可以定义三阶及其以上的高阶张量。作为例子，引入四阶张量的定义和记法。

定义四阶张量为3^4个数的全体，这3^4个数在坐标系$Ox_1x_2x_3$中表示为A_{klmn}，在坐标系$O'x_1'x_2'x_3'$中表示为$A_{p'q'r's'}'$，且对于任何满足式(1.2.13)的变换系数$Q_{q'p}$，关系

$$A_{p'q'm'n'}' = Q_{p'k} Q_{q'l} Q_{m'r} Q_{n's} A_{klrs} \quad 或 \quad A_{klrs} = Q_{p'k} Q_{q'l} Q_{m'r} Q_{n's} A_{p'q'm'n'}' \tag{1.2.24}$$

成立，称A_{klrs}为这四阶张量在坐标系$Ox_1x_2x_3$中的分量。

四阶张量的描述方法：

(1)抽象记法，用黑体记为 $\boldsymbol{A}$；

(2)角标量记法，在给定的坐标系 $Ox_1x_2x_3$ 中记为 A_{klrs}；

(3)分解记法，在给定的坐标系 $Ox_1x_2x_3$ 中记为 $A_{klrs}\boldsymbol{i}_k\otimes\boldsymbol{i}_l\otimes\boldsymbol{i}_r\otimes\boldsymbol{i}_s$，这里 $\boldsymbol{i}_k\otimes\boldsymbol{i}_l\otimes\boldsymbol{i}_r\otimes\boldsymbol{i}_s$ 为四阶张量在坐标系 $Ox_1x_2x_3$ 的**并矢基**，即四阶张量的基。

一般地说，不必具体地表明特定的坐标系及对应的分量。也可以约定 $\boldsymbol{A}$ 和 $\boldsymbol{A}'$ 分别为坐标系 $Ox_1x_2x_3$ 和坐标系 $O'x_1'x_2'x_3'$ 表达的同一个四阶张量：

$$\boldsymbol{A}=A_{klrs}\boldsymbol{i}_k\otimes\boldsymbol{i}_l\otimes\boldsymbol{i}_r\otimes\boldsymbol{i}_s,\quad \boldsymbol{A}'=A'_{p'q'm'n'}\boldsymbol{i}'_p\otimes\boldsymbol{i}'_q\otimes\boldsymbol{i}'_m\otimes\boldsymbol{i}'_n \tag{1.2.25}$$

4. 零阶张量

零阶张量为一个数，也就是一个标量，选用不同的坐标系时它保持同一数值。

§1.3 张量代数和商判则

1.3.1 张量代数

如果

$$\begin{cases}\boldsymbol{u}=u_k\boldsymbol{i}_k,\ \ \boldsymbol{v}=v_k\boldsymbol{i}_k,\ \ \boldsymbol{S}=S_{kl}\boldsymbol{i}_k\otimes\boldsymbol{i}_l,\\ \boldsymbol{T}=T_{kl}\boldsymbol{i}_k\otimes\boldsymbol{i}_l,\ \ \boldsymbol{A}=A_{klrs}\boldsymbol{i}_k\otimes\boldsymbol{i}_l\otimes\boldsymbol{i}_r\otimes\boldsymbol{i}_s\end{cases} \tag{1.3.1}$$

可以定义如下代数运算。

1. 数乘

数 f 与张量的数乘：

$$f\boldsymbol{u}=(fu_k)\boldsymbol{i}_k,\quad f\boldsymbol{S}=(fS_{kl})\boldsymbol{i}_k\otimes\boldsymbol{i}_l \tag{1.3.2}$$

2. 加法

两个同阶张量的加法：

$$\boldsymbol{u}+\boldsymbol{v}=(u_k+v_k)\boldsymbol{i}_k,\quad \boldsymbol{S}+\boldsymbol{T}=(S_{kl}+T_{kl})\boldsymbol{i}_k\otimes\boldsymbol{i}_l \tag{1.3.3}$$

3. 点积

两个一阶张量 $\boldsymbol{u}$ 和 $\boldsymbol{v}$ 的点积是一个零阶张量，记为 $\boldsymbol{u}\cdot\boldsymbol{v}$，在不混淆的情况下简记为 $\boldsymbol{uv}$，理解为

$$\boldsymbol{uv}=\boldsymbol{u}\cdot\boldsymbol{v}=(u_k\boldsymbol{i}_k)\cdot(u_l\boldsymbol{i}_l)=u_ku_l(\boldsymbol{i}_k\cdot\boldsymbol{i}_l)=u_ku_l\delta_{kl}=u_ku_k \tag{1.3.4}$$

因此将其定义为

$$\boldsymbol{u}\cdot\boldsymbol{v}=\boldsymbol{uv}=u_kv_k \tag{1.3.5}$$

一阶张量 $\boldsymbol{u}$ 和二阶张量 $\boldsymbol{S}$ 的点积是一个一阶张量，记为 $\boldsymbol{u}\cdot\boldsymbol{S}$，在不混淆的情况下简记为 $\boldsymbol{uS}$，理解为

$$\begin{aligned}\boldsymbol{u}\cdot\boldsymbol{S}=\boldsymbol{uS}=\boldsymbol{u}\cdot\boldsymbol{S}&=(u_k\boldsymbol{i}_k)\cdot(S_{pq}\boldsymbol{i}_p\otimes\boldsymbol{i}_q)\\&=u_kS_{pq}\boldsymbol{i}_k\cdot(\boldsymbol{i}_p\otimes\boldsymbol{i}_q)=u_kS_{pq}(\boldsymbol{i}_k\cdot\boldsymbol{i}_p)\boldsymbol{i}_q=u_kS_{pq}\delta_{kp}\boldsymbol{i}_q=u_kS_{kq}\boldsymbol{i}_q\end{aligned}$$

因此将其定义为

$$\boldsymbol{u}\cdot\boldsymbol{S}=\boldsymbol{u}\boldsymbol{S}=u_k S_{kq}\boldsymbol{i}_q \tag{1.3.6}$$

同理，二阶张量 $\boldsymbol{S}$ 和一阶张量 $\boldsymbol{u}$ 的点积为一个一阶张量：

$$\boldsymbol{S}\cdot\boldsymbol{u}=\boldsymbol{S}\boldsymbol{u}=S_{pk}u_k\boldsymbol{i}_p \tag{1.3.7}$$

一般地说，以下交换律不成立：

$$\boldsymbol{S}\boldsymbol{u}\neq\boldsymbol{u}\boldsymbol{S}$$

依此类推，两个二阶张量的点积是二阶张量，定义为

$$\boldsymbol{S}\cdot\boldsymbol{T}=\boldsymbol{S}\boldsymbol{T}=S_{pk}T_{kl}\boldsymbol{i}_p\otimes\boldsymbol{i}_l \tag{1.3.8}$$

一般地说，以下交换律不成立：

$$\boldsymbol{S}\boldsymbol{T}\neq\boldsymbol{T}\boldsymbol{S}$$

4. 双点积

两个二阶张量 $\boldsymbol{S}$ 和 $\boldsymbol{T}$ 的双点积为零阶张量，记为 $\boldsymbol{S}\cdot\cdot\boldsymbol{T}$，理解为

$$\boldsymbol{S}\cdot\cdot\boldsymbol{T}=(S_{kl}\boldsymbol{i}_k\otimes\boldsymbol{i}_l)\cdot\cdot(T_{pq}\boldsymbol{i}_p\otimes\boldsymbol{i}_q)=S_{kl}T_{pq}(\boldsymbol{i}_l\cdot\boldsymbol{i}_p)(\boldsymbol{i}_k\cdot\boldsymbol{i}_q)=S_{kl}T_{pq}\delta_{lp}\delta_{kq}=S_{kl}T_{lk}$$

因此定义为

$$\boldsymbol{S}\cdot\cdot\boldsymbol{T}=S_{kl}T_{lk} \tag{1.3.9}$$

两个二阶张量 $\boldsymbol{S}$ 和 $\boldsymbol{T}$ 的另一种双点积也为零阶张量，记为 $\boldsymbol{S}:\boldsymbol{T}$，理解为

$$\boldsymbol{S}:\boldsymbol{T}=(\mathrm{S}_{kl}\boldsymbol{i}_k\otimes\boldsymbol{i}_l):(T_{pq}\boldsymbol{i}_p\otimes\boldsymbol{i}_q)=S_{kl}T_{pq}(\boldsymbol{i}_k\cdot\boldsymbol{i}_p)(\boldsymbol{i}_l\cdot\boldsymbol{i}_q)=S_{kl}T_{pq}\delta_{kp}\delta_{lq}=S_{kl}T_{kl}$$

因此定义为

$$\boldsymbol{S}:\boldsymbol{T}=S_{kl}T_{kl} \tag{1.3.10}$$

一般地说，两个二阶张量双点积的交换律成立：

$$\boldsymbol{S}:\boldsymbol{T}=\boldsymbol{T}:\boldsymbol{S},\quad \boldsymbol{S}\cdot\cdot\boldsymbol{T}=\boldsymbol{T}\cdot\cdot\boldsymbol{S}$$

依此类推，一个二阶张量和一个四阶张量的双点积是二阶张量，定义为

$$\boldsymbol{S}:\boldsymbol{A}=S_{kl}A_{klpq}\boldsymbol{i}_p\otimes\boldsymbol{i}_q,\quad \boldsymbol{S}\cdot\cdot\boldsymbol{A}=S_{kl}A_{lkpq}\boldsymbol{i}_p\otimes\boldsymbol{i}_q \tag{1.3.11}$$

一个四阶张量和一个二阶张量的双点积也是二阶张量，定义为

$$\boldsymbol{A}:\boldsymbol{S}=A_{pqkl}S_{kl}\boldsymbol{i}_p\otimes\boldsymbol{i}_q,\quad \boldsymbol{A}\cdot\cdot\boldsymbol{S}=A_{pqlk}S_{kl}\boldsymbol{i}_p\otimes\boldsymbol{i}_q \tag{1.3.12}$$

5. 并

两个一阶张量 $\boldsymbol{u}$ 和 $\boldsymbol{v}$ 的并是一个二阶张量，记为 $\boldsymbol{u}\otimes\boldsymbol{v}$，定义为

$$\boldsymbol{u}\otimes\boldsymbol{v}=u_k v_l\,\boldsymbol{i}_k\otimes\boldsymbol{i}_l \tag{1.3.13}$$

$$\boldsymbol{v}\otimes\boldsymbol{u}=u_k v_l\,\boldsymbol{i}_l\otimes\boldsymbol{i}_k \tag{1.3.14}$$

注意哑标可以任选字母，但同一并的公式中不得与其他角标重复使用字母，因此以下书写形式成立：

$$u_k v_l\,\boldsymbol{i}_l\otimes\boldsymbol{i}_k=v_l u_k\,\boldsymbol{i}_l\otimes\boldsymbol{i}_k=u_l\,v_k\boldsymbol{i}_k\otimes\boldsymbol{i}_l \tag{1.3.15}$$

一般地说，以下交换律不成立

$$\boldsymbol{u}\otimes\boldsymbol{v}\neq\boldsymbol{v}\otimes\boldsymbol{u}$$

依此类推，一阶张量与二阶张量的并为三阶张量：

$$\boldsymbol{u}\otimes\boldsymbol{S}=u_k S_{pq}\boldsymbol{i}_k\otimes\boldsymbol{i}_p\otimes\boldsymbol{i}_q,\quad \boldsymbol{S}\otimes\boldsymbol{u}=S_{pq}u_k\boldsymbol{i}_p\otimes\boldsymbol{i}_q\otimes\boldsymbol{i}_k \tag{1.3.16}$$

二阶张量与二阶张量的并为四阶张量：

$$\boldsymbol{T}\otimes\boldsymbol{S}=T_{kl}S_{pq}\boldsymbol{i}_k\otimes\boldsymbol{i}_l\otimes\boldsymbol{i}_p\otimes\boldsymbol{i}_q\text{，}\quad \boldsymbol{S}\otimes\boldsymbol{T}=S_{pq}T_{kl}\boldsymbol{i}_p\otimes\boldsymbol{i}_q\otimes\boldsymbol{i}_k\otimes\boldsymbol{i}_l \tag{1.3.17}$$

6. 叉积

两个一阶张量$\boldsymbol{u}$和$\boldsymbol{v}$的叉积是一个一阶张量，记为$\boldsymbol{u}\times\boldsymbol{v}$，理解为

$$\boldsymbol{u}\times\boldsymbol{v}=(u_k\boldsymbol{i}_k)\times(u_l\boldsymbol{i}_l)=u_ku_l(\boldsymbol{i}_k\times\boldsymbol{i}_l)=u_ku_le_{klm}\boldsymbol{i}_m$$

因此定义为

$$\boldsymbol{u}\times\boldsymbol{v}=u_ku_le_{klm}\boldsymbol{i}_m \tag{1.3.18}$$

一阶张量$\boldsymbol{u}$和二阶张量$\boldsymbol{S}$的叉积是一个二阶张量，记为$\boldsymbol{u}\times\boldsymbol{S}$，理解为

$$\boldsymbol{u}\times\boldsymbol{S}=(u_k\boldsymbol{i}_k)\times(S_{pq}\boldsymbol{i}_p\otimes\boldsymbol{i}_q)=u_kS_{pq}(\boldsymbol{i}_k\times\boldsymbol{i}_p)\otimes\boldsymbol{i}_q=u_kS_{pq}e_{kpl}\boldsymbol{i}_l\otimes\boldsymbol{i}_q$$

因此定义为

$$\boldsymbol{u}\times\boldsymbol{S}=u_kS_{pq}e_{kpl}\boldsymbol{i}_l\otimes\boldsymbol{i}_q \tag{1.3.19}$$

同理，二阶张量$\boldsymbol{S}$和一阶张量$\boldsymbol{u}$的叉积是一个二阶张量，记为$\boldsymbol{S}\times\boldsymbol{u}$，定义为

$$\boldsymbol{S}\times\boldsymbol{u}=S_{pq}u_k\boldsymbol{e}_{qkl}\boldsymbol{i}_p\otimes\boldsymbol{i}_l$$

依此类推，可以定义高阶张量间的叉积。例如二阶张量和一个四阶张量的叉积定义为

$$\boldsymbol{S}\times\boldsymbol{A}=S_{kl}A_{pqrs}\boldsymbol{e}_{lpm}\boldsymbol{i}_k\otimes\boldsymbol{i}_m\otimes\boldsymbol{i}_q\otimes\boldsymbol{i}_r\otimes\boldsymbol{i}_s \tag{1.3.20}$$

7. 缩约

两个同阶张量的缩约表示为

$$C(\boldsymbol{A}\otimes\boldsymbol{B})=A_{k_1,k_2..k_p}B_{k_1,k_2..k_p}$$

如果$\boldsymbol{A}$和$\boldsymbol{B}$分别为p阶和q阶张量，且$q=p+1$，则缩约为一阶张量：

$$\boldsymbol{A}[\boldsymbol{B}]=A_{k_1,k_2..k_p}B_{k_1,k_2..k_pq}\boldsymbol{i}_q$$

关于运算记号的说明：不同著作对运算记号的定义存在差异，例如省略并矢记号$\otimes$，或将并和点积的简化记法互换，即两个一阶张量$\boldsymbol{u}$和$\boldsymbol{v}$的并记为$\boldsymbol{uv}$，两者的点积记为$\boldsymbol{u}\cdot\boldsymbol{v}$，等等。近代的文献中往往不再使用并矢记号。熟悉张量计算后，仍需注意不同著作对运算记号的定义存在的差异。

1.3.2 商判则

如果$\boldsymbol{A}$和$\boldsymbol{B}$都是张量，且

$$\boldsymbol{A}=\boldsymbol{SB}\text{或}\boldsymbol{A}=\boldsymbol{BS} \tag{1.3.21}$$

则$\boldsymbol{S}$为张量，其阶数为$\boldsymbol{A}$和$\boldsymbol{B}$阶数之差加2。

这里取$\boldsymbol{A}$、$\boldsymbol{B}$和$\boldsymbol{S}$为特殊的阶数证明**商判则**。

设$\boldsymbol{A}$和$\boldsymbol{B}$分别为二阶和一阶张量，在坐标系$Ox_1x_2x_3$和坐标系$O'x_1'x_2'x_3'$中分别描述为

$$\boldsymbol{A}=A_{kl}\boldsymbol{i}_k\otimes\boldsymbol{i}_l=A_{k'l'}\boldsymbol{i}_k'\otimes\boldsymbol{i}_l'\text{，}\quad\boldsymbol{B}=B_k\boldsymbol{i}_k=B_{k'}\boldsymbol{i}_k'$$

如果存在三阶张量$\boldsymbol{S}$，使$\boldsymbol{A}=\boldsymbol{SB}$，则在坐标系$Ox_1x_2x_3$和坐标系$O'x_1'x_2'x_3'$中分别有

$$A_{kl}=S_{klm}B_m\text{，}\quad A_{p'q'}=S_{p'q'r'}B_{r'} \tag{1.3.22}$$

因为 $\boldsymbol{A}$ 和 $\boldsymbol{B}$ 分别为二阶和一阶张量，按张量的定义有

$$A_{p'q'} = Q_{p'k}Q_{q'l}A_{kl}, \quad B_{r'} = Q_{r'm}B_m$$

将其代入式(1.3.22)第二式有

$$Q_{p'k}Q_{q'l}A_{kl} = S_{p'q'r'}Q_{r'm}B_m$$

利用式(1.3.22)第一式有

$$Q_{p'k}Q_{q'l}S_{klm}B_m = S_{p'q'r'}Q_{r'm}B_m$$

得到

$$Q_{p'k}Q_{q'l}S_{klm} = S_{p'q'r'}Q_{r'm}$$

两端乘以 $Q_{n'm}$，对 m 缩约，结合式(1.2.11)得出

$$S_{p'q'r'} = Q_{p'k}Q_{q'l}Q_{r'm}S_{klm}$$

因此按三阶张量定义，$\boldsymbol{S}$ 为三阶张量。

这样一来，便用特定阶数的张量证明了商判则。这种推演可以推广于一般阶数情况下商判则的证明。叙述以上推演的目的在于使读者熟练角标量的运算。

例 1.2　单位二阶张量

在坐标系 $Ox_1x_2x_3$ 中，以式(1.1.1)定义的 Kronecker δ 为分量构成一个数学对象，记为 $\mathbf{1}$。

$$\mathbf{1} = \delta_{kl}\boldsymbol{i}_k \otimes \boldsymbol{i}_l \tag{1.3.23}$$

在坐标系 $O'x_1'x_2'x_3'$ 中它表现为

$$\mathbf{1} = \delta_{p'q'}\boldsymbol{i}_p' \otimes \boldsymbol{i}_q'$$

这里

$$\boldsymbol{i}_p' \cdot \boldsymbol{i}_q' = \delta_{p'q'} = \begin{cases} 1, p' = q' \\ 0, p' \neq q' \end{cases}$$

因此

$$\delta_{p'q'} = Q_{p'k}Q_{q'l}\delta_{kl}$$

按张量的定义，可确认由式(1.3.23)定义的数学对象为二阶张量，这就是单位张量。

单位二阶张量的重要性质是，它与任何一阶及其一阶以上的张量作点积，不改变该张量，即

$$\mathbf{1}\boldsymbol{A} = \boldsymbol{A}\mathbf{1} = \boldsymbol{A} \tag{1.3.24}$$

例 1.3　交换记号

在坐标系 $Ox_1x_2x_3$ 中，以式(1.1.2)定义的交换记号为分量构成一个数学对象，记为 $\boldsymbol{e}$。

$$\boldsymbol{e} = e_{klm}\boldsymbol{i}_k \otimes \boldsymbol{i}_l \otimes \boldsymbol{i}_m \tag{1.3.25}$$

在坐标系 $O'x_1'x_2'x_3'$ 中它表现为

$$\boldsymbol{e}' = e_{p'q'r'}\boldsymbol{i}_p' \otimes \boldsymbol{i}_q' \otimes \boldsymbol{i}_r' \tag{1.3.26}$$

数学对象 $\boldsymbol{e}$ 是否为张量，需要检查交换记号 e_{klm} 是否符合三阶张量的坐标变换法则。事实上，由式(1.1.7)有

$$(\boldsymbol{i}_p' \times \boldsymbol{i}_q') \cdot \boldsymbol{i}_r' = (Q_{p'k}\boldsymbol{i}_k) \times (Q_{q'l}\boldsymbol{i}_l) \cdot (Q_{r'm}\boldsymbol{i}_m) = Q_{p'k}Q_{q'l}Q_{r'm}(\boldsymbol{i}_k \times \boldsymbol{i}_l) \cdot (\boldsymbol{i}_m)$$

需要讨论如下几种情况：

(1)如果$\boldsymbol{i}_1$、$\boldsymbol{i}_2$、$\boldsymbol{i}_3$和$\boldsymbol{i}'_1$、$\boldsymbol{i}'_2$、$\boldsymbol{i}'_3$同为右手系标架，或者同为左手系标架，那么得出

$$e_{p'q'r'} = Q_{p'k}Q_{q'l}Q_{r'm}e_{klm} \tag{1.3.27}$$

(2)如果$\boldsymbol{i}_1$、$\boldsymbol{i}_2$、$\boldsymbol{i}_3$和$\boldsymbol{i}'_1$、$\boldsymbol{i}'_2$、$\boldsymbol{i}'_3$一个为右手系标架，另一个为左手系标架，那么得出

$$e_{p'q'r'} = -Q_{p'k}Q_{q'l}Q_{r'm}e_{klm} \tag{1.3.28}$$

由此看来，式(1.3.27)只对满足式(1.2.13)的变换系数$Q_{q'p}$成立，按 1.2.1 节的约定，除特别说明外，涉及的坐标变换都是正常变换，因此由式(1.3.25)定义的数学对象$\boldsymbol{e}$是三阶张量。

§1.4 二 阶 张 量

1.4.1 二阶张量的代数运算

如果$\boldsymbol{S}$和$\boldsymbol{T}$都为二阶张量，即

$$\boldsymbol{S} = S_{kl}\boldsymbol{i}_k \otimes \boldsymbol{i}_l, \quad \boldsymbol{T} = T_{kl}\boldsymbol{i}_k \otimes \boldsymbol{i}_l$$

除前文定义的代数运算外，还可以定义如下运算：

(1)**转置** 二阶张量$\boldsymbol{S}$的转置记为$\boldsymbol{S}^{\mathrm{T}}$，定义为

$$\boldsymbol{S}^{\mathrm{T}} = S_{lk}\boldsymbol{i}_k \otimes \boldsymbol{i}_l \quad 或 \quad \boldsymbol{S}^{\mathrm{T}} = S_{kl}\boldsymbol{i}_l \otimes \boldsymbol{i}_k \tag{1.4.1}$$

如果二阶张量$\boldsymbol{S}$满足条件：

$$\boldsymbol{S}^{\mathrm{T}} = \boldsymbol{S} \quad 或 \quad S_{kl} = S_{lk} \tag{1.4.2}$$

则称此二阶张量为对称二阶张量。

如果二阶张量$\boldsymbol{S}$满足条件：

$$\boldsymbol{S}^{\mathrm{T}} = -\boldsymbol{S} \ 或\ S_{kl} = -S_{lk} \tag{1.4.3}$$

则称此二阶张量为反对称二阶张量。

(2)**行列式** 二阶张量$\boldsymbol{S}$的行列式记为$\det\boldsymbol{S}$，定义为

$$\det\boldsymbol{S} = |S_{kl}| = \begin{vmatrix} S_{11} & S_{12} & S_{13} \\ S_{21} & S_{22} & S_{23} \\ S_{31} & S_{32} & S_{33} \end{vmatrix} \tag{1.4.4}$$

按行列式值的算法可得

$$\det\boldsymbol{S} = \boldsymbol{e}_{klm}S_{k1}S_{l2}S_{m3} \tag{1.4.5}$$

(3)**迹** 二阶张量$\boldsymbol{S}$的迹记为$\mathrm{tr}\boldsymbol{S}$，定义为

$$\mathrm{tr}\boldsymbol{S} = S_{kl}\delta_{kl} = S_{kk} \tag{1.4.6}$$

顺便指出，符号“tr”在以下各式中都是符合规则的书写，且有确切的含意：

$$\mathrm{tr}(\boldsymbol{ST}) = \mathrm{tr}(\boldsymbol{S}\cdot\boldsymbol{T}) = \boldsymbol{S}\cdot\cdot\boldsymbol{T} = S_{kl}T_{lk}$$

$$\mathrm{tr}(\boldsymbol{S}^{\mathrm{T}}\boldsymbol{T}) = \mathrm{tr}(\boldsymbol{S}\boldsymbol{T}^{\mathrm{T}}) = \boldsymbol{S}:\boldsymbol{T} = S_{kl}T_{kl}$$

(4)**逆** 对二阶张量$\boldsymbol{S}$，如果

$$\det\boldsymbol{S} \neq 0 \tag{1.4.7}$$

则此二阶张量可逆，记其逆为$\boldsymbol{S}^{-1}$，可逆张量满足：

$$SS^{-1} = S^{-1}S = 1 \tag{1.4.8}$$

常称可逆张量为非奇异张量。显然，如果二阶张量 $\boldsymbol{S}$ 可逆，则对应的矩阵可逆，且

$$\left[S^{-1}\right] = [S]^{-1} \tag{1.4.9}$$

因此求一个二阶张量的逆就是求其对应矩阵的逆。

(5)**幂**　对整数 k，二阶张量 $\boldsymbol{S}$ 的 k 次幂记为 $\boldsymbol{S}^k$，定义为

$$\boldsymbol{S}^k = \underbrace{\boldsymbol{SS}\cdots\boldsymbol{S}}_{k\text{个}} \tag{1.4.10}$$

张量 $\boldsymbol{S}$ 的零次幂记为 $\boldsymbol{S}^0$，定义为

$$\boldsymbol{S}^0 = \boldsymbol{1} \tag{1.4.11}$$

如果二阶张量 $\boldsymbol{S}$ 可逆，则它的幂可以推广到幂指数为负整数的情况，即

$$\boldsymbol{S}^{-k} = \underbrace{\boldsymbol{S}^{-1}\boldsymbol{S}^{-1}\cdots\boldsymbol{S}^{-1}}_{k\text{个}} \tag{1.4.12}$$

对于有理数 r，总可以表为两个整数 p 和 q 之商

$$r = p/q \tag{1.4.13}$$

于是可以将二阶张量的幂进一步推广到幂指数为有理数的情况。如果

$$\boldsymbol{S}^r = \boldsymbol{A} \tag{1.4.14}$$

则 $\boldsymbol{A}$ 满足

$$\boldsymbol{S}^p = \boldsymbol{A}^q \tag{1.4.15}$$

例 1.4　正交张量

如果二阶张量 $\boldsymbol{P}$ 满足条件：

$$\boldsymbol{PP}^{\mathrm{T}} = \boldsymbol{P}^{\mathrm{T}}\boldsymbol{P} = \boldsymbol{1} \tag{1.4.16}$$

则称其为正交张量。

正交张量的性质：

(1) 对应的矩阵为正交矩阵，即

$$[\boldsymbol{P}][\boldsymbol{P}]^{\mathrm{T}} = [\boldsymbol{P}]^{\mathrm{T}}[\boldsymbol{P}] = [\boldsymbol{1}] \tag{1.4.17}$$

$$\det\boldsymbol{P} = \pm 1 \tag{1.4.18}$$

(2) 如果 $\boldsymbol{P}_k\,(k=1,2,\cdots,m)$ 为 m 个正交张量，则

$$\boldsymbol{P} = \boldsymbol{P}_1\boldsymbol{P}_2\cdots\boldsymbol{P}_m \tag{1.4.19}$$

也是正交张量。

例 1.5　两点张量

在 1.2.1 节中由式(1.2.7)引入了变换系数 $Q_{q'p}$，它是张量在两坐标系的分量之间互相转换的关联量，其对应的矩阵表示标架 $\boldsymbol{i}_1$、$\boldsymbol{i}_2$、$\boldsymbol{i}_3$ 到标架 $\boldsymbol{i}'_1$、$\boldsymbol{i}'_2$、$\boldsymbol{i}'_3$ 的变换。

这里引入由标架 $\boldsymbol{i}_1$、$\boldsymbol{i}_2$、$\boldsymbol{i}_3$ 的一个基矢量和标架 $\boldsymbol{i}'_1$、$\boldsymbol{i}'_2$、$\boldsymbol{i}'_3$ 的一个基矢量构成的二阶并矢基 $\boldsymbol{i}'_q \otimes \boldsymbol{i}_p$，由此定义张量：

$$\boldsymbol{Q} = Q_{q'p}\boldsymbol{i}'_q \otimes \boldsymbol{i}_p \tag{1.4.20}$$

又可称之为标架转换张量。因为从两个坐标系中各取了一个基矢量来组成这个二阶张量的并矢基，因此称这样的二阶张量为两点张量。

借助两点张量 $\boldsymbol{Q}$，一阶张量分量的坐标变换式(1.2.16)和二阶张量分量的坐标变换

式(1.2.19)分别表示为

$$\boldsymbol{u}'=\boldsymbol{Q}\boldsymbol{u}\,,\quad \boldsymbol{u}=\boldsymbol{Q}^{\mathrm{T}}\boldsymbol{u}' \tag{1.4.21}$$

$$\boldsymbol{S}'=\boldsymbol{Q}\boldsymbol{S}\boldsymbol{Q}^{\mathrm{T}}\,,\quad \boldsymbol{S}=\boldsymbol{Q}^{\mathrm{T}}\boldsymbol{S}'\boldsymbol{Q} \tag{1.4.22}$$

1.4.2 特征值、特征向量和主标架

定义 对于张量$\boldsymbol{S}$，如果存在两两正交的单位矢量$\boldsymbol{e}_1$、$\boldsymbol{e}_2$、$\boldsymbol{e}_3$，以这三个单位矢量为标架，有如下分解形式：

$$\boldsymbol{S}=\sum_{\alpha=1}^{3}S_\alpha\boldsymbol{e}_\alpha\otimes\boldsymbol{e}_\alpha \tag{1.4.23}$$

则称数量$S_\alpha(\alpha=1,2,3)$为这二阶张量的**特征值**，$\boldsymbol{e}_\alpha$为与第α个特征值S_α对应的**特征向量**；单位矢量$\boldsymbol{e}_1$、$\boldsymbol{e}_2$、$\boldsymbol{e}_3$构成的标架为这二阶张量的主标架；式(1.4.23)称为张量$\boldsymbol{S}$的主坐标表达式。

如果在坐标系$Ox_1x_2x_3$中张量$\boldsymbol{S}$表示为

$$\boldsymbol{S}=S_{kl}\boldsymbol{i}_k\otimes\boldsymbol{i}_l$$

标架$\boldsymbol{i}_1$、$\boldsymbol{i}_2$、$\boldsymbol{i}_3$到标架$\boldsymbol{e}_1$、$\boldsymbol{e}_2$、$\boldsymbol{e}_3$的变换表示为

$$\boldsymbol{e}_\alpha=m_{\alpha k}\boldsymbol{i}_k \tag{1.4.24}$$

在式(1.2.21)第一式中，取$\left[S_{p'q'}\right]$为$\begin{bmatrix}S_1&0&0\\0&S_2&0\\0&0&S_3\end{bmatrix}$，取$\left[Q_{p'k}\right]$为$\left[m_{\alpha k}\right]$，得到

$$\begin{bmatrix}S_1&0&0\\0&S_2&0\\0&0&S_3\end{bmatrix}=\left[m_{\alpha k}\right]\left[S_{kl}\right]\left[m_{\alpha k}\right]^{\mathrm{T}} \tag{1.4.25}$$

其逆形式为

$$\left[S_{kl}\right]=\left[m_{\alpha k}\right]^{\mathrm{T}}\begin{bmatrix}S_1&0&0\\0&S_2&0\\0&0&S_3\end{bmatrix}\left[m_{\alpha k}\right] \tag{1.4.26}$$

或改写为

$$\left[S_{kl}\right]\left[m_{\alpha k}\right]^{\mathrm{T}}=\left[m_{\alpha k}\right]^{\mathrm{T}}\begin{bmatrix}S_1&0&0\\0&S_2&0\\0&0&S_3\end{bmatrix} \tag{1.4.27}$$

引入单位矢$\boldsymbol{n}^{(\alpha)}$，使其由$\left[m_{\alpha k}\right]$中第$\alpha$行构成其分量，即：

$$\boldsymbol{n}^{(\alpha)}=\left[m_{\alpha1}\quad m_{\alpha2}\quad m_{\alpha3}\right]^{\mathrm{T}} \tag{1.4.28}$$

那么按矩阵运算法则，式(1.4.27)有如下分块形式：

$$\left[S_{kl}\right]\left\{\boldsymbol{n}^{(1)}\quad\boldsymbol{n}^{(2)}\quad\boldsymbol{n}^{(3)}\right\}=\left[S_1\boldsymbol{n}^{(1)}\quad S_2\boldsymbol{n}^{(2)}\quad S_3\boldsymbol{n}^{(3)}\right] \tag{1.4.29}$$

于是得出：

$$\left[S_{kl}\right]\boldsymbol{n}^{(\alpha)}=S_\alpha\boldsymbol{n}^{(\alpha)}\quad(\alpha=1,2,3) \tag{1.4.30}$$

或写为

$$(\boldsymbol{S}-S_\alpha\boldsymbol{1})\boldsymbol{n}^{(\alpha)}=\boldsymbol{0} \tag{1.4.31}$$

式(1.4.31)给出了求特征值和特征向量的方法：

(1)列出特征方程并求解。

$$\det(\boldsymbol{S}-S\boldsymbol{1})=-S^3+I_S S^2-II_S S+III_S=0 \tag{1.4.32}$$

这里I_S、II_S、III_S分别是张量$\boldsymbol{S}$的一次、二次和三次不变量：

$$\begin{cases}I_S=\mathrm{tr}\boldsymbol{S}=S_1+S_2+S_3\\ II_S=\begin{bmatrix}S_{11}&S_{12}\\S_{21}&S_{22}\end{bmatrix}+\begin{bmatrix}S_{22}&S_{23}\\S_{32}&S_{33}\end{bmatrix}+\begin{bmatrix}S_{11}&S_{13}\\S_{31}&S_{33}\end{bmatrix}=S_1S_2+S_2S_3+S_1S_3\\ III_S=\det\boldsymbol{S}=S_1S_2S_3\end{cases} \tag{1.4.33}$$

这个方程的解给出了三个特征值$S_\alpha(\alpha=1,2,3)$。

(2)逐个地对每一个特征值求对应的特征向量。

第α个特征值S_α对应的特征向量$\boldsymbol{n}^{(\alpha)}$满足齐次线性代数方程(1.4.31)。求解并完成归一化处理，便得到所要求的单位向量$\boldsymbol{n}^{(\alpha)}$。

二阶张量的特征值和特征向量的一系列性质与矩阵的特征值和特征向量的相应性质具有对应关系。这里仅引入将要用到的几个概念和命题。

定理 1.1 张量$\boldsymbol{S}$与它的r(有理数)次幂张量$\boldsymbol{S}^r$有相同的特征向量，张量$\boldsymbol{S}^r$的特征值是张量$\boldsymbol{S}$相应特征值的r次幂。

定理 1.2 Cayley-Hamilton 定理 任何二阶张量总满足自身的特征方程，即满足方程

$$-\boldsymbol{S}^3+I_S\boldsymbol{S}^2-II_S\boldsymbol{S}+III_S\boldsymbol{1}=\boldsymbol{0} \tag{1.4.34}$$

定义 特征值全都大于零的张量称为**正定张量**。

定理 1.3 实对称正定张量$\boldsymbol{S}$对应的二次型，即：

$$\boldsymbol{xSx}=S_{11}x_1^2+2S_{12}x_1x_2+2S_{13}x_1x_3+S_{22}x_2^2+2S_{23}x_2x_3+S_{33}x_3^2 \tag{1.4.35}$$

是正定二次型。

1.4.3 二阶张量的分解

1. 对称与反对称分解

定理 1.4 对于任何二阶张量$\boldsymbol{A}$，唯一地存在一个对称张量$\boldsymbol{A}^{(\mathrm{s})}$和一个反对称张量$\boldsymbol{A}^{(\mathrm{a})}$，使

$$\boldsymbol{A}=\boldsymbol{A}^{(\mathrm{s})}+\boldsymbol{A}^{(\mathrm{a})} \tag{1.4.36}$$

式中，

$$\boldsymbol{A}^{(\mathrm{s})}=\frac{1}{2}(\boldsymbol{A}+\boldsymbol{A}^{\mathrm{T}}),\quad \boldsymbol{A}^{(\mathrm{a})}=\frac{1}{2}(\boldsymbol{A}-\boldsymbol{A}^{\mathrm{T}}) \tag{1.4.37}$$

2. 球偏分解

定义 单位二阶张量与非零数$(-p)$作数乘，所得的二阶张量称为**球张量**。

定义 迹为零的二阶张量称为**无迹张量或偏张量**。

定理 1.5 对于任何二阶张量 $\boldsymbol{A}$，唯一地存在一个球张量 $\boldsymbol{A}^{(0)}$ 和一个偏张量 $\boldsymbol{A}^{(\mathrm{p})}$，使

$$\boldsymbol{A}=\boldsymbol{A}^{(0)}+\boldsymbol{A}^{(\mathrm{p})} \tag{1.4.38}$$

式中，

$$\boldsymbol{A}^{(0)}=-p\mathbf{1}，\quad -p=\frac{1}{3}\mathrm{tr}\boldsymbol{A} \tag{1.4.39}$$

$$\boldsymbol{A}^{(p)}=\boldsymbol{A}-\boldsymbol{A}^{(0)} \tag{1.4.40}$$

以上两类分解方式都属加法分解。

例 1.6 轴矢量和对偶张量

如果矢量 $\boldsymbol{W}$ 与反对称张量 $\boldsymbol{\omega}$ 有关系：

$$\boldsymbol{\omega}=-\boldsymbol{e}\boldsymbol{W} \text{ 或 } \boldsymbol{W}=-\frac{1}{2}\boldsymbol{e}:\boldsymbol{\omega} \tag{1.4.41}$$

称矢量 $\boldsymbol{W}$ 为反对称张量 $\boldsymbol{\omega}$ 的轴矢量，反对称张量 $\boldsymbol{\omega}$ 为矢量 $\boldsymbol{W}$ 的对偶张量。

可以证明，对任意矢量 $\boldsymbol{x}$，总存在关系：

$$\boldsymbol{W}\times\boldsymbol{x}=\boldsymbol{\omega}\boldsymbol{x} \tag{1.4.42}$$

事实上，有恒等式

$$\frac{1}{2}e_{lkm}e_{lpq}=\delta_{kp}\delta_{mq}$$

等式(1.4.42)的左端可以写作 $\boldsymbol{e}_{pkl}W_k x_l=\boldsymbol{e}_{pkl}(-\frac{1}{2}e_{kmn}\omega_{mn})x_l=\omega_{pl}x_l$，与左端 $\omega_{ps}x_s$ 相等。这就证明了式(1.4.42)的正确性。

注意 也有著作采用如下叙述方式：如果矢量 $\boldsymbol{W}$ 与反对称张量 $\boldsymbol{\omega}$ 有关系：

$$\boldsymbol{\omega}=\boldsymbol{e}\boldsymbol{W} \text{ 或 } \boldsymbol{W}=\frac{1}{2}\boldsymbol{e}:\boldsymbol{\omega}$$

可以证明，对任意矢量 $\boldsymbol{x}$，总存在关系：

$$\boldsymbol{x}\times\boldsymbol{W}=\boldsymbol{\omega}\boldsymbol{x} \text{ 或 } \boldsymbol{W}\times\boldsymbol{x}=-\boldsymbol{\omega}\boldsymbol{x}$$

例 1.7 各向同性张量

对于坐标系的任意选择，分量保持不变的张量称为**各向同性张量**。

连续体力学常用到如下命题：

(1)二阶各向同性张量的充要条件是它为球张量。

事实上，如果二阶张量 $\boldsymbol{C}$ 为各向同性张量，那么在任意坐标系下有不变的分量 C_{kl} 要求对任意正交张量 $\boldsymbol{Q}$，恒有

$$C_{pq}=Q_{pk}Q_{ql}C_{kl}$$

如果取 $[\boldsymbol{Q}]=\begin{bmatrix}0 & \pm1 & 0\\ 1 & 0 & 0\\ 0 & 0 & 1\end{bmatrix}$，此式要求

$$\begin{bmatrix} C_{11} & C_{12} & C_{13} \\ C_{21} & C_{22} & C_{23} \\ C_{31} & C_{32} & C_{33} \end{bmatrix} = \begin{bmatrix} C_{22} & \pm C_{21} & \pm C_{23} \\ \pm C_{12} & C_{11} & C_{13} \\ \pm C_{32} & C_{31} & C_{33} \end{bmatrix}$$

因此得 $C_{11}=C_{22}, C_{12}=C_{21}=0, C_{23}=C_{32}=0$。类似地可得 $C_{11}=C_{33}, C_{13}=C_{31}=0$。于是得到二阶张量 $\boldsymbol{C}$ 只能为球张量。这就证明了命题的必要性。命题的充分性证明从略。

(2) 如下三类形式的四阶张量为各向同性张量：

$$A_{jklm}^{(1)} = \lambda\delta_{jk}\delta_{lm}\text{，}\quad A_{jklm}^{(2)} = \mu_1\delta_{jl}\delta_{km}\text{，}\quad A_{jklm}^{(3)} = \mu_2\delta_{jm}\delta_{kl} \tag{1.4.43}$$

容易给出这个命题的证明，于此从略。

(3) 可以用三个参数 λ、μ_1、μ_2 表示一个四阶各向同性张量：

$$A_{jklm} = \lambda\delta_{jk}\delta_{lm} + \mu_1\delta_{jl}\delta_{km} + \mu_2\delta_{jm}\delta_{kl} \tag{1.4.44}$$

需要注意，由式(1.4.44)表达的四阶各向同性张量具有对称性：

$$A_{jklm} = A_{lmjk} \tag{1.4.45}$$

如果 $\mu_1 \neq \mu_2$，则

$$A_{jklm} \neq A_{kjlm}\text{，}\quad A_{jklm} \neq A_{jkml} \tag{1.4.46}$$

如果 $\mu_1 = \mu_2 = \mu$，则具有 Voigt 对称性：

$$A_{jklm} = A_{lmjk} = A_{kjlm} = A_{jkml} \tag{1.4.47}$$

§ 1.5　张量函数和张量分析

1.5.1　张量函数

1. 张量函数和张量的微分

定义张量 $\boldsymbol{H}$ 由张量 $\boldsymbol{S}$ 确定，称张量 $\boldsymbol{H}$ 为张量 $\boldsymbol{S}$ 的函数，记作 $\boldsymbol{H}(\boldsymbol{S})$。

如果 $\boldsymbol{H}=H_{kl}\boldsymbol{i}_1\otimes\boldsymbol{i}_2$，$\boldsymbol{S}=S_{kl}\boldsymbol{i}_1\otimes\boldsymbol{i}_2$，那么张量函数 $\boldsymbol{H}(\boldsymbol{S})$ 由九个九元函数组成 $H_{kl}(S_{11},S_{12},\cdots,S_{33})$，$k,l=1,2,3$。引入记号：

$$\frac{\partial\boldsymbol{H}}{\partial\boldsymbol{S}} = \frac{\partial H_{kl}}{\partial S_{mn}}\boldsymbol{i}_k\otimes\boldsymbol{i}_l\otimes\boldsymbol{i}_m\otimes\boldsymbol{i}_n$$

张量的微分可以定义为

$$\mathrm{d}\boldsymbol{H} = \frac{\partial\boldsymbol{H}}{\partial\boldsymbol{S}}:\mathrm{d}\boldsymbol{S} \tag{1.5.1}$$

这里，

$$\mathrm{d}\boldsymbol{S} = \mathrm{d}S_{mn}\boldsymbol{i}_m\otimes\boldsymbol{i}_m \tag{1.5.2}$$

式中给出的二阶张量的二阶张量函数的微分式可以推广于其他阶张量。

2. 二阶张量的各向同性张量函数

定义　各向同性二阶张量函数

如果二阶张量的二阶张量函数在任意坐标系下有不变的形式，即在坐标系 $Ox_1x_2x_3$ 和

坐标系 $O'x_1'x_2'x_3'$ 中有相同的函数对应关系

$$\boldsymbol{H}(\boldsymbol{S})=\Im(\boldsymbol{S}), \quad \boldsymbol{H}'(\boldsymbol{S}')=\Im(\boldsymbol{S}') \tag{1.5.3}$$

则称张量函数 $\boldsymbol{H}(\boldsymbol{S})$ 为二阶张量 $\boldsymbol{S}$ 的各向同性二阶张量函数。记号 $\Im$ 表示不受坐标系变化影响的张量函数。按 1.2.2 节的约定，同一个二阶张量在坐标系 $Ox_1x_2x_3$ 和坐标系 $O'x_1'x_2'x_3'$ 中分别描写为

$$\boldsymbol{H}=H_{kl}\boldsymbol{i}_k\otimes\boldsymbol{i}_l, \quad \boldsymbol{H}'=H'_{mn}\boldsymbol{i}'_m\otimes\boldsymbol{i}'_n$$

$$\boldsymbol{S}=S_{kl}\boldsymbol{i}_k\otimes\boldsymbol{i}_l, \quad \boldsymbol{S}'=S'_{mn}\boldsymbol{i}'_m\otimes\boldsymbol{i}'_n$$

根据式(1.4.22)，得到对式(1.5.1)中函数 $\Im$ 的要求：

$$\Im(\boldsymbol{QSQ}^{\mathrm{T}})=\boldsymbol{Q}\Im(\boldsymbol{S})\boldsymbol{Q}^{\mathrm{T}} \tag{1.5.4}$$

此式须对任意正交张量 $\boldsymbol{Q}$ 和函数定义集合中任意二阶张量 $\boldsymbol{S}$ 成立。将此式作为对函数 $\Im$ 的方程，讨论它的求解，导出如下命题。

定理 二阶张量的二阶张量函数 $\boldsymbol{H}=\Im(\boldsymbol{S})$ 是各向同性张量的充要条件是：此函数有如下表达式

$$\boldsymbol{H}=\Im(\boldsymbol{S})=\varphi_0\boldsymbol{1}+\varphi_1\boldsymbol{S}+\varphi_2\boldsymbol{S}^2 \tag{1.5.5}$$

式中，$\varphi_\alpha\ (\alpha=0,1,2)$ 是二阶张量 $\boldsymbol{S}$ 的三个不变量 I_S、II_S、III_S 的函数。

推论 如果二阶张量 $\boldsymbol{S}$ 可逆，则式(1.5.5)等价为

$$\boldsymbol{H}=\Im(\boldsymbol{S})=\psi_0\boldsymbol{1}+\psi_1\boldsymbol{S}+\psi_{-1}\boldsymbol{S}^{-1} \tag{1.5.6}$$

式中，$\psi_\alpha(\alpha=0,1,-1)$ 是二阶张量 $\boldsymbol{S}$ 的三个不变量 I_S、II_S、III_S 的函数。

这个定理的证明从略，推论的证明用到 Cayley-Hamilton 定理。

同理可以叙述二阶张量的零阶张量函数。

定理 二阶张量的零阶张量函数 $f(\boldsymbol{S})$ 有简化式

$$f(\boldsymbol{S})=g(I_S,II_S,III_S)$$

式中，I_S、II_S、III_S 是二阶张量 $\boldsymbol{S}$ 的三个不变量。

1.5.2 张量场

之后的叙述中用 $\boldsymbol{x}$ 和 t 分别表示位矢和时间变量，张量 $\boldsymbol{\varphi}$ 记为

$$\boldsymbol{\varphi}=\boldsymbol{\varphi}(\boldsymbol{x},t) \quad (\boldsymbol{x}\in V, \ -\infty<t<\infty) \tag{1.5.7}$$

式中，V 为函数的定义域。这就描写了区域 V 上的张量场。

1.5.3 张量分析

引入 Nabla 算符 ∇：

$$\nabla()=\boldsymbol{i}_k\partial_k(), \quad ()\nabla=()_{,k}\boldsymbol{i}_k \tag{1.5.8}$$

式中，$\partial_k()$ 和 $()_{,k}$ 都表示偏导数，即：

$$\partial_k()=\frac{\partial()}{\partial x_k}, \quad ()_{,k}=\frac{\partial()}{\partial x_k} \tag{1.5.9}$$

1. 梯度

定义　对于一个张量场，在其连续可微点上，可以定义**梯度**：

标量的梯度：

$$\nabla\otimes\varphi=\varphi\otimes\nabla=\boldsymbol{i}_k\partial_k\varphi=\partial_k\varphi\boldsymbol{i}_k \tag{1.5.10a}$$

一阶张量的梯度：

$$\mathrm{grad}\boldsymbol{u}=\boldsymbol{u}\otimes\nabla=u_{k,l}\boldsymbol{i}_k\otimes\boldsymbol{i}_l \tag{1.5.11a}$$

$$\nabla\otimes\boldsymbol{u}=\partial_l u_k\boldsymbol{i}_l\otimes\boldsymbol{i}_k=u_{k,l}\boldsymbol{i}_l\otimes\boldsymbol{i}_k \tag{1.5.12a}$$

二阶张量的梯度：

$$\boldsymbol{S}\otimes\nabla=S_{kl,m}\boldsymbol{i}_k\otimes\boldsymbol{i}_l\otimes\boldsymbol{i}_m \tag{1.5.13a}$$

$$\nabla\otimes\boldsymbol{S}=\partial_m S_{kl}\boldsymbol{i}_m\otimes\boldsymbol{i}_k\otimes\boldsymbol{i}_l=S_{kl,m}\boldsymbol{i}_m\otimes\boldsymbol{i}_k\otimes\boldsymbol{i}_l \tag{1.5.14a}$$

依此类推，可以定义高阶张量的梯度。

一般地说，对张量$\boldsymbol{\varphi}$，有

$$\nabla\otimes\boldsymbol{\varphi}\neq\boldsymbol{\varphi}\otimes\nabla \tag{1.5.15a}$$

在不引起二意性或不确定性的前提下，尽可能对记号作简化是学科进步的必由之路。已经被广泛接受的简化方案是梯度的记号中省略∇算符旁的记号$\otimes$，于是式(1.5.10a)～式(1.5.15a)改写为

$$\nabla\varphi=\varphi\nabla=\nabla\otimes\varphi=\varphi\otimes\nabla=\boldsymbol{i}_k\partial_k\varphi=\partial_k\varphi\boldsymbol{i}_k \tag{1.5.10b}$$

$$\boldsymbol{u}\nabla=\boldsymbol{u}\otimes\nabla=u_{k,l}\boldsymbol{i}_k\otimes\boldsymbol{i}_l \tag{1.5.11b}$$

$$\mathrm{grad}\boldsymbol{u}=\nabla\boldsymbol{u}=\nabla\otimes\boldsymbol{u}=\partial_l u_k\boldsymbol{i}_l\otimes\boldsymbol{i}_k=u_{k,l}\boldsymbol{i}_l\otimes\boldsymbol{i}_k \tag{1.5.12b}$$

$$\boldsymbol{S}\nabla=\boldsymbol{S}\otimes\nabla=S_{kl,m}\boldsymbol{i}_k\otimes\boldsymbol{i}_l\otimes\boldsymbol{i}_m \tag{1.5.13b}$$

$$\nabla\boldsymbol{S}=\nabla\otimes\boldsymbol{S}=\partial_m S_{kl}\boldsymbol{i}_m\otimes\boldsymbol{i}_k\otimes\boldsymbol{i}_l=S_{kl,m}\boldsymbol{i}_m\otimes\boldsymbol{i}_k\otimes\boldsymbol{i}_l \tag{1.5.14b}$$

$$\nabla\boldsymbol{\varphi}\neq\boldsymbol{\varphi}\nabla \tag{1.5.15b}$$

2. 散度

定义　对于一个张量场，在其连续可微点上，可以定义**散度**：

一阶张量的散度：

$$\mathrm{div}\boldsymbol{u}=\boldsymbol{u}\cdot\nabla=\nabla\cdot\boldsymbol{u}=u_{k,k} \tag{1.5.16}$$

二阶张量的散度：

$$\boldsymbol{S}\cdot\nabla=S_{kl,l}\boldsymbol{i}_k \tag{1.5.17}$$

$$\mathrm{div}\boldsymbol{S}=\nabla\cdot\boldsymbol{S}=\partial_m S_{ml}\boldsymbol{i}_l=S_{ml,m}\boldsymbol{i}_l \tag{1.5.18}$$

依此类推，可以定义高阶张量的散度。

一般地说，标量无散度的定义。对二阶及其以上的张量$\boldsymbol{\varphi}$，有

$$\nabla\cdot\boldsymbol{\varphi}\neq\boldsymbol{\varphi}\cdot\nabla \tag{1.5.19}$$

对于二阶张量$\boldsymbol{S}$，总有

$$\nabla\cdot\boldsymbol{S}=\boldsymbol{S}^{\mathrm{T}}\cdot\nabla \tag{1.5.20}$$

3. 旋度

定义 对于张量场，在其连续可微点上，可以定义**旋度**：

一阶张量的旋度：

$$\nabla\times\boldsymbol{u}=\partial_k u_l e_{klm}\boldsymbol{i}_m=u_{l,k}e_{klm}\boldsymbol{i}_m \tag{1.5.21}$$

$$\boldsymbol{u}\times\nabla=u_{k,l}e_{klm}\boldsymbol{i}_m \tag{1.5.22}$$

二阶张量的旋度：

$$\nabla\times\boldsymbol{S}=\partial_m S_{kl}e_{mkj}\boldsymbol{i}_j\otimes\boldsymbol{i}_l=S_{kl,m}e_{mkj}\boldsymbol{i}_j\otimes\boldsymbol{i}_l \tag{1.5.23}$$

$$\boldsymbol{S}\times\nabla=S_{kl,m}e_{lmj}\boldsymbol{i}_k\otimes\boldsymbol{i}_j \tag{1.5.24}$$

依此类推，可以定义高阶张量的旋度。

一般地说，标量无旋度的定义。对张量$\boldsymbol{\varphi}$，有

$$\nabla\times\boldsymbol{\varphi}\neq\boldsymbol{\varphi}\times\nabla \tag{1.5.25}$$

对于一阶张量$\boldsymbol{u}$，有

$$\nabla\times\boldsymbol{u}=-\boldsymbol{u}\times\nabla \tag{1.5.26}$$

需要注意的是，二阶和二阶以上高阶张量的梯度和旋度使用频率不高，在不同的著作中往往存在差异。

4. 散度定理

散度定理 如果函数Φ在区域V连续且存在连续的一阶偏导数，那么如下高斯公式成立：

$$\int_V \Phi_{,k}\,\mathrm{d}v=\int_{\partial V}\Phi n_k\mathrm{d}a \tag{1.5.27}$$

式中，∂V为区域V的按片光滑的封闭表面；n_k为∂V的外法线单位矢；$\mathrm{d}v$和$\mathrm{d}a$分别为体元和面元。

以高斯公式(1.5.27)为基础，可以组构一系列张量形式的公式。下面仅略举几个公式。

$$\int_V \nabla\cdot\boldsymbol{u}\mathrm{d}v=\int_{\partial V}\boldsymbol{u}\boldsymbol{n}\mathrm{d}a=\int_{\partial V}\boldsymbol{u}\mathrm{d}\boldsymbol{a} \tag{1.5.28}$$

$$\int_V \boldsymbol{A}\cdot\nabla\mathrm{d}v=\int_{\partial V}\boldsymbol{A}\mathrm{d}\boldsymbol{a} \tag{1.5.29}$$

$$\int_V \nabla\cdot\boldsymbol{A}\mathrm{d}v=\int_{\partial V}\mathrm{d}\boldsymbol{a}\boldsymbol{A} \tag{1.5.30}$$

$$\int_V \boldsymbol{A}\nabla\mathrm{d}v=\int_{\partial V}\boldsymbol{A}\otimes\mathrm{d}\boldsymbol{a} \tag{1.5.31}$$

$$\int_V \nabla\boldsymbol{A}\mathrm{d}v=\int_{\partial V}\mathrm{d}\boldsymbol{a}\otimes\boldsymbol{A} \tag{1.5.32}$$

$$\int_V A\times\nabla\mathrm{d}v=\int_{\partial V}A\times\mathrm{d}\boldsymbol{a} \tag{1.5.33}$$

$$\int_V \nabla\times A\mathrm{d}v=\int_{\partial V}\mathrm{d}\boldsymbol{a}\times A \tag{1.5.34}$$

式中，$\boldsymbol{A}$为任意张量；$\mathrm{d}\boldsymbol{a}=\boldsymbol{n}\mathrm{d}a$，式中，$\boldsymbol{n}$为$\partial V$的外线单位矢。这些公式统称为散度定理。

5. Stokes 公式

Stokes 公式 如果矢量$\boldsymbol{u}$在包含封闭曲线C及其所张曲面a的区域上连续，且存在连续的一阶偏导数，那么：

$$\int_a \nabla\times\boldsymbol{u}\mathrm{d}\boldsymbol{a}=\int_C \boldsymbol{u}\mathrm{d}\boldsymbol{x} \tag{1.5.35}$$

式中，$\mathrm{d}\boldsymbol{x}$和$\mathrm{d}\boldsymbol{a}$分别为用一阶张量表示的线元和面元。

以 Stokes 公式(1.5.35)为基础，可以组构一系列张量形式的公式。下面仅列举两个公式。

$$\int_C \mathrm{d}\boldsymbol{x}\cdot\boldsymbol{A}=\int_a \mathrm{d}\boldsymbol{a}\cdot(\nabla\times\boldsymbol{A}) \tag{1.5.36}$$

$$\int_C \boldsymbol{A}\cdot\mathrm{d}\boldsymbol{x}=\int_a (\nabla\times\boldsymbol{A})\cdot\mathrm{d}\boldsymbol{a} \tag{1.5.37}$$

式中，$\boldsymbol{A}$为任意张量。

§1.6 弹性力学中张量描述例

弹性力学所用符号和基本方程的张量描述主要有

位矢 $\boldsymbol{x}$，x_j 一阶张量

位移矢量 $\boldsymbol{u}$，u_j 一阶张量

应变张量 $\boldsymbol{\varepsilon}$，ε_{ji} 二阶张量

应力张量 $\boldsymbol{\sigma}$，σ_{ji} 二阶张量

弹性模量 $\boldsymbol{a}$，a_{jikl} 四阶张量

弹性柔量 $\boldsymbol{b}$，b_{jikl} 四阶张量

各向同性介质弹性模量：用 Kronecker δ、两个常量λ和G表达这个四阶各向同性张量。

$$a_{jikl}=\lambda\delta_{ji}\delta_{kl}+G(\delta_{jk}\delta_{il}+\delta_{jl}\delta_{ik})$$

各向同性介质弹性柔量：用 Kronecker δ、两个常量λ和E表达这个四阶各向同性张量。

$$b_{jikl}=\frac{1+\nu}{E}\delta_{jk}\delta_{il}-\frac{\nu}{E}\delta_{ji}\delta_{kl}$$

本构方程：

$$\boldsymbol{\sigma}=\boldsymbol{a}:\ \boldsymbol{\varepsilon}\text{，}\quad \sigma_{ji}=a_{jikl}\varepsilon_{kl}$$

$$\boldsymbol{\varepsilon}=\boldsymbol{b}:\ \boldsymbol{\sigma}\text{，}\quad \varepsilon_{kl}=b_{klji}\sigma_{ji}$$

几何方程：

$$\boldsymbol{\varepsilon}=\frac{1}{2}(\nabla\boldsymbol{u}+\boldsymbol{u}\nabla)\text{，}\quad \varepsilon_{ji}=\frac{1}{2}(u_{j,i}+u_{i,j})$$

平衡方程：

$$\mathrm{div}\boldsymbol{\sigma}+\boldsymbol{f}=\boldsymbol{0}\qquad \sigma_{ji,j}+f_i=0$$

习　题

1.1　对于二阶张量$\boldsymbol{S}$和$\boldsymbol{T}$，求证$\boldsymbol{S}:\boldsymbol{T}=\boldsymbol{T}:\boldsymbol{S}$和$\boldsymbol{S}\cdot\cdot\boldsymbol{T}=\boldsymbol{T}\cdot\cdot\boldsymbol{S}$。

1.2　如果$\boldsymbol{u}$和$\boldsymbol{v}$都是一阶张量，且$\boldsymbol{u}=\boldsymbol{S}\boldsymbol{v}$，求证$\boldsymbol{S}$为二阶张量。

1.3　对于任何一阶张量$\boldsymbol{u}$和$\boldsymbol{v}$，求证$\boldsymbol{u}\times\boldsymbol{v}=\boldsymbol{e}:(\boldsymbol{u}\otimes\boldsymbol{v})$。

1.4　试证明：如果$\boldsymbol{a}\otimes\boldsymbol{b}$为对称二阶张量，则$\boldsymbol{a}\times\boldsymbol{b}$为零矢量。

1.5　对于任意二阶张量$\boldsymbol{S}$和$\boldsymbol{T}$，求证：

$$\boldsymbol{S}^{(\mathrm{s})}:\boldsymbol{T}^{(\mathrm{a})}=\boldsymbol{0}$$

$$\boldsymbol{S}^{(\mathrm{a})}:\boldsymbol{T}^{(\mathrm{s})}=\boldsymbol{0}$$

$$\boldsymbol{S}:\boldsymbol{T}=\boldsymbol{S}^{(\mathrm{s})}:\boldsymbol{T}^{(\mathrm{s})}+\boldsymbol{S}^{(\mathrm{a})}:\boldsymbol{T}^{(\mathrm{a})}$$

1.6　如果$\boldsymbol{W}$是矢量$\boldsymbol{\omega}$的对偶张量，求证$\boldsymbol{W}=-\boldsymbol{W}^{\mathrm{T}}$。

1.7　对$\boldsymbol{x}$的任意二阶张量函数$\boldsymbol{\sigma}$，求证：

$$\int_{\partial v}\boldsymbol{x}\times(\boldsymbol{\sigma}\cdot\mathrm{d}\boldsymbol{a})=\int_{v}\boldsymbol{x}\times(\mathrm{div}\boldsymbol{\sigma})\mathrm{d}v+\int_{v}\boldsymbol{e}:\boldsymbol{\sigma}\mathrm{d}v$$

1.8　求证

(1) $e-\delta$ 恒等式　$e_{ijk}e_{pqr}=\begin{vmatrix}\delta_{ip} & \delta_{iq} & \delta_{ir}\\ \delta_{jp} & \delta_{jq} & \delta_{jr}\\ \delta_{kp} & \delta_{kq} & \delta_{kr}\end{vmatrix}$

(2) $e_{ijk}e_{imn}=\delta_{jm}\delta_{kn}-\delta_{jn}\delta_{km}$

(3) $e_{ijk}e_{rjk}=2\delta_{ir}$

(4) $e_{ijk}e_{ijk}=6$

1.9　求以三矢$\boldsymbol{a}$、$\boldsymbol{b}$、$\boldsymbol{c}$为临边的平行六面体体积。

1.10　如果$\boldsymbol{u}(\boldsymbol{x})$是位矢$\boldsymbol{x}$的一阶张量函数，定义 Laplace 算符$\Delta()=\nabla\cdot\nabla()$，试证明$\nabla\times\nabla\times\boldsymbol{u}=\nabla(\nabla\cdot\boldsymbol{u})-\Delta\boldsymbol{u}$。

第2章 应 变 理 论

连续体的变形在全局上产生位移场，会引起局部包含线元素、面元素和体元在内的微元体发生变形。如何描写微元体的变形，如何描写全局的位移场与局部的微元体变形的关系，微元体的不同选取对变形描写有何关联等，这些问题涉及本章将述及的应变张量的概念、位移与变形的关系、位移和应变分量的坐标变换法则、主应变、应变主方向和应变张量的不变量等相关知识。

§2.1 位移场应变场和几何方程

2.1.1 位移场

引入直角坐标系 $Oxyz$，一个物质点在参考状态的位矢记为 $\boldsymbol{x}$，称为物质坐标；在确定的变形状态下，此物质点的位矢记为 $\boldsymbol{\xi}$，称为**空间坐标**。这个物质点的变形位移记作 $\boldsymbol{u}$，定义为

$$\boldsymbol{u}=\boldsymbol{\xi}-\boldsymbol{x} \tag{2.1.1}$$

这里 $\boldsymbol{\xi}$ 和 $\boldsymbol{u}$ 都是定义在物体参考状态所占区域 V 的位矢 $\boldsymbol{x}$ 的单值函数：

$$\boldsymbol{\xi}=\boldsymbol{\xi}(\boldsymbol{x}),\quad \boldsymbol{x}\in V \tag{2.1.2a}$$

$$\boldsymbol{u}=\boldsymbol{u}(\boldsymbol{x}),\quad \boldsymbol{x}\in V \tag{2.1.2b}$$

对于运动学和动力学问题，这两个函数还与时间变量 t 有关。这就是定义在物体参考状态所占区域 V 的位移场。

将区域上物体全部质点的几何分布方式称为“**位形**”，参考状态对应于参考位形，在给定时刻经历位移场 $u(x)$ 得到了变形状态，对应的位形称为**即时位形**。因此物体的变形就是位形的变换。

对于任何可以实现的变形位移，$\boldsymbol{\xi}$和$\boldsymbol{x}$间的单值性是可逆的，因此也可以将 $\boldsymbol{x}$ 和 $\boldsymbol{u}$ 作为定义在变形状态物体所占区域 V_t 的空间坐标 $\boldsymbol{\xi}$ 的单值函数。这样的描写方法称为**空间描写**，即 $x=x(\xi),u=u(\xi)$。式(2.1.2)对应的描写方法称为**物质描写**。本书其后主要采用式(2.1.2)的描写形式，即总是理解为物质描写。

位矢 $\boldsymbol{x}$ 的角标量记号为 x_j，其分量也可记为 (x,y,z)。类似地，$\boldsymbol{\xi}$ 和 $\boldsymbol{u}$ 的角标记号分别记为 ξ_i 和 u_i，分量分别记为 (ξ_x,ξ_y,ξ_z) 和 (u_x,u_y,u_z)。

式(2.1.1)可改写为如下分量表示的形式：

$$u_x=\xi_x-x_x,\quad u_y=\xi_y-x_y,\quad u_z=\xi_z-x_z \tag{2.1.3}$$

又可改写为如下角标量表示的形式：

$$u_j=\xi_j-x_j \tag{2.1.4}$$

2.1.2 应变张量

参考状态下从点 $\boldsymbol{x}\,(x,y,z)$ 引出矢量元 $\Delta x\boldsymbol{i}_x$、$\Delta y\boldsymbol{i}_y$、$\Delta z\boldsymbol{i}_z$，形成一个三维标架。物体变形使标架也发生变形。为了描写标架的变形，只需要给出三条线元的线应变和它们两两间的剪应变。记三条标架线元的线应变分别为 ε_x、ε_y、ε_z，两两线元间的剪应变分别为 $\gamma_{xy}(=\gamma_{yx})$, $\gamma_{yz}(=\gamma_{zy})$, $\gamma_{zx}(=\gamma_{xz})$。两者共计 6 个参数，组成标架变形描写的变形几何量(图 2.1)。

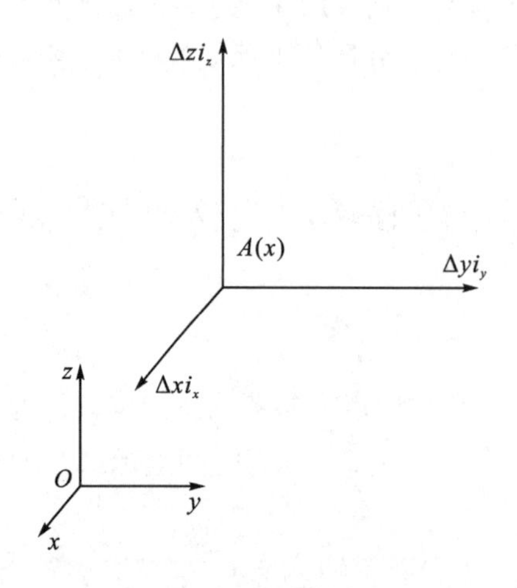

图 2.1　三维标架

这里 ε_x 表示点 (x,y,z) 邻域在轴 Ox 方向的正(线)应变；$\gamma_{yz}(=\gamma_{zy})$ 表示在方向 Oy 与方向 Oz 的剪应变，余类推之。将这 6 个参数组构成一个如下形式的三阶实对称方阵，便可以建立描写应变状态的数学模型：

$$\boldsymbol{\varepsilon}=\begin{bmatrix}\varepsilon_x & \gamma_{xy}/2 & \gamma_{xz}/2\\ \gamma_{yx}/2 & \varepsilon_y & \gamma_{yz}/2\\ \gamma_{zx}/2 & \gamma_{zy}/2 & \varepsilon_z\end{bmatrix} \tag{2.1.5}$$

这里对角线上三元素是三个线应变分量，对角线外是 6 个剪应变分量；根据 0.4.3 小节中所述的对称性，要求 $\gamma_{xy}=\gamma_{yx}$，$\gamma_{yz}=\gamma_{zy}$，$\gamma_{zx}=\gamma_{xz}$，因此 6 个剪应变分量中仅三个是独立的。将矩阵(2.1.5)称为应变矩阵。应变矩阵的角标量表达为 ε_{kl}，它的张量及其分解记法为

$$\boldsymbol{\varepsilon}=\varepsilon_{kl}\boldsymbol{i}_k\otimes\boldsymbol{i}_l \tag{2.1.6}$$

如下矩阵等式中的记号都是通常采用的：

$$\boldsymbol{\varepsilon}=\left[\varepsilon_{ji}\right]=\begin{bmatrix}\varepsilon_{11} & \varepsilon_{12} & \varepsilon_{13}\\ \cdot & \varepsilon_{22} & \varepsilon_{23}\\ \cdot & \cdot & \varepsilon_{33}\end{bmatrix}=\begin{bmatrix}\varepsilon_x & \varepsilon_{xy} & \varepsilon_{xz}\\ \cdot & \varepsilon_y & \varepsilon_{yz}\\ \cdot & \cdot & \varepsilon_z\end{bmatrix}=\begin{bmatrix}\varepsilon_x & \gamma_{xy}/2 & \gamma_{xz}/2\\ \cdot & \varepsilon_y & \gamma_{yz}/2\\ \cdot & \cdot & \varepsilon_z\end{bmatrix} \tag{2.1.7}$$

这里及之后的叙述中用“·”表示矩阵中取对称位置上的数值。式(2.1.7)中用等号连接的

五种应变状态的数学描写形式都称为应变张量。这里，根据张量的抽象记法，即黑体 $\boldsymbol{\varepsilon}$ 既可以理解为矩阵，也可以理解为应变张量。

需要注意区别 γ_{xy} 和 ε_{12}，两者往往都称为剪应变，但前者为剪应变的几何分量，后者为张量分量，且 $\gamma_{xy}=2\varepsilon_{xy}=2\varepsilon_{12}$，其余剪应变记号与此同理。

2.1.3　几何方程

本节的目的是构建应变张量和位移矢量的关系。

在参考状态下，自点 $A(x,y,z)$ 沿 Ox 方向引线元素 AB，其长度为 $\Delta L_x=\Delta x$。经历位移场式(2.1.2)后，线元素的两端点 $A(x,y,z)$ 和 $B(x+\Delta x,y,z)$ 的新位置分别为 a 和 b，如图 2.2 所示，其坐标分别为

a：$[x+u_x(x,y,z),y+u_y(x,y,z),z+u_z(x,y,z)]$

b：$[x+\Delta x+u_x(x+\Delta x,y,z),y+u_y(x+\Delta x,y,z),z+u_z(x+\Delta x,y,z)]$

因此初始长度为 ΔL_x 的线元素变形后长度为 $\Delta l_x=|ab|$，根据下式：

$$\begin{aligned}\Delta l_x^2&=[x+\Delta x+u_x(x+\Delta x,y,z)-x-u_x(x,y,z)]^2\\&+[y+u_y(x+\Delta x,y,z)-y-u_y(x,y,z)]^2\\&+[z+u_z(x+\Delta x,y,z)-z-u_z(x,y,z)]^2\end{aligned}$$

按泰勒公式展开，保留到一阶：

$$u_x(x+\Delta x,y,z)=u_x(x,y,z)+\Delta x\frac{\partial u_x(x,y,z)}{\partial x}$$

$$u_y(x+\Delta x,y,z)=u_y(x,y,z)+\Delta x\frac{\partial u_y(x,y,z)}{\partial x}$$

$$u_z(x+\Delta x,y,z)=u_z(x,y,z)+\Delta x\frac{\partial u_z(x,y,z)}{\partial x}$$

得到

$$\Delta l_x^2=\Delta x^2\left[\left(1+\frac{\partial u_x}{\partial x}\right)^2+\left(\frac{\partial u_y}{\partial x}\right)^2+\left(\frac{\partial u_z}{\partial x}\right)^2\right]$$

将此线元素的正应变记为 ε_x，按定义

$$\varepsilon_x=(\Delta l_x-\Delta L_x)/\Delta L_x$$

容易证明：

$$\frac{1}{2}(\Delta l_x^2-\Delta L_x^2)/\Delta L_x^2=\varepsilon_x\left(1+\frac{1}{2}\varepsilon_x\right)$$

于是得到

$$\varepsilon_x\left(1+\frac{1}{2}\varepsilon_x\right)=\frac{\partial u_x}{\partial x}+\frac{1}{2}\left[\left(\frac{\partial u_x}{\partial x}\right)^2+\left(\frac{\partial u_y}{\partial x}\right)^2+\left(\frac{\partial u_z}{\partial x}\right)^2\right]\tag{2.1.8a}$$

同理可导出

$$\varepsilon_y\left(1+\frac{1}{2}\varepsilon_y\right)=\frac{\partial u_y}{\partial y}+\frac{1}{2}\left[\left(\frac{\partial u_x}{\partial y}\right)^2+\left(\frac{\partial u_y}{\partial y}\right)^2+\left(\frac{\partial u_z}{\partial y}\right)^2\right] \tag{2.1.8b}$$

$$\varepsilon_z\left(1+\frac{1}{2}\varepsilon_z\right)=\frac{\partial u_z}{\partial z}+\frac{1}{2}\left[\left(\frac{\partial u_x}{\partial z}\right)^2+\left(\frac{\partial u_y}{\partial z}\right)^2+\left(\frac{\partial u_z}{\partial z}\right)^2\right] \tag{2.1.8c}$$

在参考状态下，自点 $A(x,y,\mathrm{z})$ 沿 Oy 方向引线元素 AC，其长度为 $\Delta L_y=\Delta y$。经历位移场式(2.1.2)后，线元素的两端点 $A(x,y,z)$ 和 $C(x,y+\Delta y,z)$ 的新位置分别为 a 和 c，如图 2.2 所示，点 c 的坐标为

$$[x+u_x(x,y+\Delta y,z),y+\Delta y+u_y(x,y+\Delta y,z),z+u_z(x,y+\Delta y,z)]$$

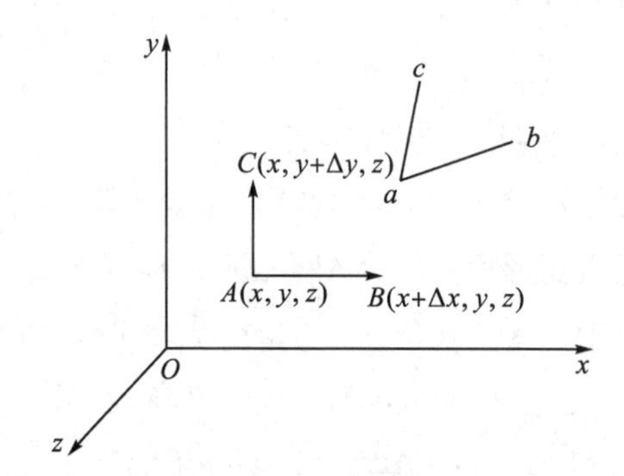

图 2.2　线元变形与应变

沿 Ox 和沿 Oy 的这两条线元素变形后的夹角记为 $\left(\frac{\pi}{2}-\gamma_{xy}\right)$。引入的记号 γ_{xy} 正是点 A 处 Ox 方向与 Oy 方向的剪应变。按矢量点积的公式有

$$\cos\left(\frac{\pi}{2}-\gamma_{xy}\right)=\sin\gamma_{xy}=\frac{\boldsymbol{r}_{ab}\cdot\boldsymbol{r}_{ac}}{\Delta l_x\Delta l_y}$$

这里，$\boldsymbol{r}_{ab}$ 表示分别以点 a 和 b 为矢尾和矢头的矢量；$\boldsymbol{r}_{ac}$ 的含义类推。计算得到

$$\sin\gamma_{xy}=\frac{1}{(1+\varepsilon_x)(1+\varepsilon_y)}\left[\frac{\partial u_x}{\partial y}+\frac{\partial u_y}{\partial x}+\left(\frac{\partial u_x}{\partial x}\frac{\partial u_x}{\partial y}+\frac{\partial u_y}{\partial x}\frac{\partial u_y}{\partial y}+\frac{\partial u_z}{\partial x}\frac{\partial u_z}{\partial y}\right)\right] \tag{2.1.9a}$$

同理可以导出：

$$\sin\gamma_{yz}=\frac{1}{(1+\varepsilon_y)(1+\varepsilon_z)}\left[\frac{\partial u_z}{\partial y}+\frac{\partial u_y}{\partial z}+\left(\frac{\partial u_x}{\partial z}\frac{\partial u_x}{\partial y}+\frac{\partial u_y}{\partial z}\frac{\partial u_y}{\partial y}+\frac{\partial u_z}{\partial z}\frac{\partial u_z}{\partial y}\right)\right] \tag{2.1.9b}$$

$$\sin\gamma_{zx}=\frac{1}{(1+\varepsilon_z)(1+\varepsilon_x)}\left[\frac{\partial u_x}{\partial z}+\frac{\partial u_z}{\partial x}+\left(\frac{\partial u_x}{\partial x}\frac{\partial u_x}{\partial z}+\frac{\partial u_y}{\partial x}\frac{\partial u_y}{\partial z}+\frac{\partial u_z}{\partial x}\frac{\partial u_z}{\partial z}\right)\right] \tag{2.1.9c}$$

计算中取 $\Delta l_x=(1+\varepsilon_x)\Delta L_x,\Delta l_y=(1+\varepsilon_y)\Delta L_y$。

在 0.4.3 小节所述的小应变条件下，与 1 相比，可以忽略 ε_x 和 ε_y，且 $\sin\gamma_{xy}\approx\gamma_{xy}$，于是由式(2.1.8)和式(2.1.9)推出：

$$\varepsilon_x=\frac{\partial u_x}{\partial x}+\frac{1}{2}\left[\left(\frac{\partial u_x}{\partial x}\right)^2+\left(\frac{\partial u_y}{\partial x}\right)^2+\left(\frac{\partial u_z}{\partial x}\right)^2\right] \tag{2.1.10a}$$

$$\varepsilon_y = \frac{\partial u_y}{\partial y} + \frac{1}{2}\left[\left(\frac{\partial u_x}{\partial y}\right)^2 + \left(\frac{\partial u_y}{\partial y}\right)^2 + \left(\frac{\partial u_z}{\partial y}\right)^2\right] \tag{2.1.10b}$$

$$\varepsilon_z = \frac{\partial u_z}{\partial z} + \frac{1}{2}\left[\left(\frac{\partial u_x}{\partial z}\right)^2 + \left(\frac{\partial u_y}{\partial z}\right)^2 + \left(\frac{\partial u_z}{\partial z}\right)^2\right] \tag{2.1.10c}$$

$$\gamma_{xy} = \frac{\partial u_x}{\partial y} + \frac{\partial u_y}{\partial x} + \left(\frac{\partial u_x}{\partial x}\frac{\partial u_x}{\partial y} + \frac{\partial u_y}{\partial x}\frac{\partial u_y}{\partial y} + \frac{\partial u_z}{\partial x}\frac{\partial u_z}{\partial y}\right) \tag{2.1.10d}$$

$$\gamma_{yz} = \frac{\partial u_y}{\partial z} + \frac{\partial u_z}{\partial y} + \left(\frac{\partial u_x}{\partial z}\frac{\partial u_x}{\partial y} + \frac{\partial u_y}{\partial z}\frac{\partial u_y}{\partial y} + \frac{\partial u_z}{\partial z}\frac{\partial u_z}{\partial y}\right) \tag{2.1.10e}$$

$$\gamma_{zx} = \frac{\partial u_z}{\partial x} + \frac{\partial u_x}{\partial z} + \left(\frac{\partial u_x}{\partial x}\frac{\partial u_x}{\partial z} + \frac{\partial u_y}{\partial x}\frac{\partial u_y}{\partial z} + \frac{\partial u_z}{\partial x}\frac{\partial u_z}{\partial z}\right) \tag{2.1.10f}$$

这就是小应变条件下应变分量与位移的关系式，称为几何方程。

本书讨论的经典弹性力学以小变形条件为前提。小变形指位移分量的空间梯度之模与 1 相比是微小量，可以忽略不计。一般情况下位移有三个分量，坐标有三个变量，因此**位移梯度**有如下九个分量：

$$\frac{\partial u_x}{\partial x},\frac{\partial u_x}{\partial y},\frac{\partial u_x}{\partial z},\frac{\partial u_y}{\partial x},\frac{\partial u_y}{\partial y},\frac{\partial u_y}{\partial z},\frac{\partial u_z}{\partial x},\frac{\partial u_z}{\partial y},\frac{\partial u_z}{\partial z}$$

小变形条件要求这九个分量中每一个的模与 1 相比是可以忽略不计的微小量。

在小变形条件下，式(2.1.10)各式等号右端最后一项与前项比较可以忽略不计，于是推出小变形条件下的应变分量的位移表达式，即小变形条件下的几何方程，又称柯西方程：

$$\left.\begin{aligned} \varepsilon_x &= \frac{\partial u_x}{\partial x}, & \gamma_{xy} &= \gamma_{yx} = \frac{\partial u_x}{\partial y} + \frac{\partial u_y}{\partial x} \\ \varepsilon_y &= \frac{\partial u_y}{\partial y}, & \gamma_{yz} &= \gamma_{zy} = \frac{\partial u_y}{\partial z} + \frac{\partial u_z}{\partial y} \\ \varepsilon_z &= \frac{\partial u_z}{\partial z}, & \gamma_{zx} &= \gamma_{xz} = \frac{\partial u_z}{\partial x} + \frac{\partial u_x}{\partial z} \end{aligned}\right\} \tag{2.1.11}$$

可以将柯西方程用角标量表达为

$$\varepsilon_{ji} = (u_{j,i} + u_{i,j})/2 \tag{2.1.12}$$

2.1.4　角位移的几何方程

点 $\boldsymbol{x}\ (x,y,z)$ 的邻域内的点表示为 $\boldsymbol{x}+\mathrm{d}\boldsymbol{x}$，那么后者相对前者的位移可以表示为

$$\mathrm{d}\boldsymbol{u} = \boldsymbol{u}(\boldsymbol{x}+\mathrm{d}\boldsymbol{x}) - \boldsymbol{u}(\boldsymbol{x}) \tag{2.1.13}$$

或写为

$$\boldsymbol{u}(\boldsymbol{x}+\mathrm{d}\boldsymbol{x}) = \boldsymbol{u}(\boldsymbol{x}) + \mathrm{d}\boldsymbol{u} \tag{2.1.14}$$

计算 $\mathrm{d}\boldsymbol{u}$ 的分量：

$$\mathrm{d}u_x = \frac{\partial u_x}{\partial x}\mathrm{d}x + \frac{\partial u_x}{\partial y}\mathrm{d}y + \frac{\partial u_x}{\partial z}\mathrm{d}z$$

改写为

$$\begin{aligned}\mathrm{d}u_x &= \frac{\partial u_x}{\partial x}\mathrm{d}x + \frac{1}{2}\left(\frac{\partial u_x}{\partial y} + \frac{\partial u_y}{\partial x}\right)\mathrm{d}y + \frac{1}{2}\left(\frac{\partial u_x}{\partial z} + \frac{\partial u_z}{\partial x}\right)\mathrm{d}z \\ &\quad + \frac{1}{2}\left(\frac{\partial u_x}{\partial y} - \frac{\partial u_y}{\partial x}\right)\mathrm{d}y + \frac{1}{2}\left(\frac{\partial u_x}{\partial z} - \frac{\partial u_z}{\partial x}\right)\mathrm{d}z\end{aligned} \tag{2.1.15a}$$

同理，可以对 $\mathrm{d}u_y$ 和 $\mathrm{d}u_z$ 写出类似的公式：

$$\begin{aligned}\mathrm{d}u_y &= \frac{1}{2}\left(\frac{\partial u_y}{\partial x} + \frac{\partial u_z}{\partial y}\right)\mathrm{d}x + \frac{\partial u_y}{\partial y}\mathrm{d}y + \frac{1}{2}\left(\frac{\partial u_y}{\partial z} + \frac{\partial u_z}{\partial y}\right)\mathrm{d}z \\ &\quad + \frac{1}{2}\left(\frac{\partial u_y}{\partial x} - \frac{\partial u_x}{\partial y}\right)\mathrm{d}x + \frac{1}{2}\left(\frac{\partial u_y}{\partial z} - \frac{\partial u_z}{\partial y}\right)\mathrm{d}z\end{aligned} \tag{2.1.15b}$$

$$\begin{aligned}\mathrm{d}u_z &= \frac{1}{2}\left(\frac{\partial u_z}{\partial x} + \frac{\partial u_x}{\partial z}\right)\mathrm{d}x + \frac{1}{2}\left(\frac{\partial u_z}{\partial y} + \frac{\partial u_y}{\partial z}\right)\mathrm{d}y + \frac{\partial u_z}{\partial z}\mathrm{d}z \\ &\quad + \frac{1}{2}\left(\frac{\partial u_z}{\partial x} - \frac{\partial u_x}{\partial z}\right)\mathrm{d}x + \frac{1}{2}\left(\frac{\partial u_z}{\partial y} - \frac{\partial u_y}{\partial z}\right)\mathrm{d}y\end{aligned} \tag{2.1.15c}$$

于是式(2.1.14)的 x 分量、 y 分量和 z 分量分别为

$$\begin{aligned}u_x(x+\mathrm{d}x, y+\mathrm{d}y, z+\mathrm{d}z) &= u_x(x,y,z) + \frac{1}{2}\left(\frac{\partial u_x}{\partial y} - \frac{\partial u_y}{\partial x}\right)\mathrm{d}y + \frac{1}{2}\left(\frac{\partial u_x}{\partial z} - \frac{\partial u_z}{\partial x}\right)\mathrm{d}z + \frac{\partial u_x}{\partial x}\mathrm{d}x \\ &\quad + \frac{1}{2}\left(\frac{\partial u_x}{\partial y} + \frac{\partial u_y}{\partial x}\right)\mathrm{d}y + \frac{1}{2}\left(\frac{\partial u_x}{\partial z} + \frac{\partial u_z}{\partial x}\right)\mathrm{d}z\end{aligned}$$

$$\begin{aligned}u_y(x+\mathrm{d}x, y+\mathrm{d}y, z+\mathrm{d}z) &= u_y(x,y,z) + \frac{1}{2}\left(\frac{\partial u_y}{\partial x} - \frac{\partial u_x}{\partial y}\right)\mathrm{d}x + \frac{1}{2}\left(\frac{\partial u_y}{\partial z} - \frac{\partial u_z}{\partial y}\right)\mathrm{d}z \\ &\quad + \frac{1}{2}\left(\frac{\partial u_y}{\partial x} + \frac{\partial u_z}{\partial y}\right)\mathrm{d}x + \frac{\partial u_y}{\partial y}\mathrm{d}y + \frac{1}{2}\left(\frac{\partial u_y}{\partial z} + \frac{\partial u_z}{\partial y}\right)\mathrm{d}z\end{aligned}$$

$$\begin{aligned}u_z(x+\mathrm{d}x, y+\mathrm{d}y, z+\mathrm{d}z) &= u_z(x,y,z) + \frac{1}{2}\left(\frac{\partial u_z}{\partial x} - \frac{\partial u_x}{\partial z}\right)\mathrm{d}x + \frac{1}{2}\left(\frac{\partial u_z}{\partial y} - \frac{\partial u_y}{\partial z}\right)\mathrm{d}y \\ &\quad + \frac{1}{2}\left(\frac{\partial u_z}{\partial x} + \frac{\partial u_x}{\partial z}\right)\mathrm{d}x + \frac{1}{2}\left(\frac{\partial u_z}{\partial y} + \frac{\partial u_y}{\partial z}\right)\mathrm{d}y + \frac{\partial u_z}{\partial z}\mathrm{d}z\end{aligned}$$

以上三式可以合并写为矩阵形式：

$$\begin{bmatrix} u_x(\boldsymbol{x}+\mathrm{d}\boldsymbol{x}) \\ u_y(\boldsymbol{x}+\mathrm{d}\boldsymbol{x}) \\ u_z(\boldsymbol{x}+\mathrm{d}\boldsymbol{x}) \end{bmatrix} = \begin{bmatrix} u_x(\boldsymbol{x}) \\ u_y(\boldsymbol{x}) \\ u_z(\boldsymbol{x}) \end{bmatrix} + \begin{bmatrix} 0 & \omega_{yx} & \omega_{zx} \\ \omega_{xy} & 0 & \omega_{zy} \\ \omega_{xz} & \omega_{yz} & 0 \end{bmatrix} \begin{bmatrix} \mathrm{d}x \\ \mathrm{d}y \\ \mathrm{d}z \end{bmatrix} + \begin{bmatrix} \varepsilon_{11} & \varepsilon_{12} & \varepsilon_{13} \\ \cdot & \varepsilon_{22} & \varepsilon_{23} \\ \cdot & \cdot & \varepsilon_{33} \end{bmatrix} \begin{bmatrix} \mathrm{d}x \\ \mathrm{d}y \\ \mathrm{d}z \end{bmatrix} \tag{2.1.16a}$$

或

$$\begin{bmatrix} u_1(\boldsymbol{x}+\mathrm{d}\boldsymbol{x}) \\ u_2(\boldsymbol{x}+\mathrm{d}\boldsymbol{x}) \\ u_3(\boldsymbol{x}+\mathrm{d}\boldsymbol{x}) \end{bmatrix} = \begin{bmatrix} u_1(\boldsymbol{x}) \\ u_2(\boldsymbol{x}) \\ u_3(\boldsymbol{x}) \end{bmatrix} + \begin{bmatrix} 0 & \omega_{21} & \omega_{31} \\ \omega_{12} & 0 & \omega_{32} \\ \omega_{13} & \omega_{23} & 0 \end{bmatrix} \begin{bmatrix} \mathrm{d}x \\ \mathrm{d}y \\ \mathrm{d}z \end{bmatrix} + \begin{bmatrix} \varepsilon_{11} & \varepsilon_{12} & \varepsilon_{13} \\ \cdot & \varepsilon_{22} & \varepsilon_{23} \\ \cdot & \cdot & \varepsilon_{33} \end{bmatrix} \begin{bmatrix} \mathrm{d}x \\ \mathrm{d}y \\ \mathrm{d}z \end{bmatrix} \tag{2.1.16b}$$

或者写为

$$\begin{bmatrix} u_x(\boldsymbol{x}+\mathrm{d}\boldsymbol{x}) \\ u_y(\boldsymbol{x}+\mathrm{d}\boldsymbol{x}) \\ u_z(\boldsymbol{x}+\mathrm{d}\boldsymbol{x}) \end{bmatrix} = \begin{bmatrix} u_x(\boldsymbol{x}) \\ u_y(\boldsymbol{x}) \\ u_z(\boldsymbol{x}) \end{bmatrix} + \begin{bmatrix} 0 & -\psi_3 & \psi_2 \\ \psi_3 & 0 & -\psi_1 \\ -\psi_2 & \psi_1 & 0 \end{bmatrix} \begin{bmatrix} \mathrm{d}x \\ \mathrm{d}y \\ \mathrm{d}z \end{bmatrix} + \begin{bmatrix} \varepsilon_{11} & \varepsilon_{12} & \varepsilon_{13} \\ \cdot & \varepsilon_{22} & \varepsilon_{23} \\ \cdot & \cdot & \varepsilon_{33} \end{bmatrix} \begin{bmatrix} \mathrm{d}x \\ \mathrm{d}y \\ \mathrm{d}z \end{bmatrix} \tag{2.1.17}$$

这里用到柯西方程(2.1.11)，还引入了记号ω_{xy}、ω_{yx}、ω_{yz}、ω_{zy}、ω_{zx}、ω_{xz}和ψ_x、ψ_y、ψ_z，可表示为

$$\left.\begin{aligned} \psi_z &= \psi_3 = \omega_{xy} = -\omega_{yx} = \frac{1}{2}\left(\frac{\partial u_y}{\partial x} - \frac{\partial u_x}{\partial y}\right) \\ \psi_x &= \psi_1 = \omega_{yz} = -\omega_{zy} = \frac{1}{2}\left(\frac{\partial u_z}{\partial y} - \frac{\partial u_y}{\partial z}\right) \\ \psi_y &= \psi_2 = \omega_{zx} = -\omega_{xz} = \frac{1}{2}\left(\frac{\partial u_x}{\partial z} - \frac{\partial u_y}{\partial x}\right) \end{aligned}\right\} \tag{2.1.18}$$

式(2.1.16.)或式(2.1.17)表明：点$\boldsymbol{x}\ (x,y,z)$邻域内的点$\boldsymbol{x}+\mathrm{d}\boldsymbol{x}$的位移由两部分组成，其一是等号右端第1和第2两项表示的不变形位移，即微小的刚体位移；其二是等号右端第3项表示的仅由应变张量确定的变形位移。微小的刚体位移又由两部分组成，一是等号右端第1项表示的随点$\boldsymbol{x}\ (x,y,z)$的平动；二是等号右端第2项表示的围绕点$\boldsymbol{x}\ (x,y,z)$的微小角位移。矢量

$$\boldsymbol{\psi} = \psi_x \boldsymbol{i}_x + \psi_y \boldsymbol{i}_y + \psi_z \boldsymbol{i}_z \tag{2.1.19}$$

便称为**角位移矢量**，ψ_j和ψ_x、ψ_y、ψ_z分别为角标量和几何分量，它与位移场的旋度有关

$$\boldsymbol{\psi} = \frac{1}{2}\nabla \times \boldsymbol{u} \tag{2.1.20}$$

ψ的对偶张量为反对称二阶张量ω_{ji}。ω_{ji}的轴矢量就是角位移矢量ψ_j，其间有关系

$$\psi_k = \frac{1}{2}e_{kji}\omega_{ji}，\quad \omega_{ji} = \psi_k e_{kji} \tag{2.1.21}$$

方程(2.1.18)就是角位移的几何方程，其角标量描写为

$$\omega_{ji} = (u_{i,j} - u_{j,i})/2 \tag{2.1.22}$$

方程(2.1.16)的角标量描写为

$$u_j(\boldsymbol{x}+\mathrm{d}\boldsymbol{x}) = u_j(\boldsymbol{x}) + \omega_{ij}(\boldsymbol{x})\mathrm{d}x_i + \varepsilon_{ij}(\boldsymbol{x})\mathrm{d}x_i \tag{2.1.23}$$

其中，$\boldsymbol{\omega}$和ψ满足关系

$$\boldsymbol{\psi} \times \boldsymbol{x} = -\boldsymbol{\omega x}$$

2.1.5　体应变的几何方程

应变分析常涉及体应变。

以$\boldsymbol{x}\ (x,y,z)$为顶点，以$\boldsymbol{i}_x\Delta x$、$\boldsymbol{i}_y\Delta y$和$\boldsymbol{i}_z\Delta z$为邻边的平行六面体体积可以表示为这三个矢量的混合积：

$$\Delta V = (\boldsymbol{i}_x\Delta x \times \boldsymbol{i}_y\Delta y)\cdot \boldsymbol{i}_z\Delta z = \Delta x\Delta y\Delta z$$

变形后$\boldsymbol{i}_x\Delta x$、$\boldsymbol{i}_y\Delta y$和$\boldsymbol{i}_z\Delta z$分别构成矢量：

$$\boldsymbol{a}=\boldsymbol{i}_x\Delta x+\frac{\partial \boldsymbol{u}}{\partial x}\Delta x\text{，}\quad \boldsymbol{b}=\boldsymbol{i}_y\Delta y+\frac{\partial \boldsymbol{u}}{\partial y}\Delta y\text{，}\quad \boldsymbol{c}=\boldsymbol{i}_z\Delta z+\frac{\partial \boldsymbol{u}}{\partial z}\Delta z$$

以它们为邻边的平行六面体体积为

$$\Delta v=(\boldsymbol{a}\times\boldsymbol{b})\cdot\boldsymbol{c}$$

体应变记作θ，定义为

$$\theta=\lim_{\Delta V\to 0}(\Delta v-\Delta V)/\Delta V \tag{2.1.24}$$

由混合积的算式

$$(\boldsymbol{a}\times\boldsymbol{b})\cdot\boldsymbol{c}=\begin{vmatrix} a_x & a_y & a_z \\ b_x & b_y & b_z \\ c_x & c_y & c_z \end{vmatrix}$$

同时，将$\boldsymbol{a}$、$\boldsymbol{b}$、$\boldsymbol{c}$的分量代入，得到

$$\Delta v=\begin{vmatrix} 1+\dfrac{\partial u_x}{\partial x} & \dfrac{\partial u_y}{\partial x} & \dfrac{\partial u_z}{\partial x} \\ \dfrac{\partial u_x}{\partial y} & 1+\dfrac{\partial u_y}{\partial y} & \dfrac{\partial u_z}{\partial y} \\ \dfrac{\partial u_x}{\partial z} & \dfrac{\partial u_y}{\partial z} & 1+\dfrac{\partial u_z}{\partial z} \end{vmatrix}\mathrm{d}V$$

在小应变条件下，此式简化为

$$\Delta v=\left(1+\frac{\partial u_x}{\partial x}+\frac{\partial u_y}{\partial y}+\frac{\partial u_z}{\partial z}\right)\mathrm{d}V \tag{2.1.25}$$

将其代入式(2.1.24)，得到

$$\theta=\varepsilon_{jj}=\varepsilon_x+\varepsilon_y+\varepsilon_z=\nabla\cdot\boldsymbol{u}=u_{j,j}=\frac{\partial u_x}{\partial x}+\frac{\partial u_y}{\partial y}+\frac{\partial u_z}{\partial z} \tag{2.1.26}$$

这就是体应变的几何方程。

例 2.1　刚体位移

位移场

$$u_x=u_0-\psi_0 y/2\text{，}\quad u_y=v_0+\psi_0 x/2\text{，}\quad u_z=0 \tag{2.1.27}$$

对应的应变分量为零。

称这样的位移场为刚体位移。这里常量u_0、v_0为平动位移，常量ψ_0为角位移。

例 2.2　线性位移分布产生均匀应变场

线性分布的位移分量

$$u_x=ax+by\text{，}\quad u_y=cx+dy\text{，}\quad u_z=0$$

对应的应变分量在相应的区域上均匀分布。式中a、b、c、d是四个常量。事实上，计算得到

$$\varepsilon_x=a\text{，}\quad \varepsilon_y=d\text{，}\quad \gamma_{xy}=\gamma_{yx}=b+c\text{，}\quad \varepsilon_z=\gamma_{yz}=\gamma_{zx}=0$$

和

$$\psi_z=c-b\text{，}\quad \psi_x=\psi_y=0$$

这样，四个常量可以由三个应变分量和一个面内角位移分量确定。

例 2.3　已知区域（$0\leqslant x\leqslant l,|y|\leqslant h/2$）内的位移场为

$$u_x=-\frac{Py}{EI}\left(\frac{x^2}{2}+v\frac{y^2}{6}-\frac{l^2}{2}\right)+\frac{2(1+v)Py}{EI}\left(\frac{y^2}{6}-\frac{h^2}{8}\right)$$

$$u_y=\frac{P}{EI}\left(\frac{x^3}{6}+v\frac{xy^2}{2}-\frac{xl^2}{2}+\frac{l^3}{3}\right),\quad u_z=0$$

式中，$I=h^3/12$。求应变场。

解：代入几何方程(2.1.11)的右端，直接算出

$$\varepsilon_x=-\frac{P}{EI}xy,\quad \varepsilon_y=v\frac{P}{EI}xy,\quad \gamma_{xy}=-\frac{2(1+v)P}{EI}\left(\frac{h^2}{8}-\frac{y^2}{2}\right),\quad \varepsilon_z=\gamma_{xz}=\gamma_{yz}=0$$

§ 2.2　应变协调方程

2.2.1　由应变求位移的曲线积分形式

几何方程(2.1.11)提供了由位移场求应变场的方法。如果已知六个函数是应变场可能的 6 个分量，如何判断是否存在相应的位移场呢？如果存在相应的位移场，如何求解呢？盛维南(Saint-Venant)提出了这些问题，并给出了解答。

为了给出问题的解，首先用可能的已知应变分量表达位移分量的微分式。为此，将式(2.1.15a)改写为

$$\mathrm{d}u_x=\varepsilon_x\mathrm{d}x+\varepsilon_{yx}\mathrm{d}y+\varepsilon_{zx}\mathrm{d}z+\omega_{yx}\mathrm{d}y+\omega_{zx}\mathrm{d}z \tag{2.2.1}$$

其中，

$$\left.\begin{aligned}\omega_{yx}\mathrm{d}y&=\mathrm{d}(\omega_{yx}y)-y\mathrm{d}\omega_{yx}=\mathrm{d}(\omega_{yx}y)-y\left(\frac{\partial\omega_{yx}}{\partial x}\mathrm{d}x+\frac{\partial\omega_{yx}}{\partial y}\mathrm{d}y+\frac{\partial\omega_{yx}}{\partial z}\mathrm{d}z\right)\\ \omega_{zx}\mathrm{d}z&=\mathrm{d}(\omega_{zx}z)-z\mathrm{d}\omega_{zx}=\mathrm{d}(\omega_{zx}z)-z\left(\frac{\partial\omega_{zx}}{\partial x}\mathrm{d}x+\frac{\partial\omega_{zx}}{\partial y}\mathrm{d}y+\frac{\partial\omega_{zx}}{\partial z}\mathrm{d}z\right)\end{aligned}\right\} \tag{2.2.2}$$

可以证明：

$$\frac{\partial\omega_{yx}}{\partial x}=\frac{1}{2}\left(\frac{\partial^2u_x}{\partial x\partial y}-\frac{\partial^2u_y}{\partial x\partial x}\right)=\frac{1}{2}\left(\frac{\partial^2u_x}{\partial x\partial y}+\frac{\partial^2u_x}{\partial x\partial y}-\frac{\partial^2u_y}{\partial x\partial x}-\frac{\partial^2u_x}{\partial x\partial y}\right)=\frac{1}{2}\frac{\partial}{\partial y}\left(\frac{\partial u_x}{\partial x}+\frac{\partial u_x}{\partial x}\right)-\frac{1}{2}\frac{\partial}{\partial x}\left(\frac{\partial u_y}{\partial x}+\frac{\partial u_x}{\partial y}\right)$$

$$\frac{\partial\omega_{yx}}{\partial y}=\frac{1}{2}\left(\frac{\partial^2u_x}{\partial y\partial y}-\frac{\partial^2u_y}{\partial y\partial x}\right)=\frac{1}{2}\left(\frac{\partial^2u_x}{\partial y\partial y}+\frac{\partial^2u_y}{\partial y\partial x}-\frac{\partial^2u_y}{\partial y\partial x}-\frac{\partial^2u_y}{\partial y\partial x}\right)=\frac{1}{2}\frac{\partial}{\partial y}\left(\frac{\partial u_x}{\partial y}+\frac{\partial u_y}{\partial x}\right)-\frac{1}{2}\frac{\partial}{\partial x}\left(\frac{\partial u_y}{\partial y}+\frac{\partial u_y}{\partial y}\right)$$

$$\frac{\partial\omega_{yx}}{\partial z}=\frac{1}{2}\left(\frac{\partial^2u_x}{\partial z\partial y}-\frac{\partial^2u_y}{\partial z\partial x}\right)=\frac{1}{2}\left(\frac{\partial^2u_x}{\partial z\partial y}+\frac{\partial^2u_z}{\partial y\partial x}-\frac{\partial^2u_y}{\partial z\partial x}-\frac{\partial^2u_z}{\partial y\partial x}\right)=\frac{1}{2}\frac{\partial}{\partial y}\left(\frac{\partial u_x}{\partial z}+\frac{\partial u_z}{\partial x}\right)-\frac{1}{2}\frac{\partial}{\partial x}\left(\frac{\partial u_y}{\partial z}+\frac{\partial u_z}{\partial y}\right)$$

$$\frac{\partial \omega_{zx}}{\partial x}=\frac{1}{2}\left(\frac{\partial^2 u_x}{\partial x \partial z}-\frac{\partial^2 u_z}{\partial x \partial x}\right)=\frac{1}{2}\left(\frac{\partial^2 u_x}{\partial x \partial z}+\frac{\partial^2 u_x}{\partial x \partial z}-\frac{\partial^2 u_z}{\partial x \partial x}-\frac{\partial^2 u_x}{\partial x \partial z}\right)=\frac{1}{2}\frac{\partial}{\partial z}\left(\frac{\partial u_x}{\partial x}+\frac{\partial u_x}{\partial x}\right)-\frac{1}{2}\frac{\partial}{\partial x}\left(\frac{\partial u_z}{\partial x}+\frac{\partial u_x}{\partial z}\right)$$

$$\frac{\partial \omega_{zx}}{\partial y}=\frac{1}{2}\left(\frac{\partial^2 u_x}{\partial y \partial z}-\frac{\partial^2 u_z}{\partial y \partial x}\right)=\frac{1}{2}\left(\frac{\partial^2 u_x}{\partial y \partial z}+\frac{\partial^2 u_y}{\partial z \partial x}-\frac{\partial^2 u_z}{\partial y \partial x}-\frac{\partial^2 u_y}{\partial z \partial x}\right)=\frac{1}{2}\frac{\partial}{\partial z}\left(\frac{\partial u_x}{\partial y}+\frac{\partial u_y}{\partial x}\right)-\frac{1}{2}\frac{\partial}{\partial x}\left(\frac{\partial u_z}{\partial y}+\frac{\partial u_y}{\partial z}\right)$$

$$\frac{\partial \omega_{zx}}{\partial z}=\frac{1}{2}\left(\frac{\partial^2 u_x}{\partial z \partial z}-\frac{\partial^2 u_z}{\partial z \partial x}\right)=\frac{1}{2}\left(\frac{\partial^2 u_x}{\partial z \partial z}+\frac{\partial^2 u_z}{\partial z \partial x}-\frac{\partial^2 u_z}{\partial z \partial x}-\frac{\partial^2 u_z}{\partial z \partial x}\right)=\frac{1}{2}\frac{\partial}{\partial z}\left(\frac{\partial u_x}{\partial z}+\frac{\partial u_z}{\partial x}\right)-\frac{1}{2}\frac{\partial}{\partial x}\left(\frac{\partial u_z}{\partial z}+\frac{\partial u_z}{\partial z}\right)$$

利用式(2.1.11)和式(2.1.18)，得到

$$\left.\begin{aligned}
&\frac{\partial \omega_{yx}}{\partial x}=\frac{\partial \varepsilon_x}{\partial y}-\frac{\partial \varepsilon_{xy}}{\partial x},\frac{\partial \omega_{yx}}{\partial y}=\frac{\partial \varepsilon_{yx}}{\partial y}-\frac{\partial \varepsilon_y}{\partial x},\frac{\partial \omega_{yx}}{\partial z}=\frac{\partial \varepsilon_{zx}}{\partial y}-\frac{\partial \varepsilon_{zy}}{\partial x}\\
&\frac{\partial \omega_{zx}}{\partial x}=\frac{\partial \varepsilon_x}{\partial z}-\frac{\partial \varepsilon_{xz}}{\partial x},\frac{\partial \omega_{zx}}{\partial y}=\frac{\partial \varepsilon_{yx}}{\partial z}-\frac{\partial \varepsilon_{yz}}{\partial x},\frac{\partial \omega_{zx}}{\partial z}=\frac{\partial \varepsilon_{zx}}{\partial z}-\frac{\partial \varepsilon_z}{\partial x}
\end{aligned}\right\} \tag{2.2.3}$$

这就是角位移分量的应变分量表达式。

由此得到应变分量表达位移分量的微分式：

$$\begin{aligned}
\mathrm{d}u_x=&\mathrm{d}(\omega_{yx}y)+\mathrm{d}(\omega_{zx}z)+\left[\varepsilon_x-y\left(\frac{\partial \varepsilon_x}{\partial y}-\frac{\partial \varepsilon_{xy}}{\partial x}\right)-z\left(\frac{\partial \varepsilon_x}{\partial z}-\frac{\partial \varepsilon_{xz}}{\partial x}\right)\right]\mathrm{d}x\\
&+\left[\varepsilon_{xy}-y\left(\frac{\partial \varepsilon_{yx}}{\partial y}-\frac{\partial \varepsilon_y}{\partial x}\right)-z\left(\frac{\partial \varepsilon_{yx}}{\partial z}-\frac{\partial \varepsilon_{yz}}{\partial x}\right)\right]\mathrm{d}y\\
&-\left[\varepsilon_{xz}-y\left(\frac{\partial \varepsilon_{zx}}{\partial y}-\frac{\partial \varepsilon_{zy}}{\partial x}\right)-z\left(\frac{\partial \varepsilon_{zx}}{\partial z}-\frac{\partial \varepsilon_z}{\partial x}\right)\right]\mathrm{d}z
\end{aligned} \tag{2.2.4}$$

欲求点 $B(x,y,\mathrm{z})$ 处的位移分量 u_x，只需选一个起点，例如点 $A(x_A,y_A,z_A)$，以一条确定的曲线作为路径 C，完成由点 A 到点 B 的如下曲线积分：

$$u_x(x,y)=u_x(x_A,y_A)+\int_{C:A}^{B}\mathrm{d}u_x$$

将式(2.2.4)代入上式，整理后记为

$$u_x(x,y)=u_x(x_A,y_A)+(\omega_{yx}y)_A^B+(\omega_{zx}z)_A^B+\int_{C:A}^{B}L\mathrm{d}x+M\mathrm{d}y+N\mathrm{d}z \tag{2.2.5}$$

这里引入了记号

$$L=\varepsilon_x-y\left(\frac{\partial \varepsilon_x}{\partial y}-\frac{\partial \varepsilon_{xy}}{\partial x}\right)-z\left(\frac{\partial \varepsilon_x}{\partial z}-\frac{\partial \varepsilon_{xz}}{\partial x}\right) \tag{2.2.6a}$$

$$M=\varepsilon_{xy}-y\left(\frac{\partial \varepsilon_{yx}}{\partial y}-\frac{\partial \varepsilon_y}{\partial x}\right)-z\left(\frac{\partial \varepsilon_{yx}}{\partial z}-\frac{\partial \varepsilon_{yz}}{\partial x}\right) \tag{2.2.6b}$$

$$N=\varepsilon_{xz}-y\left(\frac{\partial \varepsilon_{zx}}{\partial y}-\frac{\partial \varepsilon_{zy}}{\partial x}\right)-z\left(\frac{\partial \varepsilon_{zx}}{\partial z}-\frac{\partial \varepsilon_z}{\partial x}\right) \tag{2.2.6c}$$

式(2.2.5)为求 u_x 的线积分形式。类似的讨论可以得到求 u_y 和 u_z 的线积分公式。

2.2.2 应变协调方程

按式(2.2.5)算出的位移分量 $u_x(x,y,z)$ 不得破坏物体的连续性，要求所得到的位移分

量必须是 (x,y,z) 的单值连续函数。这就是位移单值条件。因此式(2.2.5)右端线积分必须与积分路线 C 的选择无关。按线积分与路线无关的原理，其必要条件是：微分式 $L\mathrm{d}x+M\mathrm{d}y+N\mathrm{d}z$ 为某函数的全微分。设这个函数为 $\varPhi$，那么其全微分式为

$$\frac{\partial \varPhi}{\partial x}\mathrm{d}x+\frac{\partial \varPhi}{\partial y}\mathrm{d}y+\frac{\partial \varPhi}{\partial z}\mathrm{d}z=L\mathrm{d}x+M\mathrm{d}y+N\mathrm{d}z$$

这个全微分式成立的必要条件是：L、M 和 N 满足条件

$$\frac{\partial L}{\partial y}-\frac{\partial M}{\partial x}=0,\quad \frac{\partial M}{\partial z}-\frac{\partial N}{\partial y}=0,\quad \frac{\partial N}{\partial x}-\frac{\partial L}{\partial z}=0 \tag{2.2.7}$$

将式(2.2.6)代入式(2.2.7)，得出

$$\frac{\partial L}{\partial y}-\frac{\partial M}{\partial x}=y\left(2\frac{\partial^2 \varepsilon_{xy}}{\partial x\partial y}-\frac{\partial^2 \varepsilon_x}{\partial y^2}-\frac{\partial^2 \varepsilon_y}{\partial x^2}\right)=0 \tag{2.2.8a}$$

$$\begin{aligned}\frac{\partial M}{\partial z}-\frac{\partial N}{\partial y}=&\,y\left[\frac{\partial}{\partial y}\left(\frac{\partial \varepsilon_{zx}}{\partial y}-\frac{\partial \varepsilon_{xy}}{\partial z}-\frac{\partial \varepsilon_{yz}}{\partial x}\right)+\frac{\partial^2 \varepsilon_y}{\partial z\partial x}\right]\\&+z\left[\frac{\partial}{\partial z}\left(\frac{\partial \varepsilon_{xy}}{\partial z}-\frac{\partial \varepsilon_{yz}}{\partial x}-\frac{\partial \varepsilon_{zx}}{\partial y}\right)+\frac{\partial^2 \varepsilon_z}{\partial x\partial y}\right]=0\end{aligned} \tag{2.2.8b}$$

$$\frac{\partial N}{\partial x}-\frac{\partial L}{\partial z}=y\left[\frac{\partial}{\partial x}\left(\frac{\partial \varepsilon_{yz}}{\partial x}-\frac{\partial \varepsilon_{zx}}{\partial y}-\frac{\partial \varepsilon_{xy}}{\partial z}\right)+\frac{\partial^2 \varepsilon_x}{\partial y\partial z}\right]+z\left[\frac{\partial^2 \varepsilon_z}{\partial x^2}+\frac{\partial^2 \varepsilon_x}{\partial z^2}-2\frac{\partial^2 \varepsilon_{zx}}{\partial z\partial x}\right]=0 \tag{2.2.8c}$$

式中，y和z 的取值具有任意性。因此，式(2.2.8)成立的充要条件是

$$2\frac{\partial^2 \varepsilon_{xy}}{\partial x\partial y}-\frac{\partial^2 \varepsilon_x}{\partial y^2}-\frac{\partial^2 \varepsilon_y}{\partial x^2}=0 \tag{2.2.9a}$$

$$2\frac{\partial^2 \varepsilon_{zx}}{\partial z\partial x}-\frac{\partial^2 \varepsilon_z}{\partial x^2}-\frac{\partial^2 \varepsilon_x}{\partial z^2}=0 \tag{2.2.9b}$$

$$\frac{\partial}{\partial x}\left(\frac{\partial \varepsilon_{yz}}{\partial x}-\frac{\partial \varepsilon_{zx}}{\partial y}-\frac{\partial \varepsilon_{xy}}{\partial z}\right)+\frac{\partial^2 \varepsilon_x}{\partial y\partial z}=0 \tag{2.2.9c}$$

$$\frac{\partial}{\partial y}\left(\frac{\partial \varepsilon_{zx}}{\partial y}-\frac{\partial \varepsilon_{xy}}{\partial z}-\frac{\partial \varepsilon_{yz}}{\partial x}\right)+\frac{\partial^2 \varepsilon_y}{\partial z\partial x}=0 \tag{2.2.9d}$$

$$\frac{\partial}{\partial z}\left(\frac{\partial \varepsilon_{xy}}{\partial z}-\frac{\partial \varepsilon_{yz}}{\partial x}-\frac{\partial \varepsilon_{zx}}{\partial y}\right)+\frac{\partial^2 \varepsilon_z}{\partial x\partial y}=0 \tag{2.2.9e}$$

这仅仅是对求一个位移分量 u_x 的讨论得出的结论。对 u_y和u_z 的讨论也将得到类似于式(2.2.9)的结论，此外，增加一个式子，即：

$$2\frac{\partial^2 \varepsilon_{yz}}{\partial y\partial z}-\frac{\partial^2 \varepsilon_y}{\partial z^2}-\frac{\partial^2 \varepsilon_z}{\partial y^2}=0 \tag{2.2.9f}$$

式(2.2.9)所含的六个方程就是**应变协调方程**，常称为 Saint-Venant 方程。

需要指出，应变协调方程是应变场存在单值位移场的必要条件。按空间曲线积分的知识，对于单连域，应变协调方程是由应变场求出单值位移场的充分条件。对于多连域，需要与位移单值条件结合，才可判断应变场求出单值位移场的充分条件。

用角标量做类似的推演，可以得到应变协调方程(2.2.9)的如下角标量描写：

$$\varepsilon_{jp,il} + \varepsilon_{il,pj} - \varepsilon_{ij,pl} - \varepsilon_{lp,ij} = 0 \tag{2.2.10}$$

根据几何方程，已知位移场，可以求出对应的应变场，如前例所举。这个问题的逆命题是已知应变场，求对应的位移场。为了求位移分量$u_p(\boldsymbol{x})$，写出微分式：

$$\mathrm{d}u_p = u_{p,j}\mathrm{d}x_j = (\varepsilon_{jp} + \omega_{jp})\mathrm{d}x_j = \varepsilon_{jp}\mathrm{d}x_j + \mathrm{d}(\omega_{jp}x_j) - x_j\mathrm{d}\omega_{jp} \tag{2.2.11}$$

式中，

$$\mathrm{d}\omega_{jp} = \omega_{jp,i}\mathrm{d}x_i \tag{2.2.12}$$

利用几何方程，可以证明

$$\omega_{ip,j} = \varepsilon_{jp,i} - \varepsilon_{ij,p} \tag{2.2.13}$$

这正是用应变分量表达角位移分量公式(2.2.3)的角标量普遍形式。事实上，计算得到

$$\omega_{jp,i} = \frac{1}{2}(u_{p,ji} - u_{j,pi}) = \frac{1}{2}(u_{p,ji} + u_{i,pj} - u_{j,pi} - u_{i,pj}) = \varepsilon_{ip,j} - \varepsilon_{ij,p}$$

式(2.2.13)得证。于是式(2.2.11)改写为

$$\mathrm{d}u_p = (\varepsilon_{jp} - x_i\omega_{ip,j})\mathrm{d}x_j + \mathrm{d}(\omega_{jp}x_j) = \mathrm{d}(\omega_{jp}x_j) + [\varepsilon_{jp} - x_i(\varepsilon_{jp,i} - \varepsilon_{ij,p})]\mathrm{d}x_j$$

与式(2.2.11)结合，得到

$$u_p(\boldsymbol{x}) = u_p(\boldsymbol{x}_0) + (\omega_{jp}x_j)_{\boldsymbol{x}} - (\omega_{jp}x_j)_{\boldsymbol{x}_0} + \int_{C:\ \boldsymbol{x}_0}^{\boldsymbol{x}} [\varepsilon_{jp} - x_i(\varepsilon_{jp,i} - \varepsilon_{ij,p})]\mathrm{d}x_j \tag{2.2.14}$$

式(2.2.14)等号右端前三项总是单值连续函数，第 4 项须与积分路线的选择无关才可能使$u_p(\boldsymbol{x})$为单值连续函数。令

$$\Phi_{pj} = \varepsilon_{jp} - x_i(\varepsilon_{jp,i} - \varepsilon_{ij,p}) = \varepsilon_{jp} - x_i\omega_{ip,j}$$

按三维空间线积分与路径无关的原理，$\Phi_{pj}\mathrm{d}x_j$应是某函数Ψ_p的全微分，对此，其必要条件是

$$\Phi_{pj,l} - \Phi_{pl,j} = 0 \tag{2.2.15}$$

将此式整理得到

$$\varepsilon_{jp,l} - \varepsilon_{lp,j} - \delta_{il}(\varepsilon_{jp,i} - \varepsilon_{ij,p}) + \delta_{ij}(\varepsilon_{lp,i} - \varepsilon_{il,p}) - x_i[(\varepsilon_{jp,il} - \varepsilon_{ij,pl}) - (\varepsilon_{lp,ij} - \varepsilon_{il,pj})] = 0$$

其中，

$$-x_i[(\varepsilon_{jp,il} - \varepsilon_{ij,pl}) - (\varepsilon_{lp,ij} - \varepsilon_{il,pj})] = 0$$

对域内任意点都须成立，从而导出积分(2.2.14)存在单值位移的必要条件是

$$\omega_{ip,jl} - \omega_{ip,lj} = 0 \tag{2.2.16}$$

或根据式(2.2.13)，可得到式(2.2.10)。

需要说明，式(2.2.10)左端所含张量的分量共计 81 个，其中仅仅 6 个有效，其余都是零恒等式。有效的 6 个方程正是式(2.2.9)。

例 2.4 已知区域($0 \leqslant x \leqslant l, |y| \leqslant h/2$)内的应变场为

$$\varepsilon_x = Axy,\quad \varepsilon_y = \nu Bxy,\quad \gamma_{xy} = A(1+\nu)\left(\frac{h^2}{4} - y^2\right)，\text{其余应变分量为零}$$

式中，A和B为常量；ν为物质性质常数。试判断其是否满足协调方程。如果满足，进一步求位移场。

解：首先验证这组应变分量是否满足应变协调方程。为此代入式(2.2.9)全部 6 个方程的左端，其中根据式(2.2.9a)可得到

$$\frac{\partial^2 \gamma_{xy}}{\partial x \partial y} - \frac{\partial^2 \varepsilon_x}{\partial y^2} - \frac{\partial^2 \varepsilon_y}{\partial x^2} = 0$$

式(2.2.9b～f) 5 式都是零恒等式，由此得到该应变场满足应变协调方程的结论。可以进一步求位移分量。将应变分量代入式(2.1.11)的左端，得到

$$\frac{\partial u_x}{\partial x} = Axy \tag{a}$$

$$\frac{\partial u_y}{\partial y} = vBxy \tag{b}$$

$$\frac{\partial u_x}{\partial y} + \frac{\partial u_y}{\partial x} = A(1+v)\left(\frac{h^2}{4} - y^2\right) \tag{c}$$

将前两式分别对 x 和 y 积分，得到

$$u_x = \frac{1}{2}Ax^2 y + f(y)，\quad u_y = \frac{1}{2}vBxy^2 + g(x)$$

这里 $f(y)$ 和 $g(x)$ 为待定的两个一元函数。将之代入式(c)，得到

$$\frac{1}{2}Ax^2 + \frac{1}{2}vBy^2 + f'(y) + g'(x) = A(1+v)\left(\frac{h^2}{4} - y^2\right)$$

将 x 的函数集中到等号的一端，将 y 的函数集中到等号的另一端，有

$$\frac{1}{2}Ax^2 + g'(x) = A(1+v)\left(\frac{h^2}{4} - y^2\right) - \frac{1}{2}vBy^2 - f'(y)$$

此式成立的充要条件是等号两端等于同一个常数，记此常数为 c。得到两个常微分方程：

$$\frac{1}{2}Ax^2 + g'(x) = c$$

$$A(1+v)\left(\frac{h^2}{4} - y^2\right) - \frac{1}{2}vBy^2 - f'(y) = c$$

积分得出：

$$g(x) = cx - \frac{1}{6}Ax^3 + d$$

$$f(y) = -cy + A(1+v)\left(\frac{h^2}{4} - \frac{y^2}{3}\right)y - \frac{1}{2}vBy^3 + e$$

这里引入的积分常数 d、e、c 为刚体位移。

这里所得的位移正是单值连续函数，即所要求的解答。

注意：判断应变场是否满足应变协调方程不能漏掉 6 个应变协调方程的任何一个。

例 2.5　已知应变场为

$$\varepsilon_x = A\cos\lambda x \sin\mu y,\qquad \varepsilon_y = B\cos\lambda x\sin\mu y,\qquad \gamma_{xy} = C\sin\lambda x\cos\mu y$$

$$\varepsilon_z = \gamma_{yz} = \gamma_{xz} = 0$$

式中，λ 和 μ 为常量。试讨论满足应变协调方程对常数 A、B 和 C 的要求。

解：将这组应变分量代入应变协调方程(2.2.9)，得到 5 个零恒等式和唯一的条件等式

$$\frac{\partial^2\gamma_{xy}}{\partial x\partial y}-\frac{\partial^2\varepsilon_x}{\partial y^2}-\frac{\partial^2\varepsilon_y}{\partial x^2}=(A\mu^2+B\lambda^2-C\lambda\mu)\cos\lambda x\sin\mu y=0$$

此式对任何 x、y 成立的充要条件是

$$A\mu^2+B\lambda^2-C\lambda\mu=0$$

这就是应变协调方程对常数 A 、B 和 C 的要求。

例 2.6 求单轴拉压应力对应的应变分量、位移分量和刚体位移。

解：应变张量

$$\boldsymbol{\varepsilon}=\begin{bmatrix}\varepsilon & 0 & 0\\ \cdot & -v\varepsilon & 0\\ \cdot & \cdot & -v\varepsilon\end{bmatrix}$$

描写各向同性材料在轴 Ox 方向发生单轴应力状态对应的应变矩阵。这里 v 为常数。对任意常数 a、b、c、ω_x、ω_y、ω_z，与之对应的位移分量可以表示为

$$u_x=\varepsilon x+a-\frac{\omega_z}{2}y+\frac{\omega_y}{2}z$$

$$u_y=-v\varepsilon y+b+\frac{\omega_z}{2}x-\frac{\omega_x}{2}z$$

$$u_z=-v\varepsilon z+c+\frac{\omega_x}{2}y-\frac{\omega_y}{2}x$$

这六个任意常数 a、b、c、ω_x、ω_y、ω_z 不影响应变分量，因此不发生形状的变化。常数 a、b、c、ω_x、ω_y、ω_z 对应的位移就是三维情况的**刚体位移**。其中 a、b、c 是刚体平动位移，ω_x、ω_y、ω_z 是微小角位移。

例 2.7 对任意常数 a、b、c、ω_x、ω_y、ω_z 和 α，圆柱扭转变形的位移分量表示为

$$u_x=-\alpha zy+a-\frac{\omega_z}{2}y+\frac{\omega_y}{2}z$$

$$u_y=\alpha zx+b+\frac{\omega_z}{2}x-\frac{\omega_x}{2}z$$

$$u_z=c+\frac{\omega_x}{2}y-\frac{\omega_y}{2}x$$

求对应的应变分量。

解：对应的应变张量仅与参数 α 有关：

$$\boldsymbol{\varepsilon}=\begin{bmatrix}0 & 0 & -\alpha y/2\\ \cdot & 0 & \alpha x/2\\ \cdot & \cdot & 0\end{bmatrix}$$

常数 a、b、c、ω_x、ω_y、ω_z 正是前例所述的刚体位移。

例 2.8 确认应变场的可能性。

$$\varepsilon_x=Bz^2x\,,\quad \varepsilon_y=Bzx\,,\quad \varepsilon_z=Bzx^2\,,\quad \gamma_{zx}=0\,,\quad \gamma_{xy}=Ay^2+Bx\,,\quad \gamma_{yz}=Bz^2+Ax^2$$

解：逐个地代入式(2.2.9)的 6 个方程，分别得到

$$\frac{\partial^2\gamma_{xy}}{\partial x\partial y}-\frac{\partial^2\varepsilon_x}{\partial y^2}-\frac{\partial^2\varepsilon_y}{\partial x^2}=0-0-0=0$$

$$\frac{\partial^2\gamma_{yz}}{\partial y\partial z}-\frac{\partial^2\varepsilon_y}{\partial z^2}-\frac{\partial^2\varepsilon_z}{\partial y^2}=0-0-0=0$$

$$\frac{\partial^2\gamma_{zx}}{\partial z\partial x}-\frac{\partial^2\varepsilon_z}{\partial x^2}-\frac{\partial^2\varepsilon_x}{\partial z^2}=0-2Bz-2Bx$$

$$\frac{\partial}{\partial x}\left(\frac{\partial\gamma_{yz}}{\partial x}-\frac{\partial\gamma_{zx}}{\partial y}-\frac{\partial\gamma_{xy}}{\partial z}\right)+2\frac{\partial^2\varepsilon_x}{\partial y\partial z}=2A-0-0+2\cdot0=2A$$

$$\frac{\partial}{\partial y}\left(\frac{\partial\gamma_{zx}}{\partial y}-\frac{\partial\gamma_{xy}}{\partial z}-\frac{\partial\gamma_{yz}}{\partial x}\right)+2\frac{\partial^2\varepsilon_y}{\partial z\partial x}=0-0-0+2B=2B$$

$$\frac{\partial}{\partial z}\left(\frac{\partial\gamma_{xy}}{\partial z}-\frac{\partial\gamma_{yz}}{\partial x}-\frac{\partial\gamma_{zx}}{\partial y}\right)+2\frac{\partial^2\varepsilon_z}{\partial x\partial y}=0-0-0+2\cdot0=0$$

可知，只有当 $A=B=0$，即 6 个应变分量都为零，才不破坏应变协调。

§2.3　坐 标 变 换

2.3.1　坐标变换式

设坐标系 $Oxyz$ 和坐标系 $O'x'y'z'$ 的基本单位矢量分别为($\boldsymbol{i}_x,\boldsymbol{i}_y,\boldsymbol{i}_z$)和($\boldsymbol{i}'_x,\boldsymbol{i}'_y,\boldsymbol{i}'_z$)，它们之间有几何关系

$$\left.\begin{aligned}\boldsymbol{i}'_x&=m_{11}\boldsymbol{i}_x+m_{12}\boldsymbol{i}_y+m_{13}\boldsymbol{i}_z\\\boldsymbol{i}'_y&=m_{21}\boldsymbol{i}_x+m_{22}\boldsymbol{i}_y+m_{23}\boldsymbol{i}_z\\\boldsymbol{i}'_z&=m_{31}\boldsymbol{i}_x+m_{32}\boldsymbol{i}_y+m_{33}\boldsymbol{i}_z\end{aligned}\right\}\tag{2.3.1}$$

其逆为

$$\left.\begin{aligned}\boldsymbol{i}_x&=m_{11}\boldsymbol{i}'_x+m_{21}\boldsymbol{i}'_y+m_{31}\boldsymbol{i}'_z\\\boldsymbol{i}_y&=m_{12}\boldsymbol{i}'_x+m_{22}\boldsymbol{i}'_y+m_{32}\boldsymbol{i}'_z\\\boldsymbol{i}_y&=m_{13}\boldsymbol{i}'_x+m_{23}\boldsymbol{i}'_y+m_{33}\boldsymbol{i}'_z\end{aligned}\right\}\tag{2.3.2}$$

式中，

$$\left.\begin{aligned}m_{11}=\boldsymbol{i}'_x\cdot\boldsymbol{i}_x,m_{12}=\boldsymbol{i}'_x\cdot\boldsymbol{i}_y,m_{13}=\boldsymbol{i}'_x\cdot\boldsymbol{i}_z\\m_{21}=\boldsymbol{i}'_y\cdot\boldsymbol{i}_x,m_{22}=\boldsymbol{i}'_y\cdot\boldsymbol{i}_y,m_{23}=\boldsymbol{i}'_y\cdot\boldsymbol{i}_z\\m_{31}=\boldsymbol{i}'_z\cdot\boldsymbol{i}_x,m_{32}=\boldsymbol{i}'_z\cdot\boldsymbol{i}_y,m_{33}=\boldsymbol{i}'_z\cdot\boldsymbol{i}_z\end{aligned}\right\}\tag{2.3.3}$$

这里(m_{11}，m_{12}，m_{13})、(m_{21}，m_{22}，m_{23})和(m_{31}，m_{32}，m_{33})分别是单位矢量 $\boldsymbol{i}'_x$、$\boldsymbol{i}'_y$ 和 $\boldsymbol{i}'_z$ 在标架($\boldsymbol{i}_x,\boldsymbol{i}_y,\boldsymbol{i}_z$)上的分量。将系数 m_{ji} 组成矩阵 $\boldsymbol{m}$：

$$\boldsymbol{m}=\begin{bmatrix} m_{11} & m_{12} & m_{13} \\ m_{21} & m_{22} & m_{23} \\ m_{31} & m_{32} & m_{33} \end{bmatrix} \tag{2.3.4}$$

并称其为坐标**变换矩阵**。因为（$\boldsymbol{i}_x$, $\boldsymbol{i}_y$, $\boldsymbol{i}_z$）和（$\boldsymbol{i}'_x$, $\boldsymbol{i}'_y$, $\boldsymbol{i}'_z$）各为正交标架，它表示由标架（$\boldsymbol{i}_x$, $\boldsymbol{i}_y$, $\boldsymbol{i}_z$）以一定方式旋转后与标架（$\boldsymbol{i}'_x$, $\boldsymbol{i}'_y$, $\boldsymbol{i}'_z$）重合，因此$\boldsymbol{m}$是正交矩阵：

$$\sum_{j=1}^{3} m_{ji}m_{jk}=\delta_{ik}\text{，}\quad \sum_{i=1}^{3} m_{ji}m_{ki}=\delta_{jk}\text{，}\quad \det\boldsymbol{m}=\begin{vmatrix} m_{11} & m_{12} & m_{13} \\ m_{21} & m_{22} & m_{23} \\ m_{31} & m_{32} & m_{33} \end{vmatrix}=\pm 1 \tag{2.3.5}$$

标架（$\boldsymbol{i}_x,\boldsymbol{i}_y,\boldsymbol{i}_z$）和（$\boldsymbol{i}'_x,\boldsymbol{i}'_y,\boldsymbol{i}'_z$）同为右手系，或同为左手系取 1；否则取−1。

式(2.3.1)～式(2.3.5)的角标量记法分别为

$$\boldsymbol{i}'_k=m_{kl}\boldsymbol{i}_l\text{；}$$
$$\boldsymbol{i}_k=m_{lk}\boldsymbol{i}'_l\text{；}$$
$$m_{kl}=\boldsymbol{i}'_k\cdot\boldsymbol{i}_l\text{；}$$
$$\boldsymbol{m}=\left[m_{kl}\right]\text{；}$$
$$m_{ji}m_{jk}=\delta_{ik}\text{，}\quad m_{ji}m_{ki}=\delta_{jk}\text{，}\quad \det\boldsymbol{m}=\boldsymbol{e}_{klm}m_{k1}m_{l2}m_{m3}=\pm 1$$

设空间里同一点在坐标系$Oxyz$和坐标系$O'x'y'z'$中的坐标分别为(x,y,z)与(x',y',z')，那么有如下**坐标变换式**：

$$\left.\begin{aligned} x'&=m_{11}(x-x_0)+m_{12}(y-y_0)+m_{13}(z-z_0) \\ y'&=m_{21}(x-x_0)+m_{22}(y-y_0)+m_{23}(z-z_0) \\ z'&=m_{31}(x-x_0)+m_{32}(y-y_0)+m_{33}(z-z_0) \end{aligned}\right\} \tag{2.3.6}$$

和

$$\left.\begin{aligned} x-x_0&=m_{11}x'+m_{21}y'+m_{31}z' \\ y-y_0&=m_{12}x'+m_{22}y'+m_{32}z' \\ z-z_0&=m_{13}x'+m_{23}y'+m_{33}z' \end{aligned}\right\} \tag{2.3.7}$$

用角标量表示为

$$x'_j=m_{jk}(x_k-x_{0k})$$

和

$$x_k-x_{0k}=m_{jk}x'_j$$

这里(x_0,y_0,z_0)为坐标系$O'x'y'z'$的原点在坐标系$Oxyz$中的坐标。当(x_0,y_0,z_0)=(0,0,0)时有

$$x'_j=m_{jk}x_k$$

和

$$x_k=m_{jk}x'_j$$

特例：坐标面内的转动变换

如果坐标系$Oxyz$和坐标系$O'x'y'z'$的原点重合，且基本单位矢$\boldsymbol{i}_z$和$\boldsymbol{i}'_z$方向一致，那么坐标系$Oxyz$到坐标系$O'x'y'z'$的变换就是在坐标面xOy内的转动，如图 2.3 所示。这种情况下式(2.3.4)改写为

$$\boldsymbol{m}=\begin{bmatrix} m_{11} & m_{12} & m_{13} \\ m_{21} & m_{22} & m_{23} \\ m_{31} & m_{32} & m_{33} \end{bmatrix}=\begin{bmatrix} \cos\alpha & \sin\alpha & 0 \\ -\sin\alpha & \cos\alpha & 0 \\ 0 & 0 & 1 \end{bmatrix} \tag{2.3.8}$$

坐标变换式(2.3.6)和式(2.3.7)分别改写为

$$\left.\begin{aligned} x' &= x\cos\alpha + y\sin\alpha \\ y' &= -x\sin\alpha + y\cos\alpha \\ z' &= z \end{aligned}\right\} \tag{2.3.9}$$

或

$$\left.\begin{aligned} x &= x'\cos\alpha - y'\sin\alpha \\ y &= x'\sin\alpha + y'\cos\alpha \\ z &= z' \end{aligned}\right\} \tag{2.3.10}$$

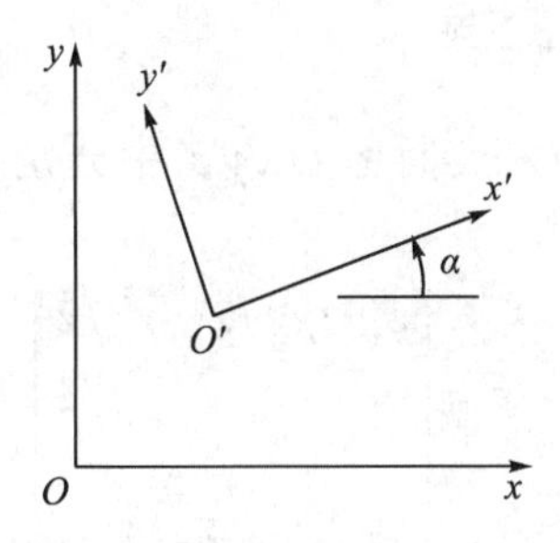

图 2.3　坐标面内的转动变换

2.3.2　位移分量的坐标变换

位移矢量 $\boldsymbol{u}$ 在坐标系 $Oxyz$ 和坐标系 $O'x'y'z'$ 中的分量分别为 (u_x,u_y,u_z) 和 (u'_x,u'_y,u'_z)，即：

$$\boldsymbol{u}=u_x\boldsymbol{i}_x+u_y\boldsymbol{i}_y+u_z\boldsymbol{i}_z=u'_x\boldsymbol{i}'_x+u'_y\boldsymbol{i}'_y+u'_z\boldsymbol{i}'_z \tag{2.3.11}$$

或

$$\boldsymbol{u}=u_j\boldsymbol{i}_j=u'_k\boldsymbol{i}'_k$$

利用式(2.3.5)便得到位移分量的坐标变换式。再利用线性代数的知识，可得到

$$\boldsymbol{u}'=\boldsymbol{m}\boldsymbol{u}\,,\quad \boldsymbol{u}=\boldsymbol{m}^{\mathrm{T}}\boldsymbol{u}' \tag{2.3.12}$$

这里约定：

$$\boldsymbol{u}'=\begin{bmatrix} u'_x \\ u'_y \\ u'_z \end{bmatrix},\quad \boldsymbol{u}=\begin{bmatrix} u_x \\ u_y \\ u_z \end{bmatrix} \tag{2.3.13}$$

$\boldsymbol{m}$ 则由式(2.3.4)表示。将式(2.3.12)写为分量形式，得到

$$\left.\begin{aligned} u'_x &= m_{11}u_x+m_{12}u_y+m_{13}u_z, \quad & u_x &= m_{11}u'_x+m_{21}u'_y+m_{31}u'_z \\ u'_y &= m_{21}u_x+m_{22}u_y+m_{23}u_z, \quad & u_y &= m_{12}u'_x+m_{22}u'_y+m_{32}u'_z \\ u'_z &= m_{31}u_x+m_{32}u_y+m_{33}u_z, \quad & u_z &= m_{13}u'_x+m_{23}u'_y+m_{33}u'_z \end{aligned}\right\} \tag{2.3.14}$$

式(2.3.12)和式(2.3.13)的角标量记法分别为

$$u'_k = m_{kl}u_l\,,\quad u_k = m_{lk}u'_l \tag{2.3.15}$$

特例：在坐标面内的转动变换情况下，取$\boldsymbol{m}$为式(2.3.8)得到位移分量的坐标边换式

$$\left.\begin{aligned} u'_x &= u_x\cos\alpha + u_y\sin\alpha \\ u'_y &= -u_x\sin\alpha + u_y\cos\alpha \\ u'_z &= u_z \end{aligned}\right\} \tag{2.3.16}$$

或

$$\left.\begin{aligned} u_x &= u'_x\cos\alpha - u'_y\sin\alpha \\ u_y &= u'_x\sin\alpha + u'_y\cos\alpha \\ u_z &= u'_z \end{aligned}\right\} \tag{2.3.17}$$

2.3.3 应变分量的坐标变换

同一应变状态在坐标系$Oxyz$和坐标系$O'x'y'z'$中分别描写为应变矩阵$\boldsymbol{\varepsilon}$和应变矩阵$\boldsymbol{\varepsilon}'$。这里$\boldsymbol{\varepsilon}$由式(2.1.7)定义，而

$$\boldsymbol{\varepsilon}' = \begin{bmatrix} \varepsilon'_x & \gamma'_{xy}/2 & \gamma'_{xz}/2 \\ \cdot & \varepsilon'_y & \dot{\gamma}_{yz}/2 \\ \cdot & \cdot & \varepsilon'_z \end{bmatrix} \tag{2.3.18}$$

应变矩阵$\boldsymbol{\varepsilon}$的分量与位移分量(u_x,u_y,u_z)满足几何方程(2.1.1)；应变矩阵$\boldsymbol{\varepsilon}'$的分量与位移分量$(u'_x,u'_y,u'_z)$也满足坐标系$O'x'y'z'$描写的与式(2.1.11)类似的几何方程：

$$\varepsilon'_x = \frac{\partial u'_x}{\partial x'}\,,\quad \varepsilon'_y = \frac{\partial u'_y}{\partial y'}\,,\quad \varepsilon'_z = \frac{\partial u'_z}{\partial z'} \tag{2.3.19a}$$

$$\gamma'_{xy} = \gamma'_{yx} = \frac{\partial u'_x}{\partial y'} + \frac{\partial u'_y}{\partial x'}\,,\quad \gamma'_{yz} = \gamma'_{zy} = \frac{\partial u'_y}{\partial z'} + \frac{\partial u'_z}{\partial y'}\,,\quad \gamma'_{zx} = \gamma'_{xz} = \frac{\partial u'_z}{\partial x'} + \frac{\partial u'_x}{\partial z'} \tag{2.3.19b}$$

但是位移分量(u_x，u_y，u_z)与位移分量(u'_x,u'_y,u'_z)满足式(2.3.15)，坐标(x,y,z)与坐标(x',y',z')满足式(2.3.6)和式(2.3.7)。将这些条件综合起来，利用复合函数求导数法则，可以得到应变矩阵$\boldsymbol{\varepsilon}$的分量和应变矩阵$\boldsymbol{\varepsilon}'$的分量间的关系。例如

$$\varepsilon'_x = \frac{\partial u'_x}{\partial x'} = (\frac{\partial x}{\partial x'}\frac{\partial}{\partial x} + \frac{\partial y}{\partial x'}\frac{\partial}{\partial y} + \frac{\partial z}{\partial x'}\frac{\partial}{\partial z})(m_{11}u_x + m_{12}u_y + m_{13}u_z)$$

得出

$$\varepsilon'_x = m_{11}^2\varepsilon_x + m_{11}m_{12}\gamma_{xy} + m_{11}m_{13}\gamma_{xz} + m_{12}^2\varepsilon_y + m_{12}m_{13}\gamma_{yz} + m_{13}^2\varepsilon_z \tag{2.3.20a}$$

同理得到

$$\begin{aligned} \gamma'_{xy}/2 = \gamma'_{yx}/2 = {} & m_{11}m_{21}\varepsilon_x + (m_{11}m_{22} + m_{12}m_{21})\gamma_{xy}/2 + (m_{11}m_{23} + m_{13}m_{21})\gamma_{xz}/2 \\ & + m_{12}m_{22}\varepsilon_y + (m_{12}m_{23} + m_{13}m_{22})\gamma_{yz}/2 + m_{13}m_{23}\varepsilon_z \end{aligned} \tag{2.3.20b}$$

$$\begin{aligned} \gamma'_{xz}/2 = \gamma'_{zx}/2 = {} & m_{11}m_{31}\varepsilon_x + (m_{11}m_{32} + m_{12}m_{31})\gamma_{xy}/2 + (m_{11}m_{33} + m_{13}m_{31})\gamma_{xz}/2 \\ & + m_{12}m_{32}\varepsilon_y + (m_{12}m_{33} + m_{13}m_{32})\gamma_{yz}/2 + m_{13}m_{33}\varepsilon_z \end{aligned} \tag{2.3.20c}$$

$$\varepsilon_y' = m_{21}^2\varepsilon_x + m_{22}m_{21}\gamma_{xy} + m_{21}m_{23}\gamma_{xz} + m_{22}^2\varepsilon_y + m_{22}m_{23}\gamma_{yz} + m_{23}^2\varepsilon_z \tag{2.3.20d}$$

$$\begin{aligned}\gamma_{yz}'/2 = \gamma_{zy}'/2 = m_{21}m_{31}\varepsilon_x + (m_{21}m_{32} + m_{22}m_{31})\gamma_{xy}/2 + (m_{21}m_{33} + m_{23}m_{31})\gamma_{xz}/2 \\ + m_{22}m_{32}\varepsilon_y + (m_{22}m_{33} + m_{23}m_{32})\gamma_{yz}/2 + m_{23}m_{33}\varepsilon_z\end{aligned} \tag{2.3.20e}$$

$$\varepsilon_z' = m_{31}^2\varepsilon_x + m_{32}m_{31}\gamma_{xy} + m_{31}m_{33}\gamma_{xz} + m_{32}^2\varepsilon_y + m_{32}m_{33}\gamma_{yz} + m_{33}^2\varepsilon_z \tag{2.3.20f}$$

这个结果可以用矩阵形式或张量形式表示为

$$\boldsymbol{\varepsilon}' = \boldsymbol{m\varepsilon m}^{\mathrm{T}} \tag{2.3.21a}$$

此式用角标量表示为

$$\varepsilon_{kl}' = m_{kj}m_{li}\varepsilon_{ji} \tag{2.3.21b}$$

其逆为

$$\varepsilon_{kl} = m_{jk}m_{il}\varepsilon_{ji}' \tag{2.3.21c}$$

特例：在坐标面内的转动变换情况下，取$\boldsymbol{m}$为式(2.3.8)，得到应变分量的坐标变换式：

$$\varepsilon_x' = \varepsilon_x\cos^2\alpha + \gamma_{xy}\cos\alpha\sin\alpha + \varepsilon_y\sin^2\alpha \tag{2.3.22a}$$

$$\varepsilon_y' = \varepsilon_x\sin^2\alpha - \gamma_{xy}\cos\alpha\sin\alpha + \varepsilon_y\cos^2\alpha \tag{2.3.22b}$$

$$\gamma_{xy}' = \gamma_{yx}' = 2(\varepsilon_y - \varepsilon_x)\cos\alpha\sin\alpha + \gamma_{xy}(\cos^2\alpha - \sin^2\alpha) \tag{2.3.22c}$$

$$\gamma_{zx}' = \gamma_{xz}' = \gamma_{zx}\cos\alpha + \gamma_{zy}\sin\alpha \tag{2.3.22d}$$

$$\gamma_{zy}' = \gamma_{yz}' = -\gamma_{zx}\sin\alpha + \gamma_{zy}\cos\alpha \tag{2.3.22e}$$

$$\varepsilon_z' = \varepsilon_z \tag{2.3.22f}$$

例 2.9　任一方向的线应变。

已知某点邻域的应变张量，在该邻域，任一方向$\boldsymbol{n}(n_x,n_y,n_z)$上的线应变$\varepsilon_n$便得到确定，其算式为

$$\varepsilon_n = n_x^2\varepsilon_x + n_xn_y\gamma_{xy} + n_xn_z\gamma_{xz} + n_y^2\varepsilon_y + n_yn_z\gamma_{yz} + n_z^2\varepsilon_z \tag{2.3.23}$$

或

$$\varepsilon_n = n_jn_i\varepsilon_{ji}$$

这正是应变张量能描写某点邻域的应变状态的论据。

证明：在式(2.3.20a)中取m_{11}、m_{12}、m_{13}分别为n_x、n_y、n_z，那么ε_x'便为ε_n。经简单的整理，即可得到所要的结果。

特例　平面变形

所谓平面变形，指存在一个特定的平面，物体的位移矢量都在此平面或它的平行平面内，且与到此平面的距离无关。如果将此平面取为坐标面xOy，其位移场描写为

$$u_x = u_x(x,y),\quad u_y = u_y(x,y),\quad u_z = \text{const.}$$

在**平面变形**中，仅存在三个非零的应变分量ε_x、ε_y和γ_{xy}，则此点邻域方向$(n_x,n_y,0)$的线应变表示为

$$\varepsilon_n = n_x^2\varepsilon_x + n_xn_y\gamma_{xy} + n_y^2\varepsilon_y \tag{2.3.24}$$

§2.4 应变状态理论

应变张量式(2.1.7)的特征值和相应的特征向量称为主应变和应变主方向。ε_k ($k=1,2,3$)和$n^{(k)}(n_1^{(k)},n_2^{(k)},n_3^{(k)})$ ($k=1,2,3$)分别为主应变和对应的应变主方向单位矢量，它们满足如下线性齐次代数方程：

$$\begin{bmatrix} \varepsilon_x & \gamma_{xy}/2 & \gamma_{xz}/2 \\ \cdot & \varepsilon_y & \gamma_{yz}/2 \\ \cdot & \cdot & \varepsilon_z \end{bmatrix} \begin{bmatrix} n_1^{(k)} \\ n_2^{(k)} \\ n_3^{(k)} \end{bmatrix} = \varepsilon_k \begin{bmatrix} n_1^{(k)} \\ n_2^{(k)} \\ n_3^{(k)} \end{bmatrix} \tag{2.4.1}$$

对于$(n_1^{(k)},n_2^{(k)},n_3^{(k)})$，存在非零解的充要条件是系数行列式为零，得到关于主应变的三次代数方程

$$\begin{vmatrix} \varepsilon_x-\varepsilon_k & \gamma_{xy}/2 & \gamma_{xz}/2 \\ \cdot & \varepsilon_y-\varepsilon_k & \gamma_{yz}/2 \\ \cdot & \cdot & \varepsilon_z-\varepsilon_k \end{vmatrix} = -\varepsilon_k^3 + J_1\varepsilon_k^2 - J_2\varepsilon_k + J_3 = 0 \tag{2.4.2}$$

式中引入了三个记号：

$$\begin{cases} J_1 = \varepsilon_x+\varepsilon_y+\varepsilon_z, \\ J_2 = \begin{vmatrix} \varepsilon_x & \gamma_{xy}/2 \\ \cdot & \varepsilon_y \end{vmatrix} + \begin{vmatrix} \varepsilon_x & \gamma_{xz}/2 \\ \cdot & \varepsilon_z \end{vmatrix} + \begin{vmatrix} \varepsilon_y & \gamma_{yz}/2 \\ \cdot & \varepsilon_z \end{vmatrix}, \\ J_3 = \begin{vmatrix} \varepsilon_x & \gamma_{xy}/2 & \gamma_{xz}/2 \\ \cdot & \varepsilon_y & \gamma_{yz}/2 \\ \cdot & \cdot & \varepsilon_z \end{vmatrix} \end{cases} \tag{2.4.3}$$

分别称为应变张量的第一、第二和第三不变量。应变张量的第一不变量正是式(2.1.24)定义的体应变。式(2.4.2)和式(2.4.1)便是求主应变和对应的主方向的方程。由于代数方程(2.4.2)存在三个实数根，可以约定，角标(k)取1、2、3分别对应这三个主应变和相应的主方向。

按线性代数的知识，实对称矩阵的三个特征方向两两正交。因此，三个主应变对应的三个主方向两两正交。

按线性代数的知识，由式(2.3.20)表示的两坐标系间应变矩阵的关系是正交相似变换；而相似变换不改变矩阵的特征值和不变量，因此主应变和应变张量的三个不变量与坐标系的选择无关，式(2.4.3)给出的不变量又可写为用主应变表达的形式

$$J_1=\varepsilon_1+\varepsilon_2+\varepsilon_3, \quad J_2=\varepsilon_1\varepsilon_2+\varepsilon_2\varepsilon_3+\varepsilon_3\varepsilon_1, \quad J_3=\varepsilon_1\varepsilon_2\varepsilon_3 \tag{2.4.4}$$

如果用三个主方向单位矢量作为坐标系$O'x'y'z'$的基本单位矢量，那么坐标系$O'x'y'z'$描写的应力张量必然成为对角形：

$$\begin{bmatrix} \varepsilon_1 & 0 & 0 \\ 0 & \varepsilon_2 & 0 \\ 0 & 0 & \varepsilon_3 \end{bmatrix} \tag{2.4.5}$$

由应变主方向单位矢量的坐标组成矩阵：

$$\boldsymbol{m} = \begin{bmatrix} n_1^{(1)} & n_2^{(1)} & n_3^{(1)} \\ n_1^{(2)} & n_2^{(2)} & n_3^{(2)} \\ n_1^{(3)} & n_2^{(3)} & n_3^{(3)} \end{bmatrix} \tag{2.4.6}$$

这个矩阵正是对角形(2.4.5)与坐标系 $Oxyz$ 描写的应变矩阵(2.1.7)之间的正交相似变换，即：

$$\begin{bmatrix} n_1^{(1)} & n_2^{(1)} & n_3^{(1)} \\ n_1^{(2)} & n_2^{(2)} & n_3^{(2)} \\ n_1^{(3)} & n_2^{(3)} & n_3^{(3)} \end{bmatrix} \begin{bmatrix} \varepsilon_x & \gamma_{xy}/2 & \gamma_{xz}/2 \\ \cdot & \varepsilon_y & \gamma_{yz}/2 \\ \cdot & \cdot & \varepsilon_z \end{bmatrix} \begin{bmatrix} n_1^{(1)} & n_2^{(1)} & n_3^{(1)} \\ n_1^{(2)} & n_2^{(2)} & n_3^{(2)} \\ n_1^{(3)} & n_2^{(3)} & n_3^{(3)} \end{bmatrix}^T = \begin{bmatrix} \varepsilon_1 & 0 & 0 \\ 0 & \varepsilon_2 & 0 \\ 0 & 0 & \varepsilon_3 \end{bmatrix} \tag{2.4.7}$$

例 2.10　单轴应力状态的应变不变量。

解：由例 2.6 所给出的应变张量得到

$$J_1 = (1-2\nu)\varepsilon, \qquad J_2 = -\nu(2-\nu)\varepsilon^2, \qquad J_3 = \nu^2\varepsilon^2$$

例 2.11　应变球张量和应变偏张量。

按二阶张量得球偏分解式：

$$\varepsilon_{ji} = \varepsilon\delta_{ji} + \varepsilon'_{ji}, \quad \varepsilon = \delta_{ji}\varepsilon_{ji}/3 = \varepsilon_{jj}/3$$

式中，$\varepsilon\delta_{ji}$ 和 ε'_{ji} 分别为应变球张量和应变偏张量。

对球张量，任何方向都是主方向，在任何坐标系下都有不变的矩阵形式，三个主应变相等，同等于 ε。

对偏张量，主方向与 ε_{ji} 的主方向相同，三个主应变与 ε_{ji} 的主应变相差 ε。

习　　题

2.1　平面变形中，如果 ε_x，ε_y，$\gamma_{xy}=\gamma_{yx}$ 和 ψ_z 都是常数，试写出位移分量。

2.2　三维问题中，如果六个应变分量都为零，试写出位移分量。

2.3　已知坐标系 $Oxyz$ 中描写的应变分量为

$$\varepsilon_x = \varepsilon, \quad \varepsilon_y = -\varepsilon, \quad \gamma_{xy} = \gamma, \quad \varepsilon_z = \gamma_{yz} = \gamma_{zx} = 0$$

式中，ε 和 γ 为常量。求：①坐标系 $Oxyz$ 中对应的位移分量；②坐标系 $Ox'y'z'$ 中对应的位移分量。这里两坐标系的轴 Oz 和 Oz' 相同，坐标面 xOy 与坐标面 $x'Oy'$ 在同一平面内，但轴 Ox' 与 Ox 夹角为 $\alpha = 45°$。

2.4　对于直角坐标位移分量

$$u_x = -2Axy, \quad u_y = A[x^2 + \nu(y^2 - z^2)], \quad u_z = 2\nu Ayz$$

求对应的应变分量。进一步证明，平面 $x = \text{const.}$ (常量) 在变形后不再保持平面。

2.5　已知位移分量为坐标的线性函数：

$$u_x = b_{11}x + b_{12}y + b_{13}z$$
$$u_y = b_{21}x + b_{22}y + b_{23}z$$
$$u_z = b_{31}x + b_{32}y + b_{33}z$$

求证：平面变形后仍为平面。

2.6 试确认以下应变是否可能。如果可能，指出前提条件。

(1) $\varepsilon_x = 0$，$\varepsilon_y = A(y^2 + z^2)x$，$\varepsilon_z = Az^2 x$，$\gamma_{yz} = 2Axyz$，$\gamma_{zx} = \gamma_{xy} = 0$ ；

(2) $\varepsilon_x = Byz$，$\varepsilon_y = Byz^2$，$\varepsilon_z = By^2 z$，$\gamma_{yz} = 0$，$\gamma_{zx} = Ax^2 + Bz$，$\gamma_{xy} = By^2 + Az^2$

2.7 已知应变分量为

$\varepsilon_x = A\cos\lambda x \sin\mu y$，$\varepsilon_y = B\cos\lambda x \sin\mu y$，$\gamma_{xy} = C\sin\lambda x\cos\mu y$，$\varepsilon_z = \gamma_{zx} = \gamma_{zy} = 0$

求位移分量。

2.8 已知

$$\begin{bmatrix} \varepsilon_x & \gamma_{xy}/2 & \gamma_{xz}/2 \\ \cdot & \varepsilon_y & \gamma_{yz}/2 \\ \cdot & \cdot & \varepsilon_z \end{bmatrix} = \begin{bmatrix} 150 & 0 & 0 \\ \cdot & -40 & 120 \\ \cdot & \cdot & 0 \end{bmatrix} \times 10^{-6}$$

求主应变、主方向、体积应变和应变偏量。

2.9 已知坐标系 $Oxyz$ 中应变分量为坐标的线性函数:

$$u_j = a_{jp} x_p$$

求坐标系 $Ox'y'z'$ 中描写的位移分量和应变分量。这里有坐标变换式 $x'_j = m_{jk} x_k$，m_{jk} 满足式(2.3.5)。

第3章 应 力 理 论

一个物体总可以看作一系列微小体积无间隙地拼接而成。将这种微小体积称为体元。可以将体元取为微小正六面体的形状。特殊地，可以将微小正六面体取为三个系列坐标面及其平行面对物体切割，在边界附近再辅以四面体形状的体元拼接而成。

如何描写体元的受力和平衡状态？如何描写边界四面体元的受力和平衡状态？对于不同方向切出的正六面体，受力状态的描写有何差异？这些涉及体元强度基本概念的问题正是本章所述的应力张量模型，以及相关的应力分量的定义、应力分量的坐标变换、主应力、应力主方向和应力张量的不变量。

§3.1 应力张量和平衡方程

3.1.1 应力张量的定义

引入直角坐标系 $Oxyz$ ，记基本单位矢量为（ $\boldsymbol{i}_x,\boldsymbol{i}_y,\boldsymbol{i}_z$ ）。以平面 $x=\text{const.}$ ，$x+\Delta x=\text{const.}$ ，$y=\text{const.}$ ，$y+\Delta y=\text{const.}$ ，$z=\text{const.}$ 和 $z+\Delta z=\text{const.}$ 为表面，形成三条邻边分别为 Δx 、Δy 和 Δz 的正六面体体元，如图 3.1 所示。这正六面体过点 $A\ (\boldsymbol{x})$ 的三条棱边组成了第 2.1.2 节图 2.1 引入的三维标架 $\Delta x\boldsymbol{i}_x$、$\Delta y\boldsymbol{i}_y$、$\Delta z\boldsymbol{i}_z$ 。

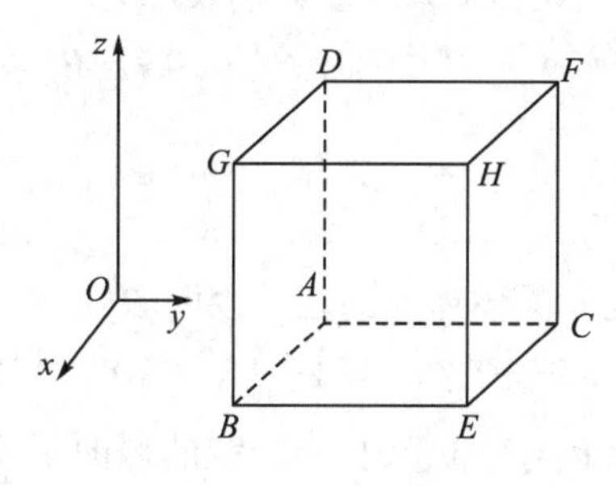

图 3.1 体元

在 0.4.2 节中述及应力矢量 $\boldsymbol{p}$ 与点的位置、时刻 t 和截面受力侧的法线方向 $\boldsymbol{n}$ 有关，即：

$$\boldsymbol{p}=\boldsymbol{p}(M,t,\boldsymbol{n})$$

图 3.1 所示正六面体体元，表面 $BEHG$ 的外法线 $\boldsymbol{n}$ 为轴 Ox 的正向，即 $\boldsymbol{n}=[1\quad 0\quad 0]^{\mathrm{T}}$ ，所受面力记为 $\boldsymbol{p}_x$ ，它的三个分量记为 $(\sigma_x,\tau_{xy},\tau_{xz})$ ，由此定义了矢量 $\boldsymbol{p}_x$ ：

$$\boldsymbol{p}_x=[\sigma_x,\tau_{xy},\tau_{xz}]^{\mathrm{T}} \tag{3.1.1a}$$

体元的表面 $CFHE$ 的外法线 $\boldsymbol{n}$ 为轴 Oy 的正向，即 $\boldsymbol{n}=[0\quad 1\quad 0]^{\mathrm{T}}$ ，所受面力记为 $\boldsymbol{p}_y$ ，

它的三个分量记为$(\tau_{yx},\sigma_y,\tau_{yz})$，由此定义了矢量$\boldsymbol{p}_y$：

$$\boldsymbol{p}_y=[\tau_{yx},\sigma_y,\tau_{yz}]^{\mathrm{T}} \tag{3.1.1b}$$

体元的表面 *DFHG* 的外法线$\boldsymbol{n}$为轴Oz的正向，即$\boldsymbol{n}=\begin{bmatrix}0 & 0 & 1\end{bmatrix}^{\mathrm{T}}$，所受面力特殊地记为$\boldsymbol{p}_z$，它的三个分量记为$(\tau_{zx},\tau_{zy},\sigma_z)$，由此定义了矢量$\boldsymbol{p}_z$：

$$\boldsymbol{p}_z=[\tau_{zx},\tau_{zy},\sigma_z]^{\mathrm{T}} \tag{3.1.1c}$$

用所定义的 9 个记号组成三阶矩阵$\boldsymbol{\sigma}$：

$$\boldsymbol{\sigma}=\begin{bmatrix}\sigma_{11} & \sigma_{12} & \sigma_{13}\\ \sigma_{21} & \sigma_{22} & \sigma_{23}\\ \sigma_{31} & \sigma_{32} & \sigma_{33}\end{bmatrix}=\begin{bmatrix}\sigma_x & \tau_{xy} & \tau_{xz}\\ \tau_{yx} & \sigma_y & \tau_{yz}\\ \tau_{zx} & \tau_{zy} & \sigma_z\end{bmatrix} \tag{3.1.2}$$

称其为应力矩阵，通常又称为应力张量。它的元素称为应力张量的分量，简称应力分量。后者有别于应力矢量的分量。

由这些定义，可以得到

$$\sigma_x=\boldsymbol{p}_x\cdot\boldsymbol{i}_x,\quad \tau_{xy}=\boldsymbol{p}_x\cdot\boldsymbol{i}_y,\quad \tau_{xz}=\boldsymbol{p}_x\cdot\boldsymbol{i}_z \tag{3.1.3a}$$

$$\tau_{yx}=\boldsymbol{p}_y\cdot\boldsymbol{i}_x\quad \sigma_y=\boldsymbol{p}_y\cdot\boldsymbol{i}_y,\quad \tau_{yz}=\boldsymbol{p}_y\cdot\boldsymbol{i}_z \tag{3.1.3b}$$

$$\tau_{zx}=\boldsymbol{p}_z\cdot\boldsymbol{i}_x,\quad \tau_{zy}=\boldsymbol{p}_z\cdot\boldsymbol{i}_y,\quad \sigma_z=\boldsymbol{p}_z\cdot\boldsymbol{i}_z \tag{3.1.3c}$$

因此，矩阵(3.1.2)中对角线元素为相应方向的正应力，非对角线元素为相应截面的切应力。

需要注意，如果将正应力记号的一个角标理解为两个相同的角标，那么式(3.1.1)说明，应力分量记号的第一个角标表示与受力截面的外法线指向一致的坐标轴正方向；应力分量记号的第二个角标表示用矢量计算分量时，作投影的坐标轴。简言之，前标表示作用面，后标表示作用的方向。

用角标量描写，式(3.1.1)～式(3.1.3)可以分别表示为

$$\boldsymbol{p}_j=\sigma_{jl}\boldsymbol{i}_l,\quad \boldsymbol{\sigma}=\sigma_{jl}\boldsymbol{i}_j\otimes\boldsymbol{i}_l,\quad \sigma_{jl}=\boldsymbol{p}_j\cdot\boldsymbol{i}_l$$

3.1.2 体元的受力图

在图 3.2(a)、(b)所示的正六面体体元的三个表面 *BEHG*、*CFHE* 和 *DFHG* 上，给出了定义的 12 个记号$\boldsymbol{p}_x$、$\boldsymbol{p}_y$、$\boldsymbol{p}_z$、$[\sigma_x,\tau_{xy},\tau_{xz}]$、$[\tau_{yx},\sigma_y,\tau_{yz}]$和$[\tau_{zx},\tau_{zy},\sigma_z]$的示意图。

由于$\boldsymbol{p}_x$表示的施力物是以$\boldsymbol{n}=\begin{bmatrix}1 & 0 & 0\end{bmatrix}^{\mathrm{T}}$为法线的截面正侧的部分物体，按作用与反作用原理，$-\boldsymbol{p}_x$表示的施力物是以$\boldsymbol{n}=\begin{bmatrix}-1 & 0 & 0\end{bmatrix}^{\mathrm{T}}$为法线的截面正侧的部分物体。类似的推理可得，$-\boldsymbol{p}_y$表示的施力物是以$\boldsymbol{n}=\begin{bmatrix}0 & -1 & 0\end{bmatrix}^{\mathrm{T}}$为法线的截面正侧的部分物体；$-\boldsymbol{p}_z$表示的施力物是以$\boldsymbol{n}=\begin{bmatrix}0 & 0 & -1\end{bmatrix}^{\mathrm{T}}$为法线的截面正侧的部分物体。因此，在图 3.2(a)、(b)所示的正六面体体元的其余三个表面上，表示$[\sigma_x,\tau_{xy},\tau_{xz}]$、$[\tau_{yx},\sigma_y,\tau_{yz}]$和$[\tau_{zx},\tau_{zy},\sigma_z]$的箭头方向分别与式(3.1.1)对应的三个表面上的应力分量方向相反。于是组成了图 3.2(c)所示的体元表面的应力图。

需要指出，由于未考虑应力分量随位置的变化，应力图 3.2(a)～(c)适用于均匀应力分布的情况。当然，由于体元模型的微小性，局部的均匀性模型是合理的。

如果考虑应力分量随位置的变化，其应力图则由图 3.2(d)表达，由此将导出局部平衡条件，导出平衡微分方程。

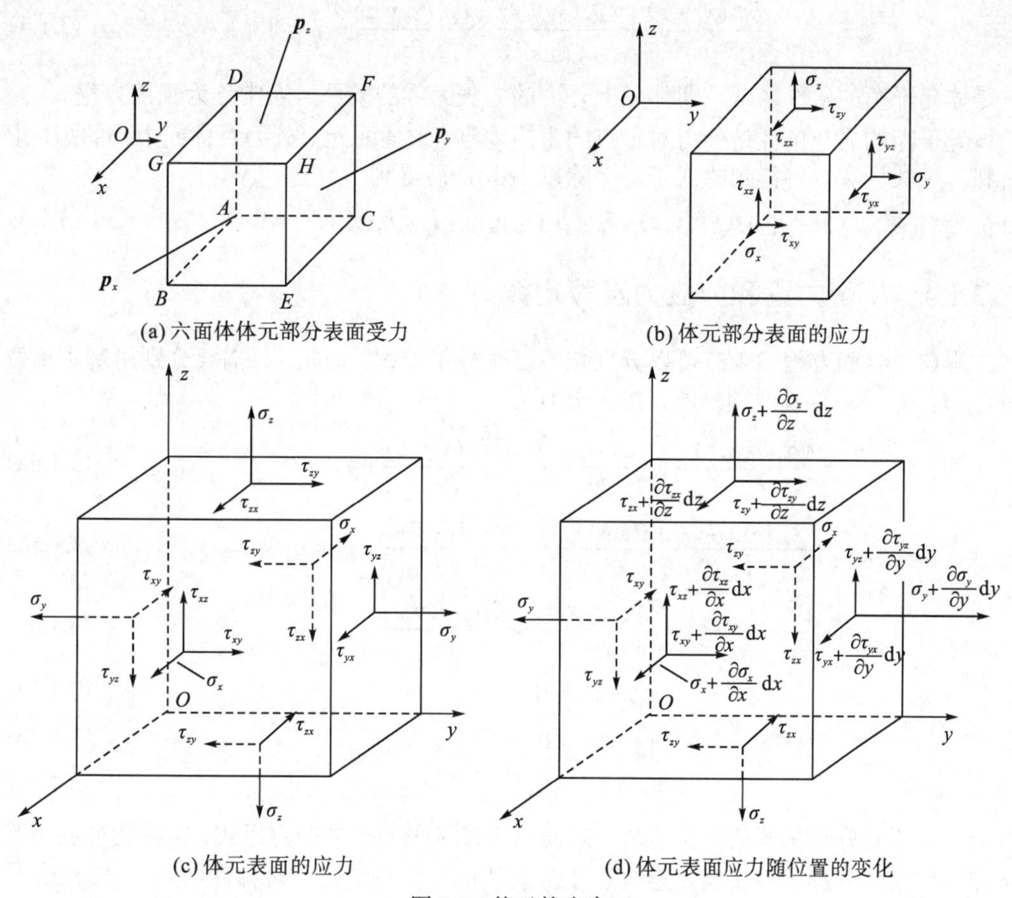

(a) 六面体体元部分表面受力　(b) 体元部分表面的应力

(c) 体元表面的应力　(d) 体元表面应力随位置的变化

图 3.2　体元的应力

3.1.3　平衡条件

考虑应力分量随位置的变化，图 3.2(a) 所示体元的受力图应修改为图 3.2(d)。图 3.2(a) 中面元 $ACFD$ 的应力矢量为 $-\boldsymbol{p}_x(x,y,z)$，因此

通过面元 $ACFD$，体元的受力为 $-\boldsymbol{p}_x(x,y,z)\mathrm{d}y\mathrm{d}z$。由于截面坐标 x 有增加量 Δx，通过面元 $BEHG$，体元的受力为

$$\boldsymbol{p}_x(x,y,z)\mathrm{d}y\mathrm{d}z+\frac{\partial \boldsymbol{p}_x(x,y,z)\mathrm{d}y\mathrm{d}z}{\partial x}\mathrm{d}x$$

同理，通过面元 $ADGB$，体元的受力为 $-\boldsymbol{p}_y(x,y,z)\mathrm{d}z\mathrm{d}x$。通过面元 $CFHE$，体元的受力为

$$\boldsymbol{p}_y(x,y,z)\mathrm{d}z\mathrm{d}x+\frac{\partial \boldsymbol{p}_y(x,y,z)\mathrm{d}z\mathrm{d}x}{\partial y}\mathrm{d}y$$

通过面元 $ABEC$，体元的受力为 $-\boldsymbol{p}_z(x,y,z)\mathrm{d}x\mathrm{d}y$。通过面元 $DGHF$，体元的受力为

$$\boldsymbol{p}_z(x,y,z)\mathrm{d}x\mathrm{d}y+\frac{\partial \boldsymbol{p}_z(x,y,z)\mathrm{d}x\mathrm{d}y}{\partial z}\mathrm{d}z$$

此外，以体力的方式施予体元的力为$\boldsymbol{f}(x,y,z)\mathrm{d}x\mathrm{d}y\mathrm{d}z$，这里$\boldsymbol{f}(x,y,z)$为体力的体积密度。

将上述作用于体元的外力作矢量和，令其为零，两端除以dxdydz后得到

$$\frac{\partial \boldsymbol{p}_x(x,y,z)}{\partial x}+\frac{\partial \boldsymbol{p}_y(x,y,z)}{\partial y}+\frac{\partial \boldsymbol{p}_z(x,y,z)}{\partial z}+\boldsymbol{f}=\boldsymbol{0} \tag{3.1.4}$$

这就是体元平衡的条件之一，即体元上外力的主矢为零的条件，通常称为平衡方程。

体元平衡的另一条件是外力对定点的主矩为零。求各面元上外力对体元中心的矩，求矢量和，令其为零。将得到的式子两端除以dxdydz后得到

$$\boldsymbol{i}_x\times\boldsymbol{p}_x(x,y,z)+\boldsymbol{i}_y\times\boldsymbol{p}_y(x,y,z)+\boldsymbol{i}_z\times\boldsymbol{p}_z(x,y,z)=\boldsymbol{0} \tag{3.1.5}$$

3.1.4 平衡方程和剪应力互等定律

方程(3.1.4)和方程(3.1.5)可以分别化为三个标量方程。为此，只需要分别用基本单位矢量$\boldsymbol{i}_x$、$\boldsymbol{i}_y$、$\boldsymbol{i}_z$点乘等号两端，所得结果分别为

$$\frac{\partial \sigma_x(x,y,z)}{\partial x}+\frac{\partial \tau_{yx}(x,y,z)}{\partial y}+\frac{\partial \tau_{zx}(x,y,z)}{\partial z}+f_x=0 \tag{3.1.6a}$$

$$\frac{\partial \tau_{xy}(x,y,z)}{\partial x}+\frac{\partial \sigma_y(x,y,z)}{\partial y}+\frac{\partial \tau_{zy}(x,y,z)}{\partial z}+f_y=0 \tag{3.1.6b}$$

$$\frac{\partial \tau_{xz}(x,y,z)}{\partial x}+\frac{\partial \tau_{yz}(x,y,z)}{\partial y}+\frac{\partial \sigma_z(x,y,z)}{\partial z}+f_z=0 \tag{3.1.6c}$$

$$\tau_{yz}-\tau_{zy}=0 \tag{3.1.7a}$$

$$\tau_{zx}-\tau_{xz}=0 \tag{3.1.7b}$$

$$\tau_{xy}-\tau_{yx}=0 \tag{3.1.7c}$$

方程(3.1.6)正是标量形式的平衡方程。方程(3.1.7)是平衡条件的力矩式，常称为剪应力互等定律。剪应力互等定律说明，矩阵(3.1.2)表达的应力张量具有对称性：

$$\sigma=\sigma^{\mathrm{T}} \tag{3.1.8}$$

平衡方程和剪应力互等定律是应力场需要满足的必要条件。

对于动力学问题，用ρ表示介质的密度，只需将方程(3.1.6)中的(f_x,f_y,f_z)用($f_x-\rho\ddot{u}_x,f_y-\rho\ddot{u}_y,f_z-\rho\ddot{u}_z$)替换，根据d'Alembert原理，使之成为动力学问题的动量方程。本书第11章、第12章将涉及这个方程。这里用到加速度记号$\ddot{u}_x=\partial^2 u_x/\partial t^2$，$\ddot{u}_y=\partial^2 u_y/\partial t^2$，$\ddot{u}_z=\partial^2 u_z/\partial t^2$。

对于动力学问题，剪应力互等定律［式(3.1.7)］形式不变。

用角标量描写，式(3.1.6)、式(3.17)可以分别表示为

$$\sigma_{jl,j}+f_l=0\text{，}\quad \sigma_{jl}-\sigma_{lj}=0 \tag{3.1.9}$$

例 3.1 验证如下应力场是否满足体力为$f_x=f_y=0$，$f_z=-\rho g$的平衡方程。

$$\left.\begin{aligned}&x^2+y^2\leqslant a^2,0\leqslant z\leqslant l\\&\sigma_z=\rho gz\\&\sigma_x=\sigma_y=\tau_{xy}=\tau_{yx}=\tau_{yz}=\tau_{zy}=\tau_{zx}=\tau_{xz}=0\end{aligned}\right\}$$

解：将体力和应力各分量代入平衡方程(3.1.6)左端，得到三式等号左端都为零，因此平衡方程得以满足。此外，剪应力互等定律也得到满足。

§3.2　应力的边界条件

3.2.1　斜截面上的应力

一般情况下，总可以将法线为$\boldsymbol{n}(n_x,n_y,n_z)$的斜截面上应力矢量$\boldsymbol{p}(p_x,p_y,p_z)$用应力张量的分量表示。这里$p_x$、$p_y$、$p_z$不是黑体字，表示矢量$\boldsymbol{p}$的分量。

为了导出斜截面上的应力，研究图 3.3 所示的四面体 $ABCD$ 的受力和平衡条件。该四面体的三个三角形表面 ACD、ADB 和 ABC 两两正交，面积分别为ΔS_x、ΔS_y和ΔS_z，其上作用的外力分别为$(-\boldsymbol{p}_x\Delta S_x)$、$(-\boldsymbol{p}_y\Delta S_y)$和$(-\boldsymbol{p}_z\Delta S_z)$。斜截面 BCD 的外法线单位矢为$\boldsymbol{n}(n_x,n_y,n_z)$，面积为$\Delta S$，其上作用的力为$\boldsymbol{p}\Delta S$。平衡方程为

$$\boldsymbol{f}\frac{1}{3}\Delta h\Delta S+\boldsymbol{p}\Delta S-\boldsymbol{p}_x\Delta S_x-\boldsymbol{p}_y\Delta S_y-\boldsymbol{p}_z\Delta S_z=0 \tag{3.2.1}$$

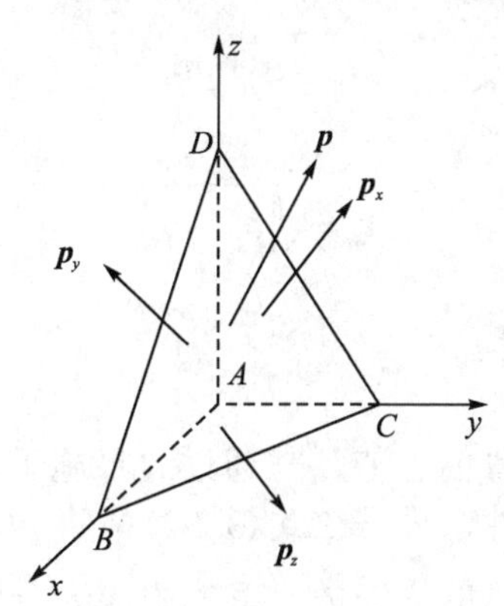

图 3.3　四面体元受力图

式中，$\boldsymbol{f}$为进入平衡方程的体力的体积密度；Δh为以三角形 BCD 为底的三棱锥 A-BCD 的高，即点 A 到平面 BCD 的距离。这里$\boldsymbol{f}$、$\boldsymbol{p}$、$\boldsymbol{p}_x$、$\boldsymbol{p}_y$、$\boldsymbol{p}_z$都作为点 A 的坐标(x_A,y_B,z_C)的函数。利用几何关系

$$n_x=\Delta S_x/\Delta S,\quad n_y=\Delta S_y/\Delta S,\quad n_z=\Delta S_z/\Delta S$$

由平衡方程(3.2.1)得出

$$\boldsymbol{p}=n_x\boldsymbol{p}_x+n_y\boldsymbol{p}_y+n_z\boldsymbol{p}_z-\boldsymbol{f}\frac{1}{3}\Delta h$$

令点 A 到平面 BCD 的垂足点的坐标为(x,y,z)，当$\Delta h\to 0$时，此式的极限形式为

$$\boldsymbol{p}=n_x\boldsymbol{p}_x+n_y\boldsymbol{p}_y+n_z\boldsymbol{p}_z \tag{3.2.2}$$

式中，$\boldsymbol{p}$、$\boldsymbol{p}_x$、$\boldsymbol{p}_y$、$\boldsymbol{p}_z$都作为三角形 BCD 极限点(x,y,z)的函数。将这个矢量方程在三个基本单位矢上作投影，得到

$$\left.\begin{aligned} p_x &= \sigma_x n_x + \tau_{yx} n_y + \tau_{zx} n_z \\ p_y &= \tau_{xy} n_x + \sigma_y n_y + \tau_{zy} n_z \\ p_z &= \tau_{xz} n_x + \tau_{yz} n_y + \sigma_z n_z \end{aligned}\right\} \tag{3.2.3}$$

这就是所要求的斜截面上应力矢量 $\boldsymbol{p}(p_x, p_y, p_z)$ 用应力分量表达的公式。

表达式(3.2.3)可以用矩阵形式简记为

$$\boldsymbol{p} = \boldsymbol{n\sigma} \tag{3.2.4a}$$

用角标量描写式(3.2.3)和式(3.2.4a)，得到

$$p_j = \sigma_{ij} n_i \tag{3.2.4b}$$

式中，$\boldsymbol{\sigma}$ 由式(3.1.2)表示，而

$$\boldsymbol{p} = \begin{bmatrix} p_x \\ p_y \\ p_z \end{bmatrix}, \quad \boldsymbol{n} = \begin{bmatrix} n_x \\ n_y \\ n_z \end{bmatrix} \tag{3.2.5}$$

利用这个结果，可以得出斜截面上的正应力：

$$\sigma_n = \boldsymbol{pn} = \boldsymbol{n\sigma n} = \sigma_x n_x n_x + \sigma_y n_y n_y + \sigma_z n_z n_z + 2\tau_{yx} n_x n_y + 2\tau_{zx} n_x n_z + 2\tau_{zy} n_z n_y \tag{3.2.6a}$$

其角标量描写为

$$\sigma_n = \sigma_{ji} n_j n_i \tag{3.2.6b}$$

斜截面上的剪应力算式为

$$\tau_n = \sqrt{|\boldsymbol{p}|^2 - \sigma_n^2} \tag{3.2.7}$$

3.2.2 应力的边界条件

在物体的边界上，应力分量的边值需与通过边界施于物体的面力一起，保持边界元素的平衡。为了描写这个条件，只需在式(3.2.2)中将 $\boldsymbol{p}(p_x, p_y, p_z)$ 理解为外加面力，将 $\boldsymbol{n}(n_x, n_y, n_z)$ 理解为边界外法线单位矢量，将式中应力分量理解为应力分量的边值，则式(3.2.3)便成为应力边界条件，并表达为

$(x, y, z) \in \partial V_\sigma$：

$$\left.\begin{aligned} \sigma_x n_x + \tau_{yx} n_y + \tau_{zx} n_z &= p_x \\ \tau_{xy} n_x + \sigma_y n_y + \tau_{zy} n_z &= p_y \\ \tau_{xz} n_x + \tau_{yz} n_y + \sigma_z n_z &= p_z \end{aligned}\right\} \tag{3.2.8}$$

这里，∂V_σ 是外加面力 $\boldsymbol{p}(p_x, p_y, p_z)$ 的定义区域。此式的角标量可描写为式(3.2.4b)。

需要指出，由于式(3.2.2)和式(3.2.3)的成立与体力无关，而静力学问题中，将惯性力计入体力便可适用于动力学问题，因此应力边界条件(3.2.8)的形式也适用于动力学问题。

例 3.2 对于例 3.1 所述问题，验证应力满足边界$\{x^2 + y^2 \leqslant a^2, z = 0\}$和圆柱面边界$\{x^2 + y^2 = a^2, 0 \leqslant z \leqslant l\}$不受外加面力的边界条件。

解：在所要求的边界上，外加面力为零，即：

$$\boldsymbol{p}=\left[p_x, p_y, p_z\right]^{\mathrm{T}}=[0,0,0]^{\mathrm{T}}$$

在边界$\{x^2+y^2 \leqslant a^2, z=0\}$上，外法线单位矢量为$[0,0,-1]^{\mathrm{T}}$，式(3.2.8)成为

$$\tau_{zx}=0,\ \tau_{zy}=0,\ [-\rho g z]_{z=0}=0$$

在圆柱面边界$\{x^2+y^2=a^2, 0 \leqslant z \leqslant l\}$上，外法线单位矢量为$\left[n_x, n_y, 0\right]^{\mathrm{T}}=[\cos\theta, \sin\theta, 0]^{\mathrm{T}}$，式(3.2.8)成为

$0 \leqslant \theta \leqslant 2\pi$：

$$\sigma_x \cos\theta+\tau_{yx} \sin\theta=0,\quad \tau_{xy} \cos\theta+\sigma_y \sin\theta=0,\quad \tau_{xz} \cos\theta+\tau_{yz} \sin\theta=0$$

例 3.3　浸没在水中的球壳的外表面为$x^2+y^2+z^2=a^2$。如果水体区域为$z \geqslant -a$，试写出静水压力作用的边界条件。

解：外法线单位矢为$\left(\dfrac{x}{a}, \dfrac{y}{a}, \dfrac{z}{a}\right)$，所受外加面力为$-\rho g(a+z)\left(\dfrac{x}{a}, \dfrac{y}{a}, \dfrac{z}{a}\right)$，因此式(3.2.8)成为

$x^2+y^2+z^2=a^2$：

$$\left.\begin{aligned}
\left(\sigma_x x+\tau_{yx} y+\tau_{zx} z\right)/a&=-\rho g(a+z)\frac{x}{a}\\
\left(\tau_{xy} x+\sigma_y y+\tau_{zy} z\right)/a&=-\rho g(a+z)\frac{y}{a}\\
\left(\tau_{xz} x+\tau_{yz} y+\sigma_z z\right)/a&=-\rho g(a+z)\frac{z}{a}
\end{aligned}\right\}$$

3.2.3　特例：平面应力状态

如果应力分量中

$$\tau_{xz}=\tau_{yz}=\sigma_z=0 \tag{3.2.9}$$

则体元处于 xOy 面内的**平面应力状态**。这种情况下可以用式(3.1.2)左上角的2×2分块方阵描写应力张量：

$$\boldsymbol{\sigma}=\begin{bmatrix}\sigma_x & \tau_{xy}\\ \tau_{yx} & \sigma_y\end{bmatrix} \tag{3.2.10}$$

正六面体的应力图 3.2(b)可以用 xOy 面内的正四边形应力图代替，如图 3.4 所示。

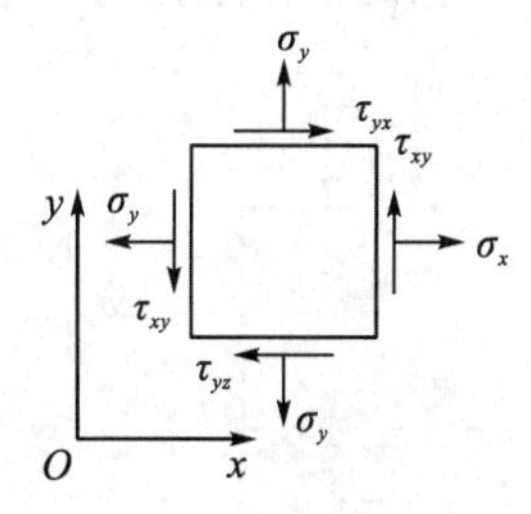

图 3.4　平面应力状态

满足条件(3.2.9)的典型而又常见的例子是光滑物体的自由表面。取自由表面的切平面为坐标面 xOy ，自由表面体元总是处于平面应力状态。在实验应力分析中，平面应力状态为设置应变传感元件带来了极大的方便。

书中常常涉及**平面应力问题**的提法。所谓平面应力问题，对一个特定的物体，如果存在一个特定的平面，取其为坐标面 xOy ，物体任意点的应力都属于坐标面 xOy 内的平面应力状态，这个物体的应力分析问题便属于平面应力问题。

分析平面应力问题需要的平衡方程和边界条件分别简化为

$(x,y,z)\in V$:

$$\frac{\partial\sigma_x}{\partial x}+\frac{\partial\tau_{yx}}{\partial y}+f_x=0,\quad \frac{\partial\tau_{xy}}{\partial x}+\frac{\partial\sigma_y}{\partial y}+f_y=0 \tag{3.2.11}$$

$$f_z=0 \tag{3.2.12}$$

$$\tau_{xy}=\tau_{yx} \tag{3.2.13}$$

$(x,y,z)\in\partial V_\sigma$:

$$\left.\begin{aligned}p_x&=\sigma_x n_x+\tau_{yx}n_y\\ p_y&=\tau_{xy}n_x+\sigma_y n_y\\ p_z&=0\end{aligned}\right\} \tag{3.2.14}$$

式(3.2.14)的物理意义正是图 3.5 所示直角三角形 ABC 在边界上所受面内力系

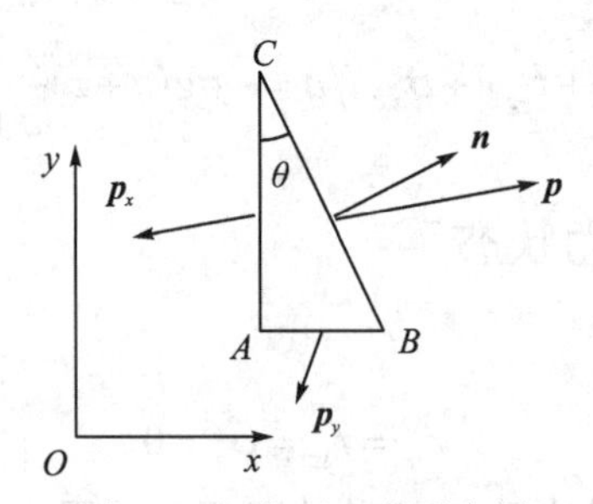

图 3.5 三角形元素受力图

的平衡条件。因此，边界条件(3.2.14)可以写为如下矩阵形式：

$$\begin{bmatrix}p_x\\ p_y\end{bmatrix}=\begin{bmatrix}\sigma_x & \tau_{yx}\\ \tau_{xy} & \sigma_y\end{bmatrix}\begin{bmatrix}n_x\\ n_y\end{bmatrix} \tag{3.2.15}$$

例 3.4 写出在一侧受均布载荷的悬臂梁的应力边界条件，如图 3.6 所示。

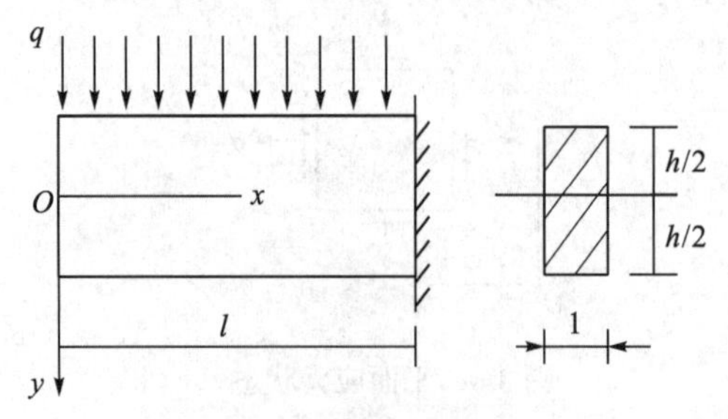

图 3.6 悬臂梁受均布载荷

解：

$$x=0,\ -h/2\leqslant y\leqslant h/2:\quad \sigma_x=0,\ \tau_{xy}=0\ ;$$

$$0\leqslant x\leqslant L,\ y=-h/2:\quad \sigma_y=-q,\ \tau_{xy}=0\ ;$$

$$0\leqslant x\leqslant L,\ y=h/2:\quad \sigma_y=0,\ \tau_{xy}=0\ 。$$

例 3.5　写出楔形域应力边界条件，如图 3.7 所示。

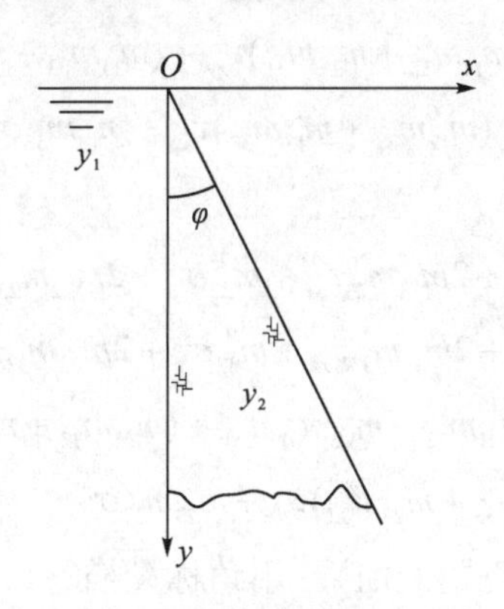

图 3.7　楔形域受静水压力

解：

$$x=0,\ y\geqslant 0:\ \sigma_x=-\gamma_1 y,\quad \tau_{xy}=0$$

$$x=y\tan\varphi,\ x\geqslant 0:\ \sigma_x\cos\varphi-\tau_{xy}\sin\varphi=0,\quad \tau_{xy}\cos\varphi-\sigma_y\sin\varphi=0$$

§3.3　应力状态理论

3.3.1　应力分量的坐标变换

对于同一应力状态，用坐标系 $O'x'y'z'$ 描写的应力矩阵 $\boldsymbol{\sigma}'$ 与用坐标系 $Oxyz$ 描写的应力矩阵 $\boldsymbol{\sigma}$ 之间存在如下关系：

$$\boldsymbol{\sigma}'=\boldsymbol{m}\boldsymbol{\sigma}\boldsymbol{m}^{\mathrm{T}} \tag{3.3.1}$$

式中，$\boldsymbol{\sigma}$ 由式(3.1.2)表示，而 $\boldsymbol{\sigma}'$ 则为同一应力状态在坐标系 $O'x'y'z'$ 中的描写：

$$\boldsymbol{\sigma}'=\begin{bmatrix}\sigma'_x & \tau'_{xy} & \tau'_{xz}\\ \tau'_{yx} & \sigma'_y & \tau'_{yz}\\ \tau'_{zx} & \tau'_{zy} & \sigma'_z\end{bmatrix} \tag{3.3.2}$$

下面证明式(3.3.1)。

在方程(3.2.1)中，取 n_x、n_y、n_z 为 m_{11}、m_{12}、m_{13}，那么式中 $\boldsymbol{p}$ 就是 $\boldsymbol{p}'_x$，即法线方向为 ox' 的截面上的应力矢量：

$$\boldsymbol{p}'_x=m_{11}\boldsymbol{p}_x+m_{12}\boldsymbol{p}_y+m_{13}\boldsymbol{p}_z \tag{3.3.3}$$

根据式(3.1.3)有

$$\sigma'_x = \boldsymbol{i}'_x \cdot \boldsymbol{p}'_x,\quad \tau'_{xy} = \boldsymbol{i}'_y \cdot \boldsymbol{p}'_x,\quad \tau'_{xz} = \boldsymbol{i}'_z \cdot \boldsymbol{p}'_x$$

将式(3.3.3)代入，结合式(2.3.1)和式(2.3.2)，得到

$$\left.\begin{aligned}
\sigma'_x &= m_{11}^2\sigma_x + 2m_{11}m_{12}\tau_{xy} + 2m_{11}m_{13}\tau_{xz} + m_{12}^2\sigma_y + 2m_{12}m_{13}\tau_{yz} + m_{13}^2\sigma_z \\
\tau'_{xy} &= \tau'_{yx} = m_{11}m_{21}\sigma_x + (m_{11}m_{22} + m_{12}m_{21})\tau_{xy} + (m_{11}m_{23} + m_{13}m_{21})\tau_{xz} \\
&\quad + m_{12}m_{22}\sigma_y + (m_{12}m_{23} + m_{13}m_{22})\tau_{yz} + m_{13}m_{23}\sigma_z \\
\tau'_{xz} &= \tau'_{zx} = m_{11}m_{31}\sigma_x + (m_{11}m_{32} + m_{12}m_{31})\tau_{xy} + (m_{11}m_{33} + m_{13}m_{31})\tau_{xz} \\
&\quad + m_{12}m_{32}\sigma_y + (m_{12}m_{33} + m_{13}m_{32})\tau_{yz} + m_{13}m_{33}\sigma_z
\end{aligned}\right\} \tag{3.3.4a}$$

类似的方法可以得出：

$$\left.\begin{aligned}
\sigma'_y &= m_{21}^2\sigma_x + 2m_{22}m_{21}\tau_{xy} + 2m_{21}m_{23}\tau_{xz} + m_{22}^2\sigma_y + 2m_{22}m_{23}\tau_{yz} + m_{23}^2\sigma_z \\
\sigma'_z &= m_{31}^2\sigma_x + 2m_{32}m_{31}\tau_{xy} + 2m_{31}m_{33}\tau_{xz} + m_{32}^2\sigma_y + 2m_{32}m_{33}\tau_{yz} + m_{33}^2\sigma_z \\
\tau'_{yz} &= \tau'_{zy} = m_{21}m_{31}\sigma_x + (m_{21}m_{32} + m_{22}m_{31})\tau_{xy} + (m_{21}m_{33} + m_{23}m_{31})\tau_{xz} \\
&\quad + m_{22}m_{32}\sigma_y + (m_{22}m_{33} + m_{23}m_{32})\tau_{yz} + m_{23}m_{33}\sigma_z
\end{aligned}\right\} \tag{3.3.4b}$$

所得到的结果用矩阵表示，便是式(3.3.1)。用角标量描写，式(3.3.1)可以表示为

$$\sigma'_{kl} = m_{kj}m_{li}\sigma_{ji},\quad \sigma_{kl} = m_{jk}m_{il}\sigma'_{ji} \tag{3.3.5a}$$

用矩阵表示为

$$\begin{bmatrix} \sigma'_x & \tau'_{xy} & \tau'_{xz} \\ \tau'_{yx} & \sigma'_y & \tau'_{yz} \\ \tau'_{zx} & \tau'_{zy} & \sigma'_z \end{bmatrix} = \begin{bmatrix} m_{11} & m_{12} & m_{13} \\ m_{21} & m_{22} & m_{23} \\ m_{31} & m_{32} & m_{33} \end{bmatrix} \begin{bmatrix} \sigma_x & \tau_{xy} & \tau_{xz} \\ \tau_{yx} & \sigma_y & \tau_{yz} \\ \tau_{zx} & \tau_{zy} & \sigma_z \end{bmatrix} \begin{bmatrix} m_{11} & m_{12} & m_{13} \\ m_{21} & m_{22} & m_{23} \\ m_{31} & m_{32} & m_{33} \end{bmatrix}^{\mathrm{T}} \tag{3.3.5b}$$

或

$$\begin{bmatrix} \sigma_x & \tau_{xy} & \tau_{xz} \\ \tau_{yx} & \sigma_y & \tau_{yz} \\ \tau_{zx} & \tau_{zy} & \sigma_z \end{bmatrix} = \begin{bmatrix} m_{11} & m_{12} & m_{13} \\ m_{21} & m_{22} & m_{23} \\ m_{31} & m_{32} & m_{33} \end{bmatrix}^{\mathrm{T}} \begin{bmatrix} \sigma'_x & \tau'_{xy} & \tau'_{xz} \\ \tau'_{yx} & \sigma'_y & \tau'_{yz} \\ \tau'_{zx} & \tau'_{zy} & \sigma'_z \end{bmatrix} \begin{bmatrix} m_{11} & m_{12} & m_{13} \\ m_{21} & m_{22} & m_{23} \\ m_{31} & m_{32} & m_{33} \end{bmatrix} \tag{3.3.5c}$$

特例：如果坐标系 $Oxyz$ 到坐标系 $O'x'y'z'$ 的变换就是在坐标面 xOy 内的转过角度 α，如图 3.8 所示，那么式(3.3.4)简化为

$$\left.\begin{aligned}
\sigma'_x &= \sigma_x\cos^2\alpha + 2\tau_{xy}\cos\alpha\sin\alpha + \sigma_y\sin^2\alpha \\
\sigma'_y &= \sigma_x\sin^2\alpha - 2\tau_{xy}\cos\alpha\sin\alpha + \sigma_y\cos^2\alpha \\
\tau'_{xy} &= \tau'_{yx} = (\sigma_y - \sigma_x)\cos\alpha\sin\alpha + \tau_{xy}(\cos^2\alpha - \sin^2\alpha) \\
\tau'_{zx} &= \tau'_{xz} = \tau_{zx}\cos\alpha + \tau_{zy}\sin\alpha \\
\tau'_{zy} &= \tau'_{yz} = -\tau_{zx}\sin\alpha + \tau_{zy}\cos\alpha \\
\sigma'_z &= \sigma_z
\end{aligned}\right\}$$

或写为

$$
\left.\begin{aligned}
&\sigma_x' = \frac{1}{2}(\sigma_x+\sigma_y)-\frac{1}{2}(\sigma_y-\sigma_x)\cos 2\alpha+\tau_{xy}\sin 2\alpha \\
&\sigma_y' = \frac{1}{2}(\sigma_x+\sigma_y)+\frac{1}{2}(\sigma_y-\sigma_x)\cos 2\alpha-\tau_{xy}\sin 2\alpha \\
&\tau_{xy}' = \tau_{yx}' = \frac{1}{2}(\sigma_y-\sigma_x)\sin 2\alpha+\tau_{xy}\cos 2\alpha \\
&\tau_{zx}' = \tau_{xz}' = \tau_{zx}\cos\alpha+\tau_{zy}\sin\alpha \\
&\tau_{zy}' = \tau_{yz}' = -\tau_{zx}\sin\alpha+\tau_{zy}\cos\alpha \\
&\sigma_z' = \sigma_z
\end{aligned}\right\} \tag{3.3.6}
$$

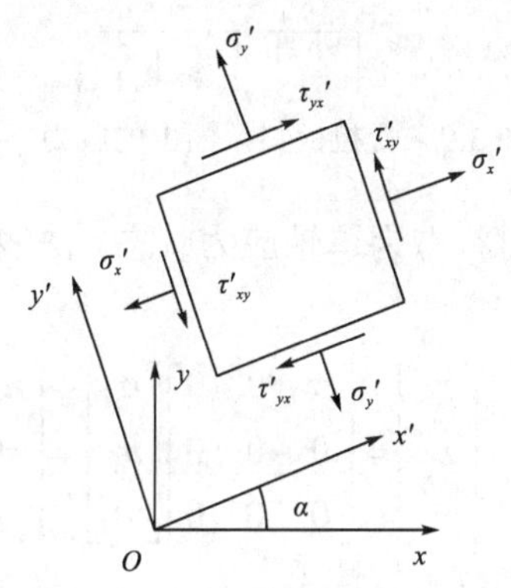

图 3.8　两个坐标系的应力分量

例 3.6　称如下形式的应力张量为应力球张量：

$$\boldsymbol{\sigma} = \sigma\mathbf{1} \tag{3.3.7}$$

这里，σ 为代数量。式中引入单位张量的矩阵，即单位矩阵：

$$\mathbf{1} = \begin{bmatrix} 1 & 0 & 0 \\ 0 & 1 & 0 \\ 0 & 0 & 1 \end{bmatrix} \tag{3.3.8}$$

求证：在任何坐标系下应力球张量的矩阵形式不变。

解：将表达式(3.3.7)代入式(3.3.1)右端，便得出坐标系 $O'x'y'z'$ 描写的应力矩阵。由于 $\boldsymbol{m}$ 是正交矩阵，有

$$\mathbf{1} = \boldsymbol{m}\mathbf{1}\boldsymbol{m}^{\mathrm{T}}$$

于是对任何直角坐标系 $O'x'y'z'$，恒有

$$\boldsymbol{\sigma}' = \sigma\mathbf{1} \tag{3.3.9}$$

因此得出结论：对坐标系的任意选择，应力球张量的形式不变。

例 3.7　求单轴应力状态

$$\boldsymbol{\sigma} = \begin{bmatrix} \sigma & 0 & 0 \\ 0 & 0 & 0 \\ 0 & 0 & 0 \end{bmatrix} \tag{3.3.10}$$

在坐标系 $O'x'y'z'$ 中的描写，如图 3.9 所示。

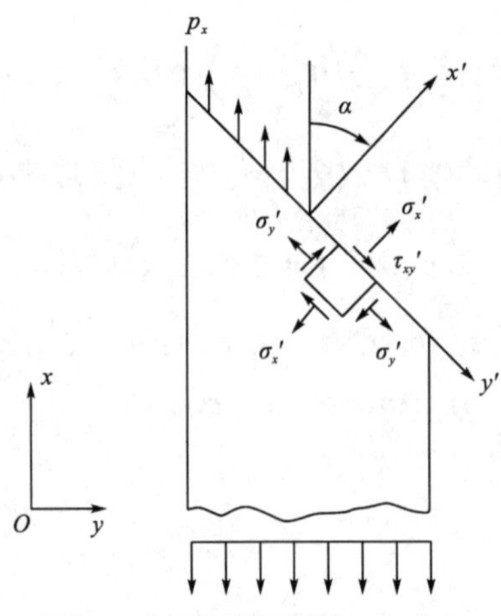

图 3.9　受拉板斜截面上的应力

解：称式(3.3.10)描写的应力状态为单轴应力状态。法线为 $\boldsymbol{n}(n_x, n_y, 0)$ 的截面上，应力矢量的分量由式(3.2.3)算出，有

$$\begin{bmatrix} p_x \\ p_y \\ p_z \end{bmatrix} = \begin{bmatrix} \sigma & 0 & 0 \\ 0 & 0 & 0 \\ 0 & 0 & 0 \end{bmatrix} \begin{bmatrix} n_x \\ n_y \\ 0 \end{bmatrix} = \begin{bmatrix} n_x\sigma \\ 0 \\ 0 \end{bmatrix} \tag{3.3.11}$$

坐标系 $O'x'y'z'$ 下的应力分量由式(3.3.5)算出，有

$$\sigma_x' = \sigma\cos^2\alpha, \quad \sigma_y' = \sigma\sin^2\alpha, \quad \tau_{xy}' = -\sigma\sin\alpha\cos\alpha \tag{3.3.12}$$

其余应力分量为零。

例 3.8　求纯剪切应力状态

$$\boldsymbol{\sigma} = \begin{bmatrix} 0 & \tau & 0 \\ \tau & 0 & 0 \\ 0 & 0 & 0 \end{bmatrix} \tag{3.3.13}$$

在坐标系 $O'x'y'z'$ 中的描写，如图 3.10 所示。

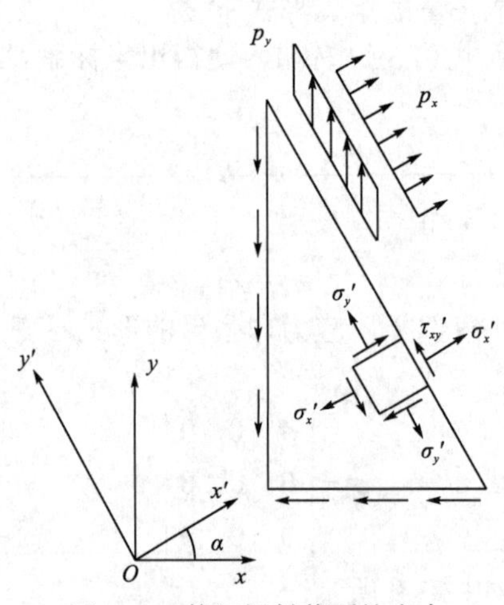

图 3.10　剪切板斜截面的应力

解：称式(3.3.13)描写的应力张量为纯剪切应力状态。法线为$\boldsymbol{n}(n_x, n_y, 0)$的截面上，应力矢量的分量由式(3.2.3)算出，有

$$\begin{bmatrix} p_x \\ p_y \\ p_z \end{bmatrix} = \begin{bmatrix} 0 & \tau & 0 \\ \tau & 0 & 0 \\ 0 & 0 & 0 \end{bmatrix} \begin{bmatrix} n_x \\ n_y \\ 0 \end{bmatrix} = \begin{bmatrix} n_y \tau \\ n_x \tau \\ 0 \end{bmatrix} \tag{3.3.14}$$

坐标系$O'x'y'z'$下的应力分量由式(3.3.5)算出，有

$$\sigma'_x = \tau \sin 2\alpha，\quad \sigma'_y = -\tau \sin 2\alpha，\quad \tau'_{xy} = \tau \cos 2\alpha \tag{3.3.15}$$

当$\alpha = \pi/4$时，根据式(3.3.5b)，给出对角形式的应力矩阵：

$$\begin{bmatrix} \sigma'_x & \tau'_{xy} & \tau'_{xz} \\ \tau'_{yx} & \sigma'_y & \tau'_{yz} \\ \tau'_{zx} & \tau'_{zy} & \sigma'_z \end{bmatrix} = \begin{bmatrix} \tau & 0 & 0 \\ 0 & -\tau & 0 \\ 0 & 0 & 0 \end{bmatrix} \tag{3.3.16}$$

3.3.2　主应力和应力主方向

与应变矩阵类似，应力矩阵是3阶实对称方阵。线性代数关于实对称矩阵的所有命题和结论都适用于应力矩阵。这里着重叙述其物理意义及其与线性代数对应内容的关联。

对于应力张量，存在某个特定的方向，在这个方向为法线的截面上，不存在剪应力。这个方向便称为应力的主方向，这个截面称为应力的主平面。该截面上的正应力便是与此主方向对应的主应力。

设$\boldsymbol{n}^{(k)}(n_1^{(k)}, n_2^{(k)}, n_3^{(k)})$ $(k=1,2,3)$为应力主方向单位矢量，对应的主应力为σ_k $(k=1,2,3)$，根据应力主方向定义和式(3.2.3)，它们满足如下方程：

$$\boldsymbol{\sigma n}^{(k)} = \sigma_k \boldsymbol{n}^{(k)} \tag{3.3.17a}$$

或

$$\begin{bmatrix} \sigma_x & \tau_{xy} & \tau_{xz} \\ \tau_{yx} & \sigma_y & \tau_{yz} \\ \tau_{zx} & \tau_{zy} & \sigma_z \end{bmatrix} \begin{bmatrix} n_1^{(k)} \\ n_2^{(k)} \\ n_3^{(k)} \end{bmatrix} = \sigma_k \begin{bmatrix} n_1^{(k)} \\ n_2^{(k)} \\ n_3^{(k)} \end{bmatrix} \tag{3.3.17b}$$

改写为

$$\begin{bmatrix} \sigma_x - \sigma_k & \tau_{xy} & \tau_{xz} \\ \tau_{yx} & \sigma_y - \sigma_k & \tau_{yz} \\ \tau_{zx} & \tau_{zy} & \sigma_z - \sigma_k \end{bmatrix} \begin{bmatrix} n_1^{(k)} \\ n_2^{(k)} \\ n_3^{(k)} \end{bmatrix} = \begin{bmatrix} 0 \\ 0 \\ 0 \end{bmatrix} \tag{3.3.18}$$

将此作为关于$(n_1^{(k)}, n_2^{(k)}, n_3^{(k)})$的线性齐次方程，其存在非零解的充要条件是系数行列式为零，即：

$$\begin{vmatrix} \sigma_x - \sigma_k & \tau_{xy} & \tau_{xz} \\ \tau_{yx} & \sigma_y - \sigma_k & \tau_{yz} \\ \tau_{zx} & \tau_{zy} & \sigma_z - \sigma_k \end{vmatrix} = -\sigma_k^3 + I_1 \sigma_k^2 - I_2 \sigma_k + I_3 = 0 \tag{3.3.19}$$

式中引入了三个记号：

$$\left.\begin{aligned}
I_1 &= \sigma_x + \sigma_y + \sigma_z \\
I_2 &= \begin{vmatrix} \sigma_x & \tau_{xy} \\ \cdot & \sigma_y \end{vmatrix} + \begin{vmatrix} \sigma_x & \tau_{xz} \\ \cdot & \sigma_z \end{vmatrix} + \begin{vmatrix} \sigma_y & \tau_{yz} \\ \cdot & \sigma_z \end{vmatrix} \\
I_3 &= \begin{vmatrix} \sigma_x & \tau_{xy} & \tau_{xz} \\ \tau_{yx} & \sigma_y & \tau_{yz} \\ \tau_{zx} & \tau_{zy} & \sigma_z \end{vmatrix}
\end{aligned}\right\} \tag{3.3.20}$$

分别称为应力张量的第一、第二和第三不变量。式(3.3.17)和式(3.3.18)便是求主应力和对应的主方向的方程。方程(3.3.19)称为应力张量的特征方程，其对应的三个实根便是三个主应力。可以约定，右下角标(k)取1、2、3分别对应这三个主应力和相应的主方向。

这里所述的主应力和主方向正是线性代数中的特征值和对应的特征向量。按照线性代数的理论，实对称三阶矩阵存在三个实数特征值，对应的三个特征向量两两正交。因此有如下结论：三个主应力对应的三个主方向两两正交。

这里要注意区别三种情况：

(1)如果三个主应力两两互不相等，那么对应的三个主方向两两正交；

(2)如果三个主应力中有两个相等，例如$\sigma_1=\sigma_2$，那么与主方向$\boldsymbol{n}^{(3)}$正交的任何方向都是对应于σ_1和(或)σ_2的主方向。总可以选出两个彼此正交，又都与$\boldsymbol{n}^{(3)}$正交的方向作为$\boldsymbol{n}^{(1)}$和$\boldsymbol{n}^{(2)}$。因此也可以讲“三个主应力对应的三个主方向两两正交”；

(3)如果三个主应力都相等，那么任何方向都是主方向。总可以选出三个两两正交的方向分别作为$\boldsymbol{n}^{(1)}$、$\boldsymbol{n}^{(2)}$和$\boldsymbol{n}^{(3)}$，也可以讲“三个主应力对应的三个主方向两两正交”。

与应变张量的叙述类似，由式(3.3.1)表示的两坐标系间应力矩阵的关系是正交相似变换；而相似变换不改变矩阵的特征值和不变量，因此主应力和应力张量的三个不变量与坐标系的选择无关，式(3.3.20)给出的不变量又可写为用主应力表达的形式：

$$\left.\begin{aligned}
I_1 &= \sigma_1 + \sigma_2 + \sigma_3 \\
I_2 &= \sigma_1\sigma_2 + \sigma_2\sigma_3 + \sigma_3\sigma_1 \\
I_3 &= \sigma_1\sigma_2\sigma_3
\end{aligned}\right\} \tag{3.3.21}$$

由于与坐标系的选择无关，应力张量的不变量在研究各向同性材料的物理性质方面有重要的作用。

如果用三个主方向单位矢量作为坐标系$O'x'y'z'$的基本单位矢量，那么坐标$O'x'y'z'$描写的应力张量为对角形：

$$\begin{bmatrix} \sigma_1 & 0 & 0 \\ 0 & \sigma_2 & 0 \\ 0 & 0 & \sigma_3 \end{bmatrix}$$

事实上，式(3.3.1)中取

$$\boldsymbol{m} = \begin{bmatrix} n_1^{(1)} & n_2^{(1)} & n_3^{(1)} \\ n_1^{(2)} & n_2^{(2)} & n_3^{(2)} \\ n_1^{(3)} & n_2^{(3)} & n_3^{(3)} \end{bmatrix} \tag{3.3.22}$$

即：

$$m_{kj} = n_j^{(k)} \tag{3.3.23}$$

因此式(3.3.1)右端改写为

$$\begin{bmatrix} n_1^{(1)} & n_2^{(1)} & n_3^{(1)} \\ n_1^{(2)} & n_2^{(2)} & n_3^{(2)} \\ n_1^{(3)} & n_2^{(3)} & n_3^{(3)} \end{bmatrix} \begin{bmatrix} \sigma_x & \tau_{xy} & \tau_{xz} \\ \tau_{yx} & \sigma_y & \tau_{yz} \\ \tau_{zx} & \tau_{zy} & \sigma_z \end{bmatrix} \begin{bmatrix} n_1^{(1)} & n_2^{(1)} & n_3^{(1)} \\ n_1^{(2)} & n_2^{(2)} & n_3^{(2)} \\ n_1^{(3)} & n_2^{(3)} & n_3^{(3)} \end{bmatrix}^{\mathrm{T}}$$

利用式(3.3.16)，便得出

$$\begin{bmatrix} n_1^{(1)} & n_2^{(1)} & n_3^{(1)} \\ n_1^{(2)} & n_2^{(2)} & n_3^{(2)} \\ n_1^{(3)} & n_2^{(3)} & n_3^{(3)} \end{bmatrix} \begin{bmatrix} \sigma_x & \tau_{xy} & \tau_{xz} \\ \tau_{yx} & \sigma_y & \tau_{yz} \\ \tau_{zx} & \tau_{zy} & \sigma_z \end{bmatrix} \begin{bmatrix} n_1^{(1)} & n_2^{(1)} & n_3^{(1)} \\ n_1^{(2)} & n_2^{(2)} & n_3^{(2)} \\ n_1^{(3)} & n_2^{(3)} & n_3^{(3)} \end{bmatrix}^{\mathrm{T}} = \begin{bmatrix} \sigma_1 & 0 & 0 \\ 0 & \sigma_2 & 0 \\ 0 & 0 & \sigma_3 \end{bmatrix} \tag{3.3.24}$$

例 3.9　求八面体平面的应力矢量。

解：三条坐标轴上到原点距离为定长的点共六个。在每一象限里相近的三点组成一个等边三角形。八个象限内共有八个等边三角形，围成一个正八面体，如图 3.11 所示。这个八面体的每个三角形表面都称为八面体平面。

将三个应力主方向作为坐标系 $Oxyz$ 的三个坐标轴，第一象限内的八面体平面(图 3.11)的外法线单位矢便为

$$\boldsymbol{n}_8 = \begin{bmatrix} \dfrac{1}{\sqrt{3}} & \dfrac{1}{\sqrt{3}} & \dfrac{1}{\sqrt{3}} \end{bmatrix}^{\mathrm{T}}$$

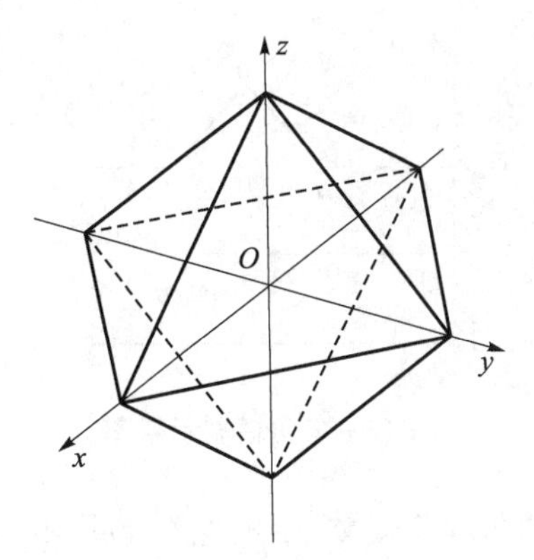

图 3.11　八面体和八面体平面

应力矢量、正应力和切应力分别用式(3.2.3)、式(3.2.5)和式(3.2.6)算出，其结果分别为

$$\begin{bmatrix} p_x \\ p_y \\ p_z \end{bmatrix} = \frac{1}{\sqrt{3}} \begin{bmatrix} \sigma_1 \\ \sigma_2 \\ \sigma_3 \end{bmatrix};$$

$$\sigma_8 = \frac{1}{3} I_1 = \frac{1}{3}(\sigma_1 + \sigma_2 + \sigma_3) = \frac{1}{3}\sigma_{jj}; \tag{3.3.25}$$

$$\tau_8 = \frac{1}{3}\sqrt{(\sigma_1 - \sigma_2)^2 + (\sigma_2 - \sigma_3)^2 + (\sigma_3 - \sigma_1)^2}; \tag{3.3.26}$$

式(3.3.25)表明，八面体平面上的正应力为应力张量的第一不变量的三分之一，是三个主

应力的平均值，也是任意三个两两正交方向上正应力的平均值。

例 3.10 应力球张量和应力偏张量。

解：由应力张量(3.1.2)可以唯一地定义一个球张量和一个偏张量，分别记为$\boldsymbol{\sigma}_o$和$\boldsymbol{\sigma}_D$：

$$\boldsymbol{\sigma}_o=\sigma_o\boldsymbol{I}，\quad \sigma_o=\sigma_8=\frac{1}{3}I_1=\frac{1}{3}(\sigma_1+\sigma_2+\sigma_3)=\frac{1}{3}\sigma_{jj} \tag{3.3.27}$$

$$\boldsymbol{\sigma}_D=\boldsymbol{\sigma}-\boldsymbol{\sigma}_o，\quad \mathrm{tr}\boldsymbol{\sigma}_D=\mathrm{tr}(\boldsymbol{\sigma}-\boldsymbol{\sigma}_o)=0 \tag{3.3.28}$$

显然

$$\boldsymbol{\sigma}=\boldsymbol{\sigma}_D+\boldsymbol{\sigma}_o \tag{3.3.29}$$

这里，σ_o为平均应力。式(3.3.29)就是球偏分解式。

计算应力偏张量的第二不变量，记为I_2'：

$$I_2'=-\frac{3}{2}\tau_8^2 \tag{3.3.30}$$

式中，τ_8正是式(3.3.26)表示的八面体平面上的切应力。由此可见，应力偏张量的第二不变量与八面体平面上的剪应力平方仅相差一个数量因子。

习　题

3.1 求证：不受外力的尖角处$\sigma_x=\sigma_y=\tau_{xy}=0$，如图 3.12 所示。

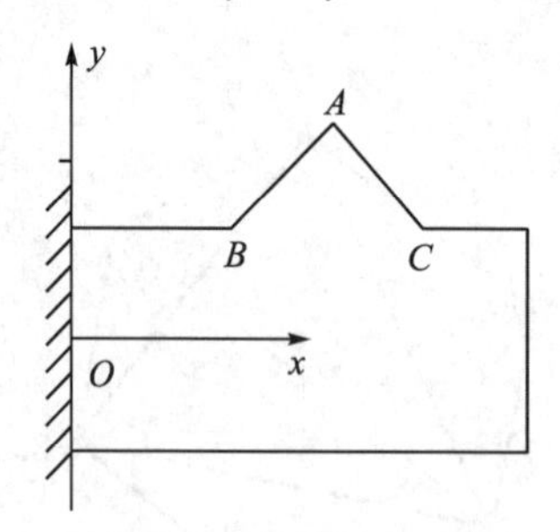

图 3.12 尖角模型示意图

3.2 根据体元的应力图说明应力分量σ_x和τ_{xy}的物理意义。进一步求这两个分量在边界$x=0, y\geqslant 0$上的值，如图 3.13 所示。

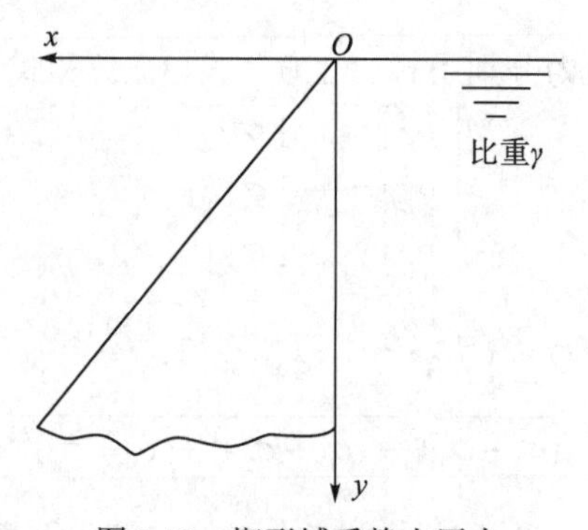

图 3.13 楔形域受静水压力

3.3 已知应力分量为

$$\sigma_x=\sigma_y=Az,\ \sigma_z=Bz,\ \tau_{yz}=\tau_{zx}=\tau_{xy}=0$$

式中，A、B为常量。求体力分量。

3.4 对于体力分量为常值$\left(f_x=\text{const.},\ f_y=\text{const.}\right)$的平面应力场，试组构满足平衡方程的系列应力分布。

3.5 已知体元的应力分量为

$$\begin{bmatrix}\sigma_x & \tau_{xy} & \tau_{xz}\\ \tau_{yx} & \sigma_y & \tau_{yz}\\ \tau_{zx} & \tau_{zy} & \sigma_z\end{bmatrix}=\begin{bmatrix}a & 0 & -a\\ . & -a & a\\ . & . & 2a\end{bmatrix}$$

求过此点的平面$x+\sqrt{6}y+3z=1$上的应力矢量三分量、正应力和剪应力。

3.6 分别对以下两个应力状态求主应力、主方向和最大剪应力。

(1) $\begin{bmatrix}\sigma_x & \tau_{xy} & \tau_{xz}\\ \tau_{yx} & \sigma_y & \tau_{yz}\\ \tau_{zx} & \tau_{zy} & \sigma_z\end{bmatrix}=\begin{bmatrix}a & 0 & -a\\ . & -a & 0\\ . & . & 2a\end{bmatrix}$

(2) $\begin{bmatrix}\sigma_x & \tau_{xy} & \tau_{xz}\\ \tau_{yx} & \sigma_y & \tau_{yz}\\ \tau_{zx} & \tau_{zy} & \sigma_z\end{bmatrix}=\begin{bmatrix}100a & -50a & 0\\ . & 0 & 0\\ . & . & 300a\end{bmatrix}$

第 4 章　弹性固体本构方程

相同长度、相同截面、受相同量值拉力的钢条和铝条，产生相同的伸长量吗？抗拉断的能力相同吗？在受拉的过程中拉力与伸长的比值总保持常值吗？受拉后卸去载荷能恢复到原有长度吗？用简单的拉力实验可以描写材料的哪些力学行为？能否用以确定应力和应变的关系？这些问题将在本章得到解答。

本章首先介绍单轴拉力实验表现的材料力学行为，由此讨论线弹性本构方程，重点叙述胡克介质的本构方程、弹性常数和应变能密度。此外，对常见材料的各向异性模型也做了简略介绍。

§ 4.1　弹性固体和线弹性固体

4.1.1　弹性固体

应力张量与应变张量之间呈单值对应关系的介质模型，称为**弹性固体**。按这个定义，六个应力分量可以通过六个六元函数 $f_k(x_1,x_2,x_3,x_4,x_5,x_6)$ $(k=1,2,\cdots,6)$ 即六个应变分量表达为

$$\left.\begin{aligned}\sigma_x&=f_1(\varepsilon_x,\varepsilon_y,\varepsilon_z,\gamma_{yz},\gamma_{zx},\gamma_{xy})\\\sigma_y&=f_2(\varepsilon_x,\varepsilon_y,\varepsilon_z,\gamma_{yz},\gamma_{zx},\gamma_{xy})\\\sigma_z&=f_3(\varepsilon_x,\varepsilon_y,\varepsilon_z,\gamma_{yz},\gamma_{zx},\gamma_{xy})\\\tau_{yz}&=f_4(\varepsilon_x,\varepsilon_y,\varepsilon_z,\gamma_{yz},\gamma_{zx},\gamma_{xy})\\\tau_{zx}&=f_5(\varepsilon_x,\varepsilon_y,\varepsilon_z,\gamma_{yz},\gamma_{zx},\gamma_{xy})\\\tau_{xy}&=f_6(\varepsilon_x,\varepsilon_y,\varepsilon_z,\gamma_{yz},\gamma_{zx},\gamma_{xy})\end{aligned}\right\}\tag{4.1.1}$$

且六个应力分量与六个应变分量互为单值对应。

4.1.2　线弹性固体

线弹性固体是一类特殊的弹性固体，六个应力分量与六个应变分量呈线性关系。

按线性代数原理，这个线性关系可以是六个应力分量组成的列向量用 6 阶的、由常数组成的方阵与六个应变分量组成的列向量的乘积表出，或六个应变分量组成的列向量用另一个 6 阶的、由常数组成的方阵与六个应力分量组成的列向量的乘积表出，即

$$\begin{bmatrix}\sigma_x\\ \sigma_y\\ \sigma_z\\ \tau_{yz}\\ \tau_{zx}\\ \tau_{xy}\end{bmatrix}=\begin{bmatrix}\sigma_{x0}\\ \sigma_{y0}\\ \sigma_{z0}\\ \tau_{yz0}\\ \tau_{zx0}\\ \tau_{xy0}\end{bmatrix}+\begin{bmatrix}a_{11} & a_{12} & a_{13} & a_{14} & a_{15} & a_{16}\\ a_{21} & a_{22} & a_{23} & a_{24} & a_{25} & a_{26}\\ a_{31} & a_{32} & a_{33} & a_{34} & a_{35} & a_{36}\\ a_{41} & a_{42} & a_{43} & a_{44} & a_{45} & a_{46}\\ a_{51} & a_{52} & a_{53} & a_{54} & a_{55} & a_{56}\\ a_{61} & a_{62} & a_{63} & a_{64} & a_{65} & a_{66}\end{bmatrix}\begin{bmatrix}\varepsilon_x\\ \varepsilon_y\\ \varepsilon_z\\ \gamma_{yz}\\ \gamma_{zx}\\ \gamma_{xy}\end{bmatrix} \tag{4.1.2a}$$

或

$$\begin{bmatrix}\varepsilon_x\\ \varepsilon_y\\ \varepsilon_z\\ \gamma_{yz}\\ \gamma_{zx}\\ \gamma_{xy}\end{bmatrix}=\begin{bmatrix}b_{11} & b_{12} & b_{13} & b_{14} & b_{15} & b_{16}\\ b_{21} & b_{22} & b_{23} & b_{24} & b_{25} & b_{26}\\ b_{31} & b_{32} & b_{33} & b_{34} & b_{35} & b_{36}\\ b_{41} & b_{42} & b_{43} & b_{44} & b_{45} & b_{46}\\ b_{51} & b_{52} & b_{53} & b_{54} & b_{55} & b_{56}\\ b_{61} & b_{62} & b_{63} & b_{64} & b_{65} & b_{66}\end{bmatrix}\left(\begin{bmatrix}\sigma_x\\ \sigma_y\\ \sigma_z\\ \tau_{yz}\\ \tau_{zx}\\ \tau_{xy}\end{bmatrix}-\begin{bmatrix}\sigma_{x0}\\ \sigma_{y0}\\ \sigma_{z0}\\ \tau_{yz0}\\ \tau_{zx0}\\ \tau_{xy0}\end{bmatrix}\right) \tag{4.1.2b}$$

这里$(\sigma_{x0},\sigma_{y0},\sigma_{z0},\tau_{yz0},\tau_{zx0},\tau_{xy0})$为应变分量为零对应的应力分量，因此称为初应力分量。$a_{ji}(j,i=1,2,\cdots,6)$和$b_{ji}(j,i=1,2,\cdots,6)$分别是 36 个弹性系数，它们各自组成的6阶方阵，分别记为$\boldsymbol{A}$和$\boldsymbol{B}$：

$$\boldsymbol{A}=\left[a_{ji}\right]_{6\times 6}，\quad \boldsymbol{B}=\left[b_{ji}\right]_{6\times 6} \tag{4.1.3}$$

$\boldsymbol{A}$、$\boldsymbol{B}$ 称为**弹性系数矩阵**。如果区别两者，那么前者称为刚度矩阵，后者称为柔度矩阵。

如果选取这样的参考状态，使应变分量全为零时应力分量也全为零，则式(4.1.2)两式分别简化为应力分量与应变分量间的线性齐次关系：

$$\begin{bmatrix}\sigma_x\\ \sigma_y\\ \sigma_z\\ \tau_{yz}\\ \tau_{zx}\\ \tau_{xy}\end{bmatrix}=\begin{bmatrix}a_{11} & a_{12} & a_{13} & a_{14} & a_{15} & a_{16}\\ a_{21} & a_{22} & a_{23} & a_{24} & a_{25} & a_{26}\\ a_{31} & a_{32} & a_{33} & a_{34} & a_{35} & a_{36}\\ a_{41} & a_{42} & a_{43} & a_{44} & a_{45} & a_{46}\\ a_{51} & a_{52} & a_{53} & a_{54} & a_{55} & a_{56}\\ a_{61} & a_{62} & a_{63} & a_{64} & a_{65} & a_{66}\end{bmatrix}\begin{bmatrix}\varepsilon_x\\ \varepsilon_y\\ \varepsilon_z\\ \gamma_{yz}\\ \gamma_{zx}\\ \gamma_{xy}\end{bmatrix} \tag{4.1.4a}$$

或

$$\begin{bmatrix}\varepsilon_x\\ \varepsilon_y\\ \varepsilon_z\\ \gamma_{yz}\\ \gamma_{zx}\\ \gamma_{xy}\end{bmatrix}=\begin{bmatrix}b_{11} & b_{12} & b_{13} & b_{14} & b_{15} & b_{16}\\ b_{21} & b_{22} & b_{23} & b_{24} & b_{25} & b_{26}\\ b_{31} & b_{32} & b_{33} & b_{34} & b_{35} & b_{36}\\ b_{41} & b_{42} & b_{43} & b_{44} & b_{45} & b_{46}\\ b_{51} & b_{52} & b_{53} & b_{54} & b_{55} & b_{56}\\ b_{61} & b_{62} & b_{63} & b_{64} & b_{65} & b_{66}\end{bmatrix}\begin{bmatrix}\sigma_x\\ \sigma_y\\ \sigma_z\\ \tau_{yz}\\ \tau_{zx}\\ \tau_{xy}\end{bmatrix} \tag{4.1.4b}$$

这就是**无初应力假设**。

由于六个应力分量与六个应变分量互相单值对应，因此$\boldsymbol{A}$和$\boldsymbol{B}$可逆，且互逆：

$$\boldsymbol{A}=\boldsymbol{B}^{-1} \tag{4.1.5}$$

方程(4.1.4)是介质物理性质的反映，由模型物质的物理性质所决定，故称其为本构方程。本构方程的类别和形式很多，描写应力和应变间关系的应力本构方程的形式也很多，方程(4.1.2)是最简单的应力本构方程，即线性本构方程。

原则上讲，弹性系数必须用实验来确定。要设计测定弹性常数的实验，需要了解组成一组完备的弹性系数需要遵循的若干普遍原理。

按第 1.3.1 节所述，六个应力分量与六个应变分量呈线性关系可以表示为：应力张量等于一个四阶常张量与应变张量的双点积，或者应变张量等于另一个四阶常张量与应力张量的双点积。由此可得方程(4.1.4)的等价形式：

$$\sigma_{ji} = a_{jikl}\varepsilon_{kl} \tag{4.1.6a}$$

其逆为

$$\varepsilon_{ji} = b_{jikl}\sigma_{kl} \tag{4.1.6b}$$

这里 a_{jikl} 和 b_{jikl} 都是常系数四阶张量，不同于弹性系数矩阵 $\boldsymbol{A}$ 和 $\boldsymbol{B}$ 的元素 $a_{ji}(j,i=1,2,\cdots,6)$ 和 $b_{ji}(j,i=1,2,\cdots,6)$。但 a_{jikl}、b_{jikl} 与 $a_{ji}(j,i=1,2,\cdots,6)$ 和 $b_{ji}(j,i=1,2,\cdots,6)$ 存在由矩阵形式与张量形式转换给出的确定关系。这一内容的叙述从略。

需要指出，由于应力张量和应变张量的对称性，a_{jikl} 和 b_{jikl} 具有如下对称性：

$$a_{jikl} = a_{ijkl} = a_{jilk}, \quad b_{jikl} = b_{ijkl} = b_{jilk}$$

§4.2 应变能密度

4.2.1 应力的功

研究边长分别为单位长度、处于均匀应力状态的正方形体元［如图 3.2(a)所示］，作用在其上的外力是施于表面的应力［如图 3.2(b)所示］。应力分量在应变分量的微小增加量 $\delta\varepsilon_x$、$\delta\varepsilon_y$、$\delta\varepsilon_z$、$\delta\gamma_{yz}$、$\delta\gamma_{zx}$、$\delta\gamma_{xy}$ 上的元功记为 δw。可以证明：

$$\delta w = \sigma_x\delta\varepsilon_x + \sigma_y\delta\varepsilon_y + \sigma_z\delta\varepsilon_z + \tau_{yz}\delta\gamma_{yz} + \tau_{zx}\delta\gamma_{zx} + \tau_{xy}\delta\gamma_{xy} \tag{4.2.1}$$

事实上，面 *BEHG* 相对面 *ACFD* 的位移三分量分别为 $\delta\dfrac{\partial u_x}{\partial x}$、$\delta\dfrac{\partial u_y}{\partial x}$、$\delta\dfrac{\partial u_z}{\partial x}$。面 *BHEG* 上的力三分量分别为 σ_x、τ_{xy}、τ_{xz}。因此，这一相对面上外力做的功为 $\sigma_x\delta\dfrac{\partial u_x}{\partial x} + \tau_{xy}\delta\dfrac{\partial u_y}{\partial x} + \tau_{xz}\delta\dfrac{\partial u_z}{\partial x}$。同理可得，面 *CEHF* 和面 *BADG* 上外力的功，以及面 *GHFD* 和面 *ABEC* 上外力的功分别为

$$\tau_{yx}\delta\frac{\partial u_x}{\partial y} + \sigma_y\delta\frac{\partial u_y}{\partial y} + \tau_{yz}\delta\frac{\partial u_z}{\partial y}, \quad \tau_{zx}\delta\frac{\partial u_x}{\partial z} + \tau_{zy}\delta\frac{\partial u_y}{\partial z} + \sigma_z\delta\frac{\partial u_z}{\partial z}$$

由此得出：

$$\begin{aligned}\delta w = {} & \sigma_x\delta\frac{\partial u_x}{\partial x} + \tau_{xy}\delta\frac{\partial u_y}{\partial x} + \tau_{xz}\delta\frac{\partial u_z}{\partial x} + \tau_{yx}\delta\frac{\partial u_x}{\partial y} + \sigma_y\delta\frac{\partial u_y}{\partial y} + \tau_{yz}\delta\frac{\partial u_z}{\partial y} \\ & + \tau_{zx}\delta\frac{\partial u_x}{\partial z} + \tau_{zy}\delta\frac{\partial u_y}{\partial z} + \sigma_z\delta\frac{\partial u_z}{\partial z}\end{aligned}$$

结合几何方程(2.1.11)，便得到所要求证的结果。

应变的六个分量是彼此独立的，从一个应变状态到另一个应变状态的**路径**是多种多样的。一般地说，由一个应变状态变化到另一个应变状态后，体元上应力的功既与起始应变状态有关，也与最终的应变状态有关，还与应变路径有关。这里所谓的路径，需要理解为六维的应变状态空间中的曲线。

由式(4.2.1)得出，通过路径C，从应变状态$\boldsymbol{\varepsilon}=\mathbf{0}$到应变状态$\boldsymbol{\varepsilon}$，单位体积体元上，应力做功为

$$w=\int_{\boldsymbol{\varepsilon}=0}^{\boldsymbol{\varepsilon}}\delta w=\int_{C:\boldsymbol{\varepsilon}=0}^{\boldsymbol{\varepsilon}}\sigma_x\delta\varepsilon_x+\sigma_y\delta\varepsilon_y+\sigma_z\delta\varepsilon_z+\tau_{yz}\delta\gamma_{yz}+\tau_{zx}\delta\gamma_{zx}+\tau_{xy}\delta\gamma_{xy} \tag{4.2.2}$$

4.2.2　应变能密度和余应变能密度

如果式(4.2.2)表达的应力功与应变路径无关，只与起始应变状态与最终的应变状态有关，那么存在一个包含六个应变分量的函数w，使式(4.2.1)等号右端是它的全微分。按全微分的定义有

$$\delta w=\frac{\partial w}{\partial\varepsilon_x}\delta\varepsilon_x+\frac{\partial w}{\partial\varepsilon_y}\delta\varepsilon_y+\frac{\partial w}{\partial\varepsilon_z}\delta\varepsilon_z+\frac{\partial w}{\partial\gamma_{yz}}\delta\gamma_{yz}+\frac{\partial w}{\partial\gamma_{zx}}\delta\gamma_{zx}+\frac{\partial w}{\partial\gamma_{xy}}\delta\gamma_{xy} \tag{4.2.3}$$

将式(4.2.1)与式(4.2.3)比较，得到

$$\sigma_x=\frac{\partial w}{\partial\varepsilon_x},\ \sigma_y=\frac{\partial w}{\partial\varepsilon_y},\ \sigma_z=\frac{\partial w}{\partial\varepsilon_z},\ \tau_{yz}=\frac{\partial w}{\partial\gamma_{yz}},\ \tau_{zx}=\frac{\partial w}{\partial\gamma_{zx}},\ \tau_{xy}=\frac{\partial w}{\partial\gamma_{xy}} \tag{4.2.4}$$

将由式(4.2.2)定义的、与路径无关的应变张量的六元函数$w(\varepsilon_x,\varepsilon_y,\varepsilon_z,\gamma_{yz},\gamma_{zx},\gamma_{xy})$称为**应变能密度**，并简记为$w(\boldsymbol{\varepsilon})$。式(4.2.4)称为 Green 公式。

在物质的本构模型分类上，由式(4.2.4)作为本构方程的模型物质称为**超弹性固体**。超弹性固体与**弹性固体**的区别在于，后者仅要求应力与应变具有单值对应关系。所以超弹性固体也是弹性固体。但弹性固体不一定总是超弹性固体。

定义六个应力分量的函数$w_c(\boldsymbol{\sigma})$，使

$$w_c(\boldsymbol{\sigma})=\sigma_x\varepsilon_x+\sigma_y\varepsilon_y+\sigma_z\varepsilon_z+\tau_{yz}\gamma_{yz}+\tau_{zx}\gamma_{zx}+\tau_{xy}\gamma_{xy}-w(\boldsymbol{\varepsilon}) \tag{4.2.5}$$

利用全微分式(4.2.3)和式(4.2.4)，可以证明，存在$w_c(\boldsymbol{\sigma})$的如下全微分式：

$$\delta w_c=\frac{\partial w_c}{\partial\sigma_x}\delta\sigma_x+\frac{\partial w_c}{\partial\sigma_y}\delta\sigma_y+\frac{\partial w_c}{\partial\sigma_z}\delta\sigma_z+\frac{\partial w_c}{\partial\tau_{yz}}\delta\tau_{yz}+\frac{\partial w_c}{\partial\tau_{zx}}\delta\tau_{zx}+\frac{\partial w_c}{\partial\tau_{xy}}\delta\tau_{xy} \tag{4.2.6}$$

由此推出与式(4.2.4)对偶的结果：

$$\varepsilon_x=\frac{\partial w_c}{\partial\sigma_x},\ \varepsilon_y=\frac{\partial w_c}{\partial\sigma_y},\ \varepsilon_z=\frac{\partial w_c}{\partial\sigma_z},\ \gamma_{yz}=\frac{\partial w_c}{\partial\tau_{yz}},\ \gamma_{zx}=\frac{\partial w_c}{\partial\tau_{zx}},\ \gamma_{xy}=\frac{\partial w_c}{\partial\tau_{xy}} \tag{4.2.7}$$

称应力分量的这个函数$w_c(\boldsymbol{\sigma})$为**余应变能密度**。

4.2.3　超弹性线弹性固体和互易性

如果线弹性固体又是超弹性固体，那么所存在的应变能密度使本构方程(4.2.4)有

式(4.1.4)所描写的形式。利用混合偏导数可交换求导数次序的原理，例如

$$\frac{\partial^2 w}{\partial \varepsilon_x \partial \varepsilon_y}=\frac{\partial^2 w}{\partial \varepsilon_y \partial \varepsilon_x}$$

由此得到

$$a_{12}=a_{21} \tag{4.2.8}$$

推而广之，一般总有

$$a_{ji}=a_{ij}, \qquad b_{ji}=b_{ij} \qquad (j,i=1,2,\cdots,6) \tag{4.2.9}$$

结合式(4.1.5)，可以得出结论：两个弹性系数矩阵都是对称阵，即

$$\boldsymbol{A}=\boldsymbol{A}^{\mathrm{T}}, \quad \boldsymbol{B}=\boldsymbol{B}^{\mathrm{T}} \tag{4.2.10}$$

式(4.2.10)第一式的物理解释是：应变分量ε_x的单位值对应的应力分量σ_y等于应变分量ε_y的单位值对应的应力分量σ_x。式(4.2.10)第二式的物理解释是：应力分量σ_x的单位值对应的应变分量ε_y等于应力分量σ_y的单位值对应的应变分量ε_x。余类推之。这类力学行为称为**互易性**。

如果线弹性固体又是超弹性固体，由于弹性系数矩阵的对称性，那么一个弹性系数矩阵的独立的分量个数最多为21个，换言之，弹性常数最多有21个。之后的讨论限于线弹性固体又是超弹性固体的情况，并称这类模型物质为**超弹性线弹性固体**。

利用式(4.2.10)，可以算出与路径无关的积分［式(4.2.2)］，其结果得到六个应变分量的二次型：

$$w=\frac{1}{2}\begin{bmatrix}\varepsilon_x\\ \varepsilon_y\\ \varepsilon_z\\ \gamma_{yz}\\ \gamma_{zx}\\ \gamma_{xy}\end{bmatrix}^{\mathrm{T}}\begin{bmatrix}a_{11} & a_{12} & a_{13} & a_{14} & a_{15} & a_{16}\\ a_{21} & a_{22} & a_{23} & a_{24} & a_{25} & a_{26}\\ a_{31} & a_{32} & a_{33} & a_{34} & a_{35} & a_{36}\\ a_{41} & a_{42} & a_{43} & a_{44} & a_{45} & a_{46}\\ a_{51} & a_{52} & a_{53} & a_{54} & a_{55} & a_{56}\\ a_{61} & a_{62} & a_{63} & a_{64} & a_{65} & a_{66}\end{bmatrix}\begin{bmatrix}\varepsilon_x\\ \varepsilon_y\\ \varepsilon_z\\ \gamma_{yz}\\ \gamma_{zx}\\ \gamma_{xy}\end{bmatrix} \tag{4.2.11}$$

它的其他表达形式有

$$w=w_c=\frac{1}{2}(\sigma_x\varepsilon_x+\sigma_y\varepsilon_y+\sigma_z\varepsilon_z+\tau_{yz}\gamma_{yz}+\tau_{zx}\gamma_{zx}+\tau_{xy}\gamma_{xy}) \tag{4.2.12}$$

$$\begin{aligned}w=\frac{1}{2}(&a_{11}\varepsilon_x^2+2a_{12}\varepsilon_x\varepsilon_y+2a_{13}\varepsilon_x\varepsilon_z+2a_{14}\varepsilon_x\gamma_{yz}+2a_{15}\varepsilon_x\gamma_{zx}+2a_{16}\varepsilon_x\gamma_{xy}\\ &+a_{22}\varepsilon_x^2+2a_{23}\varepsilon_y\varepsilon_z+2a_{24}\varepsilon_x\gamma_{yz}+2a_{25}\varepsilon_y\gamma_{zx}+2a_{26}\varepsilon_y\gamma_{xy}+a_{33}\varepsilon_z^2\\ &+2a_{34}\varepsilon_z\gamma_{yz}+2a_{35}\varepsilon_z\gamma_{zx}+2a_{36}\varepsilon_z\gamma_{xy}+a_{44}\gamma_{yz}^2+2a_{45}\gamma_{yz}\gamma_{zx}\\ &+2a_{46}\gamma_{yz}\gamma_{xy}+a_{55}\gamma_{zx}^2+2a_{56}\gamma_{zx}\gamma_{xy}+a_{66}\gamma_{xy}^2)\end{aligned} \tag{4.2.13}$$

对于余应变能密度，存在与式(4.2.11)～式(4.2.13)类似的公式：

$$w_c=\frac{1}{2}\begin{bmatrix}\sigma_x\\\sigma_y\\\sigma_z\\\tau_{yz}\\\tau_{zx}\\\tau_{xy}\end{bmatrix}^{\mathrm{T}}\begin{bmatrix}b_{11}&b_{12}&b_{13}&b_{14}&b_{15}&b_{16}\\b_{21}&b_{22}&b_{23}&b_{24}&b_{25}&b_{26}\\b_{31}&b_{32}&b_{33}&b_{34}&b_{35}&b_{36}\\b_{41}&b_{42}&b_{43}&b_{44}&b_{45}&b_{46}\\b_{51}&b_{52}&b_{53}&b_{54}&b_{55}&b_{56}\\b_{61}&b_{62}&b_{63}&b_{64}&b_{65}&b_{66}\end{bmatrix}\begin{bmatrix}\sigma_x\\\sigma_y\\\sigma_z\\\tau_{yz}\\\tau_{zx}\\\tau_{xy}\end{bmatrix}\tag{4.2.14}$$

$$w_c=\frac{1}{2}(\sigma_x\varepsilon_x+\sigma_y\varepsilon_y+\sigma_z\varepsilon_z+\tau_{yz}\gamma_{yz}+\tau_{zx}\gamma_{zx}+\tau_{xy}\gamma_{xy})\tag{4.2.15}$$

$$\begin{aligned}w_c=&\frac{1}{2}(b_{11}\sigma_x^2+2b_{12}\sigma_x\sigma_y+2b_{13}\sigma_x\sigma_z+2b_{14}\sigma_x\tau_{yz}+2b_{15}\sigma_x\tau_{zx}+2b_{16}\sigma_x\tau_{xy}\\&+b_{22}\sigma_x^2+2b_{23}\sigma_y\sigma_z+2b_{24}\sigma_x\tau_{yz}+2b_{25}\sigma_y\tau_{zx}+2b_{26}\sigma_y\tau_{xy}+b_{33}\sigma_z^2\\&+2b_{34}\sigma_z\tau_{yz}+2b_{35}\sigma_z\tau_{zx}+2b_{36}\sigma_z\tau_{xy}+b_{44}\tau_{yz}^2+2b_{45}\tau_{yz}\tau_{zx}\\&+2b_{46}\tau_{yz}\tau_{xy}+b_{55}\tau_{zx}^2+2b_{56}\tau_{zx}\tau_{xy}+b_{66}\tau_{xy}^2)\end{aligned}\tag{4.2.16}$$

显然，对线性本构方程，存在如下数值等式：

$$w=w_c\tag{4.2.17}$$

方程(4.2.11)和方程(4.2.14)的角标量形式分别为

$$w=\frac{1}{2}a_{jikl}\varepsilon_{ji}\varepsilon_{kl}=\frac{1}{2}\sigma_{ji}\varepsilon_{ji}\tag{4.2.18}$$

$$w_c=\frac{1}{2}b_{jikl}\sigma_{ji}\sigma_{kl}=\frac{1}{2}\sigma_{ji}\varepsilon_{ji}\tag{4.2.19}$$

由于应力和应变的线性关系，存在数值等式：

$$w=w_c=\frac{1}{2}\sigma_{ji}\varepsilon_{ji}$$

这被称为克拉佩龙(Clapeyron B.P.E.)公式。

需要注意，由于应力张量和应变张量的对称性，加上式(4.2.10)所示的对称性，a_{jikl}和b_{jikl}具有如下 Voigt 对称性：

$$a_{jikl}=a_{ijkl}=a_{jilk}=a_{klji}\text{和}b_{jikl}=b_{ijkl}=b_{jilk}=b_{klji}。$$

§ 4.3　Hooke　介　质

4.3.1　弹性系数张量的坐标变换法则

经典弹性力学讨论各向同性线弹性均匀固体，因此本节专注于各向同性线弹性固体的本构方程。为此需要首先叙述弹性系数张量的坐标变换法则，由此引出物质对称性和各向同性的概念。

讨论坐标系的不同选择对同一物质体元的弹性系数张量的描写有何不同，以及如何关联。

设在坐标系 $Oxyz$ 和坐标系 $O'x'y'z'$ 中，描写的超弹性线弹性固体本构方程分别为

$$Oxyz: \qquad \sigma_{ji} = a_{jikl}\varepsilon_{kl}$$

$$O'x'y'z': \qquad \sigma'_{ji} = a'_{jikl}\varepsilon'_{kl}$$

利用应力和应变分量的坐标变换式(3.3.5a)和式(2.3.21)，可以得出：

$$\sigma'_{pq} = m_{pj}m_{qi}\sigma_{ji} = a'_{pqkl}\varepsilon'_{kl} = a'_{pqkl}m_{ka}m_{lb}\varepsilon_{ab}$$

因此

$$m_{pj}m_{qi}\sigma_{ji} = a'_{pqkl}m_{ka}m_{lb}\varepsilon_{ab}$$

两端同乘以$m_{ps}m_{qt}$，并按哑标求和：

$$m_{ps}m_{qt}m_{pj}m_{qi}\sigma_{ji} = m_{ps}m_{qt}a'_{pqkl}m_{ka}m_{lb}\varepsilon_{ab}$$

根据$m_{ps}m_{pj} = \delta_{sj}$，$m_{qt}m_{qi} = \delta_{ti}$，得到

$$\sigma_{st} = m_{ps}m_{qt}a'_{pqkl}m_{ka}m_{lb}\varepsilon_{ab}$$

因此，可导出坐标系变换相应的弹性系数张量变换式：

$$a_{stab} = m_{ps}m_{qt}m_{ka}m_{lb}a'_{pqkl} \tag{4.3.1a}$$

或

$$a'_{pqkl} = m_{ps}m_{qt}m_{ka}m_{lb}a_{stab} \tag{4.3.1b}$$

类似的推演可以得到

$$b_{stab} = m_{ps}m_{qt}m_{ka}m_{lb}b'_{pqkl} \tag{4.3.2a}$$

或

$$b'_{pqkl} = m_{ps}m_{qt}m_{ka}m_{lb}b_{stab} \tag{4.3.2b}$$

4.3.2 物质对称性和各向同性

物质对称性指物质表现的物理性质固有的方向性。近代力学常使用对称群来描述这种对称性。如果坐标系$Oxyz$和坐标系$O'x'y'z'$中弹性系数张量相同，即：

$$p = s, \quad q = t, \quad k = a, \quad l = b, \quad a'_{pqkl} = a_{stab}$$

两坐标系的变换张量

$$\boldsymbol{Q}_{q'p} = \boldsymbol{i}'_q \cdot \boldsymbol{i}_p = \boldsymbol{i}_p \cdot \boldsymbol{i}'_q$$

的全部集合构成一个群，常称为对称群。这个群的组构性质便确定了物理性质固有的方向性。

给定物质体元上，各向同性指对称群由满足$\det\boldsymbol{Q}_{q'p} = \pm 1$的全部正交张量所组成。这样一来，在这个物质体元上，物理性质与方向的选择无关。

简而言之，对于给定的体元，力学性质的描写与坐标系标架的取向无关，则称介质在该点处是**各向同性**。处处是各向同性的物体称为各向同性体。在各向同性点，对任选的坐标系基本单位矢量的方向，所描写的本构方程完全相同。如果在坐标系$Oxyz$与坐标系$O'x'y'z'$中，描写的超弹性线弹性固体本构方程分别为

$$\begin{bmatrix}\sigma_x\\ \sigma_y\\ \sigma_z\\ \tau_{yz}\\ \tau_{zx}\\ \tau_{xy}\end{bmatrix}=\begin{bmatrix}a_{11} & a_{12} & a_{13} & a_{14} & a_{15} & a_{16}\\ a_{21} & a_{22} & a_{23} & a_{24} & a_{25} & a_{26}\\ a_{31} & a_{32} & a_{33} & a_{34} & a_{35} & a_{36}\\ a_{41} & a_{42} & a_{43} & a_{44} & a_{45} & a_{46}\\ a_{51} & a_{52} & a_{53} & a_{54} & a_{55} & a_{56}\\ a_{61} & a_{62} & a_{63} & a_{64} & a_{65} & a_{66}\end{bmatrix}\begin{bmatrix}\varepsilon_x\\ \varepsilon_y\\ \varepsilon_z\\ \gamma_{yz}\\ \gamma_{zx}\\ \gamma_{xy}\end{bmatrix} \tag{4.3.3}$$

和

$$\begin{bmatrix}\sigma'_x\\ \sigma'_y\\ \sigma'_z\\ \tau'_{yz}\\ \tau'_{zx}\\ \tau'_{xy}\end{bmatrix}=\begin{bmatrix}a'_{11} & a'_{12} & a'_{13} & a'_{14} & a'_{15} & a'_{16}\\ . & a'_{22} & a'_{23} & a'_{24} & a'_{25} & a'_{26}\\ . & . & a'_{33} & a'_{34} & a'_{35} & a'_{36}\\ . & . & . & a'_{44} & a'_{45} & a'_{46}\\ . & . & . & . & a'_{55} & a'_{56}\\ . & . & . & . & . & a'_{66}\end{bmatrix}\begin{bmatrix}\varepsilon'_x\\ \varepsilon'_y\\ \varepsilon'_z\\ \gamma'_{yz}\\ \gamma'_{zx}\\ \gamma'_{xy}\end{bmatrix} \tag{4.3.4}$$

那么在各向同性点处，对任何两直角 $Oxyz$ 与 $O'x'y'z'$ 总有

$$\begin{bmatrix}a_{11} & a_{12} & a_{13} & a_{14} & a_{15} & a_{16}\\ . & a_{22} & a_{23} & a_{24} & a_{25} & a_{26}\\ . & . & a_{33} & a_{34} & a_{35} & a_{36}\\ . & . & . & a_{44} & a_{45} & a_{46}\\ . & . & . & . & a_{55} & a_{56}\\ . & . & . & . & . & a_{66}\end{bmatrix}=\begin{bmatrix}a'_{11} & a'_{12} & a'_{13} & a'_{14} & a'_{15} & a'_{16}\\ . & a'_{22} & a'_{23} & a'_{24} & a'_{25} & a'_{26}\\ . & . & a'_{33} & a'_{34} & a'_{35} & a'_{36}\\ . & . & . & a'_{44} & a'_{45} & a'_{46}\\ . & . & . & . & a'_{55} & a'_{56}\\ . & . & . & . & . & a'_{66}\end{bmatrix} \tag{4.3.5}$$

由此可以证明，在各向同性点处弹性系数矩阵只有两个独立的元素，且有简化式如下：

$$\begin{bmatrix}a_{11} & a_{12} & a_{13} & a_{14} & a_{15} & a_{16}\\ . & a_{22} & a_{23} & a_{24} & a_{25} & a_{26}\\ . & . & a_{33} & a_{34} & a_{35} & a_{36}\\ . & . & . & a_{44} & a_{45} & a_{46}\\ . & . & . & . & a_{55} & a_{56}\\ . & . & . & . & . & a_{66}\end{bmatrix}=\begin{bmatrix}a_{11} & a_{12} & a_{12} & 0 & 0 & 0\\ . & a_{11} & a_{12} & 0 & 0 & 0\\ . & . & a_{11} & 0 & 0 & 0\\ . & . & . & a_{44} & 0 & 0\\ . & . & . & . & a_{44} & 0\\ . & . & . & . & . & a_{44}\end{bmatrix} \tag{4.3.6}$$

式中，

$$2a_{44}=a_{11}-a_{12} \tag{4.3.7}$$

本书着重讨论各向同性的超弹性线弹性固体，其本构方程(4.3.3)简化为

$$\begin{bmatrix}\sigma_x\\ \sigma_y\\ \sigma_z\\ \tau_{yz}\\ \tau_{zx}\\ \tau_{xy}\end{bmatrix}=\begin{bmatrix}a_{11} & a_{12} & a_{12} & 0 & 0 & 0\\ . & a_{11} & a_{12} & 0 & 0 & 0\\ . & . & a_{11} & 0 & 0 & 0\\ . & . & . & a_{44} & 0 & 0\\ . & . & . & . & a_{44} & 0\\ . & . & . & . & . & a_{44}\end{bmatrix}\begin{bmatrix}\varepsilon_x\\ \varepsilon_y\\ \varepsilon_z\\ \gamma_{yz}\\ \gamma_{zx}\\ \gamma_{xy}\end{bmatrix} \tag{4.3.8}$$

4.3.3 Hooke 介质的本构方程

前文叙述了单轴应力状态下应力张量和应变张量的描写形式，分别为

$$\begin{bmatrix} \sigma & 0 & 0 \\ . & 0 & 0 \\ . & . & 0 \end{bmatrix}, \begin{bmatrix} \varepsilon & 0 & 0 \\ . & \varepsilon' & 0 \\ . & . & \varepsilon' \end{bmatrix}$$

这里轴Ox为唯一非零的正应力分量的轴线方向，σ、ε和ε'分别为轴向拉应力、轴向正应变和与轴Ox正交方向的“横向正应变”。材料力学表明，在弹性极限范围内，应力和应变有如下线性齐次关系：

$$\sigma = E\varepsilon = -E\varepsilon'/v \tag{4.3.9}$$

式中，E和v为两个材料性质确定的弹性常数，分别称为弹性模量和泊松比。

在各向同性点处，对应力状态的一般情况，可以由式(4.3.9)得到普遍形式的各向同性超弹性线弹性固体本构方程的形式。

如果体元处于图3.2所示的一般应力状态，那么正应变ε_x由正应力σ_x、σ_y和σ_z的共同作用产生，根据式(4.3.9)表达的原理，σ_y和σ_z产生的ox方向正应变分别为$-v\sigma_y/E$和$-v\sigma_z/E$。于是有

$$\varepsilon_x = \frac{1}{E}\left[\sigma_x - v\left(\sigma_y + \sigma_z\right)\right] \tag{4.3.10a}$$

同理可得

$$\varepsilon_y = \frac{1}{E}\left[\sigma_y - v\left(\sigma_z + \sigma_x\right)\right] \tag{4.3.10b}$$

$$\varepsilon_z = \frac{1}{E}\left[\sigma_z - v\left(\sigma_x + \sigma_y\right)\right] \tag{4.3.10c}$$

为了讨论剪应力与剪应变分量间的关系，对于坐标系$Oxyz$描写的纯剪切应力状态和相应的应变张量分别为

$$\begin{bmatrix} 0 & \tau_{xy} & 0 \\ . & 0 & 0 \\ . & . & 0 \end{bmatrix}, \begin{bmatrix} 0 & \gamma_{xy}/2 & 0 \\ . & 0 & 0 \\ . & . & 0 \end{bmatrix} \tag{4.3.11}$$

根据坐标变换法则，相对坐标系$Oxyz$转过$\pi/4$的另一坐标系$O'x'y'z'$中(图4.1)，同一应力状态和应变状态的矩阵描写分别为

$$\begin{bmatrix} \tau_{xy} & 0 & 0 \\ . & -\tau_{xy} & 0 \\ . & . & 0 \end{bmatrix}, \begin{bmatrix} \gamma_{xy}/2 & 0 & 0 \\ . & -\gamma_{xy}/2 & 0 \\ . & . & 0 \end{bmatrix} \tag{4.3.12}$$

利用式(4.3.10)，写出式(4.3.12)的本构方程：

$$\frac{\gamma_{xy}}{2} = \frac{1}{E}\left[\tau_{xy} - v(-\tau_{xy})\right] \tag{4.3.13}$$

由式(4.3.8)，有

$$\gamma_{xy} = \tau_{xy} / a_{44}$$

与式(4.3.13)比较，便得到

$$a_{44} = E/[2(1+v)]$$

引入记号 G 代替 a_{44}，称其为**切变模量**：

$$a_{44} = G = E/[2(1+v)] \tag{4.3.14}$$

这样一来，得出

$$\gamma_{xy} = \frac{\tau_{xy}}{G},\ \gamma_{yz} = \frac{\tau_{yz}}{G},\ \gamma_{zx} = \frac{\tau_{zx}}{G} \tag{4.3.15}$$

式(4.3.10)和式(4.3.15)组成了一套完备的本构方程。

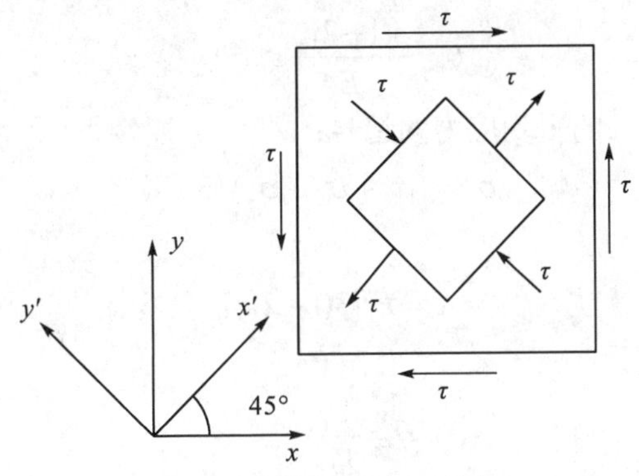

图 4.1　坐标系的 45° 转角

前已述及，在全部物质点物理性质完全相同的性质称为**均匀性**。一个各向同性体可能是非均匀体，弹性模量和泊松比可能随位置而变化。

称各向同性的、均匀的、超弹性线弹性固体为**胡克**(Hooke)**介质**。胡克介质有两个独立的、与位置无关的弹性常数。

容易导出方程(4.3.10)的逆：

$$\sigma_x = \frac{E}{2(1+v)}\left[\frac{2v}{1-2v}(\varepsilon_x + \varepsilon_y + \varepsilon_z) + 2\varepsilon_x\right]$$

$$\sigma_y = \frac{E}{2(1+v)}\left[\frac{2v}{1-2v}(\varepsilon_x + \varepsilon_y + \varepsilon_z) + 2\varepsilon_y\right]$$

$$\sigma_z = \frac{E}{2(1+v)}\left[\frac{2v}{1-2v}(\varepsilon_x + \varepsilon_y + \varepsilon_z) + 2\varepsilon_z\right]$$

引入记号：

$$\lambda = \frac{vE}{(1-2v)(1+v)} \tag{4.3.16}$$

结合式(4.3.14)，有

$$\sigma_x = \lambda(\varepsilon_x + \varepsilon_y + \varepsilon_z) + 2G\varepsilon_x,\ \ \tau_{yz} = G\gamma_{yz} \tag{4.3.17a}$$

$$\sigma_y = \lambda(\varepsilon_x + \varepsilon_y + \varepsilon_z) + 2G\varepsilon_y,\ \ \tau_{zx} = G\gamma_{zx} \tag{4.3.17b}$$

$$\sigma_z = \lambda(\varepsilon_x + \varepsilon_y + \varepsilon_z) + 2G\varepsilon_z,\ \ \tau_{xy} = G\gamma_{xy} \tag{4.3.17c}$$

这里λ和G组成一组胡克介质的弹性常数，称为**拉梅弹性常数**。注意，这不是正交曲线坐标系中量度长度的拉梅系数。

用方程(4.1.6)的形式表示胡克介质的弹性系数a_{jikl}和b_{jikl}，分别得到

$$a_{jikl}=\lambda\delta_{ji}\delta_{kl}+G(\delta_{jk}\delta_{il}+\delta_{jl}\delta_{ik}) \tag{4.3.18}$$

$$b_{jikl}=\frac{1+\nu}{E}\delta_{jk}\delta_{il}-\frac{\nu}{E}\delta_{ji}\delta_{kl} \tag{4.3.19}$$

4.3.4 Hooke 介质的体积模量和应变能密度

将式(4.3.10)三式等号两端对应相加，利用体积应变算式(2.1.26)，得到

$$\theta=\frac{3(1-2v)}{E}\sigma_0 \tag{4.3.20}$$

这里σ_0为由式(3.3.27)引入的平均应力的记号：

$$\sigma_0=(\sigma_x+\sigma_y+\sigma_z)/3$$

引入**体积模量**，并记为

$$K=E/[3(1-2v)] \tag{4.3.21}$$

则有体积变形的线弹性关系：

$$\theta=\frac{1}{K}\sigma_0 \tag{4.3.22}$$

对于胡克介质，应变能密度(4.2.13)简化为

$$w=\frac{1}{2}\lambda\theta^2+G\left[\varepsilon_x^2+\varepsilon_y^2+\varepsilon_z^2+\frac{1}{2}(\gamma_{xy}^2+\gamma_{yz}^2+\gamma_{zx}^2)\right] \tag{4.3.23a}$$

或

$$w=\frac{1}{2}K\theta^2+G\left[(\varepsilon_x-\varepsilon_0)^2+(\varepsilon_y-\varepsilon_0)^2+(\varepsilon_z-\varepsilon_0)^2+\frac{1}{2}(\gamma_{xy}^2+\gamma_{yz}^2+\gamma_{zx}^2)\right] \tag{4.3.23b}$$

这里ε_0为三个正应变的平均值：

$$\varepsilon_0=\frac{1}{3}\left(\varepsilon_x+\varepsilon_y+\varepsilon_z\right)=\frac{1}{3}\theta$$

余应变能密度［式(4.2.16)］简化为

$$w_c=\frac{1}{2E}\left[\sigma_x^2+\sigma_y^2+\sigma_z^2-2v(\sigma_x\sigma_y+\sigma_y\sigma_z+\sigma_z\sigma_x)+2(1+v)(\tau_{xy}^2+\tau_{yz}^2+\tau_{zx}^2)\right] \tag{4.3.24a}$$

或

$$w_c=\frac{1}{2K}{\sigma_0}^2+\frac{1}{12G}\left[(\sigma_x-\sigma_y)^2+(\sigma_y-\sigma_z)^2+(\sigma_z-\sigma_x)^2+6(\tau_{xy}^2+\tau_{yz}^2+\tau_{zx}^2)\right] \tag{4.3.24b}$$

一般地说，w总是六个应变分量的正定二次型，w_c总是六个应力分量的正定二次型。由式(4.3.23)和式(4.3.24)可见，这要求弹性常数的取值满足条件：

$$K>0,\ G>0,\ E>0 \tag{4.3.25}$$

由式(4.3.14)和式(4.3.21)可以推出泊松比的取值范围为

$$-1<v<0.5 \tag{4.3.26}$$

§ 4.4　各向异性线弹性固体

本节简单介绍两种常见的各向异性情况。

4.4.1　正交各向异性

在正交各向异性点上，存在特定的坐标系标架方向，使应力本构方程有如下形式：

$$\varepsilon_x = \frac{1}{E_1}(\sigma_x - \nu_{12}\sigma_y - \nu_{13}\sigma_z) \tag{4.4.1a}$$

$$\varepsilon_y = \frac{1}{E_2}(\sigma_y - \nu_{23}\sigma_z - \nu_{21}\sigma_x) \tag{4.4.1b}$$

$$\varepsilon_z = \frac{1}{E_3}\left[\sigma_z - \nu_{31}\sigma_x - \nu_{32}\sigma_y)\right] \tag{4.4.1c}$$

$$\gamma_{xy} = \frac{\tau_{xy}}{G_{12}},\quad \gamma_{yz} = \frac{\tau_{yz}}{G_{23}},\quad \gamma_{zx} = \frac{\tau_{zx}}{G_{31}} \tag{4.4.1d}$$

这样的模型物质称为**正交各向异性线弹性固体**。这里有 12 个弹性常数，即：

$$E_1,\ E_2,\ E_3,\ \nu_{12},\ \nu_{13},\ \nu_{21},\ \nu_{23},\ \nu_{31},\ \nu_{32},\ G_{12},\ G_{23},\ G_{31}$$

对称性条件式(4.2.9)要求：

$$\nu_{12}/E_1 = \nu_{21}/E_2,\quad \nu_{23}/E_2 = \nu_{32}/E_3,\quad \nu_{31}/E_3 = \nu_{13}/E_1 \tag{4.4.2}$$

因此，独立的弹性常数仅为 9 个。这特殊的三个坐标轴方向称为三个弹性主轴；三个坐标面称为三个弹性对称面。通常需要设计多个实验才能测出 9 个弹性常数。

4.4.2　横观各向同性

如果在特定点，存在特定的方向，取这个方向为坐标轴 Oz 的方向，那么应力本构方程有如下形式：

$$\varepsilon_x = \frac{1}{E}(\sigma_x - \nu\,\sigma_y) - \frac{\nu_3}{E_3}\sigma_z \tag{4.4.3a}$$

$$\varepsilon_y = \frac{1}{E}(\sigma_y - \nu\,\sigma_x) - \frac{\nu_3}{E_3}\sigma_z \tag{4.4.3b}$$

$$\varepsilon_z = \frac{1}{E_3}\sigma_z - \frac{\nu_3}{E_3}(\sigma_x + \sigma_y) \tag{4.4.3c}$$

$$\gamma_{xy} = \frac{\tau_{xy}}{G},\quad \gamma_{yz} = \frac{\tau_{yz}}{G_{23}},\quad \gamma_{zx} = \frac{\tau_{zx}}{G_{23}} \tag{4.4.3d}$$

这样的模型物质称为横观各向同性线弹性固体。这个特定点称为横观各向同性点。这里有 6 个弹性常数，即 E、E_3、ν、ν_3、G、G_{23}，对称性条件式(4.2.9)要求：

$$G = E/[2(1+\nu)] \tag{4.4.4}$$

因此，独立的弹性常数仅为 5 个。作为坐标轴 Oz 的特殊方向称为弹性主轴；坐标面 xOy 称为各向同性面。

横观各向同性模型最常用于单向纤维增强复合材料的本构方程。单向纤维复合材料层合板的不同叠合方式可以形成包括正交各向异性在内的多种各向异性情况。

需要指出，对于正交各向异性和横观各向同性材料，如果坐标轴之一的方向与弹性主轴不一致，则应力和应变的关系就不是式(4.4.1)和式(4.4.3)所示的形式，需要按第 4.3.1 节所述的坐标变换法则分析得到。本节介绍的弹性常数描写应力和应变关系的更多应用可以在复合材料力学相关的书中查找。

习　题

4.1 叙述G、E和v的物理意义，试用一个与第 4.3.3 节不同的方法证明式(4.3.13)。

4.2 从余应变能密度$w_c(\sigma)$的定义[式(4.2.5)]和应变能密度$w(\varepsilon)$的性质[式(4.2.4)]出发，证明式(4.2.7)。

4.3 如果$\varepsilon_x \neq 0$，$\varepsilon_y = \varepsilon_z = \gamma_{yz} = \gamma_{zx} = \gamma_{xy} = 0$，则该点邻域的变形称为单向变形。试用$E$和$v$表示单向变形下的比值$\sigma_x/\varepsilon_x$和$\sigma_y/\sigma_x$。这两个比值分别称为名义杨氏模量和名义泊松比。

4.4 一物块置于高压容器内，在静水压强为$p = 0.45\,\mathrm{N/m^2}$作用下测出体积应变为$\theta = -3.6\times10^{-5}$。如果弹性模量为$E = 1.5\times10^4\,\mathrm{N/m^2}$，求泊松比。

4.5 对各向同性的超弹性线弹性固体，求证应力主方向与应变主方向一致，进一步导出主应力和主应变的关系。

4.6 用与轴Ox夹角分别为0°、60°、−60°的三片应变片组成应变花，得到三个方向的正应变分别为ε_0、ε_{60}、ε_{-60}。如果材料的弹性模量和泊松比为已知，试导出计算σ_x、σ_y、τ_{xy}的公式。

4.7 用与轴Ox夹角分别为0°、45°、90°的三片应变片组成应变花，得到三个方向的正应变分别为$\varepsilon_0 = -130\mu, \varepsilon_{45} = 75\mu, \varepsilon_{90} = 130\mu$。如果材料的弹性模量和泊松比分别为$E = 210\mathrm{GPa}$，$v = 0.3$，试求$\sigma_x$、$\sigma_y$、$\tau_{xy}$。

第 5 章　弹性力学问题的提法和解法

前三章已讲述了有关弹性变形的几何、力学和物理规律，需要将它们综合起来，形成一套包括问题的提法、数学模型和求解路线在内的理论体系。这正是本章的任务。

本章首先讲述弹性力学问题的提法，建立数学定解问题，引出按位移解、按应力解和按应力函数解的思路，以及相关的逆解法和半逆解法的解答路线。最后介绍弹性力学的一些专题的类别。

§5.1　弹性力学问题的提法和定解问题

5.1.1　问题的提法

可以这样提出弹性力学问题：已知物体的本构方程，以及所占区域V的体力(f_x,f_y,f_z)，部分边界∂V_u的强制位移$(\overline{u}_x,\overline{u}_y,\overline{u}_z)$，部分边界$\partial V_\sigma$的外加面力$(\overline{p}_x,\overline{p}_y,\overline{p}_z)$，如图 5.1 所示，求区域$V$上的位移分量、应变分量和应力分量。区域$V$的体力$(f_x,f_y,f_z)$、部分边界$\partial V_u$的强制位移$(\overline{u}_x,\overline{u}_y,\overline{u}_z)$、部分边界$\partial V_\sigma$的外加面力$(\overline{p}_x,\overline{p}_y,\overline{p}_z)$统称为外加作用。这样提出的问题就是已知外加作用，求所产生的响应，即求位移场、应变场和应力场。

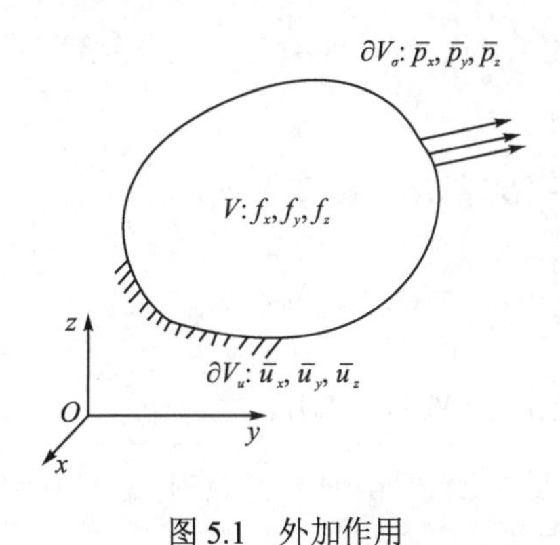

图 5.1　外加作用

如果将已知外加作用求响应作为正问题，弹性力学还可以按多种方式提出**反问题**。例如反求某外加作用，反求物体的介质常数，或反求物体的某些边界形状与参数等。

本书主要讨论静力学问题，仅仅在第 12 章将弹性波作为动力学问题做了简明的介绍。

5.1.2　边值问题

对于正问题，用数学边值问题组成数学模型。本书将讨论限于经典弹性力学范畴，即讨论胡克介质小变形静力学问题。在这范围里，边值问题由如下控制方程和边界条件两部分组成：

(1)**控制方程**：适用于区域V内的点。

根据几何方程(2.1.11)有

$$\left.\begin{aligned}\varepsilon_x=\frac{\partial u_x}{\partial x},\quad \gamma_{yz}=\gamma_{zy}=\frac{\partial u_y}{\partial z}+\frac{\partial u_z}{\partial y}\\ \varepsilon_y=\frac{\partial u_y}{\partial y},\quad \gamma_{zx}=\gamma_{xz}=\frac{\partial u_z}{\partial x}+\frac{\partial u_x}{\partial z}\\ \varepsilon_z=\frac{\partial u_z}{\partial z},\quad \gamma_{xy}=\gamma_{yx}=\frac{\partial u_x}{\partial y}+\frac{\partial u_y}{\partial x}\end{aligned}\right\}\tag{5.1.1}$$

根据平衡方程(3.1.6)和方程(3.1.7)有

$$\frac{\partial\sigma_x}{\partial x}+\frac{\partial\tau_{yx}}{\partial y}+\frac{\partial\tau_{zx}}{\partial z}+f_x=0\tag{5.1.2a}$$

$$\frac{\partial\tau_{xy}}{\partial x}+\frac{\partial\sigma_y}{\partial y}+\frac{\partial\tau_{zy}}{\partial z}+f_y=0\tag{5.1.2b}$$

$$\frac{\partial\tau_{xz}}{\partial x}+\frac{\partial\tau_{yz}}{\partial y}+\frac{\partial\sigma_z}{\partial z}+f_z=0\tag{5.1.2c}$$

$$\tau_{yz}-\tau_{zy}=0,\quad \tau_{zx}-\tau_{xz}=0,\quad \tau_{xy}-\tau_{yx}=0\tag{5.1.3}$$

根据本构方程(4.3.10)和方程(4.3.15)，或方程(4.3.17)有

$$\sigma_x=\lambda(\varepsilon_x+\varepsilon_y+\varepsilon_z)+2G\varepsilon_x,\quad \tau_{yz}=G\gamma_{yz}\tag{5.1.4a}$$

$$\sigma_y=\lambda(\varepsilon_x+\varepsilon_y+\varepsilon_z)+2G\varepsilon_y,\quad \tau_{zx}=G\gamma_{zx}\tag{5.1.4b}$$

$$\sigma_z=\lambda(\varepsilon_x+\varepsilon_y+\varepsilon_z)+2G\varepsilon_z,\quad \tau_{xy}=G\gamma_{xy}\tag{5.1.4c}$$

或

$$\varepsilon_x=\frac{1}{E}[\sigma_x-\nu(\sigma_y+\sigma_z)],\quad \gamma_{yz}=\frac{\tau_{yz}}{G}\tag{5.1.5a}$$

$$\varepsilon_y=\frac{1}{E}[\sigma_y-\nu(\sigma_z+\sigma_x)],\quad \gamma_{zx}=\frac{\tau_{zx}}{G}\tag{5.1.5b}$$

$$\varepsilon_z=\frac{1}{E}[\sigma_z-\nu(\sigma_x+\sigma_y)],\quad \gamma_{xy}=\frac{\tau_{xy}}{G}\tag{5.1.5c}$$

(2)**边界条件**：适用于区域V的边界∂V。通常有如下三类提法：

给出位移边值区：适用于部分边界∂V_u

$$u_x=\bar{u}_x,\quad u_y=\bar{u}_y,\quad u_z=\bar{u}_z\tag{5.1.6}$$

给出应力边值区：适用于部分边界∂V_σ的方程［式(2.2.7)］

$$\sigma_x n_x+\tau_{yx}n_y+\tau_{zx}n_z=\bar{p}_x\tag{5.1.7a}$$

$$\tau_{xy}n_x+\sigma_y n_y+\tau_{zy}n_z=\bar{p}_y\tag{5.1.7b}$$

$$\tau_{xz}n_x+\tau_{yz}n_y+\sigma_z n_z=\bar{p}_z\tag{5.1.7c}$$

混合给出应力与位移边值区：适用于部分边界$\partial V_{u\sigma}$，例如

$$u_x = \overline{u}_x \tag{5.1.8a}$$

$$\tau_{xy}n_x + \sigma_y n_y + \tau_{zy}n_z = \overline{p}_y \tag{5.1.8b}$$

$$\tau_{xz}n_x + \tau_{yz}n_y + \sigma_z n_z = \overline{p}_z \tag{5.1.8c}$$

式中，∂V_u、∂V_σ和$\partial V_{u\sigma}$两两的交为空集，三者的和集为∂V。

这里涉及了区域V内的15个待求量，它们是：三个位移分量、六个应变分量和六个应力分量。已经默认，剪应力互等得到满足，因此六个剪应力分量只计算独立的三个待求量。

这里列出的控制方程是**基本方程**，按标量方程计算，总个数恰为15个。不能将这15个方程以外的其他方程，例如应变协调方程，纳入基本方程。因为应变协调方程是由这些基本方程导出的方程。基本方程不能包含导出方程。

边值问题常常分为三类：

(1)当$\partial V_u = \partial V$时，所述的边值问题称为第一边值问题，又称位移边值问题。

(2)当$\partial V_\sigma = \partial V$时，所述的边值问题称为第二边值问题，又称应力边值问题。

(3)当$\partial V_{u\sigma}$非空时，所述的边值问题称为第三边值问题，又称混合边值问题。

最后还需要指出，在一些情况下，特别是多连域问题中，控制方程和边界条件不足以确定位移、应变和应力分布，还需要用到位移、应变和应力的单值条件方可确定它们的分布。对于含间断面的问题，还需要补充间断面上的**连续条件**。

表述边值问题的这套公式［式(5.1.1)～式(5.1.8)］可以分别写成如下角标量形式：

$$\varepsilon_{ji} = (u_{i,j} + u_{j,i})/2 \tag{5.1.9}$$

$$\sigma_{ji,j} + f_i = 0 \tag{5.1.10}$$

$$\sigma_{ji} - \sigma_{ij} = 0 \tag{5.1.11}$$

$$\sigma_{ji} = [\lambda\delta_{ji}\delta_{kl} + G(\delta_{jk}\delta_{il} + \delta_{jl}\delta_{ik})]\varepsilon_{kl} \tag{5.1.12}$$

$$\varepsilon_{ji} = [-\nu\delta_{ji}\delta_{kl} + (1+\nu)\delta_{jk}\delta_{il}]\sigma_{kl}/E \tag{5.1.13}$$

$$\partial V_u：\ u_j = \overline{u}_j \tag{5.1.14}$$

$$\partial V_\sigma：\ \sigma_{ji}n_j = \overline{p}_i \tag{5.1.15}$$

本节用数学边值问题组成经典弹性力学的数学模型，用到了0.3节所述的6项假设，这里需要重新审视模型构建的各环节使用到的假设，在何种情况下使用，哪些假设已失效，应另寻路径求解面对的工程问题。

变形的几何模型与几何方程(5.1.1)用到小变形假设。

应力模型和平衡方程(5.1.2)和方程(5.1.3)隐含了在参考状态的位形下列出平衡方程的疑虑，只有在应力状态对应的位形与参考状态的位形差别极小时，才可以这样近似处理。工程中参考位形与应力位形差异微小的情况很多，因此这样处理具有广泛的实用性。应力模型和平衡方程(5.1.2)和方程(5.1.3)还忽略了体力矩，忽略了偶应力，因此所建的应力张量简化为对称张量。对于微极物质，波长超短的动力学问题将应力的对称模型扩展到非对称模型，计入偶应力，这是特定的条件下势在必行的。

本构方程(4.3.10)用到均匀介质假设、各向同性介质假设、线性弹性假设和介质无初应力假设。

经典弹性力学的数学模型全系统而论用到连续介质假设。连续介质假设存在适用尺度的下限，换言之，连续体的体元须含有足够多的微结构，使所讨论的问题得以纳入宏观表象范畴。

大变形情况下，要考虑变形几何关系的非线性。

非线性弹性情况需要面对非线性弹性本构模型、塑性和弹塑性本构模型以及涉及黏性的本构模型。

这里所述涉及了本课程的拓展，即经典弹性力学的扩展，这些扩展的实际应用，其基础正是“弹性力学”。

5.1.3 求解的途径和方法

上述偏微分方程组的边值问题涉及的待求量较多，因此求解途径首先是力求减少待求量的个数。首先求得较少的一些待求量，然后再探求其余的待求场分量。沿这个思路，将问题简化为只含位移分量的边值问题，常称为按位移解；将问题简化为只含应力分量的边值问题，常称为按应力解；将问题简化为只含较少待求的辅助变量的边值问题，就是按这个辅助变量求解。

对于工程背景较强的问题，往往可以对待求的部分位移、应变和应力分量给出接近正确解的假设。由此出发，根据 15 个场方程，可以推演出问题的解。这种思路常称为逆解法。

以上仅仅是从解析方法上进行的讨论。广泛地讲，除解析方法之外，求解弹性力学问题的方法还有数值方法和实验方法。数值方法中还有多种多样的分类，这里不做讨论。

§ 5.2 按 位 移 解

5.2.1 Navier 方程

Navier 方程就是用位移分量表示的平衡方程。推导 Navier 方程的方法是将几何方程(5.1.1)代入本构方程(5.1.4)，再将得到的式子代入平衡方程(5.1.2)，经适当整理而得。其标准形式为

$$(\lambda+G)\frac{\partial}{\partial x}\left(\frac{\partial u_x}{\partial x}+\frac{\partial u_y}{\partial y}+\frac{\partial u_z}{\partial z}\right)+G\Delta u_x+f_x=0 \tag{5.2.1a}$$

$$(\lambda+G)\frac{\partial}{\partial y}\left(\frac{\partial u_x}{\partial x}+\frac{\partial u_y}{\partial y}+\frac{\partial u_z}{\partial z}\right)+G\Delta u_y+f_y=0 \tag{5.2.1b}$$

$$(\lambda+G)\frac{\partial}{\partial z}\left(\frac{\partial u_x}{\partial x}+\frac{\partial u_y}{\partial y}+\frac{\partial u_z}{\partial z}\right)+G\Delta u_z+f_z=0 \tag{5.2.1c}$$

其角标形式为

$$(\lambda+G)u_{j,ji}+G\Delta u_i+f_i=0 \tag{5.2.2}$$

这里Δ为拉普拉斯算符，其定义为

$$\Delta\phi(x,y,z)=\nabla\cdot\nabla\phi(x,y,z)$$

也常记为$\nabla^2\phi(x,y,z)$。利用式(1.5.10)和式(1.5.16)，可以得到

$$\Delta\phi(x,y,z)=\nabla^2\phi(x,y,z)=\frac{\partial^2\phi}{\partial x^2}+\frac{\partial^2\phi}{\partial y^2}+\frac{\partial^2\phi}{\partial z^2} \tag{5.2.3}$$

利用矢量分析的知识，可以写出纳维方程的矢量形式：

$$(\lambda+G)\nabla(\nabla\cdot\boldsymbol{u})+G\Delta\boldsymbol{u}+\boldsymbol{f}=\boldsymbol{0} \tag{5.2.4a}$$

或

$$\frac{1}{1-2v}\nabla(\nabla\cdot\boldsymbol{u})+\Delta\boldsymbol{u}+\frac{1}{G}\boldsymbol{f}=\boldsymbol{0} \tag{5.2.4b}$$

注意到公式

$$\Delta\boldsymbol{u}=\nabla(\nabla\cdot\boldsymbol{u})-\nabla\times\nabla\times\boldsymbol{u} \tag{5.2.5}$$

又可以写出 Navier 方程的另一矢量形式：

$$(\lambda+2G)\Delta\boldsymbol{u}+(\lambda+G)\nabla\times(\nabla\times\boldsymbol{u})+\boldsymbol{f}=\boldsymbol{0} \tag{5.2.6a}$$

或

$$(\lambda+2G)\nabla(\nabla\cdot\boldsymbol{u})-G\nabla\times(\nabla\times\boldsymbol{u})+\boldsymbol{f}=\boldsymbol{0} \tag{5.2.6b}$$

或

$$\frac{2(1-v)}{1-2v}\nabla(\nabla\cdot\boldsymbol{u})-\nabla\times\nabla\times\boldsymbol{u}+\frac{1}{G}\boldsymbol{f}=\boldsymbol{0} \tag{5.2.6c}$$

将式(5.2.6c)两端作散度，得到

$$\frac{2(1-v)}{1-2v}\Delta\theta+\frac{1}{G}\nabla\cdot\boldsymbol{f}=0 \tag{5.2.7}$$

这正是体积应变满足的泊松方程。这里用到式(2.1.26)。于是有推论：

推论 5.1　体积应变满足泊松方程；在无体力或常值体力条件下，体积应变是调和函数。

对式(5.2.1)中的每个方程，将等号两端作拉普拉斯运算，在无体力或常值体力条件下得到

$$\Delta\Delta u_x=0,\quad \Delta\Delta u_x=0,\quad \Delta\Delta u_z=0$$

由此导出推论：

推论 5.2　在无体力或常值体力条件下，直角坐标系描写的每一个位移分量都是双调和函数。

5.2.2　按位移解的边值问题

按位移解的边值问题由如下控制方程和边界条件两部分组成：

(1)**控制方程**：适用于区域V内的点。

Navier 方程(5.2.1)，或方程(5.2.4)，或方程(5.2.6)。

(2)**边界条件**：适用于区域V的边界∂V。通常有如下三类提法

在部分边界∂V_u上，仍用式(5.1.6)表达边界条件；在部分边界∂V_σ上需要将方程(5.1.7)用位移分量表示。为此目的，只需将方程(5.1.1)代入方程(5.1.4)，再将得到的式子代入方

程(5.1.7)，便得出所需要的用位移分量表达应力边界条件的形式：

$$\left[\lambda\left(\frac{\partial u_x}{\partial x}+\frac{\partial u_y}{\partial y}+\frac{\partial u_z}{\partial z}\right)+2G\frac{\partial u_x}{\partial x}\right]n_x+G\left(\frac{\partial u_x}{\partial y}+\frac{\partial u_y}{\partial x}\right)n_y+G\left(\frac{\partial u_x}{\partial z}+\frac{\partial u_z}{\partial x}\right)n_z=\overline{p}_x \tag{5.2.8a}$$

$$G\left(\frac{\partial u_x}{\partial y}+\frac{\partial u_y}{\partial x}\right)n_x+\left[\lambda\left(\frac{\partial u_x}{\partial x}+\frac{\partial u_y}{\partial y}+\frac{\partial u_z}{\partial z}\right)+2G\frac{\partial u_y}{\partial y}\right]n_y+G\left(\frac{\partial u_y}{\partial z}+\frac{\partial u_z}{\partial y}\right)n_z=\overline{p}_y \tag{5.2.8b}$$

$$G\left(\frac{\partial u_x}{\partial z}+\frac{\partial u_z}{\partial x}\right)n_x+G\left(\frac{\partial u_y}{\partial z}+\frac{\partial u_z}{\partial y}\right)n_y+\left[\lambda\left(\frac{\partial u_x}{\partial x}+\frac{\partial u_y}{\partial y}+\frac{\partial u_z}{\partial z}\right)+2G\frac{\partial u_z}{\partial z}\right]n_z=\overline{p}_z \tag{5.2.8c}$$

在混合边值区$\partial V_{u\sigma}$上，只需用式(5.2.8b)和式(5.2.8c)的形式代替式(5.1.8b)和式(5.1.8c)。

5.2.3 Navier 方程的通解

在20世纪50年代，已经得出了纳维方程的通解。这里略去推演，直接介绍两类通解。

1. Boussinesq 解(1855 年)

对于任何双调和矢量$\boldsymbol{q}$，即满足方程

$$\Delta\Delta\boldsymbol{q}=\boldsymbol{0} \tag{5.2.9}$$

的矢量函数$\boldsymbol{q}$，位移场

$$\boldsymbol{u}=-\frac{1}{2(1-\nu)}\nabla(\nabla\cdot\boldsymbol{q})+\Delta\boldsymbol{q} \tag{5.2.10}$$

是 Navier 方程的通解。

注意，所谓通解，指对应的齐次方程的普遍解。

只需将式(5.2.10)代入 Navier 方程，确认得到恒等式，便证明了由式(5.2.10)表达的位移$\boldsymbol{u}$满足式(5.2.4)对应的齐次方程，因而对任意双调和矢量$\boldsymbol{q}$，式(5.2.10)为式(5.2.4)对应的齐次方程的解。还可以证明，满足式(5.2.4)对应的齐次方程的位移$\boldsymbol{u}$，总存在双调和矢量$\boldsymbol{q}$，使式(5.2.10)得以成立。于是便证明了这个论断。

需要指出，按位移解的控制方程组是6阶方程组。而一个双调和矢量的微分方程组的阶数为12阶。因此，用式(5.2.10)表达通解额外地提高了方程的阶数，与$\boldsymbol{u}$对应的$\boldsymbol{q}$不存在唯一性。但是，有学者认为，减少式(5.2.10)中调和矢量分量的个数，可能失去解式的普遍性。

这里有一个值得注意的有趣结果：在式(5.2.4b)中将$\boldsymbol{f}/G$取为$\boldsymbol{u}$，将ν取为$\left(\frac{3}{2}-\nu\right)$，将$\boldsymbol{u}$取为$-\boldsymbol{q}$，则得到方程(5.2.10)。

在方程(5.2.4b)中，对给定的$\boldsymbol{f}/G$，如果在一定条件下得出与之对应的$\boldsymbol{u}$具有唯一性的结论，那么对于方程(5.2.10)，给定$\boldsymbol{u}$，在相应条件下能不能得出与之对应的$\boldsymbol{q}$具有唯一性的结论呢？这个问题的解答还需要考虑式(5.2.4b)中$\boldsymbol{f}/G$和$\boldsymbol{u}$之间唯一性与式(5.2.10)中$\boldsymbol{u}$和$\boldsymbol{q}$之间唯一性对物性常数ν的要求是否相容。否则问题的答案是不确定的。容易证明，式(5.2.10)中如果$-1<\nu<0.5$，则对应于式(5.2.4b)中$2.5>\nu>1$。5.3 节将证明的$\boldsymbol{f}/G$和$\boldsymbol{u}$对应唯一性的前提条件是由式(4.3.23)表达的应变能密度正定，按条件(4.3.26)，$-1<\nu<0.5$正

是应变能密度正定的必要条件，因此问题的答案是不确定的。

2. Papkovitch 解（1937 年）

对于任何调和矢量 $\boldsymbol{p}$ 和调和函数 p_0，即满足方程

$$\Delta \boldsymbol{p} = \boldsymbol{0}, \quad \Delta p_0 = 0 \tag{5.2.11}$$

的矢量函数 $\boldsymbol{p}$ 和函数 p_0，位移场

$$\boldsymbol{u} = \boldsymbol{p} - \frac{1}{2(1-\nu)} \nabla \left(p_0 + \frac{1}{2} \boldsymbol{r} \cdot \boldsymbol{p} \right) \tag{5.2.12}$$

是 Navier 方程的通解。

这里涉及了四个调和函数，因而将弹性力学边值问题的阶数额外地提高了 2 阶。有学者认为，式(5.2.11)中调和矢量 $\boldsymbol{p}$ 可以只取两个分量，与调和函数 p_0 组合便可以使所表达的解有普遍性。

5.2.4　验证位移场是否问题的解

对于给定位移场，验证其是否为给定问题的解，是一个需要掌握和熟练应用的知识。这里，原则上有两条途经。

途径 1　首先，计算给出位移分量的一阶导数、二阶导数，代入 Navier 方程，验证其是否满足；其次，直接用给出的位移分量验证位移边界条件是否满足；最后，用所得的一阶导数和二阶导数，代入应力边界条件，验证其是否满足。

途径 2　第 1 步，计算位移分量的一阶导数，进一步求出应变分量；第 2 步，求应力分量；第 3 步，用给出的位移分量验证位移边界条件是否满足；第 4 步用算出的应力分量代入平衡方程(5.1.2)，验证其是否满足；第 5 步，用算出的应力分量代入应力边界条件(5.1.7)，验证其是否满足。

这两条途径可以在任何坐标系中实现，可以用直角坐标实现，也可以用柱坐标与球坐标实现，还可以用其他坐标实现，只是不同的坐标系有不同的描写形式。

这里容易犯的错误是，由位移算出应变分量后再用应变分量去验证应变协调方程。这是多此一举。

例 5.1　验证用直角坐标描写的如下位移场是否为图 5.2 所示悬挂柱体在自重作用下的解。

$$u_x = \frac{\gamma}{2E}\left[x^2 - l^2 + \nu(y^2 + z^2)\right], \quad u_y = -\nu\frac{\gamma}{E}yx, \quad u_z = -\nu\frac{\gamma}{E}zx$$

式中，γ、E 和 ν 分别为材料的容重、弹性模量和泊松比。柱体的柱面为 $f(y,z)=0, 0 \leqslant x \leqslant l$。

解：按途径 2，求位移分量的一阶导数，得出应变分量：

$$\varepsilon_x = \frac{\gamma x}{E}, \quad \varepsilon_y = -\nu\frac{\gamma x}{E}, \quad \varepsilon_z = -\nu\frac{\gamma x}{E}, \quad \gamma_{yz} = \gamma_{zx} = \gamma_{xy} = 0,$$

根据式(5.1.4)，容易得出应力分量：

$$\sigma_x = \gamma x, \quad \sigma_y = \sigma_z = 0, \quad \tau_{yz} = \tau_{zx} = \tau_{xy} = 0$$

本题为应力边值问题。因为体力为 $f_x=-\gamma,\ f_y=f_z=0$，验证平衡方程(5.1.2)，得出全部得到满足的结论。在外法线的 x 分量为零($n_x=0$)的柱面上不受外加面力，因此应力边界条件得到满足；外法线的 x 分量为-1，即 $n_x=-1$ 的端面($x=0$)上，不受外加面力，因此应力边界条件也得到满足。于是可以得出结论：题目给出的位移场是图 5.2 所示悬挂柱体在自重作用下的解。

在端面 $x=l$ 上，恒满足放松处理的应力边界条件，其处理方法在下一章讲述。

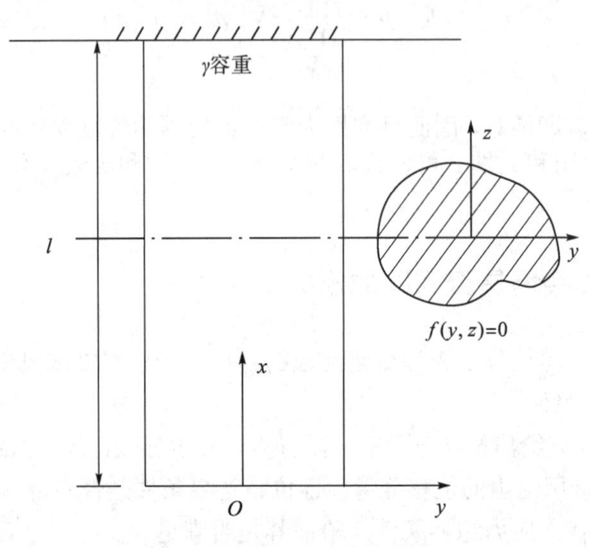

图 5.2 悬挂柱体受自重作用

例 5.2 已知半径为 R 的圆柱体的位移分量为

$$u_x=-\alpha zy+a-\frac{\omega_z}{2}y+\frac{\omega_y}{2}z,\quad u_y=\alpha zx+b+\frac{\omega_z}{2}x-\frac{\omega_x}{2}z,\quad u_z=c+\frac{\omega_x}{2}y-\frac{\omega_y}{2}x$$

这里取圆柱的中心轴为坐标轴 Oz，式中 a、b、c、ω_x、ω_y、ω_z 为常数。求对应的应变张量，并表述应变的特点和常数 a、b、c、ω_x、ω_y、ω_z 的变形几何意义。

解：(1) $\gamma_{zx}=-\alpha y,\ \ \gamma_{zy}=\alpha x,\ \ \gamma_{xy}=\varepsilon_x=\varepsilon_y=\varepsilon_z=0$；

(2)变形特点：无轴向位移——平面截面或无翘曲；

(3) a、b、c 为原点的线位移，ω_x、ω_y、ω_z 为含原点体元的角位移。

§ 5.3 按应力解和按应力函数解

5.3.1 B-M 方程

B-M 方程是 Beltrami-Michell 方程的简称，其物理意义是：用应力分量表达的应变协调方程。推导 B-M 方程的第一步是将本构方程(5.1.5)代入应变协调方程(2.2.9)，得到

$$-\nu\left(\frac{\partial^2}{\partial y^2}+\frac{\partial^2}{\partial x^2}\right)\Theta+(1+\nu)\left(\frac{\partial^2\sigma_x}{\partial y^2}+\frac{\partial^2\sigma_y}{\partial x^2}-2\frac{\partial^2\tau_{xy}}{\partial y\partial x}\right)=0$$

$$-\nu\left(\frac{\partial^2}{\partial z^2}+\frac{\partial^2}{\partial y^2}\right)\Theta+(1+\nu)\left(\frac{\partial^2\sigma_y}{\partial z^2}+\frac{\partial^2\sigma_z}{\partial y^2}-2\frac{\partial^2\tau_{yz}}{\partial z\partial y}\right)=0$$

$$-\nu\left(\frac{\partial^2}{\partial x^2}+\frac{\partial^2}{\partial z^2}\right)\Theta+(1+\nu)\left(\frac{\partial^2\sigma_z}{\partial x^2}+\frac{\partial^2\sigma_x}{\partial z^2}-2\frac{\partial^2\tau_{zx}}{\partial x\partial z}\right)=0$$

$$-\nu\frac{\partial^2\Theta}{\partial y\partial z}+(1+\nu)\left[\frac{\partial^2\sigma_x}{\partial y\partial z}+\frac{\partial}{\partial x}\left(\frac{\partial\tau_{yz}}{\partial x}-\frac{\partial\tau_{zx}}{\partial y}-\frac{\partial\tau_{xy}}{\partial z}\right)\right]=0$$

$$-\nu\frac{\partial^2\Theta}{\partial z\partial x}+(1+\nu)\left[\frac{\partial^2\sigma_y}{\partial z\partial x}+\frac{\partial}{\partial y}\left(\frac{\partial\tau_{zx}}{\partial y}-\frac{\partial\tau_{xy}}{\partial z}-\frac{\partial\tau_{yz}}{\partial x}\right)\right]=0$$

$$-\nu\frac{\partial^2\Theta}{\partial x\partial y}+(1+\nu)\left[\frac{\partial^2\sigma_z}{\partial x\partial y}+\frac{\partial}{\partial z}\left(\frac{\partial\tau_{xy}}{\partial z}-\frac{\partial\tau_{yz}}{\partial x}-\frac{\partial\tau_{zx}}{\partial y}\right)\right]=0$$

式中，

$$\Theta=\sigma_x+\sigma_y+\sigma_z$$

通常应用的 B-M 方程还需要进一步化简，并规范化。首先将前三式等号两端分别求和，得出

$$(1-\nu)\Delta\Theta-(1+\nu)\left[\frac{\partial}{\partial x}\left(\frac{\partial\sigma_x}{\partial x}+\frac{\partial\tau_{yx}}{\partial y}+\frac{\partial\tau_{zx}}{\partial z}\right)\right.$$
$$\left.+\frac{\partial}{\partial y}\left(\frac{\partial\sigma_y}{\partial y}+\frac{\partial\tau_{zy}}{\partial z}+\frac{\partial\tau_{xy}}{\partial x}\right)+\frac{\partial}{\partial z}\left(\frac{\partial\sigma_z}{\partial z}+\frac{\partial\tau_{xz}}{\partial x}+\frac{\partial\tau_{yz}}{\partial y}\right)\right]=0$$

这里用到$\Theta-\sigma_x=\sigma_y+\sigma_z$。利用平衡方程(5.1.2)，可将此式简化为关于应力第一不变量的控制方程：

$$(1-\nu)\Delta\Theta+(1+\nu)\left(\frac{\partial f_x}{\partial x}+\frac{\partial f_y}{\partial y}+\frac{\partial f_z}{\partial z}\right)=0\tag{5.3.1}$$

计算得到

$$-\nu\left(\frac{\partial^2}{\partial y^2}+\frac{\partial^2}{\partial x^2}\right)\Theta+(1+\nu)\left(\frac{\partial^2\sigma_x}{\partial y^2}+\frac{\partial^2\sigma_y}{\partial x^2}-2\frac{\partial^2\tau_{xy}}{\partial y\partial x}\right)$$
$$=-\nu\left(\frac{\partial^2}{\partial y^2}+\frac{\partial^2}{\partial x^2}\right)\Theta+(1+\nu)\left(\frac{\partial^2\Theta}{\partial y^2}+\frac{\partial^2\Theta}{\partial x^2}-\frac{\partial^2\sigma_y}{\partial y^2}-\frac{\partial^2\sigma_z}{\partial y^2}-\frac{\partial^2\sigma_x}{\partial x^2}-\frac{\partial^2\sigma_z}{\partial x^2}-2\frac{\partial^2\tau_{xy}}{\partial y\partial x}\right)$$
$$=\Delta\Theta-\frac{\partial^2\Theta}{\partial z^2}-(1+\nu)\Delta\sigma_z+(1+\nu)\left(\frac{\partial f_x}{\partial x}+\frac{\partial f_y}{\partial y}-\frac{\partial f_z}{\partial z}\right)=0$$

利用式(5.1.2)，得到

$$-\frac{\partial^2\Theta}{\partial z^2}-(1+\nu)\Delta\sigma_z-\frac{(1+\nu)\nu}{1-\nu}\left(\frac{\partial f_x}{\partial x}+\frac{\partial f_y}{\partial y}+\frac{\partial f_z}{\partial z}\right)-2(1+\nu)\frac{\partial f_z}{\partial z}=0$$

化简为

$$\Delta\sigma_z+\frac{1}{1+\nu}\frac{\partial^2\Theta}{\partial z^2}+\frac{\nu}{1-\nu}\left(\frac{\partial f_x}{\partial x}+\frac{\partial f_y}{\partial y}+\frac{\partial f_z}{\partial z}\right)+2\frac{\partial f_z}{\partial z}=0 \tag{5.3.2c}$$

进行类似的推导可得到以下 5 式：

$$\Delta\sigma_x+\frac{1}{1+\nu}\frac{\partial^2\Theta}{\partial x^2}+\frac{\nu}{1-\nu}\left(\frac{\partial f_x}{\partial x}+\frac{\partial f_y}{\partial y}+\frac{\partial f_z}{\partial z}\right)+2\frac{\partial f_x}{\partial x}=0 \tag{5.3.2a}$$

$$\Delta\sigma_y+\frac{1}{1+\nu}\frac{\partial^2\Theta}{\partial y^2}+\frac{\nu}{1-\nu}\left(\frac{\partial f_x}{\partial x}+\frac{\partial f_y}{\partial y}+\frac{\partial f_z}{\partial z}\right)+2\frac{\partial f_y}{\partial y}=0 \tag{5.3.2b}$$

$$\Delta\tau_{yz}+\frac{1}{1+\nu}\frac{\partial^2\Theta}{\partial y\partial z}+\frac{\partial f_y}{\partial z}+\frac{\partial f_z}{\partial y}=0 \tag{5.3.2d}$$

$$\Delta\tau_{zx}+\frac{1}{1+\nu}\frac{\partial^2\Theta}{\partial z\partial x}+\frac{\partial f_z}{\partial x}+\frac{\partial f_x}{\partial z}=0 \tag{5.3.2e}$$

$$\Delta\tau_{xy}+\frac{1}{1+\nu}\frac{\partial^2\Theta}{\partial x\partial y}+\frac{\partial f_x}{\partial y}+\frac{\partial f_y}{\partial x}=0 \tag{5.3.2f}$$

式(5.3.2)包含的 6 个方程便是常用的 B-M 方程。

容易证明，B-M 方程［式(5.3.2)］有如下角标量表示的形式：

$$\sigma_{ij,kk}+\frac{1}{1+\nu}\sigma_{kk,ij}=-\frac{\nu}{1-\nu}F_{m,m}\delta_{ij}-(F_{i,j}+F_{j,i})$$

需要注意，尽管在化简中用到平衡方程，但 B-M 方程不能代替平衡方程。因为导出 B-M 方程的过程中，利用平衡方程时提高了平衡方程中偏导数的阶数。

将式(5.3.2)的前三式等号两端对应求和，再将得到的式子两端乘以$(1+\nu)/(2+\nu)$，得到

$$\Delta\Theta+\frac{1+\nu}{1-\nu}\nabla\cdot\boldsymbol{f}=0 \tag{5.3.3}$$

于是得到推论：

推论 5.3 应力张量的第一不变量满足泊松方程；在无体力或常值体力的条件下，应力张量的第一不变量是调和函数。

推论 5.4 在无体力或常值体力的条件下，直角坐标系描写的每一个应力分量都是双调和函数。

将式(5.3.2)的任一个方程等号两端作拉普拉斯运算，利用推论 5.3 便导出推论 5.4。

5.3.2 按应力解的边值问题

按应力解的边值问题由如下控制方程和边界条件两部分组成：

(1)**控制方程**：适用于区域V的内点：

B-M 方程(5.3.2)；

应力的平衡方程(5.1.2)。

这里要注意，前已提及的 B-M 方程不能代替应力的平衡方程。

(2)**应力边值问题的边界条件**：适用于区域∂V_σ的应力边界条件，用式(5.1.7)表达。

通常不探讨用应力表达位移边界条件。

5.3.3　应力函数解

寻求平衡方程总被满足的应力场，是一个值得研究的求解途径。这个思路引出了应力函数的概念。这里介绍两类应力函数。

1. Maxwell 应力函数 $\chi_1(x,y,z)$、$\chi_2(x,y,z)$ 和 $\chi_3(x,y,z)$

对任何足够阶可导的函数 $\chi_1(x,y,z)$、$\chi_2(x,y,z)$、$\chi_3(x,y,z)$，应力分量

$$\sigma_x=\frac{\partial^2\chi_3}{\partial y^2}+\frac{\partial^2\chi_2}{\partial z^2},\qquad \tau_{yz}=-\frac{\partial^2\chi_1}{\partial y\partial z} \tag{5.3.4a}$$

$$\sigma_y=\frac{\partial^2\chi_1}{\partial z^2}+\frac{\partial^2\chi_3}{\partial x^2},\qquad \tau_{zx}=-\frac{\partial^2\chi_2}{\partial z\partial x} \tag{5.3.4b}$$

$$\sigma_z=\frac{\partial^2\chi_2}{\partial x^2}+\frac{\partial^2\chi_1}{\partial y^2},\qquad \tau_{xy}=-\frac{\partial^2\chi_3}{\partial x\partial y} \tag{5.3.4c}$$

恒等地满足平衡方程(5.1.2)的齐次方程，即无体力的平衡方程：

$$\frac{\partial\sigma_x(x,y,z)}{\partial x}+\frac{\partial\tau_{yx}(x,y,z)}{\partial y}+\frac{\partial\tau_{zx}(x,y,z)}{\partial z}=0 \tag{5.3.5a}$$

$$\frac{\partial\tau_{xy}(x,y,z)}{\partial x}+\frac{\partial\sigma_y(x,y,z)}{\partial y}+\frac{\partial\tau_{zy}(x,y,z)}{\partial z}=0 \tag{5.3.5b}$$

$$\frac{\partial\tau_{xz}(x,y,z)}{\partial x}+\frac{\partial\tau_{yz}(x,y,z)}{\partial y}+\frac{\partial\sigma_z(x,y,z)}{\partial z}=0 \tag{5.3.5c}$$

B-M 方程(5.3.2)则要求函数 $\chi_1(x,y,z)$、$\chi_2(x,y,z)$ 和 $\chi_3(x,y,z)$ 满足方程：

$$\Delta\left(\frac{\partial^2\chi_3}{\partial y^2}+\frac{\partial^2\chi_2}{\partial z^2}\right)+\frac{1}{1+\nu}\frac{\partial^2\Theta}{\partial x^2}=0,\qquad \frac{\partial^2}{\partial y\partial z}\left(\Delta\chi_1-\frac{\Theta}{1+\nu}\right)=0 \tag{5.3.6a}$$

$$\Delta\left(\frac{\partial^2\chi_1}{\partial z^2}+\frac{\partial^2\chi_3}{\partial x^2}\right)+\frac{1}{1+\nu}\frac{\partial^2\Theta}{\partial y^2}=0,\qquad \frac{\partial^2}{\partial z\partial x}\left(\Delta\chi_2-\frac{\Theta}{1+\nu}\right)=0 \tag{5.3.6b}$$

$$\Delta\left(\frac{\partial^2\chi_2}{\partial x^2}+\frac{\partial^2\chi_1}{\partial y^2}\right)+\frac{1}{1+\nu}\frac{\partial^2\Theta}{\partial z^2}=0,\qquad \frac{\partial^2}{\partial x\partial y}\left(\Delta\chi_3-\frac{\Theta}{1+\nu}\right)=0 \tag{5.3.6c}$$

式中，Θ 为用 $\chi_1(x,y,z)$、$\chi_2(x,y,z)$、$\chi_3(x,y,z)$ 表达的应力张量的第一不变量，即

$$\Theta(\chi_1,\chi_2,\chi_3)=\Delta(\chi_1+\chi_2+\chi_3)-\left(\frac{\partial^2\chi_1}{\partial x^2}+\frac{\partial^2\chi_2}{\partial y^2}+\frac{\partial^2\chi_3}{\partial z^2}\right)$$

特例：当 $\chi_1=\chi_2=0,\quad \chi_3=U(x,y)$ 时，$U(x,y)$ 便是第 8 章将要叙述的艾里(Airy G.B.)应力函数。

2. Morera 应力函数

对任何足够阶可导的函数 $\psi_1(x,y,z)$、$\psi_2(x,y,z)$、$\psi_3(x,y,z)$，应力分量

$$\left.\begin{aligned}\tau_{yz}&=\frac{1}{2}\frac{\partial}{\partial x}\left(\frac{\partial\psi_1}{\partial x}-\frac{\partial\psi_2}{\partial y}-\frac{\partial\psi_3}{\partial z}\right),\qquad \sigma_x=\frac{\partial^2\psi_1}{\partial y\partial z}\\ \tau_{zx}&=\frac{1}{2}\frac{\partial}{\partial y}\left(\frac{\partial\psi_2}{\partial y}-\frac{\partial\psi_3}{\partial z}-\frac{\partial\psi_1}{\partial x}\right),\qquad \sigma_y=\frac{\partial^2\psi_2}{\partial z\partial x}\\ \tau_{xy}&=\frac{1}{2}\frac{\partial}{\partial z}\left(\frac{\partial\psi_3}{\partial z}-\frac{\partial\psi_1}{\partial x}-\frac{\partial\psi_2}{\partial y}\right),\qquad \sigma_z=\frac{\partial^2\psi_3}{\partial x\partial y}\end{aligned}\right\}\tag{5.3.7abc}$$

恒等地满足无体力平衡方程(5.3.5)。函数$\psi_1(x,y,z)$、$\psi_2(x,y,z)$和$\psi_3(x,y,z)$便是 Morera 应力函数。

B-M 方程(5.3.2)则要求函数$\psi_1(x,y,z)$、$\psi_2(x,y,z)$和$\psi_3(x,y,z)$满足方程:

$$\left.\begin{aligned}&\Delta\frac{\partial}{\partial x}\left(\frac{\partial\psi_1}{\partial x}-\frac{\partial\psi_2}{\partial y}-\frac{\partial\psi_3}{\partial z}\right)+\frac{2}{1+\nu}\frac{\partial^2\Theta}{\partial y\partial z}=0,\qquad \Delta\frac{\partial^2\psi_1}{\partial y\partial z}+\frac{1}{1+\nu}\frac{\partial^2\Theta}{\partial x^2}=0\\ &\Delta\frac{\partial}{\partial y}\left(\frac{\partial\psi_2}{\partial y}-\frac{\partial\psi_3}{\partial z}-\frac{\partial\psi_1}{\partial x}\right)+\frac{2}{1+\nu}\frac{\partial^2\Theta}{\partial z\partial x}=0,\qquad \Delta\frac{\partial^2\psi_2}{\partial z\partial x}+\frac{1}{1+\nu}\frac{\partial^2\Theta}{\partial y^2}=0\\ &\Delta\frac{\partial}{\partial z}\left(\frac{\partial\psi_3}{\partial z}-\frac{\partial\psi_1}{\partial x}-\frac{\partial\psi_2}{\partial y}\right)+\frac{2}{1+\nu}\frac{\partial^2\Theta}{\partial x\partial y}=0,\qquad \Delta\frac{\partial^2\psi_3}{\partial x\partial y}+\frac{1}{1+\nu}\frac{\partial^2\Theta}{\partial z^2}=0\end{aligned}\right\}\tag{5.3.8}$$

式中,Θ为用$\psi_1(x,y,z)$、$\psi_2(x,y,z)$、$\psi_3(x,y,z)$表达的应力张量的第一不变量,即

$$\Theta(\psi_1,\psi_2,\psi_3)=\frac{\partial^2\psi_1}{\partial y\partial z}+\frac{\partial^2\psi_2}{\partial z\partial x}+\frac{\partial^2\psi_3}{\partial x\partial y}$$

5.3.4 验证应力场是否问题的解

对于给定应力场,验证其是否为给定问题的解,是一个需要掌握和熟练应用的知识。这里,原则上也有两条途经。

途径 1 首先,计算给出应力分量的一阶导数,代入平衡方程,验证其是否满足;其次,计算应力分量的二阶导数,代入 B-M 方程,验证其是否满足;最后,将已知的应力分量代入应力边界条件,验证其是否满足。

途径 2 首先,计算给出应力分量的一阶导数,代入平衡方程,验证其是否满足;其次,求应变分量,并将其代入应变协调方程,验证其是否满足;最后,将已知的应力分量代入应力边界条件,验证其是否满足。

这里容易犯的错误是,验证 B-M 方程不完备,有一个或两个未做验证。

例 5.3 验证用直角坐标描写的如下应力场是否为图 5.2.1 所示悬挂柱体在自重作用下的解。

$$\sigma_x=\gamma x,\quad \sigma_y=\sigma_z=\tau_{yz}=\tau_{zx}=\tau_{xy}=0$$

式中,常量γ为介质的容重。

解:按途径 1,计算给出应力分量的一阶导数,代入平衡方程,验证表明,平衡方程得到满足;因为体力为常量,而应力分量是直角坐标的一次函数,B-M 方程中含且仅含直角坐标应力分量对坐标的二次导数和直角坐标体力分量对坐标的一次导数,因此所给出的应力分量恒等地满足 B-M 方程。最后,将应力分量代入应力边界条件,如例 5.1 已经

完成的那样，验证得到了肯定的结论。

例 5.4 验证如下应力场是否为图 5.3 所示的半径为 a 的圆柱在端部受力矩 M_z 扭转的应力分布：

$$\tau_{zx} = -G\alpha y,\ \tau_{zy} = G\alpha x\text{，其余应力分量为零}$$

式中，G 为切变模量；α 为常量。进一步确定式中常量 α 。

解：按途径 1，计算给出应力分量的一阶导数，代入平衡方程，验证表明，平衡方程得到满足；因为无体力，而应力分量是直角坐标的一次函数，因此应力分量恒等地满足 B-M 方程。最后，验证应力边界条件。

在柱面 $x^2 + y^2 = a^2, 0 \leqslant z \leqslant l$ 上，无外加面力，$n_x = x/a$，$n_y = y/a$，代入式(5.1.7)，得出题目给出的应力场满足边界条件的结论。

在端面 S（$x^2 + y^2 \leqslant a^2, z = l$）上，题目给出的应力场对应的面力的主矢为零，主矩仅存在一个非零分量 M_z，其值为

$$M_z = \int_S (x\tau_{zy} - y\tau_{zx})\mathrm{d}x\mathrm{d}y$$

将题目给出的应力场代入，得出：

$$M_z = \frac{\pi a^4}{2} G\alpha$$

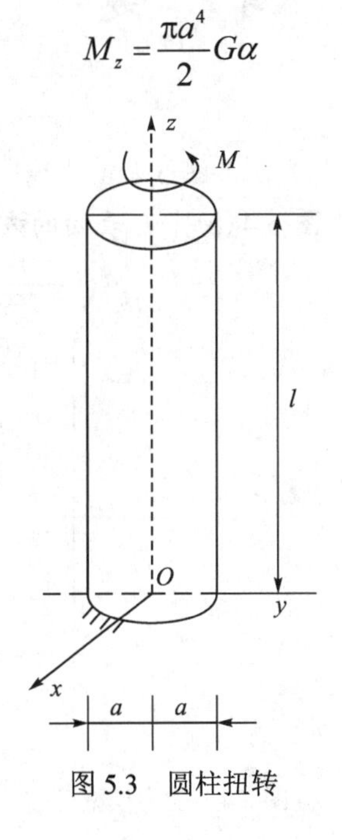

图 5.3 圆柱扭转

§ 5.4 弹性力学的专题

因为待求的未知函数多，因此弹性力学问题的求解往往划分为系列专题。这里仅仅列出一些专题，以便对弹性力学形成一个较全面的了解。

1. 按物体的几何特点与物理现象划分的专题

平面问题(本书第 8 章)；
柱体的扭转和弯曲问题(本书第 9 章)；
轴对称问题(本书第 10 章)；
热应力问题(本书第 11 章)；
弹性波的传播问题(本书第 12 章)。

2. 按解析求解方法划分的专题

用直角坐标求解；
用柱(极)坐标求解；
用球坐标求解；
用复变函数求解；
用积分变换求解，本书不做介绍。

习 题

5.1 写出应力边界条件:
(1)外半径为 a 的球体受均匀外压 p [图 5.4(a)]；
(2)物体表面 ∂V 受液体静压 [图 5.4(b)]，表面的方程为 $f(x,y,z)=0$。

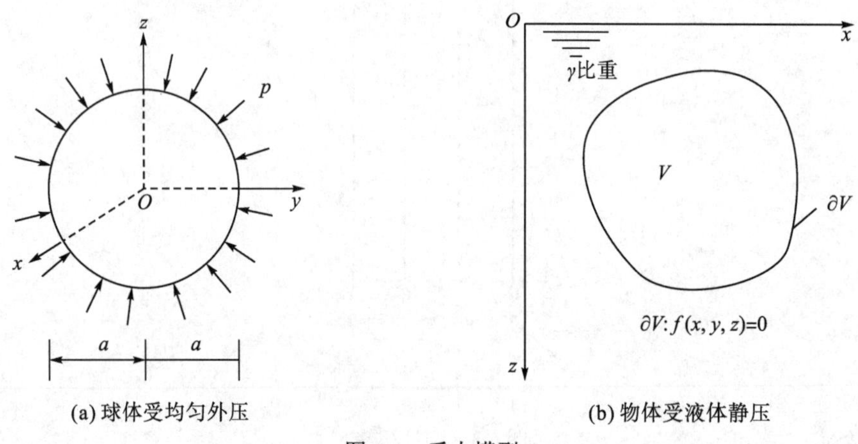

(a) 球体受均匀外压　　(b) 物体受液体静压

图 5.4 受力模型

5.2 悬挂的匀质柱体受自重作用(图 5.5)，写出体力和应力边界条件。设材料的密度为 ρ。

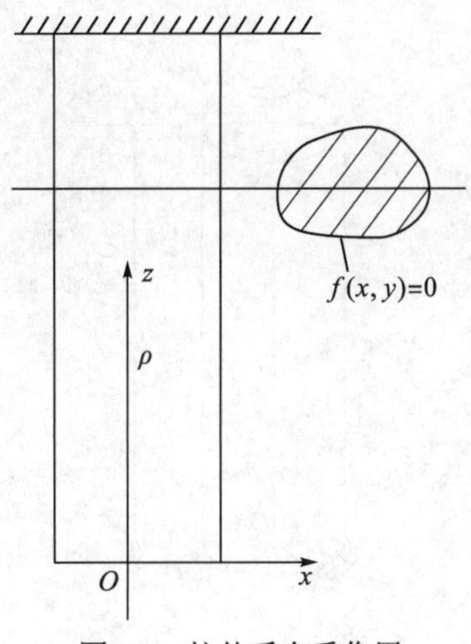

图 5.5　柱体受自重作用

5.3　如果位移是梯度场，即存在函数 ψ 使

$$\boldsymbol{u} = \nabla \psi$$

试导出势函数 ψ 的控制方程。

5.4　如果体力有势 F，即 $\boldsymbol{f} = \nabla F$，试导出 Maxwell 应力函数 $\chi_1(x,y,z)$、$\chi_2(x,y,z)$ 和 $\chi_3(x,y,z)$ 与应力分量的关系，使平衡方程恒等地得到满足。

5.5　验证如下位移场是否为图 5.6 所示梁的纯弯曲问题的解:

$$u_x = A[z^2 + v(x^2 - y^2)]，\ u_y = 2Avxy，\ u_z = -2Axz$$

式中，A 为常量；v 为泊松比。进一步指出 A 的几何意义。

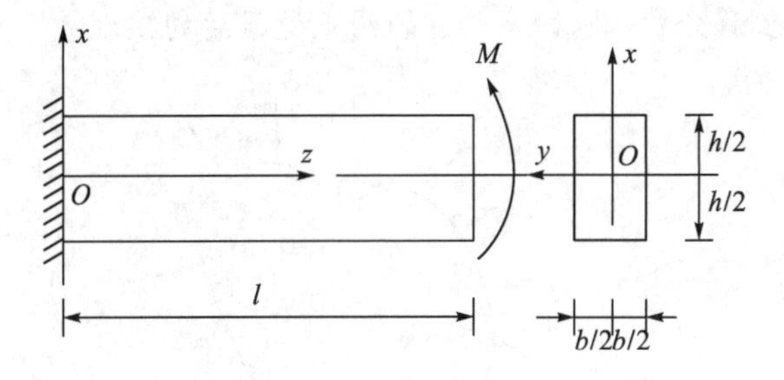

图 5.6　悬臂梁在端面受力矩

5.6　验证如下应变场是否为图 5.7 所示的柱面半径为 a 的圆柱扭转问题的解:

$$\gamma_{zx} = -\alpha y，\ \gamma_{zy} = \alpha x，其余应变分量为零$$

式中，α 为常量。

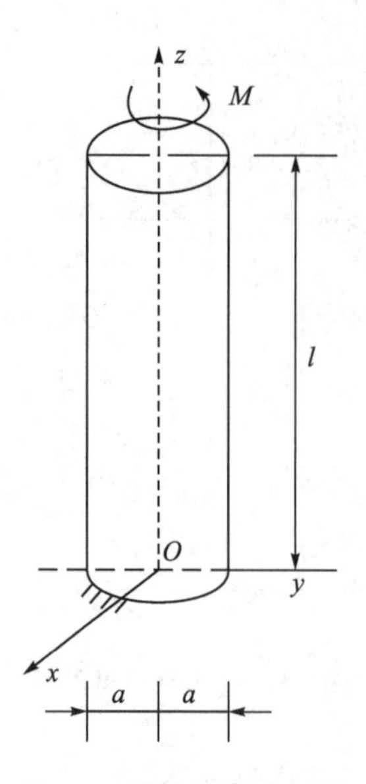

图 5.7　圆柱扭转示意图

5.7　验证如下应力场是否为图 5.6 所示梁的纯弯曲问题的解：

$$\sigma_x = \sigma_y = \tau_{yz} = \tau_{zx} = \tau_{xy} = 0，\ \sigma_z = -2AEx$$

式中，A 为常量；E 为弹性模量。

5.8　对于图 5.8 所示实心的胡克介质物体，证明均匀外压 p 产生的应力场是如下球张量应力场：

$$\sigma_x = \sigma_y = \sigma_z = -p，\text{其余应力分量为零}$$

进一步求应变分量和位移分量。求距离为 a 的两点受压后的接近量。

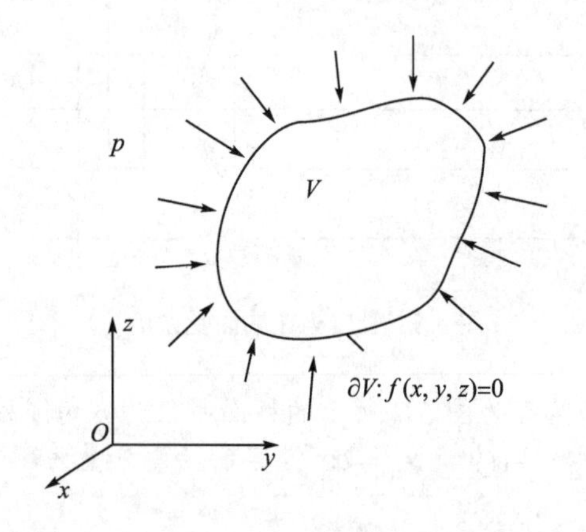

图 5.8　实心胡克介质物体受均匀外压示意图

5.9　体力为常矢量，求证应力张量的第一不变量和体积应变是调和函数，直角坐标系的应力分量是双调和函数。

第 6 章　弹性力学解的普遍原理

根据第 5 章叙述的弹性力学问题的提法和数学模型，可以导出弹性力学解的一系列普遍原理，包括线性齐次性质和叠加原理、应变能定理、唯一性定理、互易定理和盛维南原理。本章简单地介绍这些普遍原理。

§6.1　线性齐次性质和叠加原理

按 5.1 节所述，对于弹性力学的边值问题，将区域V的体力(f_x,f_y,f_z)，部分边界∂V_u的强制位移$(\overline{u}_x,\overline{u}_y,\overline{u}_z)$和部分边界$\partial V_\sigma$的外加面力$(\overline{p}_x,\overline{p}_y,\overline{p}_z)$统称为外加作用，记为$\boldsymbol{A}$。将所要求的区域$V$的位移场、应变场和应力场作为外加作用的响应，记为$\boldsymbol{R}$。

$$\boldsymbol{A}:\{V:(f_x,f_y,f_z);\quad \partial V_u:(\overline{u}_x,\overline{u}_y,\overline{u}_z);\quad \partial V_\sigma:(\overline{p}_x,\overline{p}_y,\overline{p}_z)\} \tag{6.1.1}$$

$$\boldsymbol{R}:\{V:u_x,u_y,u_z;\quad \varepsilon_x,\varepsilon_y,\varepsilon_z,\gamma_{yz},\gamma_{zx},\gamma_{xy};\quad \sigma_x,\sigma_y,\sigma_z,\tau_{yz},\tau_{zx},\tau_{xy}\} \tag{6.1.2}$$

或用角标量表达为

$$\boldsymbol{A}:\{V:f_j,\quad \partial V_u:\overline{u}_j,\quad \partial V_\sigma:\overline{p}_j\}$$

$$\boldsymbol{R}:\{V:u_j,\varepsilon_{ji},\sigma_{ji}\}$$

按照控制方程和边界条件的数学结构，外加作用和它的响应之间存在线性齐次关系。

如果第k组外加作用$\boldsymbol{A}^{(k)}$独立产生的响应为$\boldsymbol{R}^{(k)}$（$k=1,2,\cdots,N$），那么由N组外加作用的线性组合，即外加作用

$$\boldsymbol{A}=a_1\boldsymbol{A}^{(1)}+a_2\boldsymbol{A}^{(2)}+\cdots+a_N\boldsymbol{A}^{(N)} \tag{6.1.3}$$

产生的响应为各组外加作用单独作用响应的线性组合

$$\boldsymbol{R}=a_1\boldsymbol{R}^{(1)}+a_2\boldsymbol{R}^{(2)}+\cdots+a_N\boldsymbol{R}^{(N)} \tag{6.1.4}$$

这里$a_1,a_2,\cdots,a_N$为常实数。

§6.2　应变能定理

如果外加作用从零到终态$\boldsymbol{A}$，对应的响应也从零增加到终态$\boldsymbol{R}$，这个过程中外加作用对应的功为

$$\begin{aligned}A=&\frac{1}{2}\int_V(f_xu_x+f_yu_y+f_zu_z)\mathrm{d}x\mathrm{d}y\mathrm{d}z+\frac{1}{2}\int_{\partial V_\sigma}(\overline{p}_xu_x+\overline{p}_yu_y+\overline{p}_zu_z)\mathrm{d}S\\&+\frac{1}{2}\int_{\partial V_U}(p_x\overline{u}_x+p_y\overline{u}_y+p_z\overline{u}_z)\mathrm{d}S\end{aligned} \tag{6.2.1}$$

式中，p_x、p_y、p_z为边界∂V_U对应的应力矢量，根据式(3.2.3)，可用应力分量表达为

$$\left.\begin{aligned} p_x &= \sigma_x n_x + \tau_{yx} n_y + \tau_{zx} n_z \\ p_y &= \tau_{xy} n_x + \sigma_y n_y + \tau_{zy} n_z \\ p_z &= \tau_{xz} n_x + \tau_{yz} n_y + \sigma_z n_z \end{aligned}\right\} \tag{6.2.2}$$

物体中产生的应变能为

$$W = \int_V w \mathrm{d}x\mathrm{d}y\mathrm{d}z \tag{6.2.3}$$

这里w为第4.2.2节定义的应变能密度，对于胡克介质，由式(4.3.23)或式(4.3.24)表达。

应变能定理 外加作用的功等于物体中产生的应变能，即：

$$A = W \tag{6.2.4}$$

证明 将式(4.2.18)代入

$$W = \int_V w \mathrm{d}x\mathrm{d}y\mathrm{d}z$$

得到全物体中产生的应变能：

$$W = \frac{1}{2}\int_V \left[\sigma_x \frac{\partial u_x}{\partial x} + \tau_{xy}\left(\frac{\partial u_x}{\partial y} + \frac{\partial u_y}{\partial x}\right) + \tau_{xz}\left(\frac{\partial u_x}{\partial z} + \frac{\partial u_z}{\partial x}\right) + \sigma_y \frac{\partial u_y}{\partial y} + \tau_{yz}\left(\frac{\partial u_y}{\partial z} + \frac{\partial u_z}{\partial y}\right) + \sigma_z \frac{\partial u_z}{\partial z}\right] \mathrm{d}x\mathrm{d}y\mathrm{d}z$$

分部积分，利用高斯公式得到

$$\begin{aligned} W = &\frac{1}{2}\int_{\partial V} [(\sigma_x n_x + \tau_{yx} n_y + \tau_{zx} n_z) u_x + (\tau_{xy} n_x + \sigma_y n_y + \tau_{zy} n_z) u_y + (\tau_{xz} n_x + \tau_{yz} n_y + \sigma_z n_z) u_z] \mathrm{d}s \\ &- \frac{1}{2}\int_V \left[\left(\frac{\partial \sigma_x}{\partial x} + \frac{\partial \tau_{yx}}{\partial y} + \frac{\partial \tau_{zx}}{\partial z}\right) u_x + \left(\frac{\partial \tau_{xy}}{\partial x} + \frac{\partial \sigma_y}{\partial y} + \frac{\partial \tau_{zy}}{\partial z}\right) u_y + \left(\frac{\partial \tau_{xz}}{\partial x} + \frac{\partial \tau_{yz}}{\partial y} + \frac{\partial \sigma_z}{\partial z}\right) u_z\right] \mathrm{d}x\mathrm{d}y\mathrm{d}z \end{aligned}$$

利用平衡方程，注意到∂V_u与∂V_σ的交为空集，两者之和为∂V，结合边界条件式(5.1.6)和式(5.1.7)，得到

$$W = \frac{1}{2}\int_V (f_x u_x + f_y u_y + f_z u_z) \mathrm{d}x\mathrm{d}y\mathrm{d}z + \frac{1}{2}\int_{\partial V_\sigma} (\overline{p}_x u_x + \overline{p}_y u_y + \overline{p}_z u_z) \mathrm{d}S + \frac{1}{2}\int_{\partial V_U} (p_x \overline{u}_x + p_y \overline{u}_y + p_z \overline{u}_z) \mathrm{d}S$$

这就是式(6.2.1)的右端。于是定理证毕。

推论 6.1 零外加作用对应的物体的应变能为零。

这个命题显然是成立的。

在4.3节中提及，应变能密度是应变分量的正定函数。按正定函数的含义，当且仅当应变能密度在区域V处处为零时，物体的应变能才为零；当且仅当六个应变分量全为零时，应变能密度才为零。根据这个条件可以推出：

推论 6.2 零外加作用对应的应变分量在V中全部处处为零。

由于零应变张量对应的应力张量为零张量，零应变张量对应的位移最多相差刚体位移，因此又有如下推论。

推论 6.3 零外加作用对应的应变张量、应力张量在V中处处为零，位移矢量最多存在刚体位移。如果刚体位移被约束，则位移矢量也在V中处处为零。

如果约定，将相差刚体位移的两个位移场看作同一个位移场，那么就已证明了零外加

作用对应的响应只有零响应。

§6.3　唯一性定理

解的唯一性定理　与给定的外加作用相应的响应是唯一的。

如前节所约，这里已将相差刚体位移的两个位移场视为一个位移场。

证明　这里用归一法证明这个定理。

设同一外加作用产生的响应有两组，记为

$$R^{(\alpha)}:\{V:u_x^{(\alpha)},u_y^{(\alpha)},u_z^{(\alpha)};\varepsilon_x^{(\alpha)},\varepsilon_y^{(\alpha)},\varepsilon_z^{(\alpha)},\gamma_{yz}^{(\alpha)},\gamma_{zx}^{(\alpha)},\gamma_{xy}^{(\alpha)};\sigma_x^{(\alpha)},\sigma_y^{(\alpha)},\sigma_z^{(\alpha)},\tau_{yz}^{(\alpha)},\tau_{zx}^{(\alpha)},\tau_{xy}^{(\alpha)}\},(\alpha=1,2)$$

首先证明，响应（$R^{(1)}-R^{(2)}$）对应的外加作用为零。事实上，因为

$$\begin{aligned}R^{(1)}-R^{(2)}:\{V:\ &u_x^{(1)}-u_x^{(2)},u_y^{(1)}-u_y^{(2)},u_z^{(1)}-u_z^{(2)};\\&\varepsilon_x^{(1)}-\varepsilon_x^{(2)},\varepsilon_y^{(1)}-\varepsilon_y^{(2)},\varepsilon_z^{(1)}-\varepsilon_z^{(2)},\gamma_{yz}^{(1)}-\gamma_{yz}^{(2)},\gamma_{zx}^{(1)}-\gamma_{zx}^{(2)},\gamma_{xy}^{(1)}-\gamma_{xy}^{(2)};\\&\sigma_x^{(1)}-\sigma_x^{(2)},\sigma_y^{(1)}-\sigma_y^{(2)},\sigma_z^{(1)}-\sigma_z^{(2)},\tau_{yz}^{(1)}-\tau_{yz}^{(2)},\tau_{zx}^{(1)}-\tau_{zx}^{(2)},\tau_{xy}^{(1)}-\tau_{xy}^{(2)}\}\end{aligned}$$

每一组响应的位移、应变和应力都满足同一组体力、外加面力和外加强制位移的控制方程和边界条件，利用边值问题的方程，求得与响应（$R^{(1)}-R^{(2)}$）对应的外加作用只有零作用。

其次，按前节的推论，（$R^{(1)}-R^{(2)}$）中的应变张量、应力张量在 V 中为零，位移矢量存在刚体位移。因此按前述约定：

$$\begin{aligned}V:\ &u_x^{(1)}=u_x^{(2)},u_y^{(1)}=u_y^{(2)},u_z^{(1)}=u_z^{(2)};\\&\varepsilon_x^{(1)}=\varepsilon_x^{(2)},\varepsilon_y^{(1)}=\varepsilon_y^{(2)},\varepsilon_z^{(1)}=\varepsilon_z^{(2)},\gamma_{yz}^{(1)}=\gamma_{yz}^{(2)},\gamma_{zx}^{(1)}=\gamma_{zx}^{(2)},\gamma_{xy}^{(1)}=\gamma_{xy}^{(2)}\\&\sigma_x^{(1)}=\sigma_x^{(2)},\sigma_y^{(1)}=\sigma_y^{(2)},\sigma_z^{(1)}=\sigma_z^{(2)},\tau_{yz}^{(1)}=\tau_{yz}^{(2)},\tau_{zx}^{(1)}=\tau_{zx}^{(2)},\tau_{xy}^{(1)}=\tau_{xy}^{(2)}\end{aligned}$$

这就证明了解的唯一性。

§6.4　互 易 定 理

在第 4.2.3 节已提到弹性常数的互易性，即对于线弹性超弹性固体，弹性常数满足式(4.2.9)，即：

$$a_{ji}=a_{ij},\quad b_{ji}=b_{ij}\quad (j,i=1,2,\cdots,6)$$

一般地说，对于线弹性超弹性固体，存在如下普遍形式的互易性：

互易定理 1　对于单位体积体元，第一个应力张量在第二个应力张量产生的应变张量上的功，等于第二个应力张量在第一个应力张量产生的应变张量上的功。

证明　按命题的含义，只需证明如下等式成立：

$$\begin{aligned}&\sigma_x^{(1)}\varepsilon_x^{(2)}+\sigma_y^{(1)}\varepsilon_y^{(2)}+\sigma_z^{(1)}\varepsilon_z^{(2)}+\tau_{yz}^{(1)}\gamma_{yz}^{(2)}+\tau_{zx}^{(1)}\gamma_{zx}^{(2)}+\tau_{xy}^{(1)}\gamma_{xy}^{(2)}\\&=\sigma_x^{(2)}\varepsilon_x^{(1)}+\sigma_y^{(2)}\varepsilon_y^{(1)}+\sigma_z^{(2)}\varepsilon_z^{(1)}+\tau_{yz}^{(2)}\gamma_{yz}^{(1)}+\tau_{zx}^{(2)}\gamma_{zx}^{(1)}+\tau_{xy}^{(2)}\gamma_{xy}^{(1)}\end{aligned}\tag{6.4.1}$$

结合式(4.1.4)，将应力分量用应变分量表达，同时结合式(4.2.9)，等式(6.4.1)的两端都改写为

$$
\begin{aligned}
&a_{11}\varepsilon_x^{(1)}\varepsilon_x^{(2)}+2a_{12}\varepsilon_x^{(1)}\varepsilon_y^{(2)}+2a_{13}\varepsilon_x^{(1)}\varepsilon_z^{(2)}+2a_{14}\varepsilon_x^{(1)}\gamma_{yz}^{(2)}+2a_{15}\varepsilon_x^{(1)}\gamma_{zx}^{(2)}+2a_{16}\varepsilon_x^{(1)}\gamma_{xy}^{(2)}\\
&+a_{22}\varepsilon_y^{(1)}\varepsilon_y^{(2)}+2a_{23}\varepsilon_y^{(1)}\varepsilon_z^{(2)}+2a_{24}\varepsilon_y^{(1)}\gamma_{yz}^{(2)}+2a_{25}\varepsilon_y^{(1)}\gamma_{zx}^{(2)}+2a_{26}\varepsilon_y^{(1)}\gamma_{xy}^{(2)}\\
&+a_{33}\varepsilon_z^{(1)}\varepsilon_z^{(2)}+2a_{34}\varepsilon_z^{(1)}\gamma_{yz}^{(2)}+2a_{35}\varepsilon_z^{(1)}\gamma_{zx}^{(2)}+2a_{36}\varepsilon_z^{(1)}\gamma_{xy}^{(2)}\\
&+a_{44}\gamma_{yz}^{(1)}\gamma_{yz}^{(2)}+2a_{45}\gamma_{yz}^{(1)}\gamma_{zx}^{(2)}+2a_{46}\gamma_{yz}^{(1)}\gamma_{xy}^{(2)}\\
&+a_{55}\gamma_{zx}^{(1)}\gamma_{zx}^{(2)}+2a_{56}\gamma_{zx}^{(1)}\gamma_{xy}^{(2)}\\
&+a_{66}\gamma_{xy}^{(1)}\gamma_{xy}^{(2)}
\end{aligned}
$$

于是定理证毕。这个互易定理又称体元的功互等定理。

互易定理 2 对于弹性力学应力边值问题，第一组外加作用 $\boldsymbol{A}^{(1)}$ 在第二组外加作用 $\boldsymbol{A}^{(2)}$ 产生的响应上的功，等于第二组外加作用 $\boldsymbol{A}^{(2)}$ 在第一组外加作用 $\boldsymbol{A}^{(1)}$ 产生的响应上的功。

证明 按命题的含义，只需证明如下等式成立：

$$
\begin{aligned}
&\int_V (f_x^{(1)}u_x^{(2)}+f_y^{(1)}u_y^{(2)}+f_z^{(1)}u_z^{(2)})\mathrm{d}x\mathrm{d}y\mathrm{d}z+\int_{\partial V}(\overline{p}_x^{(1)}u_x^{(2)}+\overline{p}_y^{(1)}u_y^{(2)}+\overline{p}_z^{(1)}u_z^{(2)})\mathrm{d}S\\
=&\int_V (f_x^{(2)}u_x^{(1)}+f_y^{(2)}u_y^{(1)}+f_z^{(2)}u_z^{(1)})\mathrm{d}x\mathrm{d}y\mathrm{d}z+\int_{\partial V}(\overline{p}_x^{(2)}u_x^{(1)}+\overline{p}_y^{(2)}u_y^{(1)}+\overline{p}_z^{(2)}u_z^{(1)})\mathrm{d}S
\end{aligned}
\tag{6.4.2}
$$

事实上，利用边界条件(5.1.6)，式(6.4.2)等号左端第二项为

$$
\begin{aligned}
&\int_{\partial V}(\overline{p}_x^{(1)}u_x^{(2)}+\overline{p}_y^{(1)}u_y^{(2)}+\overline{p}_z^{(1)}u_z^{(2)})\mathrm{d}S\\
=&\int_{\partial V}[(\sigma_x^{(1)}n_x+\tau_{yx}^{(1)}n_y+\tau_{zx}^{(1)}n_z)u_x^{(2)}+(\tau_{xy}^{(1)}n_x+\sigma_y^{(1)}n_y+\tau_{zy}^{(1)}n_z)u_y^{(2)}\\
&+(\tau_{xz}^{(1)}n_x+\tau_{yz}^{(1)}n_y+\sigma_z^{(1)}n_z)u_z^{(2)})\mathrm{d}S
\end{aligned}
$$

利用高斯公式，将封闭曲面 ∂V 上的积分化为 V 上的体积积分，根据剪应力互等定律，得到

$$
\begin{aligned}
&\int_{\partial V}(\overline{p}_x^{(1)}u_x^{(2)}+\overline{p}_y^{(1)}u_y^{(2)}+\overline{p}_z^{(1)}u_z^{(2)})\mathrm{d}S\\
=&\int_V\left[\left(\frac{\partial\sigma_x^{(1)}}{\partial x}+\frac{\partial\tau_{yx}^{(1)}}{\partial y}+\frac{\partial\tau_{zx}^{(1)}}{\partial z}\right)u_x^{(2)}+\left(\frac{\partial\tau_{xy}^{(1)}}{\partial x}+\frac{\partial\sigma_y^{(1)}}{\partial y}+\frac{\partial\tau_{zy}^{(1)}}{\partial z}\right)u_y^{(2)}+\left(\frac{\partial\tau_{xz}^{(1)}}{\partial x}+\frac{\partial\tau_{yz}^{(1)}}{\partial y}+\frac{\partial\sigma_z^{(1)}}{\partial z}\right)u_z^{(2)}\right]\mathrm{d}x\mathrm{d}y\mathrm{d}z\\
&+\int_V\left[\sigma_x^{(1)}\varepsilon_x^{(2)}+\sigma_y^{(1)}\varepsilon_y^{(2)}+\sigma_z^{(1)}\varepsilon_z^{(2)}+\tau_{yz}^{(1)}\gamma_{yz}^{(2)}+\tau_{zx}^{(1)}\gamma_{zx}^{(2)}+\tau_{xy}^{(1)}\gamma_{xy}^{(2)}\right]\mathrm{d}x\mathrm{d}y\mathrm{d}z
\end{aligned}
$$

利用式(6.4.1)，结合平衡方程，得到：

$$
\begin{aligned}
&\int_V\left[\sigma_x^{(1)}\varepsilon_x^{(2)}+\sigma_y^{(1)}\varepsilon_y^{(2)}+\sigma_z^{(1)}\varepsilon_z^{(2)}+\tau_{yz}^{(1)}\gamma_{yz}^{(2)}+\tau_{zx}^{(1)}\gamma_{zx}^{(2)}+\tau_{xy}^{(1)}\gamma_{xy}^{(2)}\right]\mathrm{d}x\mathrm{d}y\mathrm{d}z\\
=&\int_V\left[\sigma_x^{(2)}\varepsilon_x^{(1)}+\sigma_y^{(2)}\varepsilon_y^{(1)}+\sigma_z^{(2)}\varepsilon_z^{(1)}+\tau_{yz}^{(2)}\gamma_{yz}^{(1)}+\tau_{zx}^{(2)}\gamma_{zx}^{(1)}+\tau_{xy}^{(2)}\gamma_{xy}^{(1)}\right]\mathrm{d}x\mathrm{d}y\mathrm{d}z
\end{aligned}
$$

将以上推演中角标(1)和(2)互换，所得等式成立。于是定理证毕。这个互易定理又称全物体的**功互等定理**。

以上仅对弹性力学应力边值问题给出了互易定理的形式［式(6.4.2)］。将式(6.4.2)改为如下形式，便可适用于含位移边值条件的弹性力学问题：

$$
\begin{aligned}
&\int_V (f_x^{(1)}u_x^{(2)} + f_y^{(1)}u_y^{(2)} + f_z^{(1)}u_z^{(2)})\mathrm{d}x\mathrm{d}y\mathrm{d}z + \int_{\partial V_\sigma} (\overline{p}_x^{(1)}u_x^{(2)} + \overline{p}_y^{(1)}u_y^{(2)} + \overline{p}_z^{(1)}u_z^{(2)})\mathrm{d}S \\
&+ \int_{\partial V_u} (p_x^{(1)}\overline{u}_x^{(2)} + p_y^{(1)}\overline{u}_y^{(2)} + p_z^{(1)}\overline{u}_z^{(2)})\mathrm{d}S \\
&= \int_V (f_x^{(2)}u_x^{(1)} + f_y^{(2)}u_y^{(1)} + f_z^{(2)}u_z^{(1)})\mathrm{d}x\mathrm{d}y\mathrm{d}z + \int_{\partial V_\sigma} (\overline{p}_x^{(2)}u_x^{(1)} + \overline{p}_y^{(2)}u_y^{(1)} + \overline{p}_z^{(2)}u_z^{(1)})\mathrm{d}S \\
&+ \int_{\partial V_u} (p_x^{(2)}\overline{u}_x^{(1)} + p_y^{(2)}\overline{u}_y^{(1)} + p_z^{(2)}\overline{u}_z^{(1)})\mathrm{d}S
\end{aligned}
\tag{6.4.3}
$$

例 6.1　已知胡克介质的弹性常数，在单连域物体中，求距离为l的两点上受等值、方向彼此背离的两个集中力P产生的物体体积改变量。

解：将物体受均匀的静水压力q作为第一组载荷，将距离为l的两点上所受等值、方向彼此背离的两个集中力P作为第二组载荷。

第一组载荷产生的应变分布为：$\varepsilon_x = \varepsilon_y = \varepsilon_z = \theta/3,\ \gamma_{yz} = \gamma_{zx} = \gamma_{xy} = 0$，在任何方向的线应变都为$\theta/3$。这里$\theta$为体积应变。因此，它产生的与第二组载荷对应的广义位移为$l\theta/3$。

第二组载荷产生的，与第一组载荷对应的广义位移就是所要求的体积减小量ΔV。按互易定理 2，有等式

$$
Pl\theta/3 = -q\Delta V
$$

因此，$\Delta V = -\dfrac{Pl}{3}\dfrac{\theta}{q}$。但是$\left(-\dfrac{q}{\theta}\right)$正是体积模量$K$，于是

$$
\Delta V = \frac{Pl}{3K}
$$

§ 6.5　Saint-Venant 原理

为适应弹性力学对问题的提法，外加体力和面力需要以矢量场的形式精确地给出它的分布规律。

对于工程应用，这个要求是十分苛刻的。许多问题里，往往只能给出一个区域里的外力的主矢和主矩。面对这个矛盾，Saint-Venant 提出一个“放宽限制条件”处理的方法，并作为一个原理应用于工程问题。

Saint-Venant 原理　将区域ΔS上精确地满足应力边界条件［式(5.1.7)］放宽为在区域ΔS上依主矢和主矩等值性条件表达，得出

$$
\left.
\begin{aligned}
&\int_{\Delta S} (\sigma_x n_x + \tau_{yx} n_y + \tau_{zx} n_z)\mathrm{d}S = \overline{P}_x \\
&\int_{\Delta S} (\tau_{xy} n_x + \sigma_y n_y + \tau_{zy} n_z)\mathrm{d}S = \vec{P}_y \\
&\int_{\Delta S} (\tau_{xz} n_x + \tau_{yz} n_y + \sigma_z n_z)\mathrm{d}S = \overline{P}_z
\end{aligned}
\right\}
\tag{6.5.1}
$$

$$\left.\begin{aligned}\int_{\Delta S}[y(\tau_{xz}n_x+\tau_{yz}n_y+\sigma_z n_z)-z(\tau_{xy}n_x+\sigma_y n_y+\tau_{zy}n_z)]\mathrm{d}S=\bar{M}_x\\\int_{\Delta S}[z(\sigma_x n_x+\tau_{yx}n_y+\tau_{zx}n_z)-x(\tau_{xz}n_x+\tau_{yz}n_y+\sigma_z n_z)]\mathrm{d}S=\bar{M}_y\\\int_{\Delta S}[x(\tau_{xy}n_x+\sigma_y n_y+\tau_{zy}n_z)-y(\sigma_x n_x+\tau_{yx}n_y+\tau_{zx}n_z)]\mathrm{d}S=\bar{M}_z\end{aligned}\right\}\tag{6.5.2}$$

由此产生的差异，在距ΔS足够远处可以忽略不计。式中，

$$\bar{P}_x=\int_{\Delta S}\bar{p}_x\mathrm{d}S,\quad \bar{P}_y=\int_{\Delta S}\bar{p}_y\mathrm{d}S,\quad \bar{P}_z=\int_{\Delta S}\bar{p}_z\mathrm{d}S\tag{6.5.3}$$

$$\bar{M}_x=\int_{\Delta S}(y\bar{p}_z-z\bar{p}_y)\mathrm{d}S,\quad \bar{M}_y=\int_{\Delta S}(z\bar{p}_x-x\bar{p}_z)\mathrm{d}S,\quad \bar{M}_z=\int_{\Delta S}(x\bar{p}_y-y\bar{p}_x)\mathrm{d}S\tag{6.5.4}$$

Saint-Venant 提出的这个原理，自 Boussinesq 以来有了其他的叙述方式，学者们试图对这些叙述方式给予证明。在 20 世纪 50 年代，Goodier 和 Sternberg 在总结已有的大量精确解的基础上给出了半定量的叙述，本书简称为 **G-S 叙述**。下面简单介绍这个叙述。

Saint-Venant 原理的 G-S 叙述 尺度为h的区域ΔS上的力系产生于距此区域r处的应力，具有如下的量级：

(1) 如果力系的主矢为零，

对于空间问题 $\sigma\propto h/r^3$；
对于平面问题 $\sigma\propto h/r^2$；
对于板弯曲问题 $\sigma\propto h/r$

(2) 如果力系的主矢和主矩都为零，

对于空间问题 $\sigma\propto h^2/r^4$；
对于平面问题 $\sigma\propto h^2/r^3$；
对于板弯曲问题 $\sigma\propto h^2/r^2$

时至今日，种类繁多的弹性力学的解更加丰富了对盛维南原理 G-S 叙述合理性的认识。

按照盛维南原理的 G-S 叙述，对于力系的主矢和主矩都为零的空间问题，距区域ΔS为r处的应力，只有距区域ΔS为$2r$处的应力的$(1/2)^4$，即$1/16$。因此，区域ΔS上的平衡力系在距ΔS足够远处产生的应力可以忽略不计。这种陈述等价于：区域ΔS上的两个静力等效的力系独立作用，在距ΔS足够远处产生的应力的差异可以忽略不计。

需要指出，应用 Saint-Venant 原理放宽限制条件处理应力边界条件，只允许在范围较小的区域，需要精确求出应力数值的位置到力作用区域的距离，远大于力系作用区的尺度。此外，在解题时还要注意，要尽量追求精确满足应力边界条件，只在难以精确满足应力边界条件时，才进行放宽限制条件处理。

例 6.2 在圆柱的端面$S:\{z=l,x^2+y^2\leqslant a^2\}$，所受外加力系的主矢和主矩分别为$(P_x,P_y,P_z)$和$(M_x,M_y,M_z)$，如图 6.1 所示。试按 Saint-Venant 原理写出放宽限制条件的应力边界条件。

解： $\int_S\tau_{zx}\mathrm{d}x\mathrm{d}y=P_x$，$\int_S\tau_{zy}\mathrm{d}x\mathrm{d}y=P_y$，$\int_S\sigma_z\mathrm{d}x\mathrm{d}y=P_z$

$$\int_S y\sigma_z \mathrm{d}x\mathrm{d}y = M_x\text{，}\quad \int_S x\sigma_z \mathrm{d}x\mathrm{d}y = M_y\text{，}\quad \int_S (x\tau_{zy} - y\tau_{zx})\mathrm{d}x\mathrm{d}y = M_z$$

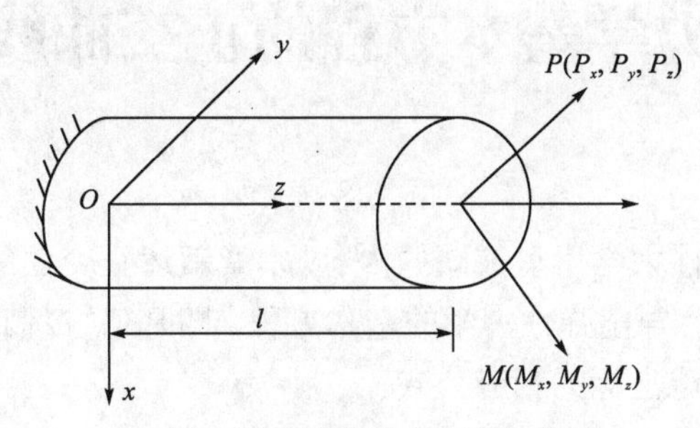

图 6.1　圆柱端面受力和力矩作用

习　题

6.1　表述唯一性定理的内容，论述其证明相关的理论框架。

6.2　描写材料力学给出的应力分布，论证这些应力分布满足应力边界条件。指出哪些条件属于放宽限制条件处理的应力边界条件，叙述相应的适用条件。

(1)柱体在端面形心受轴向集中力拉伸［图 6.2(a)］；

(2)矩形截面梁的纯弯曲［图 6.2(b)］；

(3)矩形截面悬臂梁在端部受横向集中力［图 6.2(c)］；

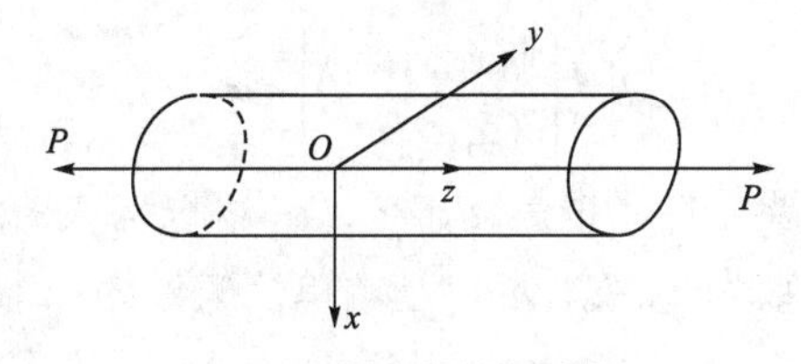

(a)柱体端面受轴力拉伸

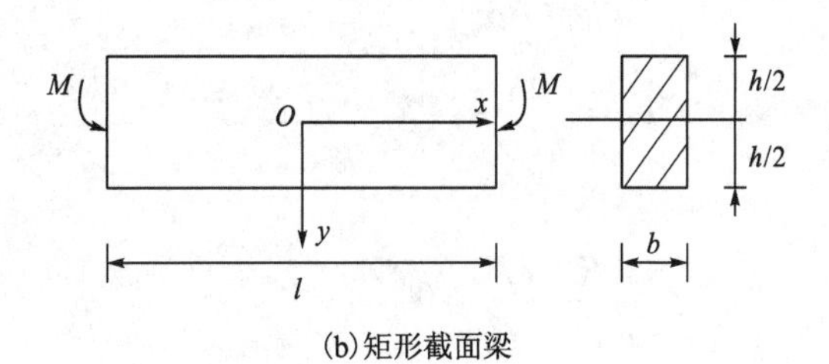

(b)矩形截面梁

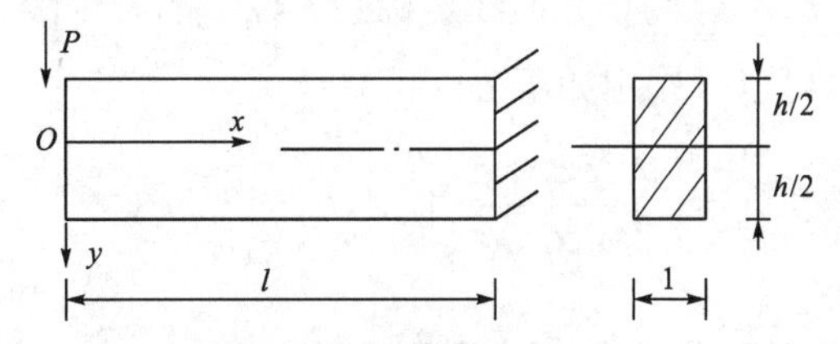

(c)悬臂梁端部受横向集中力

图 6.2　材料受力示意图

第 7 章　弹性力学基本方程的正交曲线坐标系描写

曲线坐标系是学习弹性力学不可或缺的内容。本章叙述正交曲线坐标系的基础知识和最常用的柱坐标和球坐标，导出弹性力学的基本方程，即几何方程和平衡方程的正交曲线坐标描写，以及柱坐标和球坐标的相应公式。

§7.1　正交曲线坐标系

7.1.1　曲线坐标与正交曲线坐标系

如果用α_1、α_2、α_3表示曲线坐标，动点M在给定的直角坐标系$Ox_1x_2x_3$的位矢$\boldsymbol{R}$作为α_1、α_2、α_3的函数，与坐标(x_1,x_2,x_3)有关系

$$\boldsymbol{R}=x_1(\alpha_1,\alpha_2,\alpha_3)\boldsymbol{i}_1+x_2(\alpha_1,\alpha_2,\alpha_3)\boldsymbol{i}_2+x_3(\alpha_1,\alpha_2,\alpha_3)\boldsymbol{i}_3 \tag{7.1.1}$$

式中，$\boldsymbol{i}_1$、$\boldsymbol{i}_2$、$\boldsymbol{i}_3$为直角坐标的基本单位矢。这里引入了三个单值的三元函数：

$$x_1=x_1(\alpha_1,\alpha_2,\alpha_3),\quad x_2=x_2(\alpha_1,\alpha_2,\alpha_3),\quad x_3=x_3(\alpha_1,\alpha_2,\alpha_3) \tag{7.1.2}$$

三个函数对应的 Jacobi 满足条件

$$0<|J|=\left|\frac{\partial(x_1,x_2,x_3)}{\partial(\alpha_1,\alpha_2,\alpha_3)}\right|<\infty \tag{7.1.3}$$

这是存在单值的反函数的充要条件，也是α_1、α_2、α_3可以构成曲线坐标的充要条件。

记曲线坐标系的拉梅系数为h_1、h_2、h_3，基本单位矢量为$\boldsymbol{e}_1$、$\boldsymbol{e}_2$、$\boldsymbol{e}_3$，其定义分别为

$$h_k=\left(\frac{\partial\boldsymbol{R}}{\partial\alpha_k}\cdot\frac{\partial\boldsymbol{R}}{\partial\alpha_k}\right)^{1/2},\quad k=1,2,3 \tag{7.1.4}$$

$$\boldsymbol{e}_k=\frac{\partial\boldsymbol{R}}{h_k\partial\alpha_k},\quad k=1,2,3 \tag{7.1.5}$$

当满足正交条件

$$\frac{\partial\boldsymbol{R}}{\partial\alpha_j}\cdot\frac{\partial\boldsymbol{R}}{\partial\alpha_i}=0,\quad j\neq i \tag{7.1.6}$$

时，便称曲线坐标系α_1、α_2、α_3为正交曲线坐标系。以下的讨论限于正交曲线坐标系。

式(7.1.4)和式(7.1.5)可以分别用如下公式计算：

$$h_k=\left(\sum_{j=1}^{3}\frac{\partial x_j}{\partial\alpha_k}\frac{\partial x_j}{\partial\alpha_k}\right)^{1/2},\quad k=1,2,3 \tag{7.1.7}$$

$$\boldsymbol{e}_k=\frac{\partial x_1}{h_k\partial\alpha_k}\boldsymbol{i}_1+\frac{\partial x_2}{h_k\partial\alpha_k}\boldsymbol{i}_2+\frac{\partial x_3}{h_k\partial\alpha_k}\boldsymbol{i}_3,\quad k=1,2,3 \tag{7.1.8}$$

本章叙述中，如果无特别说明，双写的一对角标不再表示对此角标的求和。

7.1.2　基本导式

应用正交曲线坐标系常需要基本导式，即基本单位矢量的导数公式。不失一般性，设此公式为

$$\frac{\partial \boldsymbol{e}_j}{\partial \alpha_i}=\sum_{m=1}^{3} h_{ji}^{(m)}\boldsymbol{e}_m \tag{7.1.9}$$

为求得系数 $h_{ji}^{(m)}$ 的算式，用 $\boldsymbol{e}_m$ 点乘等式两端，得到

$$h_{ji}^{(m)}=\boldsymbol{e}_m\frac{\partial \boldsymbol{e}_j}{\partial \alpha_i}=\boldsymbol{e}_m\frac{\partial\left(h_j\boldsymbol{e}_j/h_j\right)}{\partial \alpha_i}=\boldsymbol{e}_m\left(\frac{\partial h_j\boldsymbol{e}_j}{h_j\partial \alpha_i}-\frac{\partial h_j}{h_j\partial \alpha_i}\boldsymbol{e}_j\right)=\frac{1}{h_m h_j}\left(h_m\boldsymbol{e}_m\frac{\partial h_j\boldsymbol{e}_j}{\partial \alpha_i}-h_m\frac{\partial h_j}{\partial \alpha_i}\boldsymbol{e}_m\boldsymbol{e}_j\right) \tag{a}$$

设位矢 $\boldsymbol{R}$ 足够阶连续，因此偏导数可交换求导次序，得到

$$\frac{\partial}{\partial \alpha_j}\frac{\partial \boldsymbol{R}}{\partial \alpha_i}=\frac{\partial}{\partial \alpha_i}\frac{\partial \boldsymbol{R}}{\partial \alpha_j}$$

因此有

$$\frac{\partial h_j\boldsymbol{e}_j}{\partial \alpha_i}=\frac{\partial h_i\boldsymbol{e}_i}{\partial \alpha_j}$$

得到

$$h_m\boldsymbol{e}_m\frac{\partial h_j\boldsymbol{e}_j}{\partial \alpha_i}=\frac{1}{2}\left[\frac{\partial h_m h_j\boldsymbol{e}_m\boldsymbol{e}_j}{\partial \alpha_i}+\frac{\partial h_m h_i\boldsymbol{e}_m\boldsymbol{e}_i}{\partial \alpha_j}-\frac{\partial h_i h_j\boldsymbol{e}_i\boldsymbol{e}_j}{\partial \alpha_m}\right] \tag{b}$$

将式(b)代入式(a)，得出所需要的结果：

$$h_{ji}^{(m)}=\frac{1}{h_m h_j}\left\{\frac{1}{2}\left[\frac{\partial h_m h_j\boldsymbol{e}_m\boldsymbol{e}_j}{\partial \alpha_i}+\frac{\partial h_m h_i\boldsymbol{e}_m\boldsymbol{e}_i}{\partial \alpha_j}-\frac{\partial h_i h_j\boldsymbol{e}_i\boldsymbol{e}_j}{\partial \alpha_m}\right]-h_m\frac{\partial h_j}{\partial \alpha_i}\boldsymbol{e}_m\boldsymbol{e}_j\right\} \tag{7.1.10}$$

根据这个结果，式(7.1.9)可以写为如下具体形式：

$$\left.\begin{aligned}
\frac{\partial \boldsymbol{e}_1}{\partial \alpha_1}&=-\frac{1}{h_2}\frac{\partial h_1}{\partial \alpha_2}\boldsymbol{e}_2-\frac{1}{h_3}\frac{\partial h_1}{\partial \alpha_3}\boldsymbol{e}_3\\
\frac{\partial \boldsymbol{e}_1}{\partial \alpha_2}&=\frac{1}{h_1}\frac{\partial h_2}{\partial \alpha_1}\boldsymbol{e}_2\\
\frac{\partial \boldsymbol{e}_1}{\partial \alpha_3}&=\frac{1}{h_1}\frac{\partial h_3}{\partial \alpha_1}\boldsymbol{e}_3
\end{aligned}\right\} \tag{7.1.11a}$$

角标轮换可得出 $\boldsymbol{e}_2$ 和 $\boldsymbol{e}_3$ 的导式：

$$\left.\begin{aligned}
\frac{\partial \boldsymbol{e}_2}{\partial \alpha_2}&=-\frac{1}{h_3}\frac{\partial h_2}{\partial \alpha_3}\boldsymbol{e}_3-\frac{1}{h_1}\frac{\partial h_2}{\partial \alpha_1}\boldsymbol{e}_1\\
\frac{\partial \boldsymbol{e}_2}{\partial \alpha_3}&=\frac{1}{h_2}\frac{\partial h_3}{\partial \alpha_2}\boldsymbol{e}_3\\
\frac{\partial \boldsymbol{e}_2}{\partial \alpha_1}&=\frac{1}{h_2}\frac{\partial h_1}{\partial \alpha_2}\boldsymbol{e}_1
\end{aligned}\right\} \tag{7.1.11b}$$

$$\left.\begin{aligned}\frac{\partial \boldsymbol{e}_3}{\partial \alpha_3} &= -\frac{1}{h_1}\frac{\partial h_3}{\partial \alpha_1}\boldsymbol{e}_1 - \frac{1}{h_2}\frac{\partial h_3}{\partial \alpha_2}\boldsymbol{e}_2 \\ \frac{\partial \boldsymbol{e}_3}{\partial \alpha_1} &= \frac{1}{h_3}\frac{\partial h_1}{\partial \alpha_3}\boldsymbol{e}_1 \\ \frac{\partial \boldsymbol{e}_3}{\partial \alpha_2} &= \frac{1}{h_3}\frac{\partial h_2}{\partial \alpha_3}\boldsymbol{e}_2\end{aligned}\right\} \tag{7.1.11c}$$

7.1.3 场论公式

标量场ϕ的梯度描写了标量ϕ变化率最大的方向和相应的最大变化率的值，用直角坐标系$Oxyz$和正交曲线坐标系α_1、α_2、α_3分别表示为

$$\nabla\phi = \frac{\partial \phi}{\partial x}\boldsymbol{i}_x + \frac{\partial \phi}{\partial y}\boldsymbol{i}_y + \frac{\partial \phi}{\partial z}\boldsymbol{i}_z \tag{7.1.12a}$$

$$\nabla\phi = \frac{\partial \phi}{h_1\partial \alpha_1}\boldsymbol{e}_1 + \frac{\partial \phi}{h_2\partial \alpha_2}\boldsymbol{e}_2 + \frac{\partial \phi}{h_3\partial \alpha_3}\boldsymbol{e}_3 \tag{7.1.12b}$$

矢量场$\boldsymbol{u}$在直角坐标系$Oxyz$和正交曲线坐标系α_1、α_2、α_3中分别表示为

$$\boldsymbol{u}(x,y,z) = u_x(x,y,z)\boldsymbol{i}_x + u_y(x,y,z)\boldsymbol{i}_y + u_z(x,y,z)\boldsymbol{i}_z \tag{7.1.13a}$$

$$\boldsymbol{u}(\alpha_1,\alpha_2,\alpha_3) = u_1(\alpha_1,\alpha_2,\alpha_3)\boldsymbol{e}_1 + u_2(\alpha_1,\alpha_2,\alpha_3)\boldsymbol{e}_2 + u_3(\alpha_1,\alpha_2,\alpha_3)\boldsymbol{e}_3 \tag{7.1.13b}$$

矢量场的散度描写矢量场“源”的强度及其分布，用直角坐标系$Oxyz$和正交曲线坐标系α_1、α_2、α_3分别表示为

$$\nabla\cdot\boldsymbol{u} = \frac{\partial u_x}{\partial x} + \frac{\partial u_y}{\partial y} + \frac{\partial u_z}{\partial z} \tag{7.1.14a}$$

$$\nabla\cdot\boldsymbol{u} = \frac{1}{h_1h_2h_3}\left(\frac{\partial h_2h_3u_1}{\partial \alpha_1} + \frac{\partial h_3h_1u_2}{\partial \alpha_2} + \frac{\partial h_1h_2u_3}{\partial \alpha_3}\right) \tag{7.1.14b}$$

矢量场$\boldsymbol{u}$的旋度描写矢量场的涡旋方向和强度的分布，用直角坐标系$Oxyz$和正交曲线坐标系α_1、α_2、α_3分别表示为

$$\nabla\times\boldsymbol{u} = \left(\frac{\partial u_z}{\partial y} - \frac{\partial u_y}{\partial z}\right)\boldsymbol{i}_x + \left(\frac{\partial u_x}{\partial z} - \frac{\partial u_z}{\partial x}\right)\boldsymbol{i}_y + \left(\frac{\partial u_y}{\partial x} - \frac{\partial u_x}{\partial y}\right)\boldsymbol{i}_z \tag{7.1.15a}$$

$$\nabla\times\boldsymbol{u} = \frac{1}{h_2h_3}\left(\frac{\partial h_3u_3}{\partial \alpha_2} - \frac{\partial h_2u_2}{\partial \alpha_3}\right)\boldsymbol{e}_1 + \frac{1}{h_3h_1}\left(\frac{\partial h_1u_1}{\partial \alpha_3} - \frac{\partial h_3u_3}{\partial \alpha_1}\right)\boldsymbol{e}_2 + \frac{1}{h_1h_2}\left(\frac{\partial h_2u_2}{\partial \alpha_1} - \frac{\partial h_1u_1}{\partial \alpha_2}\right)\boldsymbol{e}_3 \tag{7.1.15b}$$

标量场ϕ的拉普拉斯运算，用直角坐标系$Oxyz$和正交曲线坐标系α_1、α_2、α_3分别表示为

$$\Delta\phi = \nabla^2\phi = \nabla\cdot\nabla\phi == \frac{\partial^2 \phi}{\partial x^2} + \frac{\partial^2 \phi}{\partial y^2} + \frac{\partial^2 \phi}{\partial z^2} \tag{7.1.16a}$$

$$\Delta\phi = \nabla^2\phi = \nabla\cdot\nabla\phi = \frac{1}{h_1h_2h_3}\left[\frac{\partial}{\partial \alpha_1}\left(\frac{h_2h_3}{h_1}\frac{\partial \phi}{\partial \alpha_1}\right) + \frac{\partial}{\partial \alpha_2}\left(\frac{h_3h_1}{h_2}\frac{\partial \phi}{\partial \alpha_2}\right) + \frac{\partial}{\partial \alpha_3}\left(\frac{h_1h_2}{h_3}\frac{\partial \phi}{\partial \alpha_3}\right)\right] \tag{7.1.16b}$$

7.1.4　柱坐标

将α_1、α_2、α_3取为r、θ、z，使

$$x = r\cos\theta,\quad y = r\sin\theta,\quad z = z \tag{7.1.17a}$$

或

$$r = \sqrt{x^2 + y^2},\quad \theta = \arctan y/x,\quad z = z \tag{7.1.17b}$$

便得到柱坐标(r,θ,z)，如图 7.1 所示。

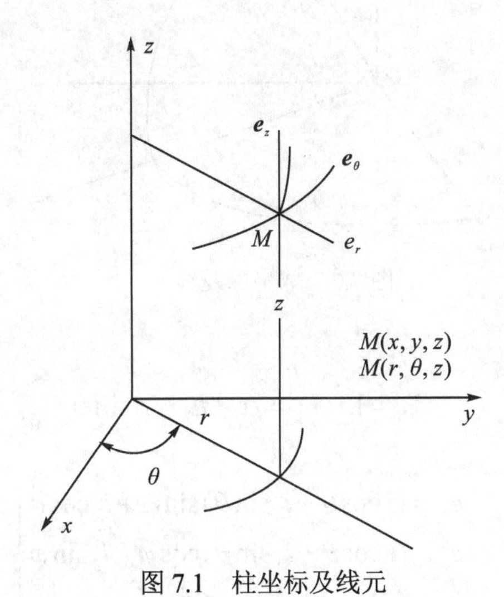

图 7.1　柱坐标及线元

柱坐标的拉梅系数为

$$h_1 = 1,\quad h_2 = r,\quad h_3 = 1 \tag{7.1.18}$$

柱坐标的基本单为矢为

$$\boldsymbol{e}_r = \boldsymbol{i}_1\cos\theta + \boldsymbol{i}_2\sin\theta,\quad \boldsymbol{e}_\theta = -\boldsymbol{i}_1\sin\theta + \boldsymbol{i}_2\cos\theta,\quad \boldsymbol{e}_z = \boldsymbol{i}_3 \tag{7.1.19}$$

柱坐标的基本导式为

$$\left.\begin{array}{lll}
\dfrac{\partial \boldsymbol{e}_r}{\partial r} = \boldsymbol{0}, & \dfrac{\partial \boldsymbol{e}_r}{\partial \theta} = \boldsymbol{e}_\theta, & \dfrac{\partial \boldsymbol{e}_r}{\partial z} = \boldsymbol{0} \\
\dfrac{\partial \boldsymbol{e}_\theta}{\partial r} = \boldsymbol{0}, & \dfrac{\partial \boldsymbol{e}_\theta}{\partial \theta} = -\boldsymbol{e}_r, & \dfrac{\partial \boldsymbol{e}_\theta}{\partial z} = \boldsymbol{0} \\
\dfrac{\partial \boldsymbol{e}_z}{\partial r} = \boldsymbol{0}, & \dfrac{\partial \boldsymbol{e}_z}{\partial \theta} = \boldsymbol{0}, & \dfrac{\partial \boldsymbol{e}_z}{\partial z} = \boldsymbol{0}
\end{array}\right\} \tag{7.1.20}$$

柱坐标的拉普拉斯算符

$$\Delta\phi = \nabla^2\phi = \nabla\cdot\nabla\phi = \frac{\partial}{r\partial r}\left(r\frac{\partial\phi}{\partial r}\right) + \frac{\partial^2\phi}{r^2\partial\theta^2} + \frac{\partial^2\phi}{\partial z^2} \tag{7.1.21}$$

7.1.5　球坐标

将α_1、α_2、α_3取为ρ、φ、θ，使

$$x = \rho\sin\varphi\cos\theta, \quad y = \rho\sin\varphi\sin\theta, \quad z = \rho\cos\varphi \tag{7.1.22}$$

便得到球坐标（ρ,φ,θ），如图 7.2 所示。

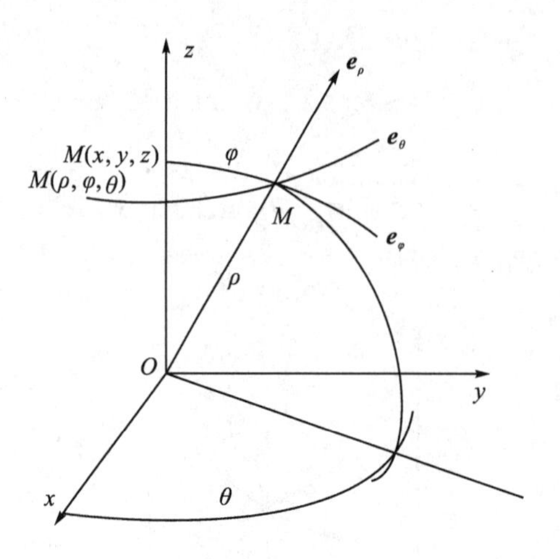

图 7.2　球坐标及线元

球坐标的拉梅系数为

$$h_1 = 1, \quad h_2 = \rho, \quad h_3 = \rho\sin\varphi \tag{7.1.23}$$

球坐标的基本单为矢为

$$\left.\begin{aligned} \boldsymbol{e}_\rho &= (\boldsymbol{i}_1\cos\theta + \boldsymbol{i}_2\sin\theta)\sin\varphi + \boldsymbol{i}_3\cos\varphi \\ \boldsymbol{e}_\varphi &= (\boldsymbol{i}_1\cos\theta + \boldsymbol{i}_2\sin\theta)\cos\varphi - \boldsymbol{i}_3\sin\varphi \\ \boldsymbol{e}_\theta &= (-\boldsymbol{i}_1\sin\theta + \boldsymbol{i}_2\cos\theta) \end{aligned}\right\} \tag{7.1.24}$$

球坐标的基本导式为

$$\left.\begin{aligned} &\frac{\partial \boldsymbol{e}_\rho}{\partial\rho} = \boldsymbol{0}, \quad \frac{\partial \boldsymbol{e}_\rho}{\partial\varphi} = \boldsymbol{e}_\varphi, \quad \frac{\partial \boldsymbol{e}_\rho}{\partial\theta} = \boldsymbol{e}_\theta\sin\varphi \\ &\frac{\partial \boldsymbol{e}_\varphi}{\partial\rho} = \boldsymbol{0}, \quad \frac{\partial \boldsymbol{e}_\varphi}{\partial\varphi} = -\boldsymbol{e}_\rho, \quad \frac{\partial \boldsymbol{e}_\varphi}{\partial\theta} = \boldsymbol{e}_\theta\cos\varphi \\ &\frac{\partial \boldsymbol{e}_\theta}{\partial\rho} = \boldsymbol{0}, \quad \frac{\partial \boldsymbol{e}_\theta}{\partial\varphi} = \boldsymbol{0}, \quad \frac{\partial \boldsymbol{e}_\theta}{\partial\theta} = -\boldsymbol{e}_\rho\sin\varphi - \boldsymbol{e}_\varphi\cos\varphi \end{aligned}\right\} \tag{7.1.25}$$

球坐标的拉普拉斯算符为

$$\Delta\phi = \nabla^2\phi = \nabla\cdot\nabla\phi = \frac{\partial}{\rho^2\partial\rho}\left(\rho^2\frac{\partial\phi}{\partial\rho}\right) + \frac{\partial}{\rho^2\sin\varphi\partial\varphi}\left(\sin\phi\frac{\partial\phi}{\partial\varphi}\right) + \frac{\partial^2\phi}{\rho^2\sin^2\varphi\partial\theta^2} \tag{7.1.26}$$

§ 7.2　几何方程的正交曲线坐标系描写

7.2.1　几何方程的正交曲线坐标系公式

位移矢量在**正交曲线坐标系**基本单位矢组成的标架上表示为分解形式：

$$\boldsymbol{u} = u_1\boldsymbol{e}_1 + u_2\boldsymbol{e}_2 + u_3\boldsymbol{e}_3 \tag{7.2.1}$$

这里，u_1、u_2、u_3为正交曲线坐标系的位移分量。

利用基本导式(7.1.11)计算微分

$$\mathrm{d}\boldsymbol{u}=\mathrm{d}(u_j\boldsymbol{e}_j)=\frac{\partial u_j\boldsymbol{e}_j}{\partial\alpha_1}\mathrm{d}\alpha_1+\frac{\partial u_j\boldsymbol{e}_j}{\partial\alpha_2}\mathrm{d}\alpha_2+\frac{\partial u_j\boldsymbol{e}_j}{\partial\alpha_3}\mathrm{d}\alpha_3 \tag{7.2.2}$$

将计算结果整理为

$$\begin{aligned}\mathrm{d}\boldsymbol{u}=&[\bar{\varepsilon}_{11}h_1\mathrm{d}\alpha_1+(\bar{\varepsilon}_{12}-\bar{\varpi}_{12})h_2\mathrm{d}\alpha_2+(\bar{\varepsilon}_{13}-\bar{\varpi}_{13})h_3\mathrm{d}\alpha_3]\boldsymbol{e}_1\\&+[(\bar{\varepsilon}_{21}-\bar{\varpi}_{21})h_1\mathrm{d}\alpha_1+\bar{\varepsilon}_{22}h_2\mathrm{d}\alpha_2+(\bar{\varepsilon}_{23}-\bar{\varpi}_{23})h_3\mathrm{d}\alpha_3]\boldsymbol{e}_2\\&+[(\bar{\varepsilon}_{31}-\bar{\varpi}_{31})h_1\mathrm{d}\alpha_1+(\bar{\varepsilon}_{32}-\bar{\varpi}_{32})h_2\mathrm{d}\alpha_2+\bar{\varepsilon}_{33}h_3\mathrm{d}\alpha_3]\boldsymbol{e}_3\end{aligned} \tag{7.2.3}$$

式中，

$$\left.\begin{aligned}&\bar{\varepsilon}_{11}=\frac{1}{h_1}\left(\frac{\partial u_1}{\partial\alpha_1}+\frac{\partial h_1}{h_2\partial\alpha_2}u_2+\frac{\partial h_1}{h_3\partial\alpha_3}u_3\right),\quad 2\bar{\varepsilon}_{23}=2\bar{\varepsilon}_{32}=\frac{h_3}{h_2}\frac{\partial}{\partial\alpha_2}\left(\frac{u_3}{h_3}\right)+\frac{h_2}{h_3}\frac{\partial}{\partial\alpha_3}\left(\frac{u_2}{h_2}\right)\\&\bar{\varepsilon}_{22}=\frac{1}{h_2}\left(\frac{\partial u_2}{\partial\alpha_2}+\frac{\partial h_2}{h_3\partial\alpha_3}u_3+\frac{\partial h_2}{h_1\partial\alpha_1}u_1\right),\quad 2\bar{\varepsilon}_{31}=2\bar{\varepsilon}_{13}=\frac{h_1}{h_3}\frac{\partial}{\partial\alpha_3}\left(\frac{u_1}{h_1}\right)+\frac{h_3}{h_1}\frac{\partial}{\partial\alpha_1}\left(\frac{u_3}{h_3}\right)\\&\bar{\varepsilon}_{33}=\frac{1}{h_3}\left(\frac{\partial u_3}{\partial\alpha_3}+\frac{\partial h_3}{h_1\partial\alpha_1}u_1+\frac{\partial h_3}{h_2\partial\alpha_2}u_2\right),\quad 2\bar{\varepsilon}_{12}=2\bar{\varepsilon}_{21}=\frac{h_2}{h_1}\frac{\partial}{\partial\alpha_1}\left(\frac{u_2}{h_2}\right)+\frac{h_1}{h_2}\frac{\partial}{\partial\alpha_2}\left(\frac{u_1}{h_1}\right)\end{aligned}\right\} \tag{7.2.4}$$

$$\left.\begin{aligned}&\bar{\varpi}_{23}=-\bar{\varpi}_{32}=\frac{1}{2}\frac{1}{h_2h_3}\left(\frac{\partial h_3u_3}{\partial\alpha_2}-\frac{\partial h_2u_2}{\partial\alpha_3}\right)\\&\bar{\varpi}_{31}=-\bar{\varpi}_{13}=\frac{1}{2}\frac{1}{h_3h_1}\left(\frac{\partial h_1u_1}{\partial\alpha_3}-\frac{\partial h_3u_3}{\partial\alpha_1}\right)\\&\bar{\varpi}_{12}=-\bar{\varpi}_{21}=\frac{1}{2}\frac{1}{h_1h_2}\left(\frac{\partial h_2u_2}{\partial\alpha_1}-\frac{\partial h_1u_1}{\partial\alpha_2}\right)\end{aligned}\right\} \tag{7.2.5}$$

这里$\bar{\varepsilon}_{ji}$和$\bar{\varpi}_{ji}$分别为对称和反对称二阶角标量。与式(2.1.16)对比，可以得出结论，$\bar{\varepsilon}_{ji}$和$\bar{\varpi}_{ji}$分别为小变形应变张量和小变形角位移张量。方程(7.2.4)正是几何方程［即柯西方程(2.1.11)］的正交曲线坐标系公式；方程(7.2.5)正是角位移的几何方程(2.1.18)的正交曲线坐标系公式。

在正交曲线坐标系中，对小变形问题，可以通过位移梯度得到几何方程的简明算式。如果定义位移梯度的分量如下：

$$\begin{aligned}&d_{11}=\frac{\partial\boldsymbol{u}}{h_1\partial\alpha_1}\cdot\boldsymbol{e}_1,\quad d_{22}=\frac{\partial\boldsymbol{u}}{h_2\partial\alpha_2}\cdot\boldsymbol{e}_2,\quad d_{33}=\frac{\partial\boldsymbol{u}}{h_3\partial\alpha_3}\cdot\boldsymbol{e}_3\\&d_{12}=\frac{\partial\boldsymbol{u}}{h_1\partial\alpha_1}\cdot\boldsymbol{e}_2,\quad d_{23}=\frac{\partial\boldsymbol{u}}{h_2\partial\alpha_2}\cdot\boldsymbol{e}_3,\quad d_{31}=\frac{\partial\boldsymbol{u}}{h_3\partial\alpha_3}\cdot\boldsymbol{e}_1\\&d_{21}=\frac{\partial\boldsymbol{u}}{h_2\partial\alpha_2}\cdot\boldsymbol{e}_1,\quad d_{32}=\frac{\partial\boldsymbol{u}}{h_3\partial\alpha_3}\cdot\boldsymbol{e}_2,\quad d_{13}=\frac{\partial\boldsymbol{u}}{h_1\partial\alpha_1}\cdot\boldsymbol{e}_3\end{aligned}$$

那么，式(7.2.4)和式(7.2.5)等同于如下表达式：

$$\bar{\varepsilon}_{11}=d_{11}=\frac{\partial\boldsymbol{u}}{h_1\partial\alpha_1}\cdot\boldsymbol{e}_1,\quad\bar{\varepsilon}_{22}=d_{22}=\frac{\partial\boldsymbol{u}}{h_2\partial\alpha_2}\cdot\boldsymbol{e}_2,\quad\bar{\varepsilon}_{33}=d_{33}=\frac{\partial\boldsymbol{u}}{h_3\partial\alpha_3}\cdot\boldsymbol{e}_3$$

$$2\bar{\varepsilon}_{12}=2\bar{\varepsilon}_{21}=d_{12}+d_{21}=\frac{\partial \boldsymbol{u}}{h_1\partial\alpha_1}\cdot\boldsymbol{e}_2+\frac{\partial \boldsymbol{u}}{h_2\partial\alpha_2}\cdot\boldsymbol{e}_1$$

$$2\bar{\varepsilon}_{23}=2\bar{\varepsilon}_{32}=d_{23}+d_{32}=\frac{\partial \boldsymbol{u}}{h_2\partial\alpha_2}\cdot\boldsymbol{e}_3+\frac{\partial \boldsymbol{u}}{h_3\partial\alpha_3}\cdot\boldsymbol{e}_2$$

$$2\bar{\varepsilon}_{31}=2\bar{\varepsilon}_{13}=d_{31}+d_{13}=\frac{\partial \boldsymbol{u}}{h_3\partial\alpha_3}\cdot\boldsymbol{e}_1+\frac{\partial \boldsymbol{u}}{h_1\partial\alpha_1}\cdot\boldsymbol{e}_3$$

$$\bar{\omega}_{12}=-\bar{\omega}_{21}=\frac{1}{2}(d_{12}-d_{21})=\frac{1}{2}(\frac{\partial \boldsymbol{u}}{h_1\partial\alpha_1}\cdot\boldsymbol{e}_2-\frac{\partial \boldsymbol{u}}{h_2\partial\alpha_2}\cdot\boldsymbol{e}_1)$$

$$\bar{\omega}_{23}=-\bar{\omega}_{32}=\frac{1}{2}(d_{23}-d_{32})=\frac{1}{2}(\frac{\partial \boldsymbol{u}}{h_2\partial\alpha_2}\cdot\boldsymbol{e}_3-\frac{\partial \boldsymbol{u}}{h_3\partial\alpha_3}\cdot\boldsymbol{e}_2)$$

$$\bar{\omega}_{31}=-\bar{\omega}_{13}=\frac{1}{2}(d_{31}-d_{13})=\frac{1}{2}(\frac{\partial \boldsymbol{u}}{h_3\partial\alpha_3}\cdot\boldsymbol{e}_1-\frac{\partial \boldsymbol{u}}{h_1\partial\alpha_1}\cdot\boldsymbol{e}_3)$$

式中，d_{11} 为点 M 处微段 $h_1 d\alpha_1$ 对应的位移增量在 $\boldsymbol{e}_1$ 上的投影，即方向 $\boldsymbol{e}_1$ 的线应变，余类推之；d_{12} 为点 M 处微段 $h_1 d\alpha_1$ 对应的位移增量在 $\boldsymbol{e}_2$ 上的投影，即微段 $h_1 d\alpha_1$ 转向方向 $\boldsymbol{e}_2$ 的弧度数；d_{21} 为点 M 处微段 $h_2 d\alpha_2$ 对应的位移增量在 $\boldsymbol{e}_1$ 上的投影，即微段 $h_2 d\alpha_2$ 转向方向 $\boldsymbol{e}_1$ 的弧度数，余类推之。

7.2.2 几何方程的柱坐标公式

仿照直角坐标系的符号规则，位移矢量在柱坐标基本单位矢组成的标架上用分解式表示为

$$\boldsymbol{u}=u_r\boldsymbol{e}_r+u_\theta\boldsymbol{e}_\theta+u_z\boldsymbol{e}_z \tag{7.2.6}$$

这就引入了柱坐标位移分量 (u_r,u_θ,u_z)。由式(7.1.19)得出两坐标系位移分量间的关系为

$$u_r=u_x\cos\theta+u_y\sin\theta,\quad u_\theta=-u_x\sin\theta+u_y\cos\theta,\quad u_z=u_z \tag{7.2.7a}$$

其逆为

$$u_x=u_r\cos\theta-u_\theta\sin\theta\,,\quad u_y=u_r\sin\theta+u_\theta\cos\theta\,,\quad u_z=u_z \tag{7.2.7b}$$

如果用 ε_r、ε_θ 和 ε_z 分别表示某点邻域在 $\boldsymbol{e}_r$、$\boldsymbol{e}_\theta$ 和 $\boldsymbol{e}_z$ 方向的正应变，用 $\gamma_{r\theta}(=\gamma_{\theta r})$、$\gamma_{zr}(=\gamma_{rz})$ 和 $\gamma_{z\theta}(=\gamma_{\theta z})$ 分别表示方向 $\boldsymbol{e}_r$ 与方向 $\boldsymbol{e}_\theta$、方向 $\boldsymbol{e}_z$ 与方向 $\boldsymbol{e}_r$ 和方向 $\boldsymbol{e}_z$ 与方向 $\boldsymbol{e}_\theta$ 间的剪应变，那么由此组成的实对称矩阵

$$\boldsymbol{\varepsilon}=\begin{bmatrix}\varepsilon_r & \gamma_{r\theta}/2 & \gamma_{rz}/2\\ \cdot & \varepsilon_\theta & \gamma_{\theta z}/2\\ \cdot & \cdot & \varepsilon_z\end{bmatrix} \tag{7.2.8}$$

便为柱坐标描写的应变矩阵，它的六个独立的元素便是柱坐标描写的应变分量。

直接列出直角坐标与柱坐标应变分量间的关系如下：

$$\begin{bmatrix}\varepsilon_r & \gamma_{r\theta}/2 & \gamma_{rz}/2\\ \cdot & \varepsilon_\theta & \gamma_{\theta z}/2\\ \cdot & \cdot & \varepsilon_z\end{bmatrix}=\begin{bmatrix}\cos\theta & \sin\theta & 0\\ -\sin\theta & \cos\theta & 0\\ 0 & 0 & 1\end{bmatrix}\begin{bmatrix}\varepsilon_x & \gamma_{xy}/2 & \gamma_{xz}/2\\ \cdot & \varepsilon_y & \gamma_{yz}/2\\ \cdot & \cdot & \varepsilon_z\end{bmatrix}\begin{bmatrix}\cos\theta & \sin\theta & 0\\ -\sin\theta & \cos\theta & 0\\ 0 & 0 & 1\end{bmatrix}^{\mathrm{T}} \tag{7.2.9}$$

根据式(7.2.4)，应变分量的几何方程，即柯西方程的柱坐标描写为

$$\left.\begin{aligned}
&\varepsilon_r=\frac{\partial u_r}{\partial r}, && \gamma_{\theta z}=\gamma_{z\theta}=\frac{\partial u_z}{r\partial\theta}+\frac{\partial u_\theta}{\partial z}\\
&\varepsilon_\theta=\frac{\partial u_\theta}{r\partial\theta}+\frac{u_r}{r}, && \gamma_{zr}=\gamma_{rz}=\frac{\partial u_r}{\partial z}+\frac{\partial u_z}{\partial r}\\
&\varepsilon_z=\frac{\partial u_z}{\partial z}, && \gamma_{r\theta}=\gamma_{\theta r}=\frac{\partial u_\theta}{\partial r}+\frac{\partial u_r}{r\partial\theta}-\frac{u_\theta}{r}
\end{aligned}\right\}\tag{7.2.10}$$

根据式(7.2.5)，小变形角位移张量的柱坐标描写为

$$\left.\begin{aligned}
&\omega_{\theta z}=-\omega_{z\theta}=\frac{1}{2}\left(\frac{\partial u_z}{r\partial\theta}-\frac{\partial u_\theta}{\partial z}\right)\\
&\omega_{zr}=-\omega_{rz}=\frac{1}{2}\left(\frac{\partial u_r}{\partial z}-\frac{\partial u_z}{\partial r}\right)\\
&\omega_{r\theta}=-\omega_{\theta r}=\frac{1}{2}\frac{1}{r}\left(\frac{\partial ru_\theta}{\partial r}-\frac{\partial u_r}{\partial\theta}\right)
\end{aligned}\right\}\tag{7.2.11}$$

这里各分量的顶部已略去“—”，不致引起混淆，例如ε_r就是式(7.2.4)中的$\bar{\varepsilon}_{11}$。

体应变的几何方程的柱坐标描写为

$$\varepsilon_r+\varepsilon_\theta+\varepsilon_z=\operatorname{div}\boldsymbol{u}=\nabla\cdot\boldsymbol{u}=\frac{\partial u_r}{\partial r}+\frac{u_r}{r}+\frac{\partial u_\theta}{r\partial\theta}+\frac{\partial u_z}{\partial z}\tag{7.2.12}$$

例 7.1　从第 2 章例 2.7 给出的圆柱扭转变形的直角坐标位移场出发，试导出圆柱扭转的应变分量。

解：根据式(7.2.7a)，将第 2 章例 2.7 给出的圆柱扭转变形的直角坐标位移场转换为柱坐标描写：

$$u_r=a\cos\theta+b\sin\theta+\frac{z}{2}(\omega_y\cos\theta-\omega_x\sin\theta)$$

$$u_\theta=\alpha zr+\omega_z r+b\cos\theta-a\sin\theta-\frac{z}{2}(\omega_y\sin\theta+\omega_x\cos\theta)$$

$$u_z=c+\frac{r}{2}(\omega_x\sin\theta-\omega_y\cos\theta)$$

代入方程(7.2.10)，得出对应的应变分量柱坐标描写为

$$\begin{bmatrix}\varepsilon_r & \gamma_{r\theta}/2 & \gamma_{rz}/2\\ \cdot & \varepsilon_\theta & \gamma_{\theta z}/2\\ \cdot & \cdot & \varepsilon_z\end{bmatrix}=\begin{bmatrix}0 & 0 & 0\\ \cdot & 0 & \alpha r/2\\ \cdot & \cdot & 0\end{bmatrix}$$

该式与第 2 章例 2.7 所得的直角坐标描写之间，有式(7.2.9)所示的关系。

7.2.3　几何方程的球坐标公式

仿照直角坐标系的符号规则，位移矢量在球坐标基本单位矢组成的标架上有分解表示式

$$\boldsymbol{u}=u_\rho e_\rho+u_\varphi e_\varphi+u_\theta e_\theta\tag{7.2.13}$$

这就引入了柱坐标位移分量(u_ρ,u_ϕ,u_θ)。由式(7.1.24)，得出两坐标系位移分量间的关系：

$$u_\rho=u_x\sin\varphi\cos\theta+u_y\sin\varphi\sin\theta+u_z\cos\varphi\tag{7.2.14a}$$

$$u_\varphi = u_x\cos\varphi\cos\theta + u_y\cos\varphi\sin\theta - u_z\sin\varphi \tag{7.2.14b}$$

$$u_\theta = -u_x\sin\theta + u_y\cos\theta \tag{7.2.14c}$$

如果用ε_ρ、ε_ϕ、ε_θ分别表示某点邻域在$\boldsymbol{e}_\rho$、$\boldsymbol{e}_\phi$、$\boldsymbol{e}_\theta$方向的正应变，用$\gamma_{\rho\phi}(=\gamma_{\phi\rho})$、$\gamma_{\phi\theta}(=\gamma_{\theta\phi})$和$\gamma_{\theta\rho}(=\gamma_{\rho\theta})$分别表示方向$\boldsymbol{e}_\rho$与方向$\boldsymbol{e}_\phi$、方向$\boldsymbol{e}_\phi$与方向$\boldsymbol{e}_\theta$和方向$\boldsymbol{e}_\theta$与方向$\boldsymbol{e}_\rho$间的剪应变，那么由此组成的实对称矩阵

$$\boldsymbol{\varepsilon} = \begin{bmatrix} \varepsilon_\rho & \gamma_{\rho\varphi}/2 & \gamma_{\rho\theta}/2 \\ \cdot & \varepsilon_\varphi & \gamma_{\varphi\theta}/2 \\ \cdot & \cdot & \varepsilon_\theta \end{bmatrix} \tag{7.2.15}$$

便为柱坐标描写的应变矩阵，它的六个独立的元素便是柱坐标描写的应变分量。

直接列出直角坐标与柱坐标应变分量间的关系如下：

$$\begin{aligned} \begin{bmatrix} \varepsilon_\rho & \gamma_{\rho\varphi}/2 & \gamma_{\rho\theta}/2 \\ \cdot & \varepsilon_\varphi & \gamma_{\varphi\theta}/2 \\ \cdot & \cdot & \varepsilon_\theta \end{bmatrix} &= \begin{bmatrix} \sin\varphi\cos\theta & \sin\varphi\sin\theta & \cos\varphi \\ \cos\varphi\cos\theta & \cos\varphi\sin\theta & -\sin\varphi \\ -\sin\theta & \cos\theta & 0 \end{bmatrix} \\ &\times \begin{bmatrix} \varepsilon_x & \gamma_{xy}/2 & \gamma_{xz}/2 \\ \cdot & \varepsilon_y & \gamma_{yz}/2 \\ \cdot & \cdot & \varepsilon_z \end{bmatrix} \begin{bmatrix} \sin\varphi\cos\theta & \sin\varphi\sin\theta & \cos\varphi \\ \cos\varphi\cos\theta & \cos\varphi\sin\theta & -\sin\varphi \\ -\sin\theta & \cos\theta & 0 \end{bmatrix}^{\mathrm{T}} \end{aligned} \tag{7.2.16}$$

根据式(7.2.4)应变分量的几何方程，即柯西方程的球坐标描写为

$$\left.\begin{aligned} &\varepsilon_\rho = \frac{\partial u_\rho}{\partial \rho}, && \gamma_{\varphi\theta} = \gamma_{\theta\varphi} = \frac{\partial u_\phi}{\rho\sin\varphi\partial\theta} + \frac{\partial u_\theta}{\rho\partial\varphi} - \frac{u_\theta}{\rho}\cot\varphi \\ &\varepsilon_\varphi = \frac{\partial u_\varphi}{\rho\partial\varphi} + \frac{u_\rho}{\rho}, && \gamma_{\theta\rho} = \gamma_{\rho\theta} = \frac{\partial u_\rho}{\rho\sin\varphi\partial\theta} + \frac{\partial u_\theta}{\partial\rho} - \frac{u_\theta}{\rho} \\ &\varepsilon_\theta = \frac{\partial u_\theta}{\rho\sin\varphi\partial\theta} + \frac{u_\rho}{\rho} + \frac{u_\varphi}{\rho}\cot\varphi, && \gamma_{\rho\varphi} = \gamma_{\varphi\rho} = \frac{\partial u_\varphi}{\partial\rho} + \frac{\partial u_\rho}{\rho\partial\varphi} - \frac{u_\varphi}{\rho} \end{aligned}\right\} \tag{7.2.17}$$

根据式(7.2.5)小变形角位移张量几何方程的球坐标描写为

$$\left.\begin{aligned} \omega_{\varphi\theta} &= -\omega_{\theta\varphi} = \frac{1}{2}\frac{1}{\rho^2\sin\varphi}\left(\frac{\partial u_\theta\rho\sin\varphi}{\partial\varphi} - \frac{\partial\rho u_\varphi}{\partial\theta}\right) \\ \omega_{\theta\rho} &= -\omega_{\rho\theta} = \frac{1}{2}\frac{1}{\rho\sin\varphi}\left(\frac{\partial u_\rho}{\partial\alpha_\theta} - \frac{\partial u_\theta\rho\sin\varphi}{\partial\alpha_\rho}\right) \\ \omega_{\rho\varphi} &= -\omega_{\varphi\rho} = \frac{1}{2}\frac{1}{\rho}\left(\frac{\partial\rho u_\varphi}{\partial\rho} - \frac{\partial u_\rho}{\partial\varphi}\right) \end{aligned}\right\} \tag{7.2.18}$$

这里各分量的顶部已略去“—”，不致引起混淆，例如$\omega_{\rho\theta}$就是式(7.2.5)中的$\bar{\omega}_{12}$。

体应变几何方程的球坐标描写为

$$\varepsilon_\rho + \varepsilon_\varphi + \varepsilon_\theta = \mathrm{div}\boldsymbol{u} = \nabla\cdot\boldsymbol{u} = \frac{1}{\rho^2\sin\varphi}\left(\frac{\partial u_\rho\rho^2\sin\varphi}{\partial\rho} + \frac{\partial u_\varphi\rho\sin\varphi}{\partial\varphi} + \frac{\partial\rho u_\theta}{\partial\theta}\right) \tag{7.2.19}$$

例 7.2 设有球对称的位移分布：

$$u_\rho = u(\rho), \quad u_\varphi = 0, \quad u_\theta = 0 \tag{7.2.20}$$

试写出对应的球坐标应变分量。

解：将式(7.2.20)代入式(7.2.17)，得出：

$$\varepsilon_\rho = u'(\rho)，\ \varepsilon_\varphi = \varepsilon_\theta = \frac{u(\rho)}{\rho}, \tag{7.2.21}$$

$$\gamma_{\rho\varphi} = \gamma_{\varphi\rho} = 0，\ \gamma_{\varphi\theta} = \gamma_{\theta\varphi} = 0，\ \gamma_{\theta\rho} = \gamma_{\rho\theta} = 0$$

§ 7.3　应力和平衡方程的正交曲线坐标系描写

7.3.1　应力和平衡方程的正交曲线坐标系公式

用坐标面 $\alpha_1 = \text{const.}$，$\alpha_2 = \text{const.}$，$\alpha_3 = \text{const.}$ 和坐标面 $\alpha_1 + \Delta\alpha_1 = \text{const.}$，$\alpha_2 + \Delta\alpha_2 = \text{const.}$，和 $\alpha_3 + \Delta\alpha_3 = \text{const.}$ 围出一个六面体微元。定义坐标面 $\alpha_j = \text{const.}$ 上的应力矢量为

$$\boldsymbol{p}_j = \sigma_{j1}\boldsymbol{e}_1 + \sigma_{j2}\boldsymbol{e}_2 + \sigma_{j3}\boldsymbol{e}_3 \quad (j = 1,2,3) \tag{7.3.1}$$

式中，$\sigma_{ji}(j,i = 1,2,3)$ 正是正交曲线坐标系描写的应力张量的分量。那么对所围出的六面体微元，有图 7.3 所示的受力图。

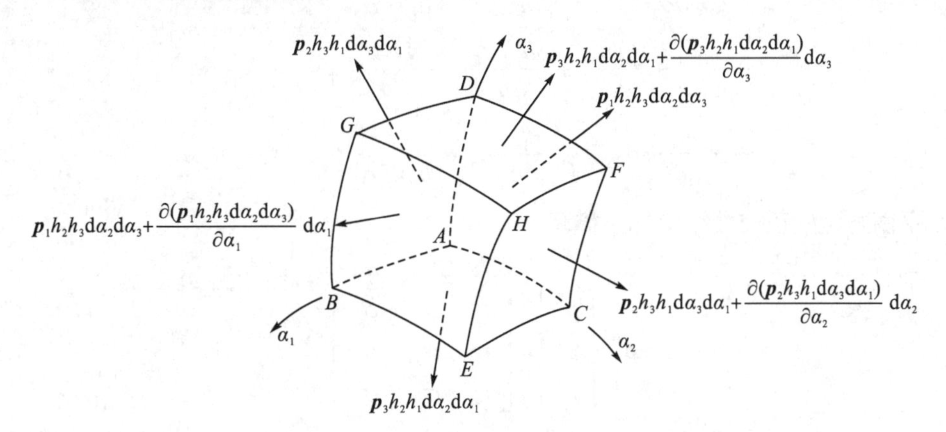

图 7.3　正交曲线坐标体微元受力示意图

这里体元的表面 $ACFD$ 的外法线 $\boldsymbol{n}$ 为轴 $\boldsymbol{e}_1$ 的负向，面积为 $h_2\mathrm{d}\alpha_2 \cdot h_3\mathrm{d}\alpha$，所受面力总和为 $-\boldsymbol{p}_1 h_2 h_3 \mathrm{d}\alpha_2 \mathrm{d}\alpha_3$；

体元的表面 $ADGB$ 的外法线 $\boldsymbol{n}$ 为 $\boldsymbol{e}_2$ 的负向，面积为 $h_3\mathrm{d}\alpha_3 \cdot h_1\mathrm{d}\alpha_1$，所受面力总和为 $-\boldsymbol{p}_2 h_3 h_1 \mathrm{d}\alpha_3 \mathrm{d}\alpha_1$；

体元的表面 $ABEC$ 的外法线 $\boldsymbol{n}$ 为 $\boldsymbol{e}_3$ 的负向，面积为 $h_1\mathrm{d}\alpha_1 \cdot h_2\mathrm{d}\alpha_2$，所受面力总和为 $-\boldsymbol{p}_3 h_1 h_2 \mathrm{d}\alpha_1 \mathrm{d}\alpha_2$。

这三个面元的对立面元上：

表面 $BEHG$ 的外法线 $\boldsymbol{n}$ 为轴 $\boldsymbol{e}_1$ 的正向，所受面力总和为

$$[\boldsymbol{p}_1 h_2 h_3 \mathrm{d}\alpha_2 \mathrm{d}\alpha_3 + \mathrm{d}\alpha_1 \cdot \partial(\boldsymbol{p}_1 h_2 h_3 \mathrm{d}\alpha_2 \mathrm{d}\alpha_3) / \partial\alpha_1]；$$

表面 $CFHE$ 的外法线 $\boldsymbol{n}$ 为轴 $\boldsymbol{e}_2$ 的正向，所受面力总和为

$$[\boldsymbol{p}_2 h_3 h_1 \mathrm{d}\alpha_3 \mathrm{d}\alpha_1 + \mathrm{d}\alpha_2 \cdot \partial(\boldsymbol{p}_2 h_3 h_1 \mathrm{d}\alpha_3 \mathrm{d}\alpha_1)/\partial\alpha_2];$$

表面 $DGHF$ 的外法线 $\boldsymbol{n}$ 为轴 $\boldsymbol{e}_3$ 的正向，所受面力总和为

$$[\boldsymbol{p}_3 h_1 h_2 \mathrm{d}\alpha_1 \mathrm{d}\alpha_2 + \mathrm{d}\alpha_3 \cdot \partial(\boldsymbol{p}_3 h_1 h_2 \mathrm{d}\alpha_1 \mathrm{d}\alpha_2)/\partial\alpha_3]。$$

六面体微元所受的体力总和为 $\boldsymbol{f} h_1 h_2 h_3 \mathrm{d}\alpha_1 \mathrm{d}\alpha_2 \mathrm{d}\alpha_3$。

列出这六面体微元的平衡条件，整理后得到平衡方程

$$\frac{1}{h_1 h_2 h_3}\left[\frac{\partial h_2 h_3 \boldsymbol{p}_1}{\partial\alpha_1} + \frac{\partial h_3 h_1 \boldsymbol{p}_2}{\partial\alpha_2} + \frac{\partial h_1 h_2 \boldsymbol{p}_3}{\partial\alpha_3}\right] + \boldsymbol{f} = \boldsymbol{0} \tag{7.3.2}$$

将式(7.3.1)代入式(7.3.2)，利用基本导式算出：

$$\left.\begin{aligned}
&\frac{1}{h_1 h_2 h_3}\left[\frac{\partial h_2 h_3 \sigma_{11}}{\partial\alpha_1} + \frac{\partial h_3 h_1 \sigma_{21}}{\partial\alpha_2} + \frac{\partial h_1 h_2 \sigma_{31}}{\partial\alpha_3}\right] + \frac{\partial h_1}{h_1 h_2 \partial\alpha_2}\sigma_{12} \\
&+ \frac{\partial h_1}{h_1 h_3 \partial\alpha_3}\sigma_{13} - \frac{\partial h_2}{h_1 h_2 \partial\alpha_1}\sigma_{22} - \frac{\partial h_3}{h_1 h_3 \partial\alpha_1}\sigma_{33} + f_1 = 0 \\
&\frac{1}{h_1 h_2 h_3}\left[\frac{\partial h_2 h_3 \sigma_{12}}{\partial\alpha_1} + \frac{\partial h_3 h_1 \sigma_{22}}{\partial\alpha_2} + \frac{\partial h_1 h_2 \sigma_{32}}{\partial\alpha_3}\right] + \frac{\partial h_2}{h_2 h_3 \partial\alpha_3}\sigma_{23} \\
&+ \frac{\partial h_2}{h_2 h_1 \partial\alpha_1}\sigma_{21} - \frac{\partial h_3}{h_2 h_3 \partial\alpha_2}\sigma_{33} - \frac{\partial h_1}{h_2 h_1 \partial\alpha_2}\sigma_{11} + f_2 = 0 \\
&\frac{1}{h_1 h_2 h_3}\left[\frac{\partial h_2 h_3 \sigma_{13}}{\partial\alpha_1} + \frac{\partial h_3 h_1 \sigma_{23}}{\partial\alpha_2} + \frac{\partial h_1 h_2 \sigma_{33}}{\partial\alpha_3}\right] + \frac{\partial h_3}{h_3 h_1 \partial\alpha_1}\sigma_{31} \\
&+ \frac{\partial h_3}{h_2 h_3 \partial\alpha_2}\sigma_{32} - \frac{\partial h_1}{h_3 h_1 \partial\alpha_3}\sigma_{11} - \frac{\partial h_2}{h_3 h_2 \partial\alpha_3}\sigma_{22} + f_3 = 0
\end{aligned}\right\}$$

这就是**平衡方程的正交曲线坐标系描写。**

用式(7.3.1)定义的记号组成应力矩阵或应力张量 $\boldsymbol{\sigma}$：

$$\boldsymbol{\sigma} = \begin{bmatrix} \boldsymbol{p}_1^{\mathrm{T}} \\ \boldsymbol{p}_2^{\mathrm{T}} \\ \boldsymbol{p}_3^{\mathrm{T}} \end{bmatrix} = \begin{bmatrix} \sigma_{11} & \sigma_{12} & \sigma_{13} \\ \sigma_{21} & \sigma_{22} & \sigma_{23} \\ \sigma_{31} & \sigma_{32} & \sigma_{33} \end{bmatrix} \tag{7.3.3}$$

式中，$\boldsymbol{p}_j^{\mathrm{T}} = \begin{bmatrix} \sigma_{j1} & \sigma_{j2} & \sigma_{j3} \end{bmatrix}$。

7.3.2 应力和平衡方程的柱坐标公式

对于柱坐标(r,θ,z)，坐标面 $r=$const.、$\theta=$const. 和 $z=$const. 上的应力矢量分别为

$$\boldsymbol{p}_r = [\sigma_r, \tau_{r\theta}, \tau_{rz}]^{\mathrm{T}} \tag{7.3.4a}$$

$$\boldsymbol{p}_\theta = [\tau_{\theta r}, \sigma_\theta, \tau_{\theta z}]^{\mathrm{T}} \tag{7.3.4b}$$

$$\boldsymbol{p}_z = [\tau_{zr}, \tau_{z\theta}, \sigma_z]^{\mathrm{T}} \tag{7.3.4c}$$

由这三个矢量的九个分量组成的柱坐标应力矩阵为

$$\boldsymbol{\sigma} = \begin{bmatrix} \sigma_r & \tau_{r\theta} & \tau_{rz} \\ \cdot & \sigma_\theta & \tau_{\theta z} \\ \cdot & \cdot & \sigma_z \end{bmatrix} \tag{7.3.5}$$

图 7.4 为柱坐标的体元及应力图。依据与直角坐标相同的原理，已经认定这是对称矩阵，即关于主对角线对称的元素取值相同，其物理意义是切应力互等。

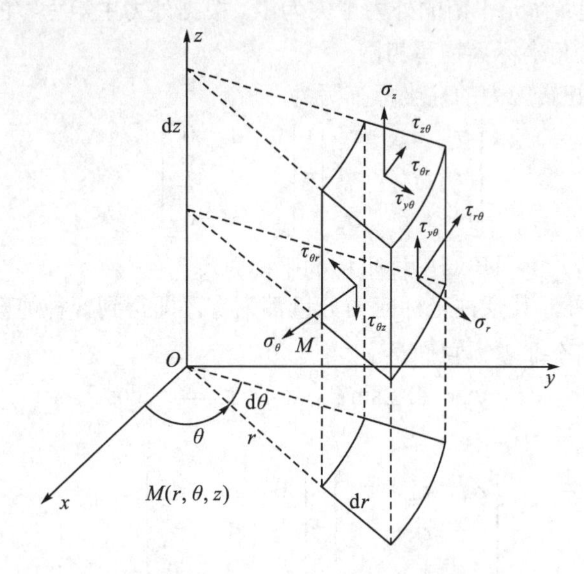

图 7.4　柱坐标的体元及应力图

在式(3.3.5)中，取

$$\boldsymbol{m}=\begin{bmatrix}\cos\theta & \sin\theta & 0\\ -\sin\theta & \cos\theta & 0\\ 0 & 0 & 1\end{bmatrix}$$

那么其左端的 $\boldsymbol{\sigma}'$ 便是式(7.3.5)表示的柱坐标应力矩阵。由此得到直角坐标与柱坐标应力分量间的关系：

$$\sigma_r=\sigma_x\cos^2\theta+2\tau_{xy}\cos\theta\sin\theta+\sigma_y\sin^2\theta \tag{7.3.6a}$$

$$\tau_{r\theta}=\tau_{\theta r}=(\sigma_y-\sigma_x)\cos\theta\sin\theta+\tau_{xy}\cos 2\theta \tag{7.3.6b}$$

$$\sigma_\theta=\sigma_x\sin^2\theta-2\tau_{xy}\cos\theta\sin\theta+\sigma_y\cos^2\theta \tag{7.3.6c}$$

$$\sigma_z=\sigma_z \tag{7.3.7a}$$

$$\tau_{rz}=\tau_{zr}=\tau_{xz}\cos\theta+\tau_{yz}\sin\theta \tag{7.3.7b}$$

$$\tau_{\theta z}=\tau_{z\theta}=-\tau_{xz}\sin\theta+\tau_{yz}\cos\theta \tag{7.3.7c}$$

平衡方程(7.3.2)的柱坐标描写成为

$$\frac{\partial r\boldsymbol{p}_r(r,\theta,z)}{r\partial r}+\frac{\partial \boldsymbol{p}_\theta(r,\theta,z)}{r\partial\theta}+\frac{\partial \boldsymbol{p}_z(r,\theta,z)}{\partial z}+\boldsymbol{f}=\boldsymbol{0} \tag{7.3.8}$$

其标量形式(7.3.3)改写为

$$\frac{\partial\sigma_r}{\partial r}+\frac{\partial\tau_{\theta r}}{r\partial\theta}+\frac{\partial\tau_{zr}}{\partial z}+\frac{\sigma_r-\sigma_\theta}{r}+f_r=0 \tag{7.3.9a}$$

$$\frac{\partial\tau_{r\theta}}{\partial r}+\frac{\partial\sigma_\theta}{r\partial\theta}+\frac{\partial\tau_{z\theta}}{\partial z}+2\frac{\tau_{r\theta}}{r}+f_\theta=0 \tag{7.3.9b}$$

$$\frac{\partial \tau_{rz}}{\partial r}+\frac{\partial \tau_{\theta z}}{r\partial \theta}+\frac{\partial \sigma_z}{\partial z}+\frac{\tau_{rz}}{r}+f_z=0 \tag{7.3.9c}$$

这组方程的物理含意是：体元平衡的外力主矢为零。根据外力主矩为零的条件导出剪应力互等定律，其形式与直角坐标系描写相同。

例 7.3 圆柱自由扭转应力的柱坐标描写为

$$\begin{bmatrix}\sigma_r & \tau_{r\theta} & \tau_{rz}\\ \circ & \sigma_\theta & \tau_{\theta z}\\ \circ & \circ & \sigma_z\end{bmatrix}=\begin{bmatrix}0 & 0 & 0\\ \circ & 0 & \tau_{\theta z}\\ \circ & \circ & 0\end{bmatrix}$$

求对应的直角坐标描写，进一步写出柱坐标的平衡方程。

解：如果除 $\tau_{z\theta}$ 之外，其余柱坐标应力分量都为零，即得到一种纯剪切应力状态。直角坐标应力分量仅有两个非零，它们是

$$\tau_{xz}=\tau_{zx}=-\tau_{z\theta}\sin\theta\text{，}\quad \tau_{yz}=\tau_{zy}=\tau_{z\theta}\cos\theta \tag{7.3.10}$$

对应的应力矩阵为

$$\begin{bmatrix}\sigma_x & \tau_{xy} & \tau_{xz}\\ \tau_{yx} & \sigma_y & \tau_{yz}\\ \tau_{zx} & \tau_{zy} & \sigma_z\end{bmatrix}=\begin{bmatrix}0 & 0 & \tau_{xz}\\ 0 & 0 & \tau_{yz}\\ \tau_{zx} & \tau_{zy} & 0\end{bmatrix}$$

平衡方程(7.3.9)仅后两个有效，有

$$\frac{\partial \tau_{z\theta}(r,\theta,z)}{\partial z}=0\text{，}\quad \frac{\partial \tau_{\theta z}(r,\theta,z)}{\partial \theta}=0$$

7.3.3 应力和平衡方程的球坐标公式

对于球坐标(ρ,φ,θ)，坐标面 $\rho=\text{const.}$、$\varphi=\text{const.}$ 和 $\theta=\text{const.}$ 上的应力矢量分别为

$$\boldsymbol{p}_\rho=[\sigma_\rho,\tau_{\rho\varphi},\tau_{\rho\theta}]^{\mathrm{T}} \tag{7.3.11a}$$

$$\boldsymbol{p}_\varphi=[\tau_{\varphi\rho},\sigma_\varphi,\tau_{\varphi\theta}]^{\mathrm{T}} \tag{7.3.11b}$$

$$\boldsymbol{p}_\theta=[\tau_{\theta\rho},\tau_{\theta\varphi},\sigma_\theta]^{\mathrm{T}} \tag{7.3.11c}$$

由这三个矢量的九个分量组成应力矩阵：

$$\boldsymbol{\sigma}=\begin{bmatrix}\sigma_\rho & \tau_{\rho\varphi} & \tau_{\rho\theta}\\ \circ & \sigma_\varphi & \tau_{\varphi\theta}\\ \circ & \circ & \sigma_\theta\end{bmatrix} \tag{7.3.12}$$

图 7.5 为球坐标的体元及应力图。这里，依据与直角坐标相同的原理，已经认定这是对称矩阵，即关于主对角线对称的元素取值相同。它的物理意义是：剪应力互等。

在式(3.3.5)中，取 $\boldsymbol{\sigma}$ 为直角坐标描写的应力矩阵，取

$$\boldsymbol{m}=\begin{bmatrix}\sin\varphi\cos\theta & \sin\varphi\sin\theta & \cos\varphi\\ \cos\varphi\cos\theta & \cos\varphi\sin\theta & -\sin\varphi\\ -\sin\theta & \cos\theta & 0\end{bmatrix}$$

那么其左端的 $\boldsymbol{\sigma}'$ 便是式(7.3.12)表示的球坐标应力矩阵。由此可以得到直角坐标与球坐标应力分量间的关系。

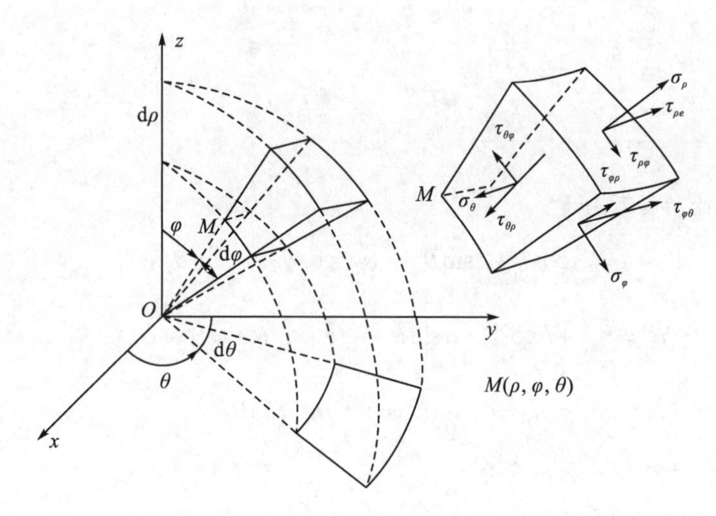

图 7.5　球坐标的体元及应力图

平衡方程(7.3.2)的球坐标描写为

$$\frac{1}{\rho^2\sin^2\varphi}\left[\frac{\partial\rho^2\sin^2\varphi\boldsymbol{p}_\rho}{\partial\rho}+\frac{\partial\rho\sin\varphi\boldsymbol{p}_\varphi}{\partial\varphi}+\frac{\partial\rho\boldsymbol{p}_\theta}{\partial\theta}\right]+\boldsymbol{f}=\boldsymbol{0} \tag{7.3.13}$$

其标量形式(7.3.3)改写为

$$\frac{\partial\sigma_\rho}{\partial\rho}+\frac{\partial\tau_{\varphi\rho}}{\rho\partial\varphi}+\frac{\partial\tau_{\theta\rho}}{\rho\sin\varphi\partial\theta}+\frac{2\sigma_\rho-\sigma_\varphi-\sigma_\theta+\tau_{\rho\varphi}\cot\varphi}{\rho}+f_\rho=0 \tag{7.3.14a}$$

$$\frac{\partial\tau_{\rho\varphi}}{\partial\rho}+\frac{\partial\sigma_\varphi}{\rho\partial\varphi}+\frac{\partial\tau_{\theta\varphi}}{\rho\sin\varphi\partial\theta}+\frac{\sigma_\varphi-\sigma_\theta}{\rho}\cot\varphi+3\tau_{\rho\varphi}+f_\varphi=0 \tag{7.3.14b}$$

$$\frac{\partial\tau_{\rho\theta}}{\partial\rho}+\frac{\partial\tau_{\varphi\theta}}{\rho\partial\varphi}+\frac{\partial\sigma_\theta}{\rho\sin\varphi\partial\theta}+\frac{3\tau_{\rho\theta}+2\tau_{\varphi\theta}\cot\varphi}{\rho}+f_\theta=0 \tag{7.3.14c}$$

这组方程的物理含意是：体元平衡的外力主矢为零。根据外力主矩为零的条件导出剪应力互等定律，前已述及。

例 7.4　如果非零的应力分量仅有σ_ρ、σ_φ、σ_θ，试写出平衡方程。

解：由式(7.3.14)得出

$$\frac{\partial\sigma_\rho}{\partial\rho}+\frac{2\sigma_\rho-\sigma_\varphi-\sigma_\theta}{\rho}+f_\rho=0\text{；}$$

$$\frac{\partial\sigma_\varphi}{\rho\partial\varphi}+\frac{\sigma_\varphi-\sigma_\theta}{\rho}\cot\varphi+f_\varphi=0\text{；}$$

$$\frac{\partial\sigma_\theta}{\rho\sin\varphi\partial\theta}+f_\theta=0$$

作为本章的结束语，这里指出，胡克介质本构方程的直角坐标系描写形式［式(4.3.10)和式(4.3.15)］完全适用于包含柱坐标系和球坐标系在内的一切正交曲线坐标系，直角坐标系描写的弹性常数，完全适用于一切正交曲线坐标。

习　　题

7.1　对于柱坐标位移分量

$$u_r = a\cos\theta + b\sin\theta + \frac{z}{2}(\psi_y\cos\theta - \psi_x\sin\theta),$$

$$u_\theta = \omega_z r + b\cos\theta - a\sin\theta - \frac{z}{2}(\psi_y\sin\theta + \psi_x\cos\theta),$$

$$u_z = c + \frac{r}{2}(\psi_x\sin\theta - \psi_y\cos\theta)$$

求对应的直角坐标位移分量和应变分量。

7.2　对于柱坐标位移分量

$$u_r = c_1 r + c_2/r,\quad u_\theta = 0,\quad u_z = 0$$

求对应的应变分量。式中，c_1和c_2都是常数。

7.3　对图 5.7 所示圆截面柱体在端面受力矩的扭转问题，写出材料力学给出的应力分布，验证这个应力分布是弹性力学的解。

7.4　验证：用球坐标描写的如下位移场是球壳受内压 p_a 问题的解。

$$u_\rho = \frac{p_a}{2G}\rho\frac{\frac{1}{2}\left(\frac{b}{\rho}\right)^3 + \frac{1-2\nu}{1+\nu}}{\left(\frac{b}{a}\right)^3 - 1},\quad u_\varphi = u_\theta = 0$$

式中，a和b分别为球壳的内外半径，ν和E分别为材料的泊松比和弹性模量。

第8章 平 面 问 题

平面问题是应力分析中应用最为广泛的模型，它的理论体系概括了弹性力学问题的原理和方法。本章介绍平面应力问题和平面应变问题的物理和数学模型、相应的直角坐标和极坐标描写、用直角坐标和极坐标按位移解、按应力解和按应力函数解平面问题、用应力函数表达应力边界条件以及一些典型的解例。

§8.1 两类平面问题

8.1.1 平面应力问题

这里所谓的平面问题指对特定条件下全物体的应力分析模型。**平面应力问题**的基本特征是：对物体存在一个特定的平面，取之为坐标系的坐标面 xOy，非零的应力分量仅为此面内或它的平行面内的三个分量 σ_x、σ_y、τ_{xy}，它们与坐标 z 无关；其余三个应力分量 τ_{xz}、τ_{yz}、σ_z 在物体所占区域上处处为零：

$$\tau_{xz}=\tau_{yz}=\sigma_z=0 \tag{8.1.1}$$

由于仅存在三个应力分量 σ_x、σ_y、τ_{xy}，因此按照这个定义，平衡方程(5.1.2)的前两个简化为

$$\frac{\partial \sigma_x}{\partial x}+\frac{\partial \tau_{yx}}{\partial y}+f_x=0, \qquad \frac{\partial \tau_{xy}}{\partial x}+\frac{\partial \sigma_y}{\partial y}+f_y=0 \tag{8.1.2}$$

平衡方程(5.1.2a)成为 $f_z=0$。这里给出了对外加体力的限制条件，要求体力分量 f_x、f_y 与坐标 z 无关，不存在体力分量 f_z。

本构方程(5.1.5a)与方程(5.1.5b)的第一个式子，方程(5.1.5c)的第二个式子分别简化为

$$\varepsilon_x=\frac{1}{E}(\sigma_x-\nu\sigma_y), \quad \varepsilon_y=\frac{1}{E}(\sigma_y-\nu\sigma_x), \quad \gamma_{xy}=\frac{2(1+\nu)}{E}\tau_{xy} \tag{8.1.3a}$$

或者有逆形式：

$$\sigma_x=\frac{E}{1-\nu^2}(\varepsilon_x+\nu\varepsilon_y), \quad \sigma_y=\frac{E}{1-\nu^2}(\varepsilon_y+\nu\varepsilon_x), \quad \tau_{xy}=\frac{2(1+\nu)}{E}\gamma_{xy} \tag{8.1.3b}$$

这两个本构方程涉及的应变分量仅有三个，即 ε_x、ε_y、$\gamma_{xy}(=\gamma_{yx})$，因此从几何方程(5.1.1)中仅列出与这 3 个应变分量有关的部分：

$$\varepsilon_x=\frac{\partial u_x}{\partial x}, \quad \varepsilon_y=\frac{\partial u_y}{\partial y}, \quad \gamma_{xy}=\gamma_{yx}=\frac{\partial u_x}{\partial y}+\frac{\partial u_y}{\partial x} \tag{8.1.4}$$

与这三个几何方程对应的位移分量仅有 2 个，即u_x和u_y。

这样，方程(8.1.2)～方程(8.1.4)含标量方程共 8 个，构成依赖自变量(x,y)的 8 个场分量，即σ_x、σ_y、$\tau_{xy}(=\tau_{yx})$、ε_x、ε_y、$\gamma_{xy}(=\gamma_{yx})$、$u_x$和$u_y$的控制方程。

对平面问题，物体的边界模型化为坐标面xOy上确定区域S的边界平面曲线∂S。平面曲线的法线就是模型物体的边界面的法线。

位移边界条件：适用于部分边界∂S_u：

$$u_x=\bar{u}_x,\quad u_y=\bar{u}_y \tag{8.1.5}$$

注意：不能约束位移分量u_z。

应力边界条件：适用于部分边界∂S_σ：

$$\sigma_x n_x+\tau_{yx}n_y=\bar{p}_x \tag{8.1.6a}$$

$$\tau_{xy}n_x+\sigma_y n_y=\bar{p}_y \tag{8.1.6b}$$

而方程(5.1.7c)简化为$\bar{p}_z=0$。这里给出了对边界外加面力的限制条件，要求外加面力分量$\bar{p}_x$、$\bar{p}_y$与坐标z无关，不存在面力分量$\bar{p}_z$。

混合边值条件：适用于部分边界$\partial S_{u\sigma}$，其上混合地给出应力与位移边值，例如

$$u_x=\bar{u}_x,\qquad \tau_{xy}n_x+\sigma_y n_y=\bar{p}_y \tag{8.1.7}$$

式中，∂S_u、∂S_σ和$\partial S_{u\sigma}$两两的交为空集，三者的和集为∂S。

除以上所述 8 个基本场分量之外，还有 7 个场分量。这 7 个场分量中$\tau_{xz}=\tau_{yz}=\sigma_z=0$；由本构方程(5.1.5a)和方程(5.1.5b)的第二个式子得到$\gamma_{xz}=\gamma_{yz}=0$；由本构方程(5.1.5c)的第一个式子得到$\varepsilon_z=-\nu(\sigma_x+\sigma_y)/E$。至于位移分量$u_z$，可以由几何方程(5.1.1)的第五个积分，得到$u_z=z\varepsilon_z(x,y)+C(x,y)$，这里$C(x,y)$是与$z$无关的待定函数。这个结果与$\gamma_{xz}=\gamma_{yz}=0$和方程(8.1.2)～方程(8.1.6)组成定解问题得到的位移分量u_x和u_y未必相容。因此，通常就忽略这个问题的精准讨论。但是，由此却得出了如下有应用价值的结果

$$\frac{1}{h}\int_{-h/2}^{h/2}u_z\mathrm{d}z=C(x,y)$$

如果取$C(x,y)=0$，则位移分量u_z在区间$-h/2\leqslant z\leqslant h/2$上的平均值为零。

8.1.2 平面应变问题

平面应变问题的基本特征是：对物体存在一个特定的平面，取之为坐标系的坐标面xOy，在物体所占区域上两个位移分量u_x、u_y与坐标z无关，位移分量u_z为常量，即$u_z=\mathrm{const.}$。

按这个要求，位移分量u_x和u_y表示为

$$u_x=u_x(x,y),\qquad u_y=u_y(x,y)$$

应变分量γ_{xz}、γ_{yz}、ε_z在全物体上处处为零：

$$\gamma_{xz}=\gamma_{yz}=\varepsilon_z=0 \tag{8.1.8}$$

因此非零应变仅有 3 个独立分量，即 ε_x 、ε_y 和 γ_{xy}，几何方程简化为与之关联的三个式子：

$$\varepsilon_x = \frac{\partial u_x}{\partial x},\quad \gamma_{xy} = \frac{\partial u_x}{\partial y} + \frac{\partial u_y}{\partial x},\quad \varepsilon_y = \frac{\partial u_y}{\partial y} \tag{8.1.9}$$

本构方程(5.1.4)中，面 xOy 内的三个应力分量为

$$\sigma_x = \lambda(\varepsilon_x + \varepsilon_y) + 2G\varepsilon_x \tag{8.1.10a}$$

$$\sigma_y = \lambda(\varepsilon_x + \varepsilon_y) + 2G\varepsilon_y \tag{8.1.10b}$$

$$\tau_{xy} = G\gamma_{xy} \tag{8.1.10c}$$

余下两个切应力分量 $\tau_{xz} = \tau_{yz} = 0$；由本构方程式(5.1.4)第三式或本构方程(5.1.5)第三式分别给出应力分量 σ_z：

$$\sigma_z = \lambda(\varepsilon_x + \varepsilon_y) \tag{8.1.11a}$$

或

$$\sigma_z = \nu(\sigma_x + \sigma_y) \tag{8.1.11b}$$

值得注意的是，利用式(4.3.15)和式(4.3.16)，平面应变问题的本构方程(8.1.10)可以改写为用工程弹性常数表达的形式：

$$\varepsilon_x = \frac{1-\nu^2}{E}\left(\sigma_x - \frac{\nu}{1-\nu}\sigma_y\right),\quad \varepsilon_y = \frac{1-\nu^2}{E}\left(\sigma_y - \frac{\nu}{1-\nu}\sigma_x\right),\quad \gamma_{xy} = \frac{2(1+\nu)}{E}\tau_{xy} \tag{8.1.12}$$

而平衡方程可以简化为与式(8.1.2)相同的形式，且要求体力满足分量 f_x、f_y 与坐标 z 无关，不存在分量 f_z，即 $f_z = 0$ 。

这样一来，平衡方程(8.1.2)、几何方程(8.1.9)和本构方程(8.1.10)构成依赖自变量 (x,y) 的 8 个场分量，即 σ_x、σ_y、$\tau_{xy}(=\tau_{yx})$、ε_x、ε_y、$\gamma_{xy}(=\gamma_{yx})$、$u_x$ 和 u_y 的控制方程。

与平面应力问题相同，平面应变问题物体的边界模型化为坐标面 xOy 上确定区域 S 的边界平面曲线 ∂S 。平面曲线的法线就是模型物体的边界面的法线。

位移边界条件，应力边界条件和混合边值条件的表述与式(8.1.5)、式(8.1.6)和式(8.1.7)相同。注意：平面应变问题中需要约束位移分量 u_z 。

8.1.3　两类平面问题的数学形式同一性

比较两类平面问题的控制方程，可以发现，对于 u_x、u_y、ε_x、ε_y、γ_{xy}、σ_x、σ_y、τ_{xy} 8 个待求函数，几何方程和平衡方程有完全相同的形式。进一步观察还可以发现，如果引入记号 E_1 和 ν_1，使

$$E_1 = E/(1-\nu^2),\qquad \nu_1 = \nu/(1-\nu) \tag{8.1.13}$$

则平面应变问题的面内应力应变关系式(8.1.12)便改写为

$$\varepsilon_x = \frac{1}{E_1}(\sigma_x - \nu_1\sigma_y),\quad \varepsilon_y = \frac{1}{E_1}(\sigma_y - \nu_1\sigma_x),\quad \gamma_{xy} = \frac{2(1+\nu_1)}{E_1}\tau_{xy} \tag{8.1.14}$$

这与平面应力问题的应力应变关系式(8.1.3a)的数学形式完全相同。

可以得出结论：如果在平面应力问题的本构方程(8.1.3a)中，将 E 和 ν 用 E_1 和 ν_1 代替，则成为平面应变问题的本构方程(8.1.12)。

还可以证明，在平面应变问题的本构方程(8.1.12)中，将E和ν用E'和ν'代替，则成为平面应力问题的本构方程(8.1.3a)，这里

$$E'=(1+2\nu)E/(1+\nu)^2, \quad \nu'=\nu/(1+\nu) \tag{8.1.15}$$

进一步可以推论，在由控制方程(8.1.1)～方程(8.1.4)和边界条件(8.1.5)至边界条件(8.1.7)描述的平面应力问题中，将E和ν用E_1和ν_1代替，则结果适用于由几何方程(8.1.9)、本构方程(8.1.12)和平衡方程(8.1.2)与边界条件(8.1.5)至边界条件(8.1.7)描述的平面应变问题。反之，在由控制方程(8.1.9)、本构方程(8.1.12)和平衡方程(8.1.2)与边界条件(8.1.5)至边界条件(8.1.7)描述的平面应变问题中，将E和ν用E'和ν'代替，则结果适用于由控制方程(8.1.1)～方程(8.1.4))和边界条件(8.1.5)至边界条件(8.1.7)算出的平面应力问题。

这里需要注意，有如下等式成立：

$$\frac{1+\nu}{E}=\frac{1+\nu_1}{E_1}=\frac{1+\nu'}{E'} \tag{8.1.16}$$

这是弹性力学理论里一个十分协调的重要结果。

8.1.4 广义平面问题

作为一个力学模型，两类平面问题模型要求的条件是很苛刻的，很难在工程实际问题中严格地实现，但按平面问题模型分析的结果却又可以广泛应用于工程实际问题。这些可按平面问题处理的工程问题，一般有如下特点：

(1)几何特点：几何形状是柱体。将柱体的母线方向取为轴Oz的方向，与之垂直的截面不随坐标z的变化而改变。如果柱体的z向长度远小于截面面内尺寸，则形成等厚度平板，一般适用于平面应力问题模型；如果z向长度较大，往往适用于平面应变问题模型。

(2)载荷特点：不得承受z向外加体力，体力和柱面面力都在坐标面xOy及其平行面内，且不随坐标z的变化而改变。

(3)约束特点：截面面内约束不因坐标z的变化而改变。如果不存在对柱体端面($z=\text{const.}$)的任何约束，往往按平面应力问题建模；如果存在柱体端面的法向刚性约束，往往按平面应变问题建模。

对于接近上述几个特点的工程问题，与前述平面问题理论较好衔接的另一途径是构建板厚度上($-h/2\leqslant z\leqslant h/2$)平均位移($\hat{u}_x,\hat{u}_y$)、平均应变($\hat{\varepsilon}_x,\hat{\varepsilon}_y,\hat{\gamma}_{xy}$)和平均应力($\hat{\sigma}_x,\hat{\sigma}_y,\hat{\tau}_{xy}$)为基本待求量的**广义平面问题**模型。为此将平衡方程(5.1.2)前两式在z向厚度区间作积分，交换积分和求导的次序，等号两端同除以厚度h，分别得到

$$\frac{\partial\hat{\sigma}_x}{\partial x}+\frac{\partial\hat{\tau}_{yx}}{\partial y}+\hat{f}_x+[\tau_{zx}]_{-h/2}^{h/2}=0$$

$$\frac{\partial\hat{\tau}_{xy}}{\partial x}+\frac{\partial\hat{\sigma}_y}{\partial y}+\hat{f}_y+[\tau_{zy}]_{-h/2}^{h/2}=0$$

式中引入了平均应力和平均体力面内分量，分别表示为

$$\hat{\sigma}_x=\frac{1}{h}\int_{-h/2}^{h/2}\sigma_x\mathrm{d}z,\quad \hat{\sigma}_y=\frac{1}{h}\int_{-h/2}^{h/2}\sigma_x\mathrm{d}z,\quad \hat{\tau}_{yx}=\hat{\tau}_{xy}=\frac{1}{h}\int_{-h/2}^{h/2}\tau_{yx}\mathrm{d}z$$

$$\hat{f}_x=\frac{1}{h}\int_{-h/2}^{h/2}f_x\mathrm{d}z,\quad \hat{f}_y=\frac{1}{h}\int_{-h/2}^{h/2}f_y\mathrm{d}z$$

当工程问题的载荷特点满足板的两表面在 $z=\pm h/2$ 处无外加作用力的边界条件

$$(\tau_{zx})_{-h/2}=(\tau_{zx})_{h/2}=0,\quad (\tau_{zy})_{-h/2}=(\tau_{zy})_{h/2}=0,\quad (\sigma_z)_{-h/2}=(\sigma_z)_{h/2}=0$$

当非零的体力 z 向分量为零，柱面外加面力对称于坐标面 xOy 时，则可以证明，面内平均应力和面内平均体力满足与式(8.1.2)相同的平衡方程，并且有

$$\left(\frac{\partial\tau_{zx}}{\partial x}\right)_{z=-h/2}=\left(\frac{\partial\tau_{zx}}{\partial y}\right)_{z=h/2}=\left(\frac{\partial\tau_{zy}}{\partial x}\right)_{z=-h/2}=\left(\frac{\partial\tau_{zy}}{\partial y}\right)_{z=h/2}=0$$

所以得到

$$\left(\frac{\partial\sigma_z}{\partial z}\right)_{z=-h/2}=\left(\frac{\partial\sigma_z}{\partial z}\right)_{z=h/2}=0$$

如果取近似

$$|z|<h/2:\ \sigma_z(x,y,z)\approx 0,\quad \tau_{zx}(x,y,z)\approx 0,\quad \tau_{zy}(x,y,z)\approx 0$$

则这三个近似式相当于 $\sigma_z(x,y,z)$、$\tau_{zx}(x,y,z)$ 和 $\tau_{zy}(x,y,z)$ 在 $z=0$ 处的泰勒(Taylor G.L.)级数截断，舍去的部分量级为 $0\left((h/2)^3\right)$。这样一来，可以建立与式(8.1.4)形式相同的($\hat{u}_x$、$\hat{u}_y$ 与 $\hat{\varepsilon}_x$、$\hat{\varepsilon}_y$、$\hat{\gamma}_{xy}$)几何方程，以及与式(8.1.3a)形式相同的($\hat{\varepsilon}_x$、$\hat{\varepsilon}_y$、$\hat{\gamma}_{xy}$ 与 $\hat{\sigma}_x$、$\hat{\sigma}_y$、$\hat{\tau}_{xy}$)本构方程，从而可以组成以厚度平均位移($\hat{u}_x$、$\hat{u}_y$)、平均应变($\hat{\varepsilon}_x$、$\hat{\varepsilon}_y$、$\hat{\gamma}_{xy}$)和平均应力($\hat{\sigma}_x$、$\hat{\sigma}_y$、$\hat{\tau}_{xy}$)为基本待求量，与前述平面应力问题数学模型相同的**广义平面问题**。由于这个理论往往应用于结构板之类的组件，因此通常称为**广义平面应力问题**。这样的广义平面应力问题的理论，既保留了与平面问题理论形式的同一性，又给出了工程应用价值的理论和令人满意的可信度。

此外，如果 $(\sigma_z)_{-h/2}=(\sigma_z)_{h/2}=\sigma(x,y)\neq 0$，可以取近似

$$|z|<h/2:\ \sigma_z(x,y,z)\approx\sigma(x,y),\quad \tau_{zx}(x,y,z)\approx 0,\quad \tau_{zy}(x,y,z)\approx 0$$

则这三个近似式相当于 $\sigma_z(x,y,z)$、$\tau_{zx}(x,y,z)$ 和 $\tau_{zy}(x,y,z)$ 在 $z=0$ 处的泰勒级数截断，舍去的部分量级为 $0\left((h/2)^3\right)$。针对柱体端面存在法向弹性约束的一般情况，可以组构广义平面问题来进行分析，并求出 $\sigma(x,y)$。对此本书不展开叙述。

8.1.5 平面问题的定解问题

综合前述，平面应力问题的定解问题针对以(x,y)为自变量的 8 个基本场分量(u_x、u_y、ε_x、ε_y、γ_{xy}、σ_x、σ_y、τ_{xy})，组成如下：

(1)控制方程：$(x,y)\in S$

平衡方程(8.1.2)；

本构方程(8.1.3)；

几何方程(8.1.4)。

(2)边界条件：位移边界条件、应力边界条件和混合边值条件的表述分别与式(8.1.5)、式(8.1.6)和式(8.1.7)相同。

这里涉及了区域S内的 8 个待求量，它们是：两个位移分量u_x、u_y，三个应变分量ε_x、ε_y、γ_{xy}和三个应力分量σ_x、σ_y、τ_{xy}。

已经默认剪应力互等得到满足，因此两个剪应力分量τ_{xy}、τ_{yx}只计算一个，是独立的待求量。

这里列出的控制方程是**基本方程**，其个数恰为 8 个。不能将这 8 个方程以外的其他方程纳入基本方程。例如，应变协调方程是**导出方程**，不应纳入基本方程，因为应变协调方程是由这些基本方程推演得出的方程。

8.1.6 控制方程的极坐标描写

对于平面问题，可以对柱坐标描写的弹性力学基本方程简化，使其成为用极坐标描写的平面弹性力学的表述形式。下面不做推演，仅根据 7.2 节和 7.3 节所述，写出平衡方程(8.1.2)、平面应力问题本构方程(8.1.3)和几何方程(8.1.4)的极坐标形式。

平衡方程(8.1.2)的极坐标描写为

$$\frac{\partial\sigma_r}{\partial r}+\frac{\partial\tau_{\theta r}}{r\partial\theta}+\frac{\sigma_r-\sigma_\theta}{r}+f_r=0 \tag{8.1.17a}$$

$$\frac{\partial\tau_{r\theta}}{\partial r}+\frac{\partial\sigma_\theta}{r\partial\theta}+2\frac{\tau_{r\theta}}{r}+f_\theta=0 \tag{8.1.17b}$$

平面应力问题本构方程(8.1.3)的极坐标描写为

$$\varepsilon_r=\frac{1}{E}(\sigma_r-\nu\sigma_\theta),\quad \varepsilon_\theta=\frac{1}{E}(\sigma_\theta-\nu\sigma_r),\quad \gamma_{r\theta}=\frac{2(1+\nu)}{E}\tau_{r\theta} \tag{8.1.18a}$$

或

$$\sigma_r=\frac{E}{1-\nu^2}(\varepsilon_r+\nu\varepsilon_\theta),\quad \sigma_\theta=\frac{E}{1-\nu^2}(\varepsilon_\theta+\nu\varepsilon_r),\quad \tau_{r\theta}=\frac{2(1+\nu)}{E}\gamma_{r\theta} \tag{8.1.18b}$$

几何方程(8.1.4)的极坐标描写为

$$\varepsilon_r=\frac{\partial u_r}{\partial r},\qquad \varepsilon_\theta=\frac{\partial u_\theta}{r\partial\theta}+\frac{u_r}{r},\qquad \gamma_{r\theta}=\gamma_{\theta r}=\frac{\partial u_\theta}{\partial r}+\frac{\partial u_r}{r\partial\theta}-\frac{u_\theta}{r} \tag{8.1.19}$$

§ 8.2 按位移解平面问题

8.2.1 按位移求解平面问题的边值问题

(1)控制方程：适用于坐标面Oxy上的平面区域S的内点。

在 Navier 方程(5.2.1)中，取$u_z=0$，$\partial/\partial z=0$，得到适用于平面应变问题的位移控制方程：

$$(\lambda+G)\frac{\partial}{\partial x}\left(\frac{\partial u_x}{\partial x}+\frac{\partial u_y}{\partial y}\right)+G\Delta u_x+f_x=0 \tag{8.2.1a}$$

$$(\lambda+G)\frac{\partial}{\partial y}\left(\frac{\partial u_x}{\partial x}+\frac{\partial u_y}{\partial y}\right)+G\Delta u_x+f_y=0 \tag{8.2.1b}$$

这里算符Δ已经成为二维拉普拉斯算符：

$$\Delta\varphi(x,y)=\frac{\partial^2\varphi}{\partial x^2}+\frac{\partial^2\varphi}{\partial y^2}$$

(2)边界条件：适用于坐标面Oxy上的平面区域S的边界曲线上。

给出适用于位移边值区∂S_u的方程(8.1.15)。

给出适用于应力边值区∂S_σ的方程(8.1.16)，但要用位移分量表示：

$$\left[\lambda\left(\frac{\partial u_x}{\partial x}+\frac{\partial u_y}{\partial y}\right)+2G\frac{\partial u_x}{\partial x}\right]n_x+G\left(\frac{\partial u_x}{\partial y}+\frac{\partial u_y}{\partial x}\right)n_y=\overline{p}_x \tag{8.2.2a}$$

$$G\left(\frac{\partial u_x}{\partial y}+\frac{\partial u_y}{\partial x}\right)n_x+\left[\lambda\left(\frac{\partial u_x}{\partial x}+\frac{\partial u_y}{\partial y}\right)+2G\frac{\partial u_y}{\partial y}\right]n_y=\overline{p}_y \tag{8.2.2b}$$

混合给出应力与位移边值区$\partial S_{u\sigma}$适用的方程(8.1.17)，但其中第二式要用位移分量表示：

$$u_x=\overline{u}_x \tag{8.2.3a}$$

$$G\left(\frac{\partial u_x}{\partial y}+\frac{\partial u_y}{\partial x}\right)n_x+\left[\lambda\left(\frac{\partial u_x}{\partial x}+\frac{\partial u_y}{\partial y}\right)+2G\frac{\partial u_y}{\partial y}\right]n_y=\overline{p}_y \tag{8.2.3b}$$

式中，∂S_u、∂S_σ和$\partial S_{u\sigma}$两两的交为空集，三者的和集为∂S。

这里仅涉及了区域S内的两个待求量，它们是两个位移分量，即u_x、u_y。

例 8.1　一维变形问题。

弹性半空间$x\geqslant 0$上受体力$f_x=\gamma=\text{const.}$，在界面上受压力，压力的面密度为$p_x=q=\text{const.}$(图 8.1)，试求位移和应力的分布。

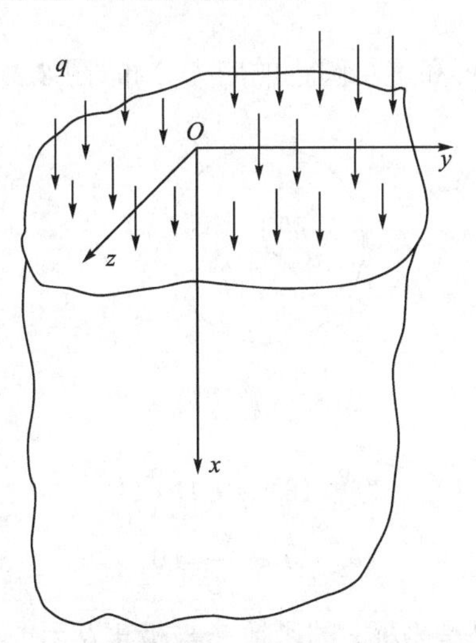

图 8.1　弹性半空间的一维变形

解：这是空间的一维变形问题，在式(8.2.1)中取

$$u_y \equiv 0\text{，}\quad \frac{\partial}{\partial y}=0,\ \frac{\partial}{\partial x}=\frac{\mathrm{d}}{\mathrm{d}x}$$

其中的方程(8.2.1b)成为零恒等式，方程(8.2.1a)简化为

$$(\lambda+2G)\frac{\mathrm{d}^2u_x}{\mathrm{d}x^2}+\gamma=0$$

此方程有积分

$$u_x=-\frac{\gamma}{\lambda+2G}\frac{x^2}{2}+a+bx$$

式中，a、b是积分常数。由此计算应力分量

$$\sigma_x=(\lambda+2G)\varepsilon_x=(\lambda+2G)b-\gamma x$$

边界条件要求

$$x=0：\qquad \sigma_x=-q$$

这要求

$$(\lambda+2G)b=-q$$

得出b后，代入应力和位移表达式

$$\sigma_x=-q-\gamma x$$

$$u_x=-\frac{x}{\lambda+2G}\left(q+\frac{x}{2}\right)+a$$

工程问题中可以用条件

$$x=h：\qquad u_x=0$$

确定积分常数a，得到

$$a=\frac{h}{\lambda+2G}\left(q+\frac{h}{2}\right)$$

8.2.2 用极坐标按位移求解平面问题的例

例 8.2 圆环的轴对称变形和旋转圆盘的应力分布(图 8.2)。

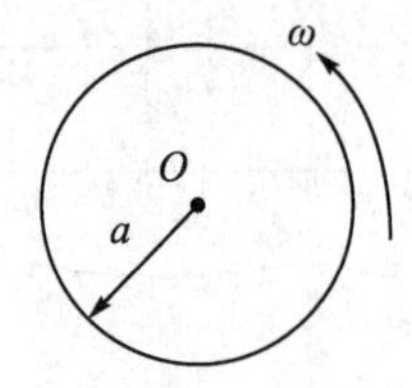

图 8.2 旋转圆盘

解：这里需要在方程(8.1.17)～方程(8.1.19)中取

$$u_\theta=0,\quad \frac{\partial}{\partial\theta}=0$$

位移、应变和应力分量都仅仅是坐标r的函数，与极角θ无关，于是得到

$$\frac{\mathrm{d}\sigma_r}{\mathrm{d}r}+\frac{\sigma_r-\sigma_\theta}{r}+f_r=0 \tag{8.2.4}$$

$$\sigma_r=\frac{E}{1-v^2}(\varepsilon_r+v\varepsilon_\theta),\quad \sigma_\theta=\frac{E}{1-v^2}(\varepsilon_\theta+v\varepsilon_r) \tag{8.2.5}$$

$$\varepsilon_r=\frac{\mathrm{d}u_r}{\mathrm{d}r},\quad \varepsilon_\theta=\frac{u_r}{r} \tag{8.2.6}$$

将式(8.2.6)代入式(8.2.5)，再将得到的式子代入式(8.2.4)，得出用径向位移分量表达的平衡方程：

$$\frac{E}{1-v^2}\left[\frac{\mathrm{d}}{\mathrm{d}r}\left(\frac{\mathrm{d}u_r}{\mathrm{d}r}+v\frac{u_r}{r}\right)+\frac{1}{r}(1-v)\left(\frac{\mathrm{d}u_r}{\mathrm{d}r}-\frac{u_r}{r}\right)\right]+f_r=0$$

整理得出

$$\frac{E}{1-v^2}\left[\frac{\mathrm{d}}{\mathrm{d}r}\left(\frac{\mathrm{d}u_r}{\mathrm{d}r}\right)+\frac{1}{r}\left(\frac{\mathrm{d}u_r}{\mathrm{d}r}-\frac{u_r}{r}\right)\right]+f_r=0$$

或改写为

$$\frac{E}{1-v^2}\frac{\mathrm{d}}{\mathrm{d}r}\left(\frac{1}{r}\frac{\mathrm{d}ru_r}{\mathrm{d}r}\right)+f_r=0$$

可以逐步积分得到

$$\frac{\mathrm{d}ru_r}{\mathrm{d}r}=-\frac{1-v^2}{E}r\int^r f_r\mathrm{d}r+cr$$

$$u_r=-\frac{1-v^2}{E}\frac{1}{r}\int^r r\left(\int^r f_r\mathrm{d}r\right)\mathrm{d}r+c_1r+c_2\frac{1}{r}$$

这里c_1与c_2是两个独立的积分常数。由式(8.2.6)算出对应的应变分量为

$$\varepsilon_r=\frac{1-v^2}{E}\left[\frac{1}{r^2}\int^r r\left(\int^r f_r\mathrm{d}r\right)\mathrm{d}r-\int^r f_r\mathrm{d}r\right]+c_1-c_2\frac{1}{r^2}$$

$$\varepsilon_\theta=-\frac{1-v^2}{E}\frac{1}{r^2}\int^r r\left(\int^r f_r\mathrm{d}r\right)\mathrm{d}r+c_1+c_2\frac{1}{r^2}$$

由式(8.2.5)对应的应力分量为

$$\sigma_r=\left[\frac{1-v}{r^2}\int^r r\left(\int^r f_r\mathrm{d}r\right)\mathrm{d}r-\int^r f_r\mathrm{d}r\right]+\frac{E}{1-v}c_1-\frac{E}{1+v}c_2\frac{1}{r^2}$$

$$\sigma_\theta=\left[-\frac{1-v}{r^2}\int^r r\left(\int^r f_r\mathrm{d}r\right)\mathrm{d}r-v\int^r f_r\mathrm{d}r\right]+\frac{E}{1-v}c_1+\frac{E}{1+v}c_2\frac{1}{r^2}$$

下面讨论密度为ρ的匀质实心圆板在匀角速ω下的应力分布。这种情况下，体力仅存在径向分量$f_r=\rho\omega^2r$，且有边界条件：

$r=a$;　$\sigma_r=0$；　$r\to 0$,　σ_r、σ_θ有界

于是要求$c_2=0$，以及

$$\sigma_r=-\rho\omega^2\frac{3+v}{8}r^2+\frac{E}{1-v}c_1,\quad \sigma_\theta=-\rho\omega^2\frac{1+3v}{8}r^2+\frac{E}{1-v}c_1$$

确定积分常数的方程为

$$(\sigma_r)_{r=a}=-\rho\omega^2\frac{3+\nu}{8}a^2+\frac{E}{1-\nu}c_1=0$$

于是

$$\frac{E}{1-\nu}c_1=\rho\omega^2\frac{3+\nu}{8}a^2$$

代回应力表达式得到

$$\sigma_r=\rho\omega^2\frac{3+\nu}{8}(a^2-r^2)，\quad \sigma_\theta=\frac{\rho\omega^2}{8}\left[(3+\nu)a^2-(1+3\nu)r^2\right]$$

例 8.3 求与极角无关的周向位移分布。

解：仅仅存在周向位移分量u_θ，且它与变量θ无关，几何方程(8.1.19)改写为

$$\varepsilon_r=0,\ \varepsilon_\theta=0,\ \gamma_{r\theta}=\gamma_{\theta r}=\frac{\mathrm{d}u_\theta}{\mathrm{d}r}-\frac{u_\theta}{r}=r\frac{\mathrm{d}}{\mathrm{d}r}\left(\frac{u_\theta}{r}\right)$$

根据式(8.1.18b)，对应的平面应力问题的应力分量为

$$\sigma_r=0,\ \sigma_\theta=0,\ \tau_{r\theta}=G\left(\frac{\mathrm{d}u_\theta}{\mathrm{d}r}-\frac{u_\theta}{r}\right)=Gr\frac{\mathrm{d}}{\mathrm{d}}\left(\frac{u_\theta}{r}\right)$$

不计体力，方程(8.1.17b)可以改写为

$$\frac{\mathrm{d}\tau_{r\theta}}{\mathrm{d}r}+2\frac{\tau_{r\theta}}{r}=\frac{1}{r^2}\frac{\mathrm{d}}{\mathrm{d}r}(r^2\tau_{r\theta})=0$$

前两式结合，得到周向位移分量u_θ的控制方程

$$\frac{\mathrm{d}\tau_{r\theta}}{\mathrm{d}r}+2\frac{\tau_{r\theta}}{r}=G\frac{1}{r^2}\frac{\mathrm{d}}{\mathrm{d}r}\left[r^3\frac{\mathrm{d}}{\mathrm{d}r}\left(\frac{u_\theta}{r}\right)\right]=0$$

逐次积分，得出

$$\frac{\mathrm{d}}{\mathrm{d}r}\left(\frac{u_\theta}{r}\right)=\frac{c}{r^3}$$

$$u_\theta=c_1\frac{1}{r}+c_2r$$

这里$c=-2c_1$与c_2为两个独立的积分常数。代回求应变分量和应力分量：

$$\gamma_{r\theta}=r\frac{\mathrm{d}}{\mathrm{d}r}\left(\frac{u_\theta}{r}\right)=-\frac{c}{r^2}$$

$$\tau_{r\theta}=Gr\frac{\mathrm{d}}{\mathrm{d}r}\left(\frac{u_\theta}{r}\right)=-G\frac{c}{r^2}$$

讨论圆环$a\leqslant r\leqslant b$在内边界固定，外边界所受的均布切向力(图 8.3)

$$r=b:\ \tau_{r\theta}=q$$

则有

$$c=-qb^2/G$$

应力分布为

$$\tau_{r\theta}=q\frac{b^2}{r^2}$$

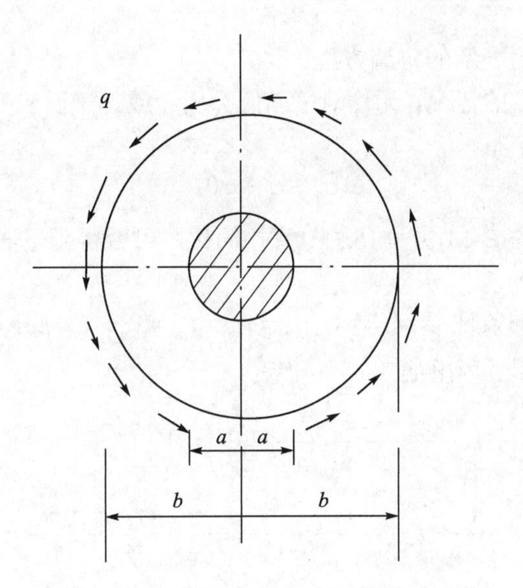

图 8.3　内边固定外边受均匀切向力的圆盘

§ 8.3　按应力解和按应力函数解

8.3.1　按应力解平面问题的边值问题

在 5.3 节中叙述了关于按应力解法的思路。根据这个原理，对于组构按应力解的控制方程的第一步是导出用应力分量表示的应变协调方程。

对于平面问题，几何方程(8.1.4)使三个应变分量用两个位移分量表示，因而三个应变分量必定存在一个协调关系。由这三个几何式子消去u_x和u_y，便得到这个唯一的应变协调方程，这正是第 2 章所导出的 6 个协调方程(2.2.9)中的第一个，即式(2.2.9a)。对于平面应力问题，将式(8.1.3a)代入式(2.2.9a)，得到

$$\frac{\partial^2}{\partial y^2}(\sigma_x-\nu\sigma_y)+\frac{\partial^2}{\partial x^2}(\sigma_y-\nu\sigma_x)-2(1+\nu)\frac{\partial^2\tau_{xy}}{\partial x\partial y}=0$$

改写为

$$\Delta(\sigma_x+\sigma_y)-(1+\nu)\left[\frac{\partial}{\partial x}\left(\frac{\partial\sigma_x}{\partial x}+\frac{\partial\tau_{yx}}{\partial y}\right)+\frac{\partial}{\partial y}\left(\frac{\partial\tau_{xy}}{\partial x}+\frac{\partial\sigma_y}{\partial x}\right)\right]=0$$

结合平衡方程(7.1.2)，得到

$$\Delta(\sigma_x+\sigma_y)+(1+\nu)\left(\frac{\partial f_x}{\partial x}+\frac{\partial f_y}{\partial y}\right)=0 \tag{8.3.1a}$$

这就是适用于平面应力问题的、用应力分量表示的应变协调方程。如果将式(8.3.1a)中的ν换为ν_1，将式(8.1.13)代入，得到

$$\Delta(\sigma_x+\sigma_y)+\frac{1}{1-\nu}\left(\frac{\partial f_x}{\partial x}+\frac{\partial f_y}{\partial y}\right)=0 \tag{8.3.1b}$$

这就是平面应变问题应力表示的协调方程。

对体力为常量或为零的情况，无论对平面应力问题或是平面应变问题，应力表示的协调方程为齐次形式：

$$\Delta(\sigma_x+\sigma_y)=0 \tag{8.3.2}$$

讨论：用三维问题的 B-M 方程(5.3.2)直接简化，可否得到平面问题中应力分量表示的应变协调方程。

根据平面应力问题的条件"$\sigma_z=0$，$\sigma_z=\tau_{zx}=\tau_{zy}=0$，$\partial()/\partial z=0$ 和 $\Delta()=\partial^2()/\partial x^2+\partial^2()/\partial y^2$"，由方程(5.3.2)导出如下 4 个方程：

$$\frac{\nu}{1-\nu}\left(\frac{\partial f_x}{\partial x}+\frac{\partial f_y}{\partial y}\right)=0$$

$$\Delta\sigma_x+\frac{1}{1+\nu}\frac{\partial^2(\sigma_x+\sigma_y)}{\partial x^2}+\frac{\nu}{1-\nu}\left(\frac{\partial f_x}{\partial x}+\frac{\partial f_y}{\partial y}\right)+2\frac{\partial f_x}{\partial x}=0$$

$$\Delta\sigma_y+\frac{1}{1+\nu}\frac{\partial^2(\sigma_x+\sigma_y)}{\partial y^2}+\frac{\nu}{1-\nu}\left(\frac{\partial f_x}{\partial x}+\frac{\partial f_y}{\partial y}\right)+2\frac{\partial f_y}{\partial y}=0$$

$$\Delta\tau_{xy}+\frac{1}{1+\nu}\frac{\partial^2(\sigma_x+\sigma_y)}{\partial x\partial y}+\frac{\partial f_x}{\partial y}+\frac{\partial f_y}{\partial x}=0$$

由第一式得到 $\partial f_x/\partial x+\partial f_y/\partial y=0$。第二、第三两式等号两端对应求和，得出式(8.3.2)。但第一式和第四式对体力和切应力 τ_{xy} 的限制太苛刻，因此对于平面应力问题用三维问题的 B-M 方程直接简化不能导出用应力分量表示的应变协调方程(8.3.1a)。

根据平面应变问题的条件"$\tau_{zx}=\tau_{zy}=0$，$\partial()/\partial z=0$，$\sigma_z=\nu(\sigma_x+\sigma_y)$ 和 $\Delta()=\partial^2()/\partial x^2+\partial^2()/\partial y^2$"，由式(5.3.3)导出如下 4 个方程：

$$\nu\Delta(\sigma_x+\sigma_y)+\frac{\nu}{1-\nu}\left(\frac{\partial f_x}{\partial x}+\frac{\partial f_y}{\partial y}\right)=0$$

$$\Delta\sigma_x+\frac{\partial^2(\sigma_x+\sigma_y)}{\partial x^2}+\frac{\nu}{1-\nu}\left(\frac{\partial f_x}{\partial x}+\frac{\partial f_y}{\partial y}\right)+2\frac{\partial f_x}{\partial x}=0$$

$$\Delta\sigma_y+\frac{\partial^2(\sigma_x+\sigma_y)}{\partial y^2}+\frac{\nu}{1-\nu}\left(\frac{\partial f_x}{\partial x}+\frac{\partial f_y}{\partial y}\right)+2\frac{\partial f_y}{\partial y}=0$$

$$\Delta\tau_{xy}+\frac{\partial^2(\sigma_x+\sigma_y)}{\partial x\partial y}+\frac{\partial f_x}{\partial y}+\frac{\partial f_y}{\partial x}=0$$

将前三式等号两端对应求和，得出与式(8.3.1b)相同的形式。第四个方程可以改写为

$$\frac{\partial}{\partial y}\left(\frac{\partial\sigma_x}{\partial x}+\frac{\partial\tau_{xy}}{\partial y}+f_x\right)+\frac{\partial}{\partial x}\left(\frac{\partial\tau_{xy}}{\partial x}+\frac{\partial\sigma_y}{\partial y}+f_y\right)=0$$

结合平衡方程(8.1.2)，此式得以满足。因此，对于平面应变问题，用三维问题的 B-M 方程直接简化可以导出用应力分量表示的应变协调方程(8.3.1b)。

需要注意，平面问题中应力分量表示的应变协调方程只有一个，也只需要一个。而三维问题的 B-M 方程共有 6 个，缺一不可。

下面列出按应力求解平面应力问题的边值问题。

(1)**控制方程**：适用于平面区域S的内点。

应力表示的协调方程(8.3.1)；

应力的平衡方程(8.1.2)。

这里要注意理解的是，应力表示的协调方程不能代替应力的平衡方程。

(2)**应力边值问题的边界条件**：在平面区域S的边界曲线上适用的应力边界条件用式(8.1.16)表达。

通常不探讨用应力表达位移边界条件。

8.3.2　按应力函数解平面问题的控制方程

首先叙述艾里定理。

艾里定理　由足够阶可导的函数$U(x,y)$，按下式产生平面应力场：

$$\sigma_x = \frac{\partial^2 U}{\partial y^2},\quad \sigma_y = \frac{\partial^2 U}{\partial x^2},\quad \tau_{xy} = -\frac{\partial^2 U}{\partial y \partial x} \tag{8.3.3}$$

则这个应力场恒等地满足平衡方程(8.1.2)的无体力形式：

$$\frac{\partial \sigma_x}{\partial x} + \frac{\partial \tau_{yx}}{\partial y} = 0,\qquad \frac{\partial \tau_{xy}}{\partial x} + \frac{\partial \sigma_y}{\partial y} = 0 \tag{8.3.4}$$

函数$U(x,y)$称为艾里应力函数。

这样的应力分布未必可以构成一个问题的解，因为应力分量的控制方程中还有协调方程尚未确保被满足。

将式(8.3.3)代入齐次的协调方程(8.3.2)，得到

$$\Delta\Delta U = \left(\frac{\partial^2}{\partial x^2} + \frac{\partial^2}{\partial y^2}\right)\left(\frac{\partial^2 U}{\partial x^2} + \frac{\partial^2 U}{\partial y^2}\right) = 0 \tag{8.3.5}$$

这样一来，对于满足方程(8.3.5)的任何函数$U(x,y)$，按式(8.3.3)产生的应力分布便满足了按应力解的全部控制方程。余下的问题就是处理边界条件。

这里Δ是二维拉普拉斯算符，因此满足方程(8.3.5)的函数$U(x,y)$称为双调和函数。

例 8.4　零应力分布对应的艾里应力函数。

解：由式(8.3.3)可见，应力分量是艾里应力函数$U(x,y)$的二阶导数，因此线性形式的艾里应力函数，即

$$U(x,y) = a_0 + a_{01}x + a_{10}y$$

对应的应力分量为零。

8.3.3　用极坐标表示按艾里应力函数解的基本公式

用极坐标描写的平衡方程和几何方程分别为式(8.1.17)和式(8.1.19)。作为应力张量的第一不变量，有$I_1 = \sigma_x + \sigma_y = \sigma_r + \sigma_\theta$。在极坐标下，用应力分量表示的协调方程(8.3.2)形式不变，得到

$$\Delta(\sigma_r+\sigma_\theta)=0 \tag{8.3.6}$$

这里，二维拉普拉斯算符改写为

$$\Delta\phi(r,\theta)=\frac{\partial^2\phi}{\partial r^2}+\frac{\partial\phi}{r\partial r}+\frac{\partial^2\phi}{r^2\partial\theta^2} \tag{8.3.7}$$

在极坐标下导出与式(8.3.3)对应的公式，即用艾里应力函数$U(r,\theta)$产生满足无体力平衡方程的应力分量σ_r、σ_θ、$\tau_{r\theta}$的公式。为此利用直角坐标与极坐标的变换式计算

$$\sigma_x=\frac{\partial^2 U}{\partial y^2}=\left(\frac{\partial r}{\partial y}\frac{\partial U(r,\theta)}{\partial r}+\frac{\partial\theta}{\partial y}\frac{\partial U(r,\theta)}{\partial\theta}\right)$$

$$\sigma_y=\frac{\partial^2 U}{\partial x^2}=\left(\frac{\partial r}{\partial x}\frac{\partial}{\partial r}+\frac{\partial\theta}{\partial x}\frac{\partial}{\partial\theta}\right)\left(\frac{\partial r}{\partial x}\frac{\partial U(r,\theta)}{\partial r}+\frac{\partial\theta}{\partial x}\frac{\partial U(r,\theta)}{\partial\theta}\right)$$

$$\tau_{xy}=-\frac{\partial^2 U}{\partial y\partial x}=-\left(\frac{\partial r}{\partial y}\frac{\partial}{\partial r}+\frac{\partial\theta}{\partial y}\frac{\partial}{\partial\theta}\right)\left(\frac{\partial r}{\partial x}\frac{\partial U(r,\theta)}{\partial r}+\frac{\partial\theta}{\partial x}\frac{\partial U(r,\theta)}{\partial\theta}\right)$$

这里，按式(7.1.17b)，计算得出

$$\frac{\partial r}{\partial x}=\cos\theta,\quad \frac{\partial r}{\partial y}=\sin\theta,\quad \frac{\partial\theta}{\partial x}=-\frac{1}{r}\sin\theta,\quad \frac{\partial\theta}{\partial y}=\frac{1}{r}\cos\theta$$

代入直角坐标与极坐标的变换式，整理后得到：

$$\left.\begin{aligned}
\sigma_x&=\frac{\partial^2 U}{\partial y^2}=\left(\frac{\partial^2 U}{r^2\partial\theta^2}+\frac{\partial U}{r\partial r}\right)\cos^2\theta+\frac{\partial^2 U}{\partial r^2}\sin^2\theta-2\left[-\frac{\partial}{\partial r}\left(\frac{\partial U}{r\partial\theta}\right)\right]\cos\theta\sin\theta\\
\sigma_y&=\frac{\partial^2 U}{\partial x^2}=\left(\frac{\partial^2 U}{r^2\partial\theta^2}+\frac{\partial U}{r\partial r}\right)\sin^2\theta+\frac{\partial^2 U}{\partial r^2}\cos^2\theta+\left[-\frac{\partial}{\partial r}\left(\frac{\partial U}{r\partial\theta}\right)\right]\cos\theta\sin\theta\\
\tau_{xy}&=-\frac{\partial^2 U}{\partial y\partial x}=-\left(\frac{\partial^2 U}{r^2\partial\theta^2}+\frac{\partial U}{r\partial r}\right)\cos\theta\sin\theta+\frac{\partial^2 U}{\partial r^2}\cos\theta\sin\theta\\
&\quad+\left[-\frac{\partial}{\partial r}\left(\frac{\partial U}{r\partial\theta}\right)\right](\cos^2\theta-\sin^2\theta)
\end{aligned}\right\} \tag{8.3.8}$$

在式(3.3.5c)中，取$\boldsymbol{m}$为式(2.3.8)，又取

$$\begin{bmatrix}\sigma'_x & \tau'_{xy} & \tau'_{xz}\\ \tau'_{yx} & \sigma'_y & \tau'_{yz}\\ \tau'_{zx} & \tau'_{zy} & \sigma'_z\end{bmatrix}=\begin{bmatrix}\sigma_r & \tau_{r\theta} & \tau_{rz}\\ \tau_{\theta r} & \sigma_\theta & \tau_{\theta z}\\ \tau_{zr} & \tau_{z\theta} & \sigma_z\end{bmatrix} \tag{8.3.9}$$

便得到用柱坐标应力矩阵表示直角坐标应力矩阵的形式：

$$\begin{bmatrix}\sigma_x & \tau_{xy} & \tau_{xz}\\ \tau_{yx} & \sigma_y & \tau_{yz}\\ \tau_{zx} & \tau_{zy} & \sigma_z\end{bmatrix}=\begin{bmatrix}\cos\alpha & \sin\alpha & 0\\ -\sin\alpha & \cos\alpha & 0\\ 0 & 0 & 1\end{bmatrix}^{\mathrm T}\begin{bmatrix}\sigma_r & \tau_{r\theta} & \tau_{rz}\\ \tau_{\theta r} & \sigma_\theta & \tau_{\theta z}\\ \tau_{zr} & \tau_{z\theta} & \sigma_z\end{bmatrix}\begin{bmatrix}\cos\alpha & \sin\alpha & 0\\ -\sin\alpha & \cos\alpha & 0\\ 0 & 0 & 1\end{bmatrix} \tag{8.3.10}$$

补充应力分量τ_{zx}、τ_{zy}、σ_z和τ_{zr}、$\tau_{z\theta}$、σ_z后，将式(8.3.8)也改写为与此式类似的应力矩阵形式，得到

$$\begin{bmatrix} \sigma_x & \tau_{xy} & \tau_{xz} \\ \tau_{yx} & \sigma_y & \tau_{yz} \\ \tau_{zx} & \tau_{zy} & \sigma_z \end{bmatrix} = \begin{bmatrix} \cos\alpha & \sin\alpha & 0 \\ -\sin\alpha & \cos\alpha & 0 \\ 0 & 0 & 1 \end{bmatrix}^{\mathrm{T}}$$

$$\times \begin{bmatrix} \dfrac{\partial^2 U}{r^2\partial\theta^2}+\dfrac{\partial U}{r\partial r} & -\dfrac{\partial}{\partial r}\left(\dfrac{\partial U}{r\partial\theta}\right) & \tau_{rz} \\ -\dfrac{\partial}{\partial r}\left(\dfrac{\partial U}{r\partial\theta}\right) & \dfrac{\partial^2 U}{\partial r^2} & \tau_{\theta z} \\ \tau_{zr} & \tau_{z\theta} & \sigma_z \end{bmatrix} \begin{bmatrix} \cos\alpha & \sin\alpha & 0 \\ -\sin\alpha & \cos\alpha & 0 \\ 0 & 0 & 1 \end{bmatrix} \tag{8.3.11}$$

对比式(8.3.10)和式(8.3.11)，便得到

$$\sigma_r = \frac{\partial^2 U}{r^2\partial\theta^2}+\frac{\partial U}{r\partial r},\quad \sigma_\theta = \frac{\partial^2 U}{\partial r^2},\quad \tau_{r\theta} = -\frac{\partial}{\partial r}\left(\frac{\partial U}{r\partial\theta}\right) \tag{8.3.12}$$

根据式(8.3.12)，得到应力第一不变量 I_1 的艾里应力函数 $U(x,y)$ 表达式：

$$I_1 = \sigma_r + \sigma_\theta = \frac{\partial^2 U}{\partial r^2}+\frac{\partial U}{r\partial r}+\frac{\partial^2 U}{r^2\partial\theta^2} = \Delta U(r,\theta) \tag{8.3.13}$$

艾里应力函数满足的双协调方程(8.3.5)便有如下极坐标形式：

$$\Delta\Delta U(r,\theta) = \left(\frac{\partial^2}{\partial r^2}+\frac{\partial}{r\partial r}+\frac{\partial^2}{r^2\partial\theta^2}\right)\left(\frac{\partial^2 U}{\partial r^2}+\frac{\partial U}{r\partial r}+\frac{\partial^2 U}{r^2\partial\theta^2}\right) = 0 \tag{8.3.14}$$

例 8.5　零应力分布对应艾里应力函数的极坐标形式。

解：按坐标变换法则(7.1.17)，直角坐标下线性形式的艾里应力函数

$$U(x,y) = a_0 + a_{01}x + a_{10}y$$

在极坐标下为

$$U(r,\theta) = a_0 + a_{01}r\cos\theta + a_{10}r\sin\theta$$

它对应的应力分量为零。

§ 8.4　应力函数表达应力边界条件

8.4.1　用应力函数的二阶偏导数表达应力边界条件

如果边界 ∂S 上给出外加面力 $\overline{p}_x$、$\overline{p}_y$，则应力边界条件用式(8.1.6)表示。将其中应力分量再用艾里应力函数表示，得到

$$\partial S:\ \frac{\partial^2 U}{\partial y^2}n_x - \frac{\partial^2 U}{\partial x\partial y}n_y = \overline{p}_x,\quad -\frac{\partial^2 U}{\partial x\partial y}n_x + \frac{\partial^2 U}{\partial x^2}n_y = \overline{p}_y \tag{8.4.1}$$

这就是用应力函数的二阶偏导数表达的应力边界条件。

8.4.2　用应力函数的一阶偏导数表达应力边界条件

对于边界曲线 ∂S，选弧长 s 为坐标，确定一点 A 作为计算弧长的零点，约定弧坐标

沿增加方向前行时区域内部总在左侧(图 8.4)。将边界曲线∂S的方程看作弧坐标的参数方程：

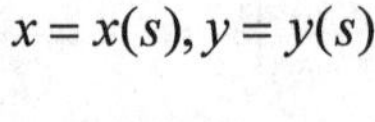

$$x = x(s), y = y(s)$$

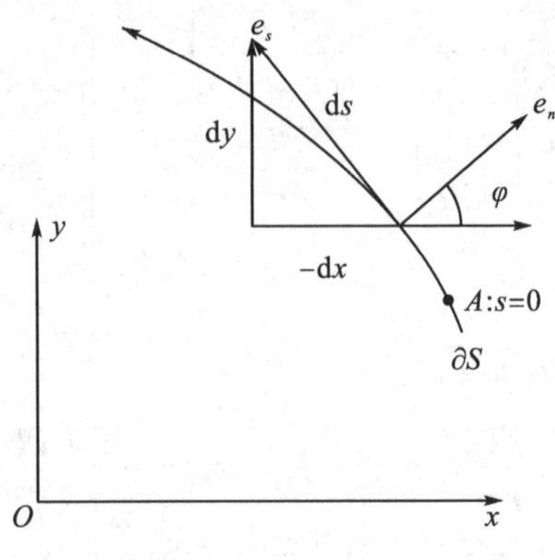

图 8.4　边界曲线∂S

则外法线单位矢的两个分量可以表达为

$$n_x = \cos\varphi = \frac{\mathrm{d}y}{\mathrm{d}s}，\ n_y = \sin\varphi = -\frac{\mathrm{d}x}{\mathrm{d}s} \tag{8.4.2}$$

切线单位矢$\boldsymbol{e}_s$的两个分量为$\left(\frac{\mathrm{d}x}{\mathrm{d}s}, \frac{\mathrm{d}y}{\mathrm{d}s}\right)$。利用这个关系，得出

$$\left(\frac{\mathrm{d}x}{\mathrm{d}s}, \frac{\mathrm{d}y}{\mathrm{d}s}\right) = (-\sin\varphi, \cos\varphi) = (-n_y, n_x) \tag{8.4.3}$$

利用这些结果，将式(8.4.1)改写为

$$\frac{\partial^2 U}{\partial y^2}n_x - \frac{\partial^2 U}{\partial x \partial y}n_y = \frac{\mathrm{d}}{\mathrm{d}s}\left(\frac{\partial U}{\partial y}\right) = \overline{p}_x，\quad -\frac{\partial^2 U}{\partial x \partial y}n_x + \frac{\partial^2 U}{\partial x^2}n_y = -\frac{\mathrm{d}}{\mathrm{d}s}\left(\frac{\partial U}{\partial x}\right) = \overline{p}_y \tag{8.4.4}$$

自点A到弧坐标为s的点$B(x,y)$沿边界曲线∂S作积分，得出

$$\partial S：\left(\frac{\partial U}{\partial y}\right)_s = \left(\frac{\partial U}{\partial y}\right)_{s=0} + \int_0^s (\overline{p}_x)_{\partial S}\mathrm{d}s，\quad \left(\frac{\partial U}{\partial x}\right)_s = \left(\frac{\partial U}{\partial x}\right)_{s=0} - \int_0^s (\overline{p}_y)_{\partial S}\mathrm{d}s \tag{8.4.5}$$

这就是用应力函数的一阶偏导数表达的应力边界条件。应力函数一阶导数对参考点A取值的变化只能改变它的线性项，因为直角坐标的线性函数不影响应力分布，因此式中$\left(\frac{\partial U}{\partial x}\right)_{s=0}$和$\left(\frac{\partial U}{\partial y}\right)_{s=0}$的任何取值不影响应力的分布。

8.4.3　用应力函数和它的法向导数表达应力边界条件

式(8.4.5)中，$\left(\int_0^s (\overline{p}_x)_{\partial S}\mathrm{d}s, \int_0^s (\overline{p}_y)_{\partial S}\mathrm{d}s\right)$为边界$\partial S$的弧段$AB$上外加面力的主矢，记为$\overline{\boldsymbol{P}}_{AB}$：

$$\overline{\boldsymbol{P}}_{AB}=i_x\int_0^s(\overline{p}_x)_{\partial S}\,\mathrm{d}s+i_y\int_0^s(\overline{p}_y)_{\partial S}\,\mathrm{d}s \tag{8.4.6}$$

此段上外加面力对点 B 的矩则为

$$(M_{AB})_s=\int_0^s[(x_t-x_s)\overline{p}_y-(y_t-y_s)\overline{p}_x]_t\mathrm{d}t \tag{8.4.7}$$

作为积分变量(图 8.5)，参数 t 取值区间为 $0\leqslant t\leqslant s$，而 $x_t=x(s)_{s=t}$，$y_t=y(s)_{s=t}$，$x_s=x(s)$，$y_s=y(s)$。

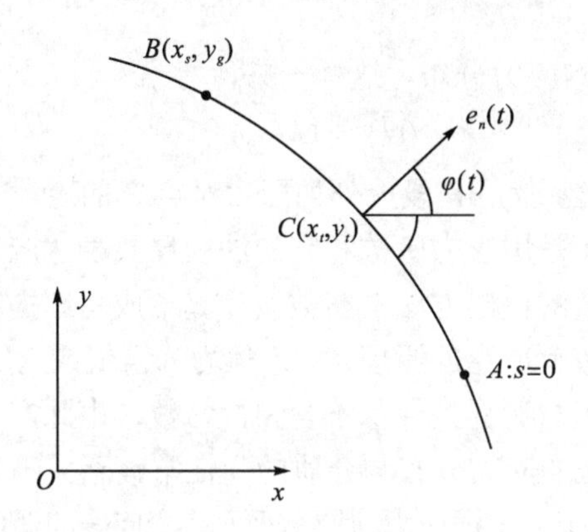

图 8.5　AB 段上的积分变量

计算 $\overline{P}_{AB}$ 在点 $B(x,y)$ 处边界负切线方向的投影：

$$-\boldsymbol{e}_s\cdot\overline{\boldsymbol{P}}_{AB}=-\frac{\mathrm{d}x}{\mathrm{d}s}\int_0^s(\overline{p}_x)_{\partial S}\,\mathrm{d}s-\frac{\mathrm{d}y}{\mathrm{d}s}\int_0^s(\overline{p}_y)_{\partial S}\,\mathrm{d}s$$

将式(8.4.2)代入，得到

$$-\boldsymbol{e}_s\cdot\overline{\boldsymbol{P}}_{AB}=n_y\frac{\partial U}{\partial y}-n_x\left(-\frac{\partial U}{\partial x}\right)$$

这里取 $\left(\dfrac{\partial U}{\partial x}\right)_{s=0}$ 和 $\left(\dfrac{\partial U}{\partial y}\right)_{s=0}$ 为零。注意到式(8.4.5)和方向导数的含意，即：

$$\frac{\partial U}{\partial n}=\frac{\partial U}{\partial x}n_x+\frac{\partial U}{\partial y}n_y$$

于是

$$\left(\frac{\partial U}{\partial n}\right)_s=-\boldsymbol{e}_s\cdot\overline{\boldsymbol{P}}_{AB} \tag{8.4.8}$$

这说明，点 B 的应力函数法向导数之值为 AB 段上外加面力的主矢在负切线上的投影。

下面计算表达式(8.4.7)。

根据式(8.4.4)，可得

$$\mathrm{d}\left(\frac{\partial U}{\partial y}\right)_t=\overline{p}_x\mathrm{d}t\text{，}\quad -\mathrm{d}\left(\frac{\partial U}{\partial x}\right)_t=\overline{p}_y\mathrm{d}t$$

代入式(8.4.7)的右端，分部积分，得出

$$M_{AB}=-\left[(x_t-x_s)\frac{\partial U}{\partial x}+(y_t-y_s)\frac{\partial U}{\partial y}\right]_{t=0}^{t=s}+\int_0^s\left[\frac{\partial U}{\partial x}\mathrm{d}x+\frac{\partial U}{\partial y}\mathrm{d}y\right]_{\partial S}$$

如果仍取$\left(\frac{\partial U}{\partial x}\right)_{s=0}$和$\left(\frac{\partial U}{\partial y}\right)_{s=0}$为零，此式可导出

$$(U)_s=(U)_{s=0}+(M_{AB})_s$$

这里用到

$$\int_0^s\left[\frac{\partial U}{\partial x}\mathrm{d}x+\frac{\partial U}{\partial y}\mathrm{d}y\right]_{\partial S}=(U)_s-(U)_{s=0}$$

进一步取$(U)_{s=0}=0$，不影响应力分布。这样一来，得出

$$(U)_s=(M_{AB})_s \tag{8.4.9}$$

这说明，点B的应力函数之值为AB段上外加面力对点B的矩。

式(8.4.8)和式(8.4.9)正是用应力函数和它的法向导数表达应力边界条件的形式。这种形式构成一种应力函数边值的提出方法，在数值计算中成功地提高了精确度。

按应力解和按应力函数解所述的原理，对于体力为常值或为零的应力边值问题，应力分量和应力函数的控制方程与边界条件都不含弹性常数，由此产生了如下两个问题：

第一，相应的平面区域的应力分布与介质的弹性常数无关吗？

第二，相同的平面区域上，平面应力问题和平面应变问题的面内应力分布完全相同吗？

这是一个颇有理论和应用价值的问题。对于单连域，这两个问题的回答是肯定的。但是对于多连域，除了应变协调方程之外，位移和应力的单值条件还有更多的要求。根据复变函数方法，米切尔指出，不计体力的平面问题中，应力分布与材料性质无关的充要条件是：每一条封闭边界上外力的主矢为零。本书第14章对此有简要的叙述。

§8.5 直角坐标题例

8.5.1 楔形域问题

例8.6 楔形体在边界受容重为γ_1的静水压力和自重的共同作用(图8.6)，设应力分量有如下分布形式，试确定常数a、b、c、d、e、f。楔形体的容重为γ_2。

$$\sigma_x=ax+by,\quad \sigma_y=cx+\mathrm{d}y,\quad \tau_{xy}=ex+fy$$

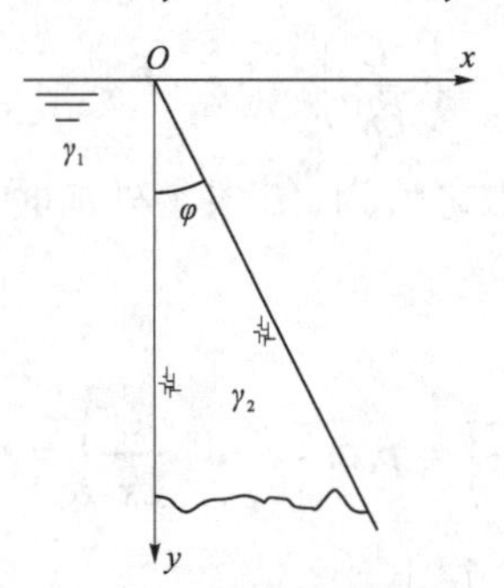

图8.6 楔形域侧面受液体静压

解：这个问题中，体力为 $f_x=0$，$f_y=\gamma_2$。边界条件为

$$x=0\text{，}\ y\geqslant 0\text{：}\ \sigma_x=-y\gamma_1\text{，}\ \tau_{xy}=0$$

$$x\geqslant 0\text{，}\ x=y\tan\varphi\text{：}\ \sigma_x\cos\varphi-\tau_{xy}\sin\varphi=0\text{，}\ \tau_{xy}\cos\varphi-\sigma_y\sin\varphi=0$$

依照按应力解的边值问题，应力分量应满足应力表达的应变协调方程和平衡方程。首先将应力的表达式代入由应力表达的应变协调方程(8.3.1)进行验证。由于题设的应力分量是坐标 x、y 的线性函数，应力表达的应变协调方程只含应力分量的二次偏导数，外加体力为常值，因此应变协调方程(8.3.1)恒等地得到满足。

两个平衡方程分别改写为

$$a+f=0,\ e+d+\gamma_2=0$$

所列的边界条件分别改写为

$x=0$，$y\geqslant 0$：

$$by=-y\gamma_1,\ fy=0$$

$x=0$，$x=y\tan\varphi$：

$$(ax+by)\cos\varphi-(ex+fy)\sin\varphi=0,\quad (ex+fy)\cos\varphi-(cx+dy)\sin\varphi=0$$

由此得到

$$f=0,\ a=0,\ b=-\gamma_1$$

后两个边界条件化简为

$$-\gamma_1\cos\varphi-e\tan\varphi\sin\varphi=0,\ e\tan\varphi\cos\varphi-(c\tan\varphi+d)\sin\varphi=0$$

于是

$$e=-\gamma_1\frac{\cos^2\varphi}{\sin^2\varphi},\qquad d=-\gamma_2-e,\qquad c=\frac{e-d}{\sin\varphi}\cos\varphi$$

8.5.2　悬臂梁的弹性力学解

例 8.7　悬臂梁在端部受横向集中力(图 8.7)。试将艾里应力函数的形式取为

$$U=Axy^3+Bxy$$

求应力分布。

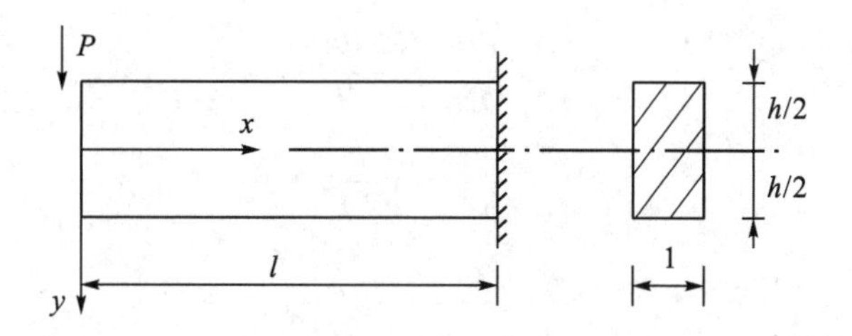

图 8.7　悬臂梁在端部受横向集中力

解：这个函数满足双调和方程(8.3.5)，按式(8.3.3)算出应力分量为

$$\sigma_x=6Axy,\ \sigma_y=0,\ \tau_{xy}=-B-3Ay^2 \tag{a}$$

这组应力分量已经满足了全部控制方程。问题的边界条件是应力边界条件：

$$y=h/2,\ 0\leqslant x\leqslant l:\quad \sigma_y=0,\ \tau_{xy}=0\ ;\tag{b}$$

$$y=-h/2,\ 0\leqslant x\leqslant l:\quad \sigma_y=0,\ \tau_{xy}=0\ ;\tag{c}$$

$$x=0,\ |y|\leqslant h/2:\quad \sigma_x=-\overline{p}_x,\ \tau_{xy}=-\overline{p}_y\ 。\tag{d}$$

但是($x=0,|y|\leqslant h/2$)上没有给出 $\overline{p}_x$ 和 $\overline{p}_y$ 的分布，只给出了此范围内外力的主矢和主矩的值，需要依据盛维南原理放宽处理边界条件，得出替代的条件为

$$x=0,|y|\leqslant h/2:\quad \int_{-h/2}^{h/2}\sigma_x \mathrm{d}y=0\ ,\quad \int_{-h/2}^{h/2}\tau_{xy}\mathrm{d}y=-P\ ,\quad \int_{-h/2}^{h/2}y\sigma_x \mathrm{d}y=0\tag{e}$$

前两式表示在范围($x=0,|y|\leqslant h/2$)上暴露的应力矢量的主矢等于外力的主矢，后一式表示在该范围上暴露的应力矢量对原点的主矩等于外力对原点的矩。

式(a)的应力分布已满足条件(b)和条件(c)，只需

$$-B-3A\frac{h^2}{4}=0\tag{f}$$

式(d)第一式已精确地得到满足，因此式(e)第一式和第三式两式不必考虑。式(d)第二式不能精确满足，因此式(e)第二式应予以考虑，其结果为

$$\int_{-h/2}^{h/2}(B+3Ay^2)\mathrm{d}y=P$$

即

$$h\left(B+A\frac{h^2}{4}\right)=P\tag{g}$$

式(f)和式(g)联立求解，给出

$$A=-2P/h^3\ ,\quad B=3P/(2h)$$

代回式(a)得到

$$\sigma_x=-12Pxy/h^3,\quad \sigma_y=0,\quad \tau_{xy}=-\frac{6P}{h^3}\left(\frac{h^2}{4}-y^2\right)\tag{8.5.1}$$

例 8.8 对例 8.7，按平面应力问题求位移分布。

解：根据应力分布式(8.5.1)，写出应变分布，再利用几何方程(8.1.4)，得出位移分量的微分方程：

$$\frac{\partial u_x}{\partial x}=-\frac{P}{EI}xy\tag{8.5.2a}$$

$$\frac{\partial u_y}{\partial y}=\nu\frac{P}{EI}xy\tag{8.5.2b}$$

$$\frac{\partial u_x}{\partial y}+\frac{\partial u_y}{\partial x}=-\frac{P}{2GI}\left(\frac{h^2}{4}-y^2\right)\tag{8.5.2c}$$

这里 E、G 分别为弹性模量和切变模量，$I=h^3/12$。

需要注意，根据例 8.7 的求解结果，不必要再去验证应变分量是否满足应变协调方程。于是可以按以下方法对方程(8.5.2)积分求位移。将式(8.5.2a)和式(8.5.2b)分别对 x 和对 y 积分一次，分别得出

$$u_x = -\frac{P}{2EI}x^2 y + f(y), \quad u_y = v\frac{P}{2EI}xy^2 + g(x)$$

式中，$f(y)$、$g(x)$ 是两个待定的一元函数。将其代入式(8.5.2c)，将得到的式子中与 x 和 y 有关的项分别集中于等号的两端，得到

$$g'(x) - \frac{P}{2EI}x^2 + \frac{Ph^2}{8GI} = -f'(y) - \left(\frac{v}{EI} - \frac{1}{GI}\right)\frac{Py^2}{2}$$

此式成立的充要条件是等号两端各等于一个常数 b，于是得出两个常微分方程

$$g'(x) - \frac{P}{2EI}x^2 + \frac{Ph^2}{8GI} - b = 0$$

$$f'(y) + \left(\frac{v}{EI} - \frac{1}{GI}\right)\frac{Py^2}{2} + b = 0$$

其解分别为

$$g(x) = \frac{P}{6EI}x^3 - \frac{Ph^2}{8GI}x + bx + d$$

$$f(y) = -\left(\frac{v}{EI} - \frac{1}{GI}\right)\frac{Py^3}{6} - by + e$$

这里有三个积分常数即 b、d、e，表示刚体位移。如何确定这三个积分常数呢？下面介绍两种方案。

方案 1：使嵌固端中心点位移为零，且线元 $\mathrm{d}x$ 不得转动，即：

$$x = l,\ y = O: \quad u_x = u_y = 0, \quad \frac{\partial u_y}{\partial x} = 0$$

由此得到的确定积分常数的方程是

$$e = 0, \quad \frac{P}{6EI}l^3 - \frac{Ph^2}{8GI}l + bl + d = 0, \quad -\frac{P}{2EI}l^2 + \frac{Ph^2}{8GI} - b = 0$$

解出三个积分常数后，代回位移表达式，得到

$$u_x = \frac{P}{2EI}(l^2 - x^2)y - \frac{Pv}{6EI}y^3 + \frac{P}{6GI}y\left(y^2 - \frac{3}{4}h^2\right) \tag{8.5.3a}$$

$$u_y = \frac{P}{3EI}\left(l^3 - \frac{3}{2}xl^2 + \frac{1}{2}x^3 + \frac{3}{2}vxy^2\right) \tag{8.5.3b}$$

方案 2：使嵌固端中心点位移为零，且线元 $\mathrm{d}y$ 不得转动，即：

$$x = l,\ y = O: \quad u_x = u_y = 0, \quad \frac{\partial u_x}{\partial y} = 0$$

由此得到的确定积分常数的方程是

$$e = 0, \quad \frac{P}{6EI}l^3 - \frac{Ph^2}{8GI}l + bl + d = 0, \quad b = 0$$

解出三个积分常数后，代回位移表达式，得到

$$u_x = \frac{P}{2EI}(l^2 - x^2)y - \frac{Pv}{6EI}y^3 + \frac{P}{6GI}y^3 \tag{8.5.4a}$$

$$u_y = \frac{P}{3EI}\left(l^3 - \frac{3}{2}xl^2 + \frac{1}{2}x^3 + \frac{3}{2}vxy^2\right) + \frac{P}{8GI}h^2(l - x) \tag{8.5.4b}$$

在悬臂端，挠度为

方案 1，$u_y(x,y)_{x=0,y=0}=\dfrac{Pl^3}{3EI}$

方案 2，$u_y(x,y)_{x=0,y=0}=\dfrac{Pl^3}{3EI}+\dfrac{Plh^2}{8GI}$

方案 1 正是材料力学的结果。方案 2 的第二项是嵌固的方式通过剪应变对挠度的修正。由此看来，两种方案对悬臂端的挠度计算结果有显著的影响。这是因为材料力学方法未考虑梁截面的剪切变形。

8.5.3 存在体力的应力函数解法

例 8.9 存在体力问题的应力函数解法——自重作用下匀质简支梁的应力(图 8.8)。

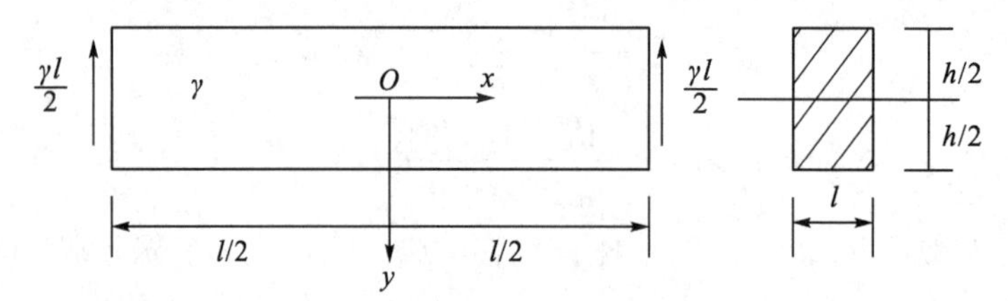

图 8.8 自重作用下的匀质简支梁

解：问题的体力为 $f_x=0$，$f_y=\gamma$，因此平衡方程(8.1.11)改写为

$$\frac{\partial\sigma_x}{\partial x}+\frac{\partial\tau_{yx}}{\partial y}=0,\qquad \frac{\partial\tau_{xy}}{\partial x}+\frac{\partial\sigma_y}{\partial y}+\gamma=0$$

由于γ为常量，存在如下 2 种引入应力函数的方法：

方法 1：将平衡方程改写为

$$\frac{\partial\sigma_x}{\partial x}+\frac{\partial\tau_{yx}}{\partial y}=0,\qquad \frac{\partial\tau_{xy}}{\partial x}+\frac{\partial(\sigma_y+\gamma y)}{\partial y}=0$$

如果

$$\sigma_x=\frac{\partial^2U}{\partial y^2},\qquad \sigma_y+\gamma y=\frac{\partial^2U}{\partial x^2},\qquad \tau_{xy}=-\frac{\partial^2U}{\partial y\partial x}$$

则平衡方程恒等地得到满足。因此

$$\sigma_x=\frac{\partial^2U}{\partial y^2},\quad \sigma_y=\frac{\partial^2U}{\partial x^2}-\gamma y,\quad \tau_{xy}=-\frac{\partial^2U}{\partial y\partial x}\tag{8.5.5}$$

由于体力为坐标的线性函数，因此协调方程不变，即仍为式(8.3.5)。

方法 2：将平衡方程改写为

$$\frac{\partial\sigma_x}{\partial x}+\frac{\partial(\tau_{xy}+\gamma x)}{\partial y}=0,\qquad \frac{\partial(\tau_{xy}+\gamma x)}{\partial x}+\frac{\partial\sigma_y}{\partial y}=0$$

如果

$$\sigma_x=\frac{\partial^2U}{\partial y^2},\quad \sigma_y=\frac{\partial^2U}{\partial x^2},\quad (\tau_{xy}+\gamma x)=-\frac{\partial^2U}{\partial y\partial x}$$

则平衡方程恒等地得到满足。因此，如果

$$\sigma_x=\frac{\partial^2 U}{\partial y^2},\quad \sigma_y=\frac{\partial^2 U}{\partial x^2},\quad \tau_{xy}=-\frac{\partial^2 U}{\partial y\partial x}-\gamma x \tag{8.5.6}$$

则平衡方程恒等地得到满足。

因为体力为常量，对于平面应力问题应力表示的应变协调方程(8.3.5)形式不变。

对于图 8.8 所示的问题，边界条件为

$$y=h/2,\ |x|\leqslant l/2:\ \sigma_y=0,\quad \tau_{xy}=0 \tag{a}$$

$$y=-h/2,\ |x|\leqslant l/2:\ \sigma_y=0,\quad \tau_{xy}=0 \tag{b}$$

$$x=l/2,\ |y|\leqslant h/2:\int_{-h/2}^{h/2}\sigma_x\mathrm{d}y=0,\quad \int_{-h/2}^{h/2}y\sigma_x\mathrm{d}y=0,\quad \int_{-h/2}^{h/2}\tau_{xy}\mathrm{d}y=-\gamma hl/2 \tag{c}$$

$$x=-l/2,\ |y|\leqslant h/2:\ \int_{-h/2}^{h/2}\sigma_x\mathrm{d}y=0,\quad \int_{-h/2}^{h/2}y\sigma_x\mathrm{d}y=0,\quad \int_{-h/2}^{h/2}\tau_{xy}\mathrm{d}y=\gamma hl/2 \tag{d}$$

取应力函数为

$$U=Ax^2y^3+By^5+Cy^3+Dx^2y$$

代入协调方程(8.3.5)得到

$$\Delta\Delta U=120By+24Ay=0$$

因此要求四个常数 A、B、C、D 满足条件：

$$A=-5B$$

根据式(8.5.5)求应力分量，得出

$$\sigma_x=-10B(3x^2y-2y^3)+6Cy,\quad \sigma_y=-2(5By^3-Dy)-\gamma y,\quad \tau_{xy}=30Bxy^2-2Dx \tag{e}$$

由边界条件(a)、(b)给出：

$$y=\pm h/2,\ |x|\leqslant l/2:\ \sigma_y=\mp\frac{h}{2}\left(5B\frac{h^2}{2}-2D+\gamma\right),\quad \tau_{xy}=2x\left(15B\frac{h^2}{4}-D\right) \tag{f}$$

于是得

$$5Bh^2-4D+2\gamma=0,\qquad 15Bh^2-4D=0 \tag{g}$$

式(c)第一式和第三式恒等地满足，由第二式导出

$$-5Bl^2+2Bh^2+4C=0 \tag{h}$$

式(d)不再添加新的方程。联解式(g)和式(h)，得出

$$A=-5B,\quad B=\frac{\gamma}{5h^2},\quad C=\frac{l^2\gamma}{4h^2}-\frac{\gamma}{10},\quad D=\frac{3\gamma}{4}$$

和应力分量的表达式：

$$\sigma_x=\frac{M}{I}y+\gamma y\left(\frac{4y^2}{h^2}-\frac{3}{5}\right),\quad \sigma_y=\frac{\gamma y}{2}\left(1-\frac{4y^2}{h^2}\right),\quad \tau_{xy}=-\frac{3}{2}\gamma x\left(1-\frac{4y^2}{h^2}\right) \tag{8.5.7}$$

轴向正应力 σ_x 表达式的第 1 项是材料力学的结果，式中，

$$M=\frac{\gamma h}{2}\left(\frac{l^2}{4}-x^2\right),\quad I=\frac{h^3}{12} \tag{8.5.8}$$

§ 8.6　极坐标题例

8.6.1　与极角无关的应力和对应的位移、位移单值条件

例 8.10　与极角无关的应力和对应位移的单值条件。

解：与极角无关的应力分布的一大类情况可以由与极角无关的应力函数导出，即在方程(8.3.14)中将U 取为$U(r)$，得到

$$\Delta\Delta U(r)=\left(\frac{\partial^2}{\partial r^2}+\frac{\partial}{r\partial r}\right)\left(\frac{\partial^2 U}{\partial r^2}+\frac{\partial U}{r\partial r}\right)=0$$

整理为简洁的形式：

$$\Delta\Delta U=\nabla^2\nabla^2 U(r)=\frac{\mathrm{d}}{r\mathrm{d}r}\left(r\frac{\mathrm{d}}{\mathrm{d}r}\right)\left[\frac{\mathrm{d}}{r\mathrm{d}r}\left(r\frac{\mathrm{d}U}{\mathrm{d}r}\right)\right]=0 \tag{a}$$

逐次积分得出

$$U(r)=A\ln r+Br^2\ln r+Cr^2+D \tag{b}$$

四个积分常数中，D不影响应力分布。根据式(8.3.12)算出应力分量：

$$\sigma_r=A\frac{1}{r^2}+B(1+2\ln r)+2C \tag{8.6.1a}$$

$$\sigma_\theta=-A\frac{1}{r^2}+B(3+2\ln r)+2C \tag{8.6.1b}$$

$$\tau_{r\theta}=0 \tag{8.6.1c}$$

引入几何方程(8.1.19)，由此算出平面应力对应的应变分量：

$$\frac{\partial u_r}{\partial r}=\varepsilon_r=\frac{1}{E}\left[A\frac{1+\nu}{r^2}+B(1-3\nu)+2B(1-\nu)\ln r+2(1-\nu)C\right] \tag{8.6.2a}$$

$$\frac{\partial u_\theta}{r\partial\theta}+\frac{u_r}{r}=\varepsilon_\theta=\frac{1}{E}\left[-A\frac{1+\nu}{r^2}+B(3-\nu)+2B(1-\nu)\ln r+2(1-\nu)C\right] \tag{8.6.2b}$$

$$\frac{\partial u_\theta}{\partial r}+\frac{\partial u_r}{r\partial\theta}-\frac{u_r}{r}=\gamma_{r\theta}=0 \tag{8.6.2c}$$

需要注意，因为式(b)表示的艾里应力函数已满足双调和方程，因此不必再验证这组应变分量是否满足应变协调方程。于是可以按以下方法积分求位移。

对式(8.6.2a)积分：

$$u_r=\frac{1}{E}\left[-A\frac{1+\nu}{r}+B(1-3\nu)r+2B(1-\nu)r(\ln r-1)+2(1-\nu)Cr\right]+f(\theta)$$

代入方程(8.6.2b)，解出u_θ：

$$u_\theta=\frac{4Br}{E}+g(r)-\int^\theta f(\theta)\mathrm{d}\theta$$

这里$f(\theta)$为$g(r)$两个待定函数。将所得的两个表达式代入方程(8.6.2c)，将得到的式子中与r和θ有关的项分别集中于等号的两端，得出

$$f'(\theta)+\int^{\theta} f(\theta)\mathrm{d}\theta=g(r)-rg'(r)$$

此式成立的充要条件是：等号两端等于同一个常数c。因此得出两个微分积分方程：

$$f'(\theta)+\int^{\theta} f(\theta)\mathrm{d}\theta=c\,,\quad g(r)-rg'(r)=c$$

分别有积分

$$f(\theta)=d\cos\theta+e\sin\theta\,,\quad g(r)=br+c$$

且

$$\int^{\theta} f(\theta)\mathrm{d}\theta=\mathrm{d}\sin\theta-e\cos\theta+c$$

于是得出位移分量的表达式：

$$u_r=\frac{1}{E}\left[-A\frac{1+v}{r}+B(1-3v)r+2B(1-v)r(\ln r-1)+2(1-v)Cr\right]+d\cos\theta+e\sin\theta \tag{8.6.3a}$$

$$u_\theta=\frac{4Br\theta}{E}+br+d\sin\theta-e\cos\theta \tag{8.6.3b}$$

式中出现三个积分常数d、e、b。这正是刚体位移。

物理上讲，一个连续体中的位移总是单值的，不允许出现多值位移，也不允许出现多值应变和多值应力。

对式(8.6.3)，如果物体所在的区域含有变量θ，θ的区间为$0\leqslant\theta\leqslant\theta_0<2\pi$，那么没有出现多值位移的可能性。

如果物体所在的区域含有变量θ，θ的区间为$0\leqslant\theta\leqslant 2\pi$，那么存在出现多值位移的可能性。因为变量$\theta$可能增加$2\pi$也表示同一物质点，但周向位移却增加了

$$\Delta u_\theta=\frac{8\pi Br}{E}$$

由此可见，如果物体所在的区域含有变量θ，θ的区间为$0\leqslant\theta\leqslant 2\pi$，那么含积分常数$B$的项将产生多值位移。为了确保位移的单值条件，必须取

$$B=0$$

8.6.2　厚壁筒受内外压的应力和位移

例 8.11　受内外压的厚壁筒的应力和位移分布(图 8.9)。

解：厚壁筒中的应力呈轴对称分布，可以用例 8.2 对轴对称变形的分析给出这个问题的结果。这里采用前节导出的通式，直接给出结果。

问题的边界条件是

$$r=a:\ \sigma_r=-p_a,\ \tau_{r\theta}=0$$
$$r=b:\ \sigma_r=-p_b,\ \tau_{r\theta}=0$$

在应力分量表达式(8.6.1)中，因为物体所在的区域含有变量θ，θ的区间为$0\leqslant\theta\leqslant 2\pi$，所以积分常数$B$必须取零($B=0$)。再代入边界条件，得出关于$A$和$C$的代数方程：

$$\frac{A}{a^2}+2C=-p_a\text{，}\quad\frac{A}{b^2}+2C=-p_b$$

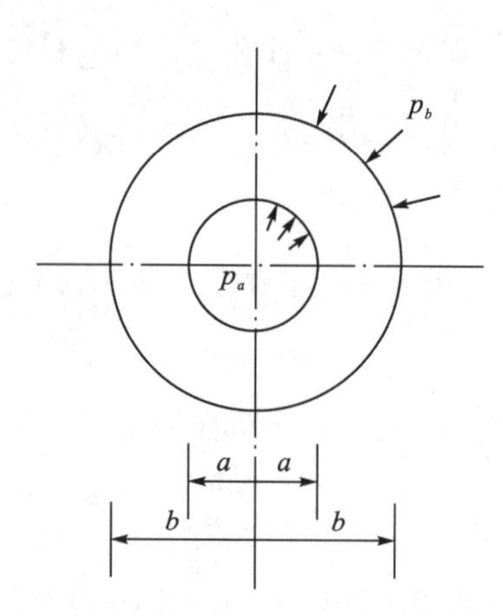

图 8.9　厚壁筒受内外压

解得

$$A=\frac{a^2b^2}{b^2-a^2}(p_b-p_a)\text{，}\quad C=\frac{p_aa^2-p_bb^2}{2(b^2-a^2)}$$

应力分量为

$$\sigma_r=p_b\left(\frac{a^2}{r^2}-1\right)\frac{b^2}{b^2-a^2}+p_a\left(1-\frac{b^2}{r^2}\right)\frac{a^2}{b^2-a^2}\tag{8.6.4a}$$

$$\sigma_\theta=p_a\left(1+\frac{b^2}{r^2}\right)\frac{a^2}{b^2-a^2}-p_b\left(1+\frac{a^2}{r^2}\right)\frac{b^2}{b^2-a^2}\tag{8.6.4b}$$

式(8.6.3a)中，取三个积分常数d、e、b和B都为零，得出

$$u_r=\frac{1}{E}\left[-A\frac{1+v}{r}+2(1-v)Cr\right]$$

将A和C的解出结果代入，得到

$$u_r=\frac{p_aa^2}{E(b^2-a^2)}\left[b^2\frac{1+v}{r}+(1-v)r\right]-\frac{p_bb^2}{E(b^2-a^2)}\left[a^2\frac{1+v}{r}+(1-v)r\right]\tag{8.6.5}$$

位移分量u_θ为零。这个解适用于平面应力问题。对于平面应变问题，只需将此式中的E、v分别用E_1、v_1代替即可，其表达式为

$$u_r=\frac{p_aa^2(1+v)}{E(b^2-a^2)}\left[\frac{b^2}{r}+(1-2v)r\right]-\frac{p_bb^2(1+v)}{E(b^2-a^2)}\left[\frac{a^2}{r}+(1-2v)r\right]$$

特例　在$p_b=0$，$b\to\infty$的情况下，式(8.6.4)和式(8.6.5)分别改写为

$$\sigma_r=-p_a\frac{a^2}{r^2}\text{，}\quad\sigma_\theta=p_a\frac{a^2}{r^2}\text{，}\quad u_r=\frac{p_aa^2}{E}\frac{1+v}{r}$$

这是圆柱形腔体中内压引起的无限体中的应力分布。

8.6.3　曲梁问题

例 8.12 曲梁的纯弯曲(图 8.10)。

解：问题的边界条件是：在内边界圆弧边缘不受外力；端面上外力的主矢为零；对端面中心的矩为M。其数学表达式为

$$r=a,b:\ \sigma_r=0,\ \tau_{r\theta}=0$$

$$\theta=\theta_0,0:\quad \int_a^b \sigma_\theta \mathrm{d}r=0 \tag{a}$$

$$\int_a^b \tau_{\theta r}\mathrm{d}r=0 \tag{b}$$

$$\int_a^b \sigma_\theta\left(r-\frac{a+b}{2}\right)\mathrm{d}r=-M \tag{c}$$

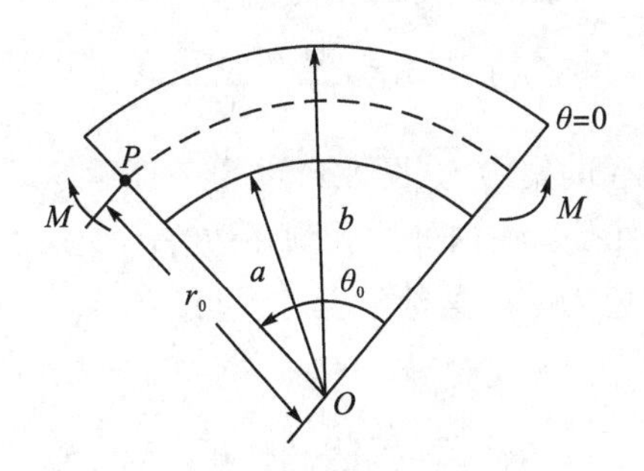

图 8.10　曲梁的纯弯曲

按静力学原理，根据式(a)和式(b)，式(c)可以改写为

$$\theta=\pm\theta_0:\quad \int_a^b \sigma_\theta r\mathrm{d}r=-M$$

这里用到的力学原理是：主矢为零的力系，对任意点的矩相等。

取例 8.10 的应力函数和相应的应力分布形式(8.6.1)，根据边界条件对积分常数的要求导出如下线性代数方程：

$$A\frac{1}{a^2}+B(1+2\ln a)+2C=0$$

$$A\frac{1}{b^2}+B(1+2\ln b)+2C=0$$

$$b[A\frac{1}{b^2}+B(1+2\ln b)+2C]+a[A\frac{1}{a^2}+B(1+2\ln a)+2C]=0$$

$$A\ln\frac{b}{a}+B(b^2\ln b-a^2\ln a)+C(b^2-a^2)=M$$

求解得出

$$A=-4M\frac{a^2b^2}{N}\ln\frac{b}{a},B=-2M\frac{b^2-a^2}{N},C=M\frac{b^2-a^2+2(b^2\ln b-a^2\ln a)}{N}$$

式中，

$$N=(b^2-a^2)^2-4a^2b^2\left(\ln\frac{b}{a}\right)^2$$

位移分量表达式(8.6.3)有效。如果取约束条件为

$$\theta=0,r=(a+b)/2：\ u_r=u_\theta=0,\ \ \frac{\partial u_\theta}{\partial r}=0$$

则要求

$$b=0,\qquad e=0$$

$$d=\frac{1}{E}[(1+\nu)\frac{2A}{a+b}-2(1-\nu)B\frac{a+b}{2}\ln\frac{a+b}{2}+(1+\nu)B\frac{a+b}{2}-2(1-\nu)C\frac{a+b}{2}]$$

讨论：计算位移的周向分量，得

$$u_\theta=\frac{4B}{E}r\theta-d\sin\theta$$

如果曲梁圆周角$\theta_0=2\pi-0$，那么两端面的相对位移有周向分量，由此产生张开位移：

$$\Delta u_\theta=-16\pi\frac{M}{E}\frac{b^2-a^2}{N}r$$

例 8.13 曲梁在端面受径向集中力(图 8.11)。

解：问题的应力边界条件是：在内外边界圆弧边缘不受外力；端面上外力的主矢仅有径向分量；对端面中心的主矩为零。其数学表达式写为

$$r=a,\ r=b：\ \sigma_r=0,\ \tau_{r\theta}=0$$

$$\theta=0：\ \int_a^b\sigma_\theta\mathrm{d}r=0 \tag{a}$$

$$\int_a^b\tau_{\theta r}\mathrm{d}r=-P \tag{b}$$

$$\int_a^b\sigma_\theta\left(r-\frac{a+b}{2}\right)\mathrm{d}r=0 \tag{c}$$

根据式(a)，式(b)可以改写为

$$\theta=0：\ \int_a^b\sigma_\theta r\mathrm{d}r=0$$

端面$\theta=\theta_0$不再提出力的边界条件。

取应力函数的极坐标形式为

$$U(r,\theta)=f(r)\sin\theta$$

代入方程(8.3.14)，得到待求函数$f(r)$满足的常微分方程：

$$\nabla^2\nabla^2U(r,\theta)=\left(\frac{\partial^2}{\partial r^2}+\frac{\partial}{r\partial r}-\frac{1}{r^2}\right)\left(\frac{\partial^2 f(r)}{\partial r^2}+\frac{\partial f(r)}{r\partial r}-\frac{f(r)}{r^2}\right)\sin\theta=0$$

可将此方程改写为

$$\frac{\mathrm{d}}{\mathrm{d}r}\left[\frac{\mathrm{d}(r(\ \ ))}{r\mathrm{d}r}\right]\frac{\mathrm{d}}{\mathrm{d}r}\left[\frac{\mathrm{d}(rf(r))}{r\mathrm{d}r}\right]=0$$

式中，

$$\frac{\mathrm{d}}{\mathrm{d}r}\frac{\mathrm{d}\left[r(\ )\right]}{r\mathrm{d}r}\varphi(r)=\frac{\mathrm{d}}{\mathrm{d}r}\frac{\mathrm{d}(r\varphi)}{r\mathrm{d}r}$$

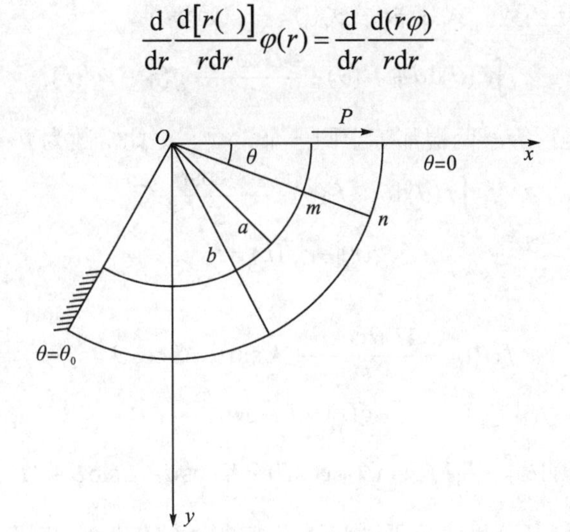

图 8.11　曲梁在端面受径向集中力

于是可以逐步积分得出

$$f(r)=Ar^3+B\frac{1}{r}+Cr+Dr\ln r$$

这里 A、B、C、D 为 4 个积分常数。由于应力函数 $U(r,\theta)=Cr\sin\theta$ 不影响应力分布，相应的应力分量不含常数 C：

$$\sigma_r=\left[2Ar-2B\frac{1}{r^3}+D\frac{1}{r}\right]\sin\theta \tag{d}$$

$$\sigma_\theta=\left[6Ar+2B\frac{1}{r^3}+D\frac{1}{r}\right]\sin\theta \tag{e}$$

$$\tau_{r\theta}=-\left[2Ar-2B\frac{1}{r^3}+D\frac{1}{r}\right]\cos\theta \tag{f}$$

式(d)和式(f)两式中方括号部分完全相同。根据几何方程(8.1.19)和物理方程(8.1.18)，列出求位移分量的微分方程：

$$\frac{\partial u_r}{\partial r}=\frac{\sin\theta}{E}\left[2(1-3\nu)Ar-2(1+\nu)B\frac{a^2b^2}{r^3}+D(1-\nu)\frac{1}{r}\right] \tag{g}$$

$$\frac{\partial u_\theta}{r\partial\theta}+\frac{u_r}{r}=\frac{\sin\theta}{E}\left[2(3-\nu)Ar+2(1+\nu)B\frac{a^2b^2}{r^3}+D(1-\nu)\frac{1}{r}\right] \tag{h}$$

$$\frac{\partial u_r}{r\partial\theta}+\frac{\partial u_\theta}{\partial r}-\frac{u_\theta}{r}=-\frac{2(1+\nu)}{E}\cos\theta\left[2Ar-2B\frac{1}{r^3}+D\frac{1}{r}\right] \tag{i}$$

对式(g)和式(h)积分，得到

$$u_r=\frac{\sin\theta}{E}\left[2(1-3\nu)Ar^2+(1+\nu)B\frac{1}{r^2}+D(1-\nu)\ln r\right]+f(\theta) \tag{j}$$

$$u_\theta=-\frac{\cos\theta}{E}\left[(5+\nu)Ar^2+(1+\nu)B\frac{1}{r^2}-D(1-\nu)\ln r+D(1-\nu)\right]-\int f(\theta)\mathrm{d}\theta+g(r)$$

(k)

这里 $f(\theta)$ 和 $g(r)$ 为待定函数。式(i)要求式(j)、式(k)满足

$$\int f(\theta)\mathrm{d}\theta + f'(\theta) + \frac{4D\cos\theta}{E} = g(r) - rg'(r) \tag{l}$$

此式成立的充要条件是：等号两端都等于同一个常数。记此常数为 F：

$$\int f(\theta)\mathrm{d}\theta + f'(\theta) + \frac{4D\cos\theta}{E} = F \tag{m}$$

$$g(r) - rg'(r) = F \tag{n}$$

这两方程的解分别为

$$f(\theta) = -\frac{4D\theta\cos\theta}{E} + K\sin\theta + L\cos\theta \tag{o}$$

$$g(r) = F + Hr \tag{p}$$

$$\int f(\theta)\mathrm{d}\theta = -\frac{2D}{E}(\theta\sin\theta + \cos\theta) - K\cos\theta + L\sin\theta + M \tag{q}$$

式中，积分常数 K、L 和 H 分别表示平动和绕极点的微小转动，它们都不影响应变和应力。M 为又一积分常数，利用式(m)可以证明：

$$M = F$$

于是位移分量的解写为

$$u_r = \frac{\sin\theta}{E}\left[(1-3\nu)Ar^2 + (1+\nu)B\frac{1}{r^2} + D(1-\nu)\ln r\right] - \frac{2D\theta\cos\theta}{E} + K\sin\theta + L\cos\theta$$

$$u_\theta = -\frac{\cos\theta}{E}\left[(5+\nu)Ar^2 + (1+\nu)B\frac{1}{r^2} - D(1-\nu)\ln r + D(1-\nu)\right] + \frac{2D\theta\sin\theta}{E} + K\cos\theta - L\sin\theta + Hr$$

式中已不出现积分常数 F 和 M。

可以证明，如果积分常数 A、B、D 满足如下三个线性代数方程，则应力边界条件全部得到满足：

$$\left.\begin{aligned} &2Aa - 2B\frac{1}{a^3} + D\frac{1}{a} = 0 \\ &2Ab - 2B\frac{1}{b^3} + D\frac{1}{b} = 0 \\ &-A(b^2-a^2) + B\frac{b^2-a^2}{b^2a^2} - D\ln\frac{b}{a} = -P \end{aligned}\right\}$$

其解为

$$A = -\frac{P}{2N},\quad B = \frac{P}{2N}b^2a^2,\quad D = \frac{P}{N}(b^2+a^2)$$

式中，

$$N = (a^2-b^2) + (b^2+a^2)\ln\frac{b}{a}$$

应力分量的表达式为

$$\sigma_r = -\frac{P}{N}\left[r - \frac{a^2+b^2}{r} + \frac{a^2b^2}{r^3}\right]\sin\theta$$

$$\sigma_\theta = -\frac{P}{N}\left[3r - \frac{a^2+b^2}{r} - \frac{a^2b^2}{r^3}\right]\sin\theta$$

$$\tau_{r\theta} = \tau_{\theta r} = \frac{P}{N}\left[r - \frac{a^2+b^2}{r} + \frac{a^2b^2}{r^3}\right]\cos\theta$$

顺便指出，如果曲梁圆周角 $\theta_0 = 2\pi$，那么两端面的相对位移有径向分量，由此产生错开位移：

$$\Delta u_r = (u_r)_{\theta=2\pi-0} - (u_r)_{\theta=0+} = 2\pi\frac{P}{EN}(b^2+a^2)$$

此外，利用例 8.12 和例 8.13 的结果，可以求曲梁在端面受周向集中力问题(图 8.12)的解。

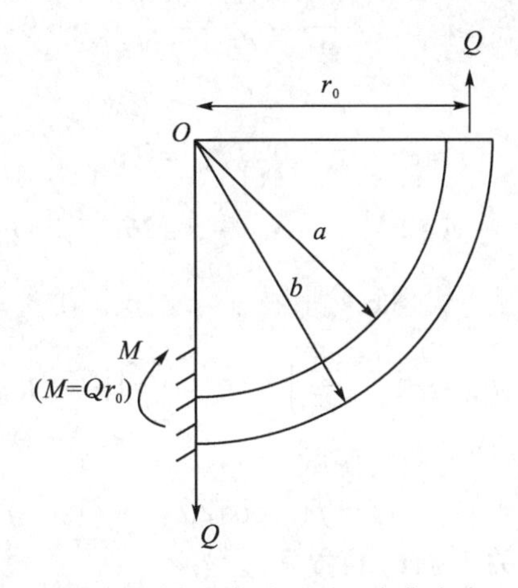

图 8.12　曲梁在端面受周向集中力

8.6.4　孔引起的应力集中

例 8.14　带小孔受拉板的应力集中(图 8.13)。

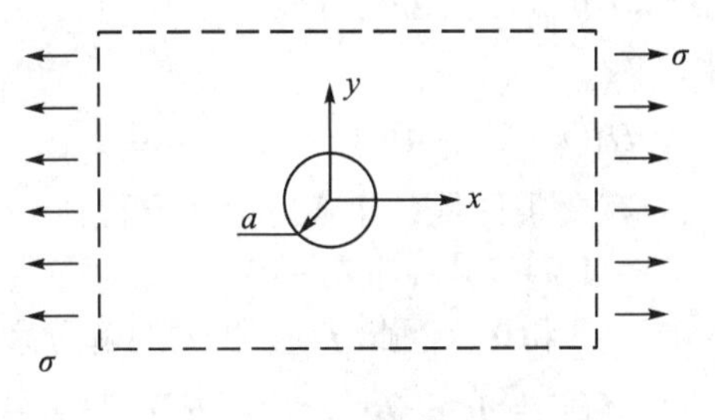

图 8.13　带小孔的受拉板

解：问题的边界条件是：在内边界圆孔边缘不受外力；在离孔较远处；应力趋于单轴受拉的状态。其数学表达式写为

$$r = a:\ \sigma_r = 0,\ \tau_{r\theta} = 0 \tag{8.6.6a}$$

$$r \to \infty:\ \sigma_x \to \sigma,\ \sigma_y \to 0,\ \tau_{xy} \to 0 \tag{8.6.6b}$$

根据坐标变换公式，对于式(8.6.6b)，可以写为极坐标形式

$$r \to \infty: \quad \begin{aligned} &\sigma_r \to \sigma\cos^2\theta = \frac{\sigma}{2} + \frac{\sigma}{2}\cos 2\theta \\ &\sigma_\theta \to \sigma\sin^2\theta = \frac{\sigma}{2} - \frac{\sigma}{2}\cos 2\theta \\ &\tau_{r\theta} \to -\sigma\cos\theta\sin\theta = -\frac{\sigma}{2}\sin 2\theta \end{aligned} \tag{8.6.7}$$

这样一来，可以将这个问题拆分为如下两个问题：

第 1 个问题：

$$r = a: \quad \sigma_r = 0, \quad \tau_{r\theta} = 0;$$

$$r \to \infty: \quad \sigma_r \to \frac{\sigma}{2}, \quad \sigma_\theta \to \frac{\sigma}{2}, \quad \tau_{r\theta} \to 0$$

第 2 个问题：

$$r = a: \quad \sigma_r = 0, \quad \tau_{r\theta} = 0;$$

$$r \to \infty: \quad \sigma_r \to \frac{\sigma}{2}\cos 2\theta, \quad \sigma_\theta \to -\frac{\sigma}{2}\cos 2\theta, \quad \tau_{r\theta} \to -\frac{\sigma}{2}\sin 2\theta$$

第 1 个问题的解是例 8.11 的解［式(8.6.4)］在 $b \to \infty, p_a = 0, p_b = -\sigma/2$ 的特例：

$$a \leqslant r < \infty: \quad \sigma_r = \frac{\sigma}{2}\left(1 - \frac{a^2}{r^2}\right), \quad \sigma_\theta = \frac{\sigma}{2}\left(1 + \frac{a^2}{r^2}\right), \quad \tau_{r\theta} = 0$$

第 2 个问题的解有如下形式的应力函数：

$$U = f(r)\cos 2\theta$$

将之代入方程(8.3.14)，得出关于 $f(r)$ 的微分方程：

$$\nabla^2\nabla^2 U(r,\theta) = \left[\left(\frac{\partial^2}{\partial r^2} + \frac{\partial}{r\partial r} - \frac{4}{r^2}\right)\left(\frac{\partial^2}{\partial r^2} + \frac{\partial}{r\partial r} - \frac{4}{r^2}\right) f(r)\right]\cos 2\theta = 0$$

由此得

$$\left(\frac{\mathrm{d}^2}{\mathrm{d}r^2} + \frac{\mathrm{d}}{r\mathrm{d}r} - \frac{4}{r^2}\right)\left(\frac{\mathrm{d}^2}{\mathrm{d}r^2} + \frac{\mathrm{d}}{r\mathrm{d}r} - \frac{4}{r^2}\right) f(r) = 0$$

取 $f(r) = Hr^\lambda$，代入方程得

$$H[(\lambda-2)^2 - 4](\lambda^2 - 4)r^{\lambda-4} = 0$$

式中，H 为常量。此式成立的充要条件是：λ 满足特征方程

$$[(\lambda-2)^2 - 4](\lambda^2 - 4) = 0$$

此方程的四个根分别为 2、4、–2 和 0，因此 $f(r)$ 和 U 的解分别是

$$f(r) = Ar^2 + Br^4 + Cr^{-2} + D$$

$$U = (Ar^2 + Br^4 + Cr^{-2} + D)\cos 2\theta$$

根据式(8.3.12)，对应的应力分量为

$$\sigma_r = -(2A + 6Cr^{-4} + 4Dr^{-2})\cos 2\theta$$

$$\sigma_\theta = (2A + 12Br^2 + 6Cr^{-4})\cos 2\theta$$

$$\tau_{r\theta} = (2A + 6Br^2 - 6Cr^{-4} - 2Dr^{-2})\sin 2\theta$$

用第 2 个问题的边界条件确定积分常数 A、B、C、D。$r \to \infty$ 对应的应力边界条件要求

$$B=0$$

根据其余边界条件可得出方程

$$A=-\sigma/4\,,\quad 2A+6Ca^{-4}+4Da^{-2}=0\,,\quad 2A-6Ca^{-4}-2Da^{-2}=0$$

因此有解

$$C=-\sigma\frac{a^4}{4},\qquad D=\sigma\frac{a^2}{2}$$

最后将两组问题的解作代数和，得到

$$a\leqslant r<\infty:\begin{cases}\sigma_r=\dfrac{\sigma}{2}(1-\dfrac{a^2}{r^2})+\dfrac{\sigma}{2}\left(1-4\dfrac{a^2}{r^2}+3\dfrac{a^4}{r^4}\right)\cos 2\theta\\ \sigma_\theta=\dfrac{\sigma}{2}\left(1+\dfrac{a^2}{r^2}\right)-\dfrac{\sigma}{2}\left(1+3\dfrac{a^4}{r^4}\right)\cos 2\theta\\ \tau_{r\theta}=-\dfrac{\sigma}{2}\left(1+2\dfrac{a^2}{r^2}-3\dfrac{a^4}{r^4}\right)\sin 2\theta\end{cases}\tag{8.6.8}$$

由式(8.6.8)可见，周向正应力σ_θ最大值在$r=a$，$\theta=\pm\pi/2$取得，其值为拉应力σ的 3 倍，即：

$$(\sigma_\theta)_{\max}=3\sigma$$

在径向线$\theta=\pm\pi/2$上，周向正应力σ_θ自边界点起，随着到中心距离的增加而迅速衰减。因此，出现了在孔附近的应力集中现象，并且应力集中系数为 3。

讨论：利用这个解可以容易地演绎出图 8.14 所示问题的解。这个问题留作习题。

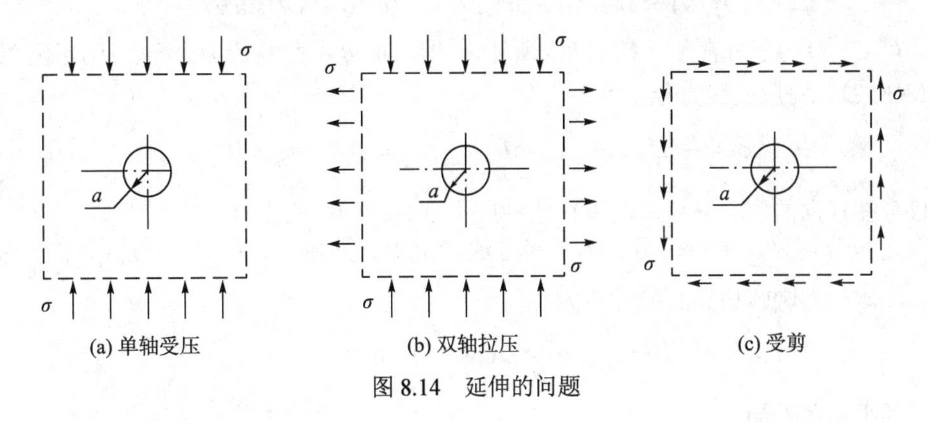

图 8.14　延伸的问题

8.6.5　楔形域问题

例 8.15　楔尖受集中力问题(图 8.15)。

解：应力函数的量纲为力，记$[F]$。应力的量纲为$[F]/[L^2]$，L表示长度量纲。在本问题中，应力与楔尖所受集中力呈线性齐次关系，平面问题的集中力量纲为$[F]/[L]$。因此，应力函数可能的形式是

$$U=rf(\theta)$$

将之代入方程(8.3.14)，得出关于$f(\theta)$的微分方程：

$$\frac{1}{r^3}\left(\frac{\mathrm{d}^4 f}{\mathrm{d}\theta^4}+2\frac{\mathrm{d}^2 f}{\mathrm{d}\theta^2}+f\right)=0$$

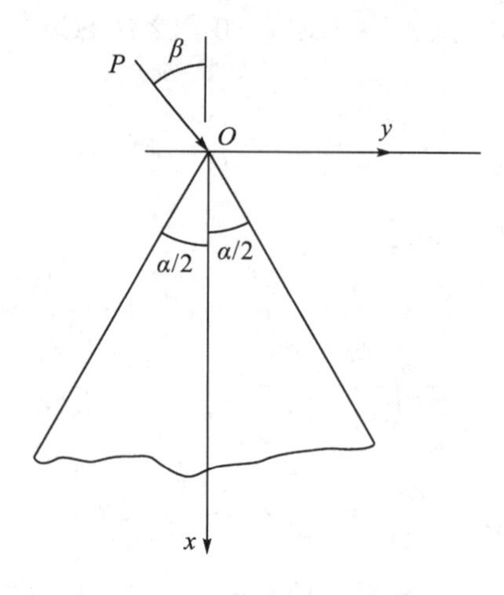

图 8.15 楔尖受集中力示意图

此式成立的充要条件是

$$\frac{\mathrm{d}^4 f}{\mathrm{d}\theta^4}+2\frac{\mathrm{d}^2 f}{\mathrm{d}\theta^2}+f=0$$

其解为

$$U=rf(\theta)=Ar\cos\theta+Br\sin\theta+r\theta(C\cos\theta+D\sin\theta)$$

这里 A、B、C、D 为积分常数。按例 8.5 所述，常数 A、B 不影响应力分布，因此不讨论。根据式(8.3.12)，对应的应力分量为

$$\sigma_r=\frac{2}{r}(D\cos\theta-C\sin\theta),\qquad \sigma_\theta=0,\qquad \tau_{r\theta}=0 \tag{a}$$

因为仅仅存在径向的应力分量，所以称这种应力分布为径向应力分布。

如何定积分常数？本题采用局部平衡方法确定积分常数。取扇形 $r\leqslant b,|\theta|\leqslant\alpha/2$ 为研究对象。在扇形的圆弧边界上的外力为

$$(\sigma_r)_{r=b}=\frac{2}{b}(D\cos\theta-C\sin\theta)$$

因此扇形的平衡条件为

$$\int_{-\alpha/2}^{\alpha/2}(\sigma_r\cos\theta)b\mathrm{d}\theta+P\cos\beta=0,\qquad \int_{-\alpha/2}^{\alpha/2}(\sigma_r\sin\theta)b\mathrm{d}\theta+P\sin\beta=0$$

这两式分别为平衡力系的 x 轴和 y 轴投影为零的条件。将式(a)代入后得出

$$D(\alpha+\sin\alpha)+P\cos\beta=0,\qquad -C(\alpha-\sin\alpha)+P\cos\beta=0$$

解得

$$D=-P\frac{\cos\beta}{\alpha+\sin\alpha},\qquad C=P\frac{\sin\beta}{\alpha-\sin\alpha}$$

得出应力分量表达式

$$|\theta| \leqslant \alpha/2, r>0: \qquad \sigma_r = -\frac{2P}{r}\frac{\cos\beta}{\alpha+\sin\alpha}\cos\theta - \frac{2P}{r}\frac{\sin\beta}{\alpha-\sin\alpha}\sin\theta \tag{8.6.9}$$

讨论这个解的如下特例：

特例　取 $\beta=0, \alpha=\pi$，即图 8.16 所示的半平面与边界垂直的集中力问题。这就是 Flamant 问题。对应的应力分布为

$$|\theta| \leqslant \pi/2, r>0: \qquad \sigma_r = -\frac{2P}{\pi}\frac{\cos\theta}{r} \tag{8.6.10}$$

在这半平面上直径为 d 的圆：

$$\frac{\cos\theta}{r} = \frac{1}{d}$$

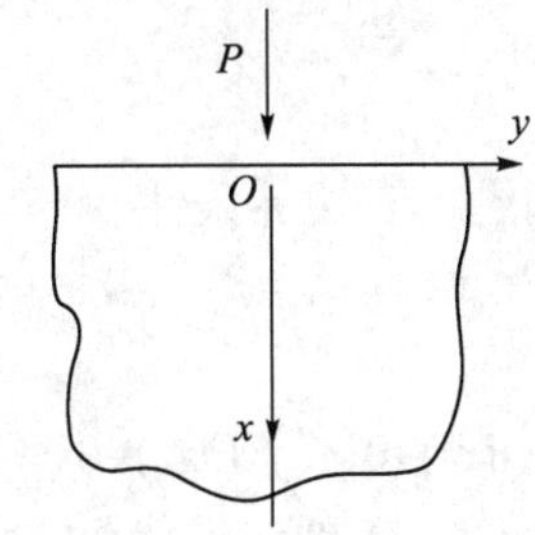

图 8.16　Flamant 问题

有相等的径向应力数值：

$$(\sigma_r)_d = -\frac{2P}{\pi}\frac{1}{d}$$

讨论：利用这个解可以容易地演绎出图 8.17 所示圆盘对径受压问题的解。这个问题也留在了习题中。

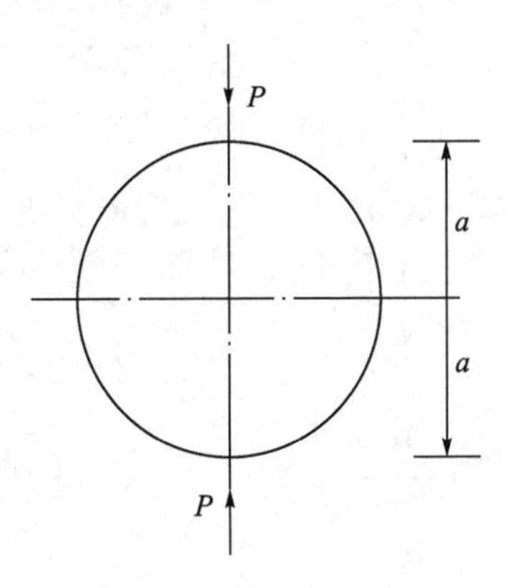

图 8.17　圆盘对径受压

8.6.6　满足裂纹面边界条件的艾里应力函数

取艾里应力函数为 r 的广义幂级数：

$$U(r,\theta)=\sum_{n=1}^{\infty}r^{\lambda_n+1}f_n(\theta)$$

这里 $\lambda_n(n=1,2,3,\cdots)$ 为数列。四阶的双调和方程(8.3.14)要求 $f_n(\theta)$ 有四个系列积分常数 A_n、B_n、C_n、D_n $(n=1,2,3,\cdots)$，导出它的表达形式：

$$f_n(\theta)=A_n\cos(\lambda_n+1)\theta+B_n\sin(\lambda_n+1)\theta+C_n\cos(\lambda_n-1)\theta+D_n\sin(\lambda_n-1)\theta$$

按式(8.3.12)算出应力分量：

$$\sigma_r=\sum_{n=1}^{\infty}r^{\lambda_n-1}[f_n''(\theta)+(\lambda_n+1)f_n(\theta)]$$

$$\sigma_\theta=\sum_{n=1}^{\infty}r^{\lambda_n-1}\lambda_n(\lambda_n+1)f_n(\theta)$$

$$\tau_{r\theta}=-\sum_{n=1}^{\infty}r^{\lambda_n-1}\lambda_n f_n'(\theta)$$

讨论极角所属区间为 $-\alpha<\theta<\alpha$ 的问题。有边界条件

$$\theta=\pm\alpha:\ \ \sigma_\theta=\tau_{r\theta}=0$$

这要求

$$f_n(\pm\alpha)=0\text{，}\ \ f_n'(\pm\alpha)=0$$

由此导出四个系列积分常数 A_n、B_n、C_n、D_n 的线性代数方程：

$$A_n\cos(\lambda_n+1)\alpha\pm B_n\sin(\lambda_n+1)\alpha+C_n\cos(\lambda_n-1)\alpha\pm D_n\sin(\lambda_n-1)\alpha=0$$

$$\mp A_n(\lambda_n+1)\sin(\lambda_n+1)\alpha+B_n(\lambda_n+1)\cos(\lambda_n+1)\alpha\mp C_n(\lambda_n-1)\sin(\lambda_n-1)\alpha+D_n(\lambda_n-1)\cos(\lambda_n-1)\alpha=0$$

对于 A_n、B_n、C_n、D_n 的存在，非零解要求它们的系数行列式之值为零，由此得出 λ_n 满足方程

$$\sin 2\alpha\lambda_n=\pm\lambda_n\sin 2\alpha$$

$\alpha=\pi$ 便是通常取用的数学裂纹模型。对数学裂纹模型，λ_n 有解

$$\lambda_n=\begin{cases}\lambda_n^{(1)}=\pm\dfrac{1}{2},\quad \pm\dfrac{3}{2},\quad \pm\dfrac{5}{2},\cdots\\ \lambda_n^{(2)}=\pm1,\quad \pm2,\quad \pm3,\cdots\end{cases}$$

应变能密度正比于应力平方，属于量级 $r^{2(\lambda_n-1)}$；应变能正比于应力平方与 r^2 之积，属于量级 $r^{2\lambda_n}$。对于 $0\leqslant r<\infty$ 应变能密度和应变能应为有界量。因此要求 $\lambda_n>0$。所以取

$$\lambda_n=\frac{n}{2}=\begin{cases}\lambda_n^{(1)}=\dfrac{1}{2},\dfrac{3}{2},\dfrac{5}{2},\cdots\qquad (n=1,3,5,\cdots)\\ \lambda_n^{(2)}=\dfrac{2}{2},\dfrac{4}{2},\dfrac{6}{2},\cdots=1,2,3,\cdots\qquad (n=2,4,6,\cdots)\end{cases}$$

当取 $\lambda_n^{(1)}$ 时，有

$$(B_n+D_n)\sin\lambda_n\pi=0\text{，}\ \ [A_n(\lambda_n+1)+C_n(\lambda_n-1)]\sin\lambda_n\pi=0$$

得到

$$B_n=-D_n\text{，}\ \ A_n=-\frac{\lambda_n-1}{\lambda_n+1}C_n=-\frac{n-2}{n+2}C_n$$

当取 $\lambda_n^{(2)}$ 时，有

$$(A_n+C_n)\cos\lambda_n\pi=0，\quad [B_n(\lambda_n+1)+D_n(\lambda_n-1)]\cos\lambda_n\pi=0$$

得到

$$C_n=-A_n，\quad B_n=-\frac{\lambda_n-1}{\lambda_n+1}D_n=-\frac{n-2}{n+2}D_n$$

将式$U(r,\theta)$改写为

$$U(r,\theta)=\sum_{n=1}^{\infty}U_n(r,\theta)=\sum_{n=1}^{\infty}r^{\lambda_n+1}f_n(\theta)$$

式中，

$n=1,3,5,\cdots$ 时：

$$U_n(r,\theta)=r^{1+n/2}\left\{D_n\left[\sin\left(\frac{n}{2}-1\right)\theta-\sin\left(\frac{n}{2}+1\right)\theta\right]+C_n\left[\cos\left(\frac{n}{2}-1\right)\theta-\frac{n-2}{n+2}\cos\left(\frac{n}{2}+1\right)\theta\right]\right\}$$

$n=2,4,6,\cdots$ 时：

$$U_n(r,\theta)=r^{1+n/2}\left\{D_n\left[\sin\left(\frac{n}{2}-1\right)\theta-\frac{n-2}{n+2}\sin\left(\frac{n}{2}+1\right)\theta\right]+C_n\left[\cos\left(\frac{n}{2}-1\right)\theta-\cos\left(\frac{n}{2}+1\right)\theta\right]\right\}$$

也可以按奇偶性写为

θ的偶函数：

$$U_n^{(2)}(r,\theta)=(-1)^{2n-1}C_{2n-1}r^{n+1/2}\left[\cos\left(n-\frac{3}{2}\right)\theta-\frac{2n-3}{2n+1}\cos\left(n+\frac{1}{2}\right)\theta\right]$$
$$+(-1)^{2n}C_{2n}r^{n+1}[\cos(n-1)\theta-\cos(n+1)\theta]\qquad(n=1,2,3,\cdots)$$

θ的奇函数：

$$U_n^{(1)}(r,\theta)=(-1)^{2n-1}D_{2n-1}r^{n+1/2}\left[-\sin(n-\frac{3}{2})\theta+\sin\left(n+\frac{1}{2}\right)\theta\right]$$
$$+(-1)^{2n}D_{2n}r^{n+1}\left[\sin(n-1)\theta-\frac{n-1}{n+1}\sin(n+1)\theta\right]\qquad(n=1,2,3,\cdots)$$

下面分别讨论$n=1$、$n=2$和$n=3$对应的三项：

$n=1$：

$$U_1(r,\theta)=r^{3/2}\{D_1[-\sin\frac{1}{2}\theta-\sin\frac{3}{2}\theta]+C_1[\cos\frac{1}{2}\theta+\frac{1}{3}\cos\frac{3}{2}\theta]\}$$

$$\sigma_r^{(1)}(r,\theta)=r^{-1/2}\left\{\frac{3}{2}\left[-D_1\left(\sin\frac{1}{2}\theta+\sin\frac{3}{2}\theta\right)+C_1\left(\cos\frac{1}{2}\theta+\frac{1}{3}\cos\frac{3}{2}\theta\right)\right]\right.$$
$$\left.+\left[D_1\left(\frac{1}{4}\sin\frac{1}{2}\theta+\frac{9}{4}\sin\frac{3}{2}\theta\right)-C_1\left(\frac{1}{4}\cos\frac{1}{2}\theta+\frac{3}{4}\cos\frac{3}{2}\theta\right)\right]\right\}$$
$$=r^{-1/2}\left\{\left[D_1\left(-\frac{5}{4}\sin\frac{1}{2}\theta+\frac{3}{4}\sin\frac{3}{2}\theta\right)+C_1\left(\frac{5}{4}\cos\frac{1}{2}\theta-\frac{1}{4}\cos\frac{3}{2}\theta\right)\right]\right\}$$

$$\sigma_\theta^{(1)}(r,\theta)=r^{-1/2}\frac{3}{4}\left[-D_1\left(\sin\frac{1}{2}\theta+\sin\frac{3}{2}\theta\right)+C_1\left(\cos\frac{1}{2}\theta+\frac{1}{3}\cos\frac{3}{2}\theta\right)\right]$$

$$\tau_{r\theta}(r,\theta)=-\frac{1}{4}r^{-1/2}\left\{D_1\left[-\cos\frac{1}{2}\theta-3\cos\frac{3}{2}\theta\right]-C_1\left[\sin\frac{1}{2}\theta+\sin\frac{3}{2}\theta\right]\right\}$$

利用三角公式，可以得出：

$$\sigma_\theta=\frac{1}{\sqrt{r}}\left\{C_1\frac{1}{2}\cos\frac{\theta}{2}(1+\cos\theta)-D_1\frac{3}{2}\cos\frac{\theta}{2}\sin\theta)]\right\}+\cdots$$

$$\sigma_r=\frac{1}{\sqrt{r}}\left\{C_1\frac{1}{2}\cos\frac{\theta}{2}(3-\cos\theta)+D_1\frac{1}{2}\sin\frac{\theta}{2}(3\cos\theta-1)\right\}+\cdots$$

$$\tau_{r\theta}=\frac{1}{\sqrt{r}}\left\{C_1\frac{1}{2}\cos\frac{\theta}{2}\sin\theta+D_1\frac{1}{2}\cos\frac{\theta}{2}(3\cos\theta-1)]\right\}+\cdots$$

这里用到：

$$\cos\theta=2\cos^2\frac{\theta}{2}-1=1-2\sin^2\frac{\theta}{2}$$

$$\cos\frac{3\theta}{2}=\cos\frac{\theta}{2}\cos\theta-\sin\frac{\theta}{2}\sin\theta$$

$$\sin\frac{3\theta}{2}=\sin\frac{\theta}{2}\cos\theta+\cos\frac{\theta}{2}\sin\theta$$

裂纹线上$\theta=0$：

$$\sigma_r^{(1)}(r,0)=r^{-1/2}C_1$$

$$\sigma_\theta^{(1)}(r,0)=r^{-1/2}C_1,\quad C_1=K_{\mathrm{I}}\big/\sqrt{2\pi}$$

$$\tau_{r\theta}^{(1)}(r,0)=r^{-1/2}D_1,\quad D_1=K_{\mathrm{II}}\big/\sqrt{2\pi}$$

$n=2$：

$$U_2(r,\theta)=C_2r^2(1-\cos2\theta)$$

$$\sigma_r^{(2)}(r,\theta)=C_2[2(1-\cos2\theta)+4\cos2\theta]=2C_2(1+\cos2\theta)=4C_2\cos^2\theta$$

$$\sigma_\theta^{(2)}(r,\theta)=2C_2(1-\cos2\theta)=4C_2\sin^2\theta$$

$$\tau_{r\theta}^{(2)}(r,\theta)=-2C_2\sin2\theta=-4C_2\sin\theta\cos\theta$$

相当于$\sigma_x^{(2)}=4C_2$，$\sigma_y^{(2)}=0$，$\tau_{xy}^{(2)}=0$。

T 应力项就是$4C_2$。

$n=3$：

$$U_3(r,\theta)=r^{5/2}\left\{D_3\left[\sin\frac{1}{2}\theta-\sin\frac{5}{2}\theta\right]+C_3\left[\cos\frac{1}{2}\theta-\frac{1}{5}\cos\frac{5}{2}\theta\right]\right\}$$

$$\begin{aligned}\sigma_r^{(3)}(r,\theta)=r^{1/2}&\left\{D_3\frac{5}{2}\left[\sin\frac{1}{2}\theta-\sin\frac{5}{2}\theta\right]+C_3\frac{5}{2}\left[\cos\frac{1}{2}\theta-\frac{1}{5}\cos\frac{5}{2}\theta\right]\right.\\&\left.+D_3\left[-\frac{1}{4}\sin\frac{1}{2}\theta+\frac{25}{4}\sin\frac{5}{2}\theta\right]+C_3\left[-\frac{1}{4}\cos\frac{1}{2}\theta+\frac{5}{4}\cos\frac{5}{2}\theta\right]\right\}\\=r^{1/2}&\left\{D_3\left[\frac{9}{4}\sin\frac{1}{2}\theta+\frac{15}{4}\sin\frac{5}{2}\theta\right]+C_3\left[\frac{9}{4}\cos\frac{1}{2}\theta+\frac{3}{4}\cos\frac{5}{2}\theta\right]\right\}\end{aligned}$$

$$\sigma_\theta^{(3)}(r,\theta)=r^{1/2}\frac{15}{4}\left\{D_3\left[\sin\frac{1}{2}\theta-\sin\frac{5}{2}\theta\right]+C_3\left[\cos\frac{1}{2}\theta-\frac{1}{5}\cos\frac{5}{2}\theta\right]\right\}$$

$$\tau_{r\theta}^{(3)}(r,\theta)=-r^{1/2}\frac{3}{2}\left\{D_3\left[\frac{1}{2}\cos\frac{1}{2}\theta-\frac{5}{2}\cos\frac{5}{2}\theta\right]+C_3\left[-\frac{1}{2}\sin\frac{1}{2}\theta+\frac{1}{2}\sin\frac{5}{2}\theta\right]\right\}$$

裂纹线上$\theta=0$：

$$\sigma_r^{(3)}(r,0)=r^{1/2}3C_3$$
$$\sigma_\theta^{(3)}(r,0)=r^{1/2}3C_3$$
$$\tau_{r\theta}^{(3)}(r,0)=r^{1/2}3D_3$$

这里$U_1(r,\theta)$、$U_2(r,\theta)$和$U_3(r,\theta)$分别是裂尖邻域艾里应力函数的首项、第二项和第三项。前两项又分别称为应力强度项和 T 应力项。应力强度项正是线弹性断裂力学应力强度因子理论研究的重要内容，T 应力项则是改进应力强度因子理论的修正途径，近几年得到力学界的关注。第三项对断裂和裂纹扩展的影响有待讨论。

习　　题

8.1　证明：在平面应变问题的控制方程中，按式(8.1.15)将E和ν用E'和ν'代替，则平面应变问题的控制方程成为平面应力问题的控制方程。这里

$$E'=(1+2\nu)E/(1+\nu)^2\text{，}\quad \nu'=\nu/(1+\nu)$$

进一步证明式(8.1.16)。

8.2　对于平面应力问题，证明平面上点(0,0)沿轴Ox的集中力P产生的应力分布(图 8.18)为

$$\sigma_r=-P\frac{3+\nu}{4\pi}\frac{\cos\theta}{r}\text{，}\quad \sigma_\theta=P\frac{1-\nu}{4\pi}\frac{\cos\theta}{r}\text{，}\quad \tau_{r\theta}=P\frac{1-\nu}{4\pi}\frac{\sin\theta}{r}$$

进一步导出平面应变问题的结果。

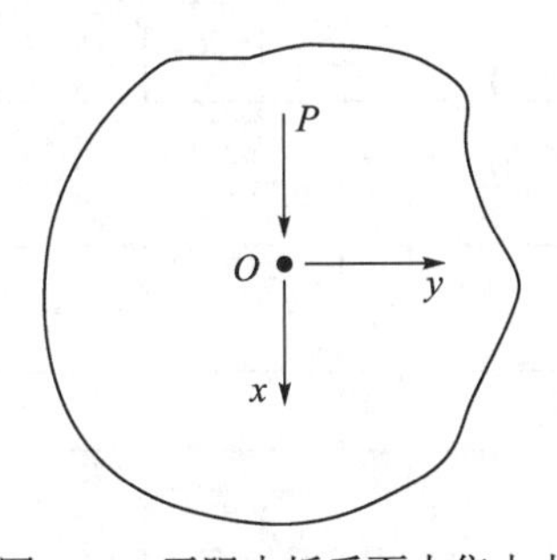

图 8.18　无限大板受面内集中力

8.3　无体力情况下，按应力解和按应力函数解的控制方程与弹性常数无关，因此对于应力边值问题，平面应力问题和平面应变问题有相同的应力分布。试讨论这个命题是否正确。

8.4　试证明，对于足够阶可微的双调和函数$\psi(x,y)$，如下位移分布恒等地满足无体力平面应变问题的 Navier 方程：

$$u_x=\frac{1}{2G}\left[(1-\nu)\frac{\partial^3\psi}{\partial y^3}-\nu\frac{\partial^3\psi}{\partial x^2\partial y}\right]\text{，}\quad u_y=\frac{1}{2G}\left[(1-\nu)\frac{\partial^3\psi}{\partial x^3}-\nu\frac{\partial^3\psi}{\partial x\partial y^2}\right]$$

8.5　矩形截面悬臂梁在上侧面受均布力q(图 8.19)。写出材料力学给出的解为

$$\sigma_x = -6qx^2y/h^3\ ,\quad \sigma_y = 0\ ,\quad \tau_{xy} = -\frac{6qx}{h^3}\left(\frac{h^2}{4} - y^2\right)$$

如果将它修正为

$$\sigma_x = -6qx^2y/h^3 + f(y)\ ,\quad \sigma_y = g(y)\ ,\quad \tau_{xy} = -\frac{6qx}{h^3}\left(\frac{h^2}{4} - y^2\right)$$

试按平面问题的理论求待定的一元函数 $f(y)$ 和 $g(y)$。

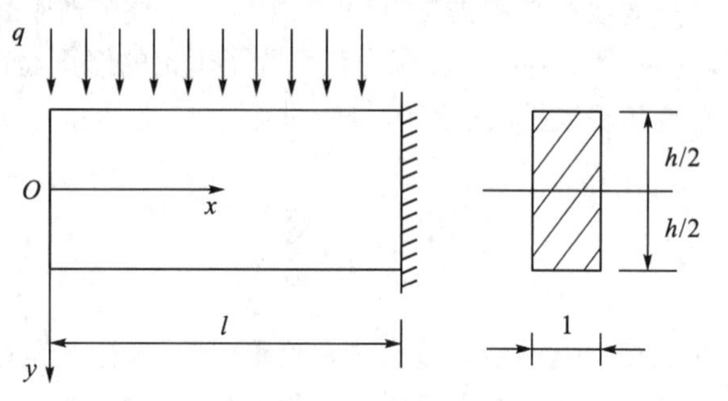

图 8.19　矩形截面悬臂梁受均布力示意图

8.6　矩形截面固端梁在上侧面受均布力 q（图 8.20）。取应力分布模式为习题 8.5 中所用的形式:

$$\sigma_x = -6qx^2y/h^3 + f(y)\ ,\quad \sigma_y = g(y)\ ,\quad \tau_{xy} = -\frac{6qx}{h^3}\left(\frac{h^2}{4} - y^2\right)$$

如果已知两端面的约束力矩为 M_0，试按平面问题的理论求待定的一元函数 $f(y)$ 和 $g(y)$。

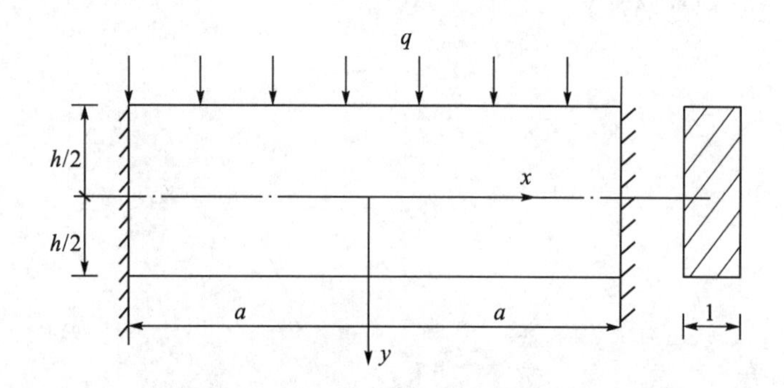

图 8.20　矩形截面固端梁受均布力示意图

8.7　证明双调和方程有如下形式的解:

$$U = \sin\lambda_k x(A_k \cosh\lambda_k y + B_k \sinh\lambda_k y + C_k y\cosh\lambda_k y + D_k y\sinh\lambda_k y)$$

式中，A_k、B_k、C_k、D_k 为积分常数，$\lambda_k (k = 0, 1, 2, \cdots)$ 为系列常数。求对应的应力分量。

8.8　求双层圆柱壳在内压 q 作用下的层间压力（图 8.21）。内层和外层材料的弹性模量与泊松比分别为 E_a、ν_a 和 E_b、ν_b。

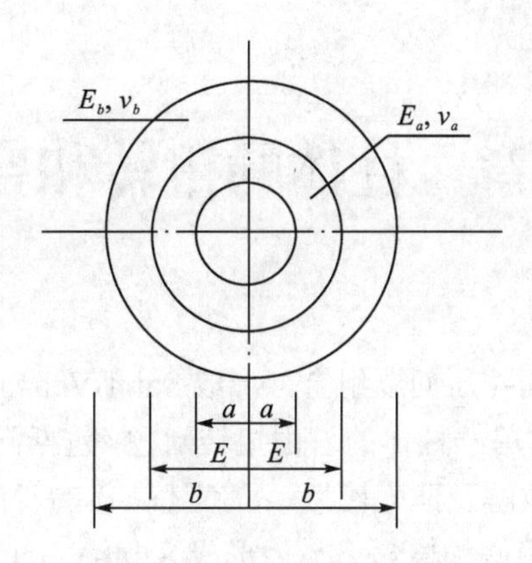

图 8.21　双层圆柱壳示意图

8.9　对于受均匀剪应力 q 的板(图 8.22)，求小孔引起的应力集中。

8.10　对于受双轴均匀压应力的无限体，求圆柱形空穴引起的应力重分布(图 8.23)。

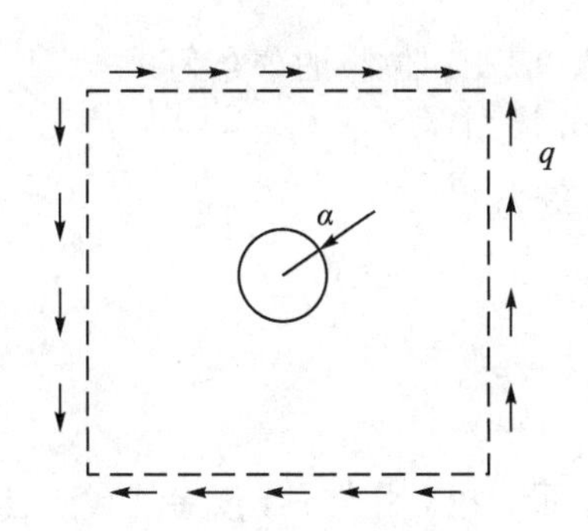

图 8.22　含小孔的板受均匀剪应力

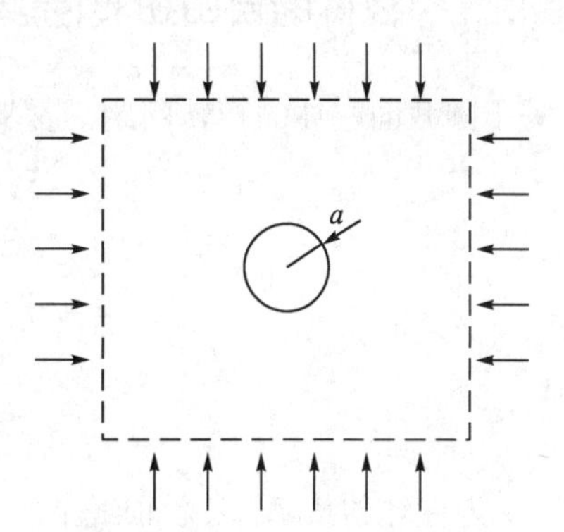

图 8.23　含小孔的板受双轴均匀压力

第9章　柱体的扭转和弯曲

柱体的自由扭转、弯曲和拉压问题组合，形成 Saint-Venant 问题。这是弹性力学的第二个重要专题。本章首先叙述单一柱体的自由扭转问题，包括问题的提法、按翘曲函数解、剪应力环流定理、按应力函数解及薄膜比拟。再叙述柱体的弯曲，包括问题的提法、基本方程、按应力函数解和弯曲中心的概念。最后形成 Saint-Verant 问题综合。

§9.1　柱体的自由扭转

9.1.1　柱体的自由扭转问题及边界条件

关于圆截面柱体的扭转问题，材料力学给出了应力、应变和位移的分布为

$$\tau_{zx}=-yG\alpha,\quad \tau_{zy}=xG\alpha,\text{其余应力分量为零；}$$

$$\gamma_{zx}=-y\alpha,\quad \gamma_{zy}=x\alpha,\text{其余应力分量为零；}$$

$$u_x=-\alpha zy,\quad u_y=\alpha zx,\quad u_z=0\text{；}$$

$$\psi_z=\frac{1}{2}\left(\frac{\partial u_y}{\partial x}-\frac{\partial u_x}{\partial y}\right)=\alpha z$$

式中，α 为柱体的扭率，表示轴线上相距单位长度的两截面的相对扭转角，或者式(2.1.18)表示的体元的角位移 ψ_z 沿轴 z 的变率。这里，变形就是截面在自身所在的平面内产生一个角位移，且平面截面总是保持平面，轴向正应变和轴向正应力为零。

对于非圆截面柱体的扭转(图 9.1)，材料力学少有涉及。非圆截面柱体扭转中，平面截面变形后不再保持平面，而是产生非均匀的轴向位移，这就是与扭转相伴随的截面翘曲。翘曲不被约束的扭转称为自由扭转，否则称为约束扭转。

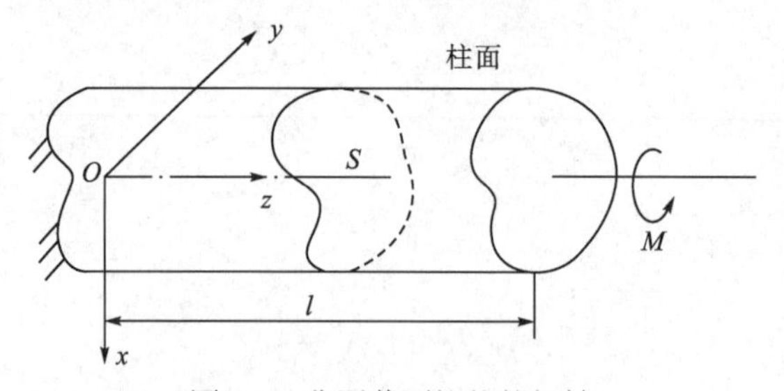

图 9.1　非圆截面柱体的扭转

解自由扭转问题可以取两条不同的途径，即按位移求解途径和按应力求解途径。取轴 Oz 与柱体的母线平行，柱体的横截面在坐标面 xOy 上占有区域为 S，那么求解的两条途径的出发点可以分别表述为

(1)**按位移求解途径**　以如下位移分布假设为出发点：

$$\left.\begin{aligned} u_x &= -\alpha zy \\ u_y &= \alpha zx \\ u_z &= \alpha\varphi(x,y) \end{aligned}\right\} \tag{9.1.1}$$

式中，$\varphi(x,y)$ 为描写截面轴向位移的函数，称为翘曲函数。

(2)**按应力求解途径**　以如下应力分布假设为出发点：

假设仅仅存在 τ_{zx} 和 τ_{zy}，其余应力分量都为零。

对于任意截面柱体的扭转问题，不考虑体力，在 $z=0$ 端固定，另一端 $z=l$ 受扭矩 M 作用。柱面上无外加面力的边界条件为

$\{0<z<l,\ \ \partial S\}$：

$$\sigma_x n_x + \tau_{xy} n_y = 0，\ \tau_{xy} n_x + \sigma_y n_y = 0，\ \tau_{zx} n_x + \tau_{zy} n_y = 0 \tag{9.1.2}$$

式中，n_x、n_y 为柱面外法线单位矢的 x 分量和 y 分量，柱面外法线矢量的 z 分量为零。按 Saint-Venant 原理，柱体端面仅受扭矩作用的边界条件为

（$z=l,\ \ \partial S$）：

$$\int_S y\sigma_z \mathrm{d}x\mathrm{d}y = 0，\quad \int_S x\sigma_z \mathrm{d}x\mathrm{d}y = 0，\quad \int_S \sigma_z \mathrm{d}x\mathrm{d}y = 0 \tag{9.1.3}$$

$$\int_S \tau_{zx} \mathrm{d}x\mathrm{d}y = 0，\quad \int_S \tau_{zy} \mathrm{d}x\mathrm{d}y = 0，\quad \int_S (x\tau_{zy} - y\tau_{zx}) \mathrm{d}x\mathrm{d}y = M \tag{9.1.4}$$

式(9.1.3)前两个方程表示端面上外加弯矩为零，第三个方程表示端面上外加轴力为零。式(9.1.4)前两个方程表示端面上外加横向切力为零，第三个方程表示端面上外加扭矩为 M。柱体在 $z=0$ 的另一端面，不必再对应力边界条件作要求，因为问题的解必然使全柱体上主矢和主矩的平衡恒等地得到满足。

9.1.2　按翘曲函数解

设柱体自由扭转的位移场有式(9.1.1)所示的形式，按几何方程(5.1.2)和本构方程(5.1.4)，应变分量和应力分量分别为

$$\gamma_{zx} = \alpha\left(\frac{\partial\varphi}{\partial x} - y\right)，\quad \gamma_{zy} = \alpha\left(\frac{\partial\varphi}{\partial y} + x\right)，\quad \text{其余应变分量为零} \tag{9.1.5}$$

$$\tau_{zx} = G\alpha\left(\frac{\partial\varphi}{\partial x} - y\right)，\ \tau_{zy} = G\alpha\left(\frac{\partial\varphi}{\partial y} + x\right)，\ \text{其余应力分量为零} \tag{9.1.6}$$

这些非零的应变分量和应力分量与坐标 z 无关，仅仅是 x、y 的函数。无体力情况下，平衡方程(5.1.2)仅第三个式子有效，改写为

$$S\text{：}\quad \nabla^2\varphi = 0 \tag{9.1.7}$$

应力分布式(9.1.6)恒等地满足柱面的应力边界条件(9.1.2)的前两个式子，第三个式子改写为

$$G\alpha\left[\left(\frac{\partial\varphi}{\partial x} - y\right)n_x + \left(\frac{\partial\varphi}{\partial y} + x\right)n_y\right] = 0 \tag{9.1.8a}$$

这要求

$$\frac{\partial \varphi}{\partial n} = yn_x - xn_y \tag{9.1.8b}$$

结合第8.4节述及的几何公式(8.4.2)，得出

$$\frac{\partial \varphi}{\partial n} = yn_x - xn_y = y\frac{\mathrm{d}y}{\mathrm{d}s} + x\frac{\mathrm{d}x}{\mathrm{d}s} = \frac{\mathrm{d}}{\mathrm{d}s}\frac{x^2+y^2}{2} \tag{9.1.8c}$$

于是得出翘曲函数应满足的边界条件：

$$\{0<z<l,\ \partial S\}:\quad \frac{\partial \varphi}{\partial n} = \frac{\mathrm{d}}{\mathrm{d}s}\frac{x^2+y^2}{2} \tag{9.1.9}$$

式中，$\dfrac{\partial \varphi}{\partial n}$为$\varphi$在边界法向的方向导数。

显然，应力分布式(9.1.6)恒等地满足端面$z=l$的应力边界条件(9.1.3)。

下面证明应力分布式(9.1.6)满足端面$z=l$的应力边界条件(9.1.4)中的前两个式子。事实上，将应力分布式(9.1.6)代入式(9.1.4)中的第一个式子。利用方程(9.1.7)，可以证明

$$G\alpha\iint_S\left(\frac{\partial \varphi}{\partial x}-y\right)\mathrm{d}x\mathrm{d}y = G\alpha\iint_S\left\{\frac{\partial}{\partial x}\left[x\left(\frac{\partial \varphi}{\partial x}-y\right)\right]+\frac{\partial}{\partial y}\left[x\left(\frac{\partial \varphi}{\partial y}+x\right)\right]\right\}\mathrm{d}x\mathrm{d}y$$

对等号右端，利用格林(Green D.J.)公式，将这个积分化为边界曲线上的积分，得到

$$\iint_S\tau_{zx}\mathrm{d}x\mathrm{d}y = G\alpha\iint_S\left(\frac{\partial \varphi}{\partial x}-y\right)\mathrm{d}x\mathrm{d}y = G\alpha\int_{\partial S}\left[x\left(\frac{\partial \varphi}{\partial n}-yn_x+xn_y\right)\right]\mathrm{d}s$$

注意到翘曲函数应满足的边界条件(9.1.8)，得出此式为零。这就证明了应力分布式(9.1.6)满足端面$z=l$应力边界条件(9.1.4)中的第一个式子。第二个式子的证明与此类似。

应力边界条件(9.1.4)的第三式给出

$$M = G\alpha\iint_S\left\{\left[x\left(\frac{\partial \varphi}{\partial y}+x\right)\right]-\left[y\left(\frac{\partial \varphi}{\partial x}-y\right)\right]\right\}\mathrm{d}x\mathrm{d}y$$

引入D表示式中的二重积分，则有

$$D = \iint_S\left(x\frac{\partial \varphi}{\partial y}-y\frac{\partial \varphi}{\partial x}+x^2+y^2\right)\mathrm{d}x\mathrm{d}y = \iint_S\left\{\left[-y\left(\frac{\partial \varphi}{\partial x}-y\right)\right]+\left[x\left(\frac{\partial \varphi}{\partial y}+x\right)\right]\right\}\mathrm{d}x\mathrm{d}y \tag{9.1.10}$$

于是得到

$$M = GD\alpha \tag{9.1.11}$$

称D为截面的扭转模数，量纲是长度的四次方；GD称为截面的扭转刚度。

这样一来，便确认了将式(9.1.1)作为柱体自由扭转问题解的正确性，并给出了实施的具体方案。可以将解的步骤总结如下：

(1)求解翘曲函数φ的边值问题：控制方程(9.1.7)；边界条件(9.1.9)。

(2)根据式(9.1.10)，计算截面的扭转模数D。

(3)根据式(9.1.11)，已知扭矩求扭率，或已知扭率求扭矩；根据式(9.1.6)计算应力分量τ_{zx}和τ_{zy}；根据式(9.1.1)计算翘曲，即求轴向位移分量u_z。

特例 对于外半径为a的圆截面，因为∂S上$x^2+y^2=a^2$，式(9.1.9)改写为

$$\{0<z<l,\ \partial S\}:\ \frac{\partial\varphi}{\partial n}=0$$

翘曲函数φ的解为常量，这表示平截面变形成立，式(9.1.6)给出的应力分量与材料力学解完全相同，而截面的扭转模数改写为

$$D=\int_S (x^2+y^2)\mathrm{d}x\mathrm{d}y=\frac{\pi a^4}{2}$$

这正是材料力学对应结果中的截面极惯性矩。

9.1.3　剪应力环流定理

剪应力环流定理　如果封闭曲线Γ总在截面的物质区域S内部，它围成的几何面积为A_Γ，则平面区域S上剪应力矢量场在曲线Γ上的环量等于$2G\alpha A_\Gamma$。

证明　曲线Γ上剪应力的环量，记为H_Γ，按照环量的定义，表达为

$$H_\Gamma=\oint_\Gamma \tau_{zx}\mathrm{d}x+\tau_{zy}\mathrm{d}y$$

将式(9.1.6)代入上式右端，计算得到

$$H_\Gamma=G\alpha\left[\oint_\Gamma \frac{\partial\varphi}{\partial x}\mathrm{d}x+\frac{\partial\varphi}{\partial y}\mathrm{d}y+\oint_\Gamma x\mathrm{d}y-y\mathrm{d}x\right]$$

因为翘曲函数与轴向位移仅差一个常量因子，因此必须满足位移单值条件，所以有

$$\oint_\Gamma \frac{\partial\varphi}{\partial x}\mathrm{d}x+\frac{\partial\varphi}{\partial y}\mathrm{d}y=\oint_\Gamma \mathrm{d}\varphi=0$$

按微积分学原理计算平面封闭曲线上的积分：

$$\oint_\Gamma x\mathrm{d}y-y\mathrm{d}x=2A_\Gamma \tag{9.1.12}$$

这个等式不要求封闭曲线Γ所围区域内部是否都为物质区域，仅要求封闭曲线Γ为物质区域所包含。于是得到

$$H_\Gamma=\oint_\Gamma \tau_{zx}\mathrm{d}x+\tau_{zy}\mathrm{d}y=2G\alpha A_\Gamma \tag{9.1.13}$$

这就是所要求证的结果。

需要指出，封闭曲线Γ围成的几何面积A_Γ中可以含空穴(图 9.2)。这个特征表明，多连通截面对提高扭转刚度有利。

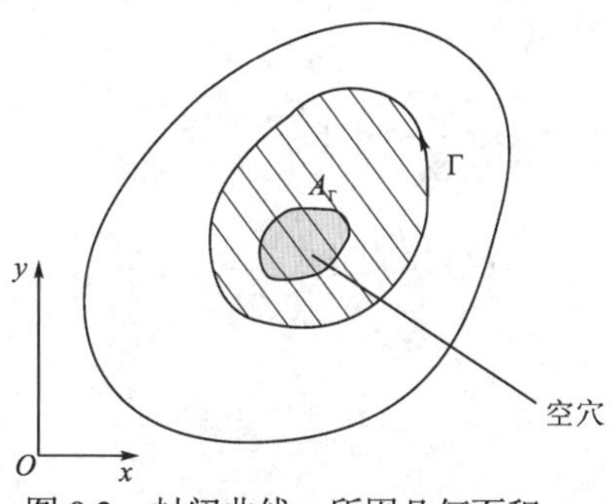

图 9.2　封闭曲线Γ所围几何面积A_Γ

剪应力环流定理在截面包含空穴的柱体扭转问题中有重要应用。

§9.2　应力函数解及薄膜比拟

9.2.1　按应力解和按应力函数解

1. 按应力解的控制方程

按应力求解的途径，以假设仅有应力分量τ_{zx}和τ_{zy}非零作为出发点。在这种情况下，无体力平衡方程(5.1.2)改写为

$$S:\ \frac{\partial \tau_{zx}}{\partial z}=0,\quad \frac{\partial \tau_{zy}}{\partial z}=0 \tag{9.2.1}$$

和

$$S:\ \frac{\partial \tau_{zx}}{\partial x}+\frac{\partial \tau_{zy}}{\partial y}=0 \tag{9.2.2}$$

式(9.2.1)表明，应力分量τ_{zx}和τ_{zy}与坐标z无关。根据按应力求解的原理，应力分量τ_{zx}和τ_{zy}还需满足6个B-M方程［式(5.3.2)］。在这种情况下B-M方程(5.3.2)中仅式(5.3.2d)和式(5.3.2e)有效，改写为

$$S:\ \nabla^2\tau_{zx}=0,\quad \nabla^2\tau_{zy}=0 \tag{9.2.3}$$

于是方程(9.2.2)和方程(9.2.3)便组成了应力分量τ_{zx}和τ_{zy}的控制方程。

2. 应力函数及控制方程

针对式(9.2.2)，引入普朗特(Prandtl I.)应力函数$F(x,y)$，使

$$\tau_{zx}=G\alpha\frac{\partial F}{\partial y},\qquad \tau_{zy}=-G\alpha\frac{\partial F}{\partial x} \tag{9.2.4}$$

那么平衡方程(9.2.2)恒等地得到满足。方程(9.2.3)则要求

$$\frac{\partial}{\partial y}\nabla^2 F=0,\qquad \frac{\partial}{\partial x}\nabla^2 F=0 \tag{9.2.5}$$

这要求$\nabla^2 F$为常量，记此常量为C。

为了确定这个常数，将几何方程(5.1.1)的第五式和第六式与式(9.2.4)结合，利用假设(9.1.1)，得到

$$\tau_{zx}=G\alpha\frac{\partial F}{\partial y}=G\left(\frac{\partial u_x}{\partial z}+\alpha\frac{\partial \varphi}{\partial x}\right)$$

$$\tau_{zy}=-G\alpha\frac{\partial F}{\partial x}=G\left(\frac{\partial u_y}{\partial z}+\alpha\frac{\partial \varphi}{\partial y}\right)$$

由此解出

$$\left.\begin{aligned}\frac{\partial u_x}{\partial z}=\alpha\frac{\partial F}{\partial y}-\alpha\frac{\partial\varphi}{\partial x}\\ \frac{\partial u_y}{\partial z}=-\alpha\frac{\partial F}{\partial x}-\alpha\frac{\partial\varphi}{\partial y}\end{aligned}\right\}\tag{9.2.6}$$

前已述及，挠率 α 就是式(2.1.18)表示的角位移 ψ_z 沿轴 z 的变率。为此计算 ψ_z 对 z 的变率：

$$\alpha=\frac{\partial\psi_z}{\partial z}=\frac{1}{2}\frac{\partial}{\partial z}\left(\frac{\partial u_y}{\partial x}-\frac{\partial u_x}{\partial y}\right)=\frac{1}{2}\frac{\partial}{\partial z}\left(\frac{\partial}{\partial x}\frac{\partial u_y}{\partial z}-\frac{\partial}{\partial y}\frac{\partial u_x}{\partial z}\right)$$

将式(9.2.6)代入上式后，得出

$$\alpha=\frac{\partial}{\partial z}\left(\frac{\partial}{\partial x}\frac{\partial u_y}{\partial z}-\frac{\partial}{\partial y}\frac{\partial u_x}{\partial z}\right)=-\frac{1}{2}\alpha\Delta F$$

由此得到

$$C=-2\tag{9.2.7}$$

应力函数的控制方程改写为

$$S:\ \nabla^2 F=-2\tag{9.2.8}$$

顺便指出，将式(9.2.4)和式(9.1.6)结合可得出应力函数和翘曲函数的关系式：

$$\frac{\partial F}{\partial y}=\left(\frac{\partial\varphi}{\partial x}-y\right),\quad \frac{\partial F}{\partial x}=-\left(\frac{\partial\varphi}{\partial y}+x\right)\tag{9.2.9}$$

3. 应力函数的边界条件

下面讨论边界条件，即式(9.1.2)～式(9.1.4)。

应力分布式(9.2.4)恒等地满足柱面的应力边界条件，即式(9.1.2)的前两式，第三式改写为

$$G\alpha\left(\frac{\partial F}{\partial y}n_x-\frac{\partial F}{\partial x}n_y\right)=G\alpha\frac{\mathrm{d}F}{\mathrm{d}s}=0\tag{9.2.10}$$

这里用到了公式(8.4.2)。为进一步具体讨论应力函数在边界的取值，需要区别区域不同的连通情况。

对单连通区域，S 的边界曲线只有一条封闭曲线，记为 c_0，如图 9.3 所示。因此式(9.2.10)改写为

$$c_0:\ F=k_0$$

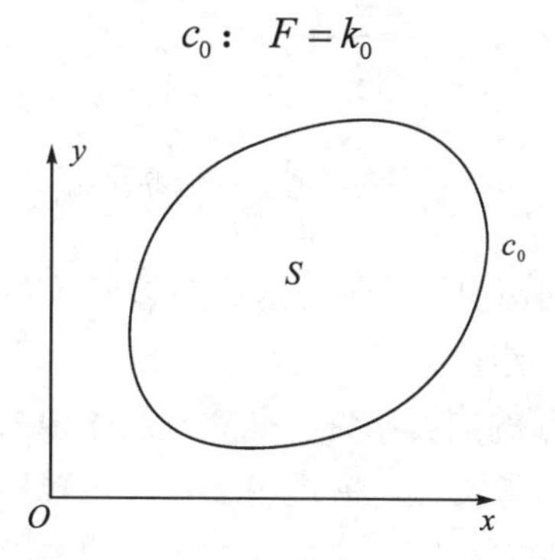

图 9.3　单连域截面和边界曲线

这里 k_0 为常数。取此常数为零，不影响应力分布。于是可以将 c_0 上应力函数的边界条件写为

$$c_0:\quad F=0 \tag{9.2.11}$$

对多连通区域(图 9.4)，S 的边界曲线由一条外封闭曲线 c_0 和 n 条内封闭曲线 $c_j(j=1,2,\cdots,n)$ 组成。式(9.2.10)要求边界曲线上应力函数为常值。由于一条边界曲线上的动点不能连续运动到另一条封闭边界曲线上，因此式(9.2.10)还要求不同的封闭边界曲线上取不同的常数值。设应力函数在 $c_j(j=1,2,\cdots,n)$ 上取常值为 $k_j(j=1,2,\cdots,n)$。于是对多连通区域，应力函数的边界条件写为

$$c_j:\quad F=k_j\quad(j=1,2,\cdots,n) \tag{9.2.12a}$$

$$c_0:\quad F=0 \tag{9.2.12b}$$

这里设定在外边界曲线 c_0 上的常值为零。只此一个常值取为零，不影响应力分布。

由于引入了 n 个常数 $k_j(j=1,2,\cdots,n)$，因此需要引入补充方程。对每一内封闭曲线 $c_j(j=1,2,\cdots,n)$ 应用剪应力环流定理［式(9.1.13)］，得到

$$G\alpha\oint_{c_j}\frac{\partial F}{\partial y}\mathrm{d}x-\frac{\partial F}{\partial x}\mathrm{d}y=2G\alpha A_j$$

这里已用到式(9.2.4)。结合式(8.4.2)，导出

$$-\oint_{c_j}\frac{\partial F}{\partial n}\mathrm{d}s=2A_j\qquad(j=1,2,\cdots,n) \tag{9.2.13}$$

式中，A_j 为封闭曲线 c_j 所围的几何面积(图 9.4)。

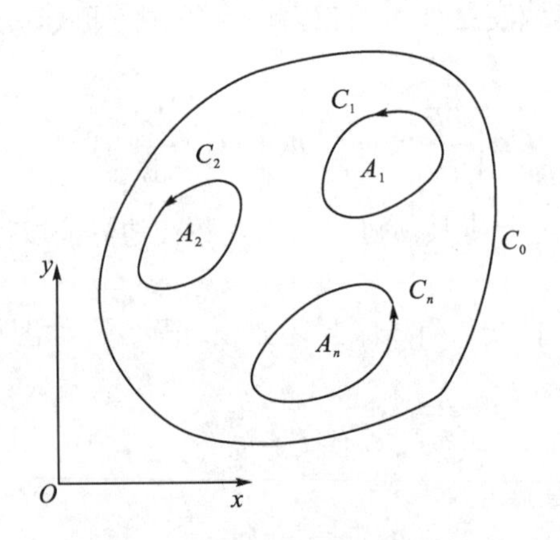

图 9.4　多连域截面和边界曲线

这样一来，截面为多连域的情况下，应力函数的边值问题便由控制方程(9.2.6)和边界条件(9.2.12)及补充方程(9.2.13)组成。

余下的问题是处理柱体**端面的边界条件**。显然，条件(9.1.3)已恒等地得到满足。可以证明条件(9.1.4)的前两式成立。事实上，将式(9.2.4)代入式(9.1.4)第一式左端，利用格林公式，得到

$$\int_S \frac{\partial F}{\partial y} \mathrm{d}x\mathrm{d}y = \int_{\partial S} F n_y \mathrm{d}s$$

利用复合围道的方式，即作 n 条割线，化为单连域，则此积分化为

$$\int_S \frac{\partial F}{\partial y} \mathrm{d}x\mathrm{d}y = \int_{c_0} F n_y \mathrm{d}s - \sum_{j=1}^{n} \int_{c_j} F n_y \mathrm{d}s = k_0 \int_{c_0} n_y \mathrm{d}s - \sum_{j=1}^{n} k_j \int_{c_j} n_y \mathrm{d}s$$

因为每一曲线 $c_j (j=1,2,\cdots,n)$ 都是封闭曲线，因此如下公式成立：

$$\int_{c_j} n_y \mathrm{d}s = 0, \quad (j=0,1,2,\cdots,n)$$

于是便证明了条件(9.1.4)第一式成立。式(9.1.4)第二式的证明从略。

4. 应力函数与扭矩的关系

将式(9.2.4)代入式(9.1.4)的第三式，得到

$$-G\alpha \int_S \left(x\frac{\partial F}{\partial x} + y\frac{\partial F}{\partial y} \right) \mathrm{d}x\mathrm{d}y = M$$

分部积分，利用格林公式得到

$$G\alpha[2\int_S F \mathrm{d}x\mathrm{d}y - \int_{\partial S} F(xn_x + yn_y)\mathrm{d}s] = M$$

利用式(8.4.2)，得到

$$G\alpha \left[2\int_S F \mathrm{d}x\mathrm{d}y - k_0 \int_{c_0} (x\mathrm{d}y - y\mathrm{d}x) + \sum_{j=1}^{n} k_j \int_{c_j} (x\mathrm{d}y - y\mathrm{d}x) \right] = M$$

注意到 $k_0 = 0$，得到

$$M = G\alpha \left[2\int_S F \mathrm{d}x\mathrm{d}y + \sum_{j=1}^{n} k_j \int_{c_j} (x\mathrm{d}y - y\mathrm{d}x) \right]$$

根据式(9.1.12)类似的关系，得到

$$M = 2G\alpha \left[\int_S F \mathrm{d}x\mathrm{d}y + \sum_{j=1}^{n} k_j A_j \right] \tag{9.2.14}$$

式中，A_j 为封闭曲线 c_j 所围的几何面积(图 9.4)。这就给出了应力函数与扭矩的关系。根据式(9.1.11)，截面的扭转模数 D 为

$$D = 2\left[\int_S F \mathrm{d}x\mathrm{d}y + \sum_{j=1}^{n} k_j A_j \right] \tag{9.2.15}$$

单连域截面情况下，式(9.2.14)简化为

$$M = 2G\alpha \int_S F \mathrm{d}x\mathrm{d}y \tag{9.2.16}$$

对应的截面的扭转模数 D 改写为

$$D = 2\int_S F \mathrm{d}x\mathrm{d}y \tag{9.2.17}$$

5. 按应力函数解的步骤

将按应力函数解的步骤总结如下：

第一步，求解应力函数边值问题，得到区域S上应力函数的分布和边界$c_j(j=1,2,\cdots,n)$上应力函数的值k_j。

这里，控制方程为(9.2.6)，边界条件为式(9.2.12)，附加方程为式(9.2.13)。对于单连域截面，边界条件简化为式(9.2.11)。

第二步，根据式(9.2.15)求截面的扭转模数D。

对于单连域截面，根据式(9.2.17)求截面的扭转模数D。

第三步，用式(9.2.4)求应力分布。

9.2.2 薄膜比拟

1. 薄膜的小挠度问题

在坐标面xOy内取封闭刚性曲线c_0，将薄膜蒙在曲线上，使在膜面上形成张力。假设在与面xOy垂直的任何剖面上，膜截面上只存在常值的张力。记张力为T，表示膜截面剖线单位长度对应的法向力，量纲为[力]/[长度]。

在膜的侧面施加均匀分布的静压力q，使膜产生挠度$Z(x,y)$。试求封闭曲线c_0为边界曲线的区域S上膜产生的静挠度$Z(x,y)$。

如果$\left|\dfrac{\partial Z}{\partial x}\right| \ll 1,\ \left|\dfrac{\partial Z}{\partial y}\right| \ll 1$，称膜的挠度为小挠度。在此条件下，挠度的变化对张力的影响忽略不计。构建膜元素，作受力分析，列出平衡方程，可以得出膜挠度满足的控制方程：

$$S:\quad \nabla^2 Z = -\frac{q}{T} \tag{9.2.18}$$

它表示膜元素所受外力主矢的z向分量为零。边界条件为“周边挠度被约束”：

$$c_0:\quad Z = 0 \tag{9.2.19}$$

2. 应力函数的薄膜比拟

式(9.2.18)和式(9.2.19)分别为单连域截面柱体扭转应力函数的控制方程和边界条件，式(9.2.8)和式(9.2.11)有相似的数学结构。表9.1列出了两个物理现象的对应关系。

表9.1 薄膜小挠度与柱体扭转问题的对应物理量

	薄膜小挠度问题	柱体扭转问题
1	挠度Z	应力函数$G\alpha F$
2	q/T	$2G\alpha$
3	薄膜与坐标面xOy所夹的体积之两倍$2V=2\int_S Z\mathrm{d}x\mathrm{d}y$	$M=2G\alpha\int_S F\mathrm{d}x\mathrm{d}y$

续表

	薄膜小挠度问题	柱体扭转问题
4	$-\dfrac{\partial Z}{\partial x}$	$\tau_{zy}=-G\alpha\dfrac{\partial F}{\partial x}$
5	$\dfrac{\partial Z}{\partial y}$	$\tau_{zx}=G\alpha\dfrac{\partial F}{\partial y}$
6	曲线 c 的法线方向 $\boldsymbol{e}_{\mathrm{n}}$ 下坡度 $-\dfrac{\partial Z}{\partial n}$	$\tau_{zs}=-G\alpha\dfrac{\partial F}{\partial n}$
7	曲线 c 的切线方向 $\boldsymbol{e}_{\mathrm{s}}$ 坡度 $\dfrac{\partial Z}{\partial s}=0$	$\tau_{zn}=G\alpha\dfrac{\partial F}{\partial s}=0$

表中第 6 和第 7 两项内容涉及曲线 c 的法线方向 $\boldsymbol{e}_{\mathrm{n}}$ 和切线方向 $\boldsymbol{e}_{\mathrm{s}}$，如图 9.5 所示。

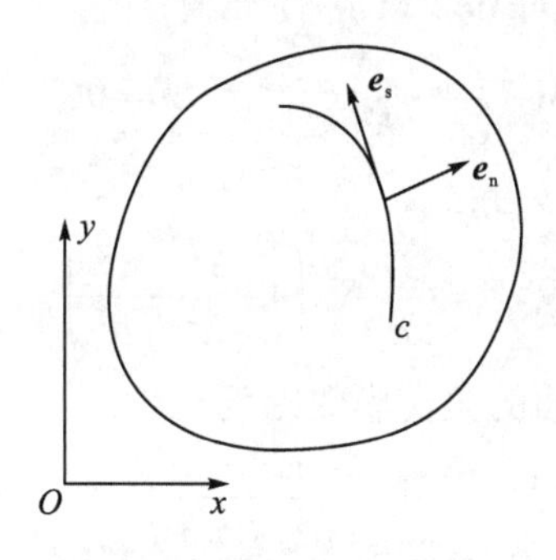

图 9.5　曲线 c 的法向和切向

按这个对应关系，较为抽象的应力函数可以用薄膜挠度显示出来，实现了两个物理现象间的比拟。这就是应力函数的薄膜比拟。根据表 9.1 中的第 7 项和第 6 项，可以得出如下推论：

推论　剪应力沿等高线的切线方向，其大小等于该处膜表面的坡度。受扭柱体截面上剪应力数值取最大之处就是膜表面坡度的最大处。

事实上，如果曲线 c 为膜挠度的等高线，沿此曲线的弧长为 s，$\dfrac{\partial Z}{\partial s}=0$，则 $\tau_{zn}=G\alpha\dfrac{\partial F}{\partial s}=0$。这就说明了推论的正确性。

此外，根据这个推论，容易判断出第 9.3 节中图 9.6～图 9.9 所示四类截面的最大剪应力位置。

§ 9.3　柱体自由扭转的解例

9.3.1　椭圆截面柱体自由扭转

对于半长轴和半短轴分别为 a 和 b 的椭圆截面(图 9.6)柱体，应力函数为

$$F=\frac{M}{G\alpha\pi ab}\left(1-\frac{x^2}{a^2}-\frac{y^2}{b^2}\right) \tag{9.3.1}$$

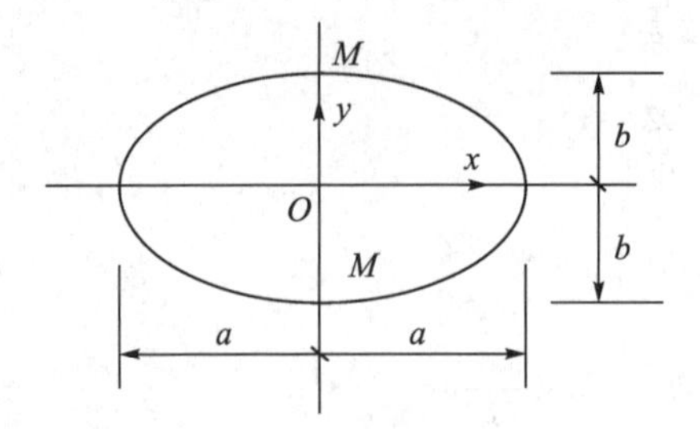

图 9.6　椭圆截面

容易验证，式(9.3.1)满足边界条件(9.2.11)，于是有

$$1-\frac{x^2}{a^2}-\frac{y^2}{b^2}=0:\qquad F=0$$

将式(9.3.1)代入控制方程(9.2.8)，得到

$$1-\frac{x^2}{a^2}-\frac{y^2}{b^2}>0:\qquad \nabla^2 F=\frac{D}{\pi ab}\nabla^2\left(1-\frac{x^2}{a^2}-\frac{y^2}{b^2}\right)=-2\frac{D}{\pi ab}\left(\frac{1}{a^2}+\frac{1}{b^2}\right)$$

这里用到了式(9.1.11)。如果截面的扭转模数为

$$D=\frac{\pi a^3b^3}{(a^2+b^2)} \tag{9.3.2}$$

则控制方程(9.2.8)得到满足。应力分量为

$$\tau_{zx}=-\frac{2M}{\pi ab^3}y,\tau_{zy}=\frac{2M}{\pi a^3b}x \tag{9.3.3}$$

翘曲位移为

$$u_z=M\frac{(a^2-b^2)xy}{\pi Ga^3b^3} \tag{9.3.4}$$

最大切应力发生在半短轴端点，其值为$(a\geqslant b)$

$$(\tau_{zx})_{\max}=\frac{2M}{\pi ab^2}$$

9.3.2　带半圆形槽的圆截面柱体的自由扭转

对于**带半圆形槽的圆截面**(图 9.7)柱体，应力函数为

$$F=\frac{1}{2}(r^2-b^2)(r-2a\cos\theta) \tag{9.3.5}$$

容易验证，式(9.3.5)满足边界条件(9.2.11)，于是有

$$(r^2-b^2)(r-2a\cos\theta)=0:\qquad F=0$$

将式(9.3.5)代入控制方程(9.2.8)，得到

$$(r^2-b^2)(r-2a\cos\theta)<0:\qquad \nabla^2 F=\frac{1}{2}\nabla^2[(r^2-b^2)(r-2a\cos\theta)]=-2$$

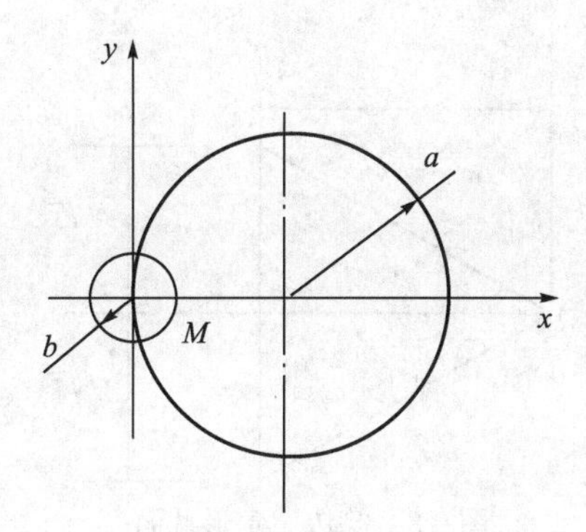

图 9.7 带半圆形槽的圆截面

这里用到了式(7.1.21)的极坐标形式

$$\nabla^2 F=\frac{\partial}{r\partial r}\left(r\frac{\partial F}{\partial r}\right)+\frac{\partial^2 F}{r^2\partial\theta^2}$$

应力分量为

$$\tau_{zr}=-G\alpha a\left(1-\frac{b^2}{r^2}\right)\sin\theta,\qquad \tau_{z\theta}=G\alpha a\left[\frac{r}{a}-\left(1+\frac{b^2}{r^2}\right)\cos\theta\right] \tag{9.3.6}$$

根据式(9.2.17)计算截面的扭转模数：

$$D=2\left(\iint\limits_{(r^2-b^2)(r-2a\cos\theta)<0}\frac{1}{2}(r^2-b^2)(r-2a\cos\theta)r\mathrm{d}r\mathrm{d}\theta\right)$$

得到

$$D=\frac{\pi}{2}(a^4-b^4)+\frac{8}{3}ab^3-\pi a^2b^2 \tag{9.3.7}$$

翘曲位移为

$$u_z=a\left(r-\frac{b^2}{r}\right)\sin\theta \tag{9.3.8}$$

最大切应力发生在点 M，其值为

$$\tau_{\max}=\left(2-\frac{b}{a}\right)G\alpha a$$

9.3.3 等边三角形截面柱体的自由扭转

等边三角形截面(图 9.8)柱体，应力函数为

$$F=\frac{6}{5a}(x-a)\left(y-\frac{1}{\sqrt{3}}x\right)\left(y+\frac{1}{\sqrt{3}}x\right) \tag{9.3.9}$$

容易验证，式(9.3.9)满足边界条件(9.2.11)和控制方程(9.2.8)，于是有

$$(x-a)\left(y-\frac{1}{\sqrt{3}}x\right)\left(y+\frac{1}{\sqrt{3}}x\right)=0\qquad F=0$$

$$(x-a)\left(y-\frac{1}{\sqrt{3}}x\right)\left(y+\frac{1}{\sqrt{3}}x\right)>0\qquad \nabla^2F=-2$$

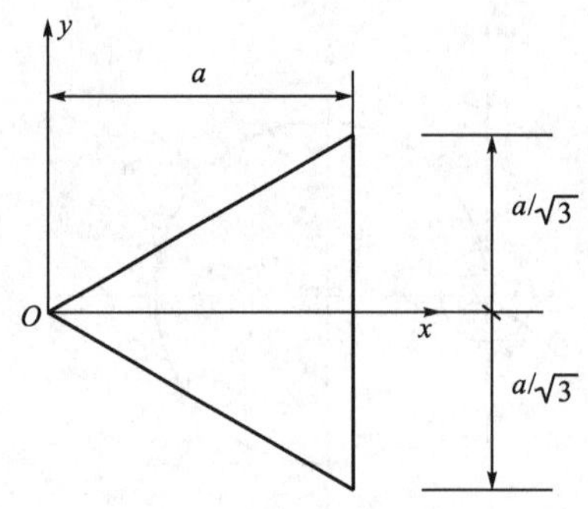

图 9.8 等边三角形截面

应力分量为

$$\tau_{zx}=\frac{45\sqrt{3}M}{a^5}y(x-a),\qquad \tau_{zy}=\frac{15\sqrt{3}M}{2a^5}(3x^2-2ax-3y^2) \tag{9.3.10}$$

截面的扭转模数为

$$D=a^4\big/\left(15\sqrt{3}\right) \tag{9.3.11}$$

翘曲位移为

$$u_z=\frac{y}{2a}\left[3\left(x-\frac{a}{3}\right)^2-y^2\right] \tag{9.3.12}$$

最大切应力发生在边长中点，其值为

$$\tau_{\max}=\frac{15\sqrt{3}M}{2a^3}$$

9.3.4 矩形截面柱体的自由扭转

对矩形截面(图 9.9)柱体，如果$a\geqslant b$，将应力函数取为含傅里叶级数的形式：

$$F(x,y)=\frac{b^2}{4}-y^2+\sum_{k=0,1,..}^{\infty}f_k(x)\cos\lambda_k y\,,\quad \lambda_k=\frac{(2k+1)\pi}{b}$$

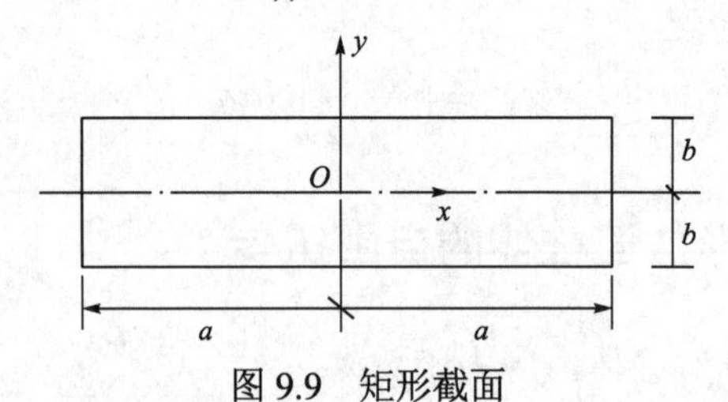

图 9.9 矩形截面

使$y=\pm b/2$上满足边界条件$F(x,\pm b/2)=0$。边界$x=\pm a/2$的条件$F(\pm a/2,y)=0$要求

$$x=\pm\frac{a}{2}:\ \frac{b^2}{4}-y^2+\sum_{k=0,1,\cdots}^{\infty}f_k\left(\pm\frac{a}{2}\right)\cos\lambda_k y=0$$

按 Fourier 级数的算法，如果

$$\frac{b^2}{4}-y^2=\sum_{k=0,1,\cdots}^{\infty}g_k\cos\lambda_k y$$

则

$$g_k = \int_{-b/2}^{b/2} \left(\frac{b^2}{4} - y^2 \right) \cos \lambda_k y \mathrm{d}y \bigg/ \int_{-b/2}^{b/2} \cos^2 \lambda_k y \mathrm{d}y = \frac{2}{b} \cdot \frac{4}{\lambda_k^3} (-1)^k$$

从而得出 $f_k(x)$ 的边值条件：

$$x = \pm \frac{a}{2}:\quad f_k\left(\pm \frac{a}{2} \right) = -g_k$$

方程(9.2.8)要求 $f_k(x)$ 满足微分方程：

$$|x| < a/2:\quad f_k''(x) - \lambda_k^2 f_k(x) = 0$$

求解以上两式组成的边值问题，得到

$$f_k(x) = \frac{8}{b} \frac{(-1)^{k+1} \cosh \lambda_k x}{\lambda_k^3 \cosh\left(\dfrac{a}{2} \lambda_k \right)}$$

于是得到应力函数为

$$F = \frac{b^2}{4} - y^2 + \frac{8b^2}{\pi^3} \sum_{k=0}^{\infty} \frac{(-1)^{k+1} \cosh \dfrac{(2k+1)\pi x}{b} \cos \dfrac{(2k+1)\pi y}{b}}{(2k+1)^3 \cosh \dfrac{(2k+1)\pi a}{2b}} \tag{9.3.13}$$

截面角点处应力为零。应力最大值发生在 $x = 0, y = \pm b$ 处，其值为

$$\tau = M \frac{b}{D} \left(1 - \frac{8}{\pi^2} \sum_{k=0}^{\infty} \frac{1}{(2k+1)^2 \cosh \dfrac{(2k+1)\pi a}{2b}} \right) \tag{9.3.14}$$

截面的扭转模数为

$$D = \frac{ab^3}{3} - \frac{ab^3}{3} \left[\frac{64b}{\pi^5 a} \sum_{k=0}^{\infty} \frac{\tanh \dfrac{(2k+1)\pi a}{2b}}{(2k+1)^5} \right] \tag{9.3.15}$$

特例　当 $a >> b$，有近似

$$F \approx \frac{b^2}{4} - y^2, \qquad D = \frac{ab^3}{3}, \qquad \tau = M \frac{b}{D} = G\alpha b \tag{9.3.16}$$

按这个近似，扭矩为

$$M = G\alpha \frac{ab^3}{3}$$

注意，这个近似高估了截面的抗扭刚度，未考虑到狭长截面长边端部对抗扭能力贡献的减小。

§ 9.4　薄壁截面柱体自由扭转

9.4.1　开口薄壁截面柱体的自由扭转

壁厚远小于面内尺寸的截面称为薄壁截面。只有一条封闭的边界曲线的薄壁截面，称

为不闭合薄壁截面或开口薄壁截面。开口薄壁截面属于单连通区域。图 9.10 便是两类开口薄壁截面的例子。

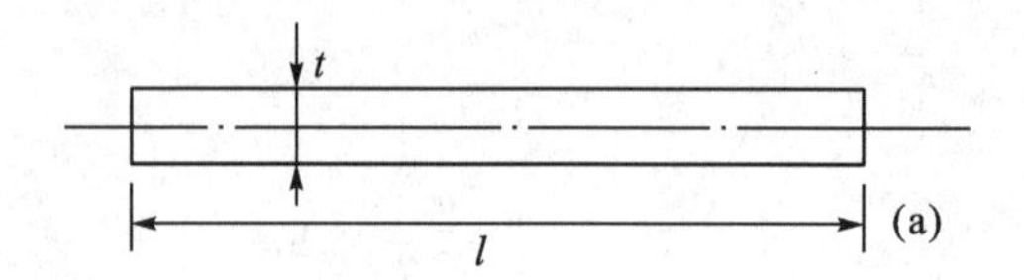

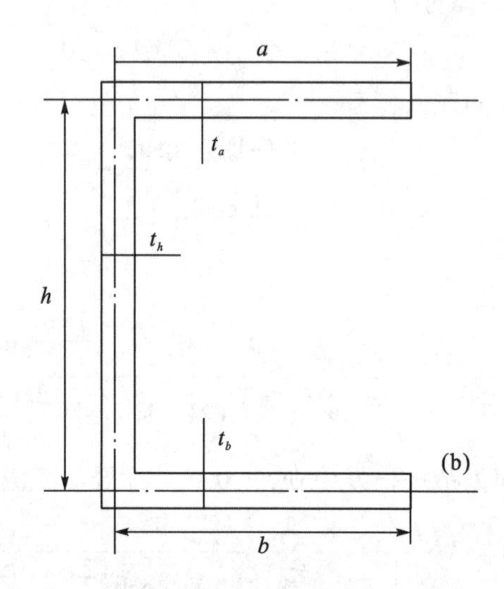

图 9.10 开口薄壁截面

(a)狭长矩形截面；(b)槽形截面

首先讨论图 9.10(a)狭长矩形截面柱体的扭转问题。比照 9.3 节矩形截面柱体在 $a >> b$ 时的近似处理方法，这里当 $l >> t$ 时得出薄壁截面的扭转模数为

$$D = \frac{lt^3}{3} \tag{9.4.1}$$

最大剪应力在长边中点，其值为

$$\tau = \alpha G t = M\frac{3}{lt^2} \tag{9.4.2}$$

对于图 9.10(b)所示槽形薄壁截面，薄膜比拟提示，在壁厚中线所及的大部分范围，膜的挠曲面在厚度上的分布都与式(9.3.13)等号右端的第一和第二两项的组合十分接近。因此这里将截面看作由三段狭长矩形截面组合而成，扭转模数为独立的三段狭长矩形截面对应的扭转刚度之和：

$$D = \frac{at_a^3}{3}\times 2 + \frac{ht_h^3}{3} \tag{9.4.3}$$

这里取 $t_a = t_b$ 和 $a = b$。各段上边缘处的剪应力沿边界切线方向，其值分别为

$$\tau_a = \alpha G t_a = M\frac{t_a}{D}, \quad \tau_h = \alpha G t_h = M\frac{t_h}{D} \tag{9.4.4}$$

这种用狭长矩形截面组合的近似方法可以推广到开口薄壁截面柱体的更一般情况。

9.4.2　闭合薄壁截面柱体的自由扭转

截面带有两条及其以上互不相连的封闭的边界曲线，这样的薄壁截面称为闭合薄壁截面。截面属于多连通区域，图 9.11 便是闭合薄壁截面的一个例子。

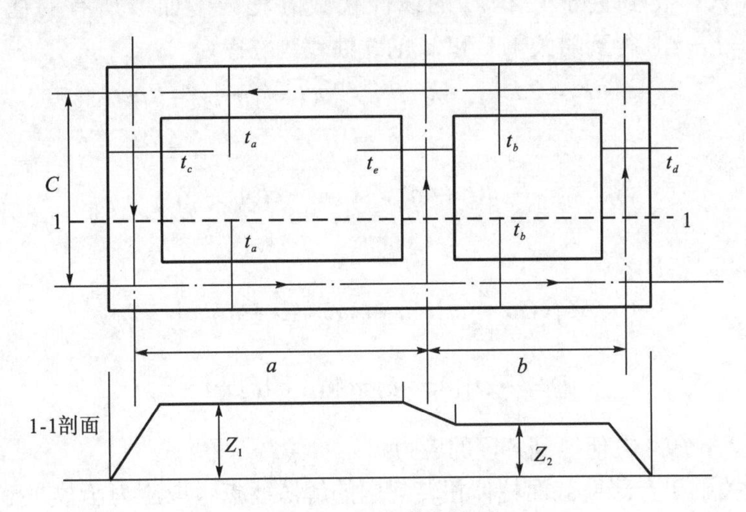

图 9.11　闭合薄壁截面

讨论图 9.11 所示闭合薄壁截面，其边界曲线由一条外边界曲线和两条内边界曲线组成。根据 9.2 节关于多连域截面应力函数边界条件的叙述，对应薄膜比拟试验要求内边框保持水平，各内边框的高度可以不同，其挠度应满足边界条件(9.2.12)。内边界上切应力环流定理(9.2.13)用膜挠曲面表达为

$$-\oint_{c_j}\frac{\partial Z}{\partial n}\mathrm{d}s=\frac{q}{T}A_{\mathrm{T}}\text{，}\quad (j=1,2,\cdots,n) \tag{9.4.5}$$

这正是用零重量介质制作的内边框刚性薄片的 z 向平衡条件。在薄壁条件下，图 9.11 的 1-1 剖面上膜的挠曲形状可以近似为直线。近似认为截面上剪应力沿壁厚中线的方向，且在其上均匀分布。设由膜联系的两条内边界曲线上膜的高度分别为 Z_1 和 Z_2，那么膜和刚性薄片与坐标面 xOy 所夹的体积的两倍近似为

$$2V=2[Z_1ac+Z_2bc]$$

各段上膜面向下坡度分别为

$$-\left(\frac{\partial Z}{\partial n}\right)_a=Z_1\Big/t_a\text{，}\quad -\left(\frac{\partial Z}{\partial n}\right)_b=Z_2\Big/t_b\text{，}\quad -\left(\frac{\partial Z}{\partial n}\right)_c=Z_1\Big/t_c$$

$$-\left(\frac{\partial Z}{\partial n}\right)_d=Z_2\Big/t_d\text{，}\quad -\left(\frac{\partial Z}{\partial n}\right)_e=(Z_1-Z_2)\Big/t_e$$

按比拟法则，扭矩和各段应力表达式分别为

$$M=2G\alpha[k_1ac+k_2bc] \tag{9.4.6}$$

$$\tau_a=G\alpha k_1/t_a\text{，}\quad \tau_b=G\alpha k_2/t_b\text{，}\quad \tau_c=G\alpha k_1/t_c \tag{9.4.7a}$$

$$\tau_d=G\alpha k_2/t_d\text{，}\quad \tau_e=G\alpha(k_1-k_2)/t_e \tag{9.4.7b}$$

包围每个空腔的壁厚中线组成闭合曲线 $ABEFA$ 和 $BCDED$，分别对它们应用剪应力环流定理，得到如下两个方程：

$$2\tau_a a+\tau_c c+\tau_e c=2G\alpha ac \tag{9.4.8a}$$

$$2\tau_b b+\tau_d c-\tau_e c=2G\alpha bc \tag{9.4.8b}$$

将式(9.4.7)代入，得到关于 k_1 和 k_2 的线性代数方程。下面取所有的壁厚相等，即 $t_a=t_b=t_c=t_d=t_e=t$，得到的关于 k_1 和 k_2 的线性代数方程为

$$4k_1-k_2=2act\text{，}\ 4k_1-k_2=2act,-k_1+4k_2=2act$$

其解为

$$k_1=\frac{2}{15}ct(b+4a)\text{，}\ k_2=\frac{2}{15}ct(4b+a) \tag{9.4.9}$$

于是有

$$M=G\alpha\frac{4}{15}ct\left[(4a+b)ac+(a+4b)bc\right] \tag{9.4.10}$$

$$D=\frac{4}{15}ct\left[(4a+b)ac+(a+4b)bc\right] \tag{9.4.11}$$

将式(9.4.9)代入式(9.4.7)便得到各段的应力。

总结上述关于闭合薄壁截面柱体扭转问题的解法要点：取应力函数在壁厚上线性分布，以应力函数在内边界的值为未知量，按剪应力环流定理列出这些未知量的线性代数方程，从而求出应力分布和截面的扭转模数。

§9.5 柱体在端截面内受横向集中力的弯曲

9.5.1 问题的提法和基本方程

一端固定的柱体，在另一端截面内受横向集中力弯曲问题(图 9.12)，连同柱体扭转问题，统称为盛维南问题。在一些条件下，这类问题已经得到不少精确解。本节介绍受横向集中力弯曲问题的精确解。

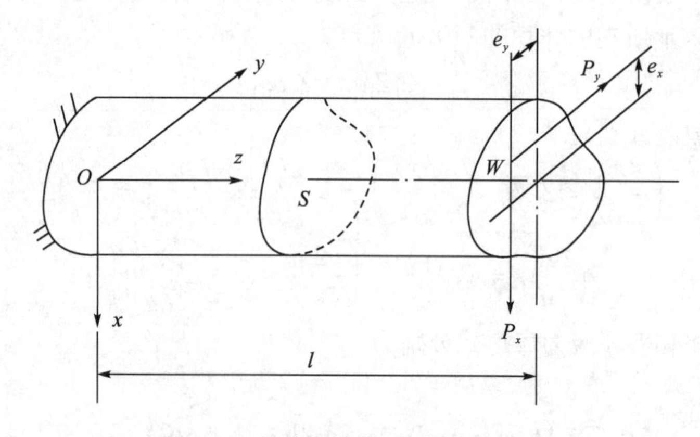

图 9.12 柱体在端截面受横向集中力

根据图 9.12，讨论端截面所受横向集中力沿轴 Ox 的情况。问题的出发点设为对应力分布的如下假设：应力分量 σ_x、σ_y、τ_{xy} 恒为零，轴向正应力 σ_z 的分布与材料力学梁弯曲理论所得结果相同，即

$$0<z<l,\ S:\qquad \sigma_z=-\frac{P_x}{I_y}x(l-z),\quad \sigma_x=\sigma_y=\tau_{xy}=0 \tag{9.5.1}$$

这里，坐标原点置于截面的形心，轴 Ox 和 Oy 为形心主轴。力 P_x 作用线在端面 $z=l$ 内，且到轴 Ox 的距离为 e_y。I_y 为截面对轴 Oy 的惯性矩：

$$I_y=\int_S x^2\mathrm{d}x\mathrm{d}y$$

这样一来，应力的平衡方程(5.1.2)的前两个式子改写为

$$\frac{\partial\tau_{zx}}{\partial z}=0,\qquad \frac{\partial\tau_{zy}}{\partial z}=0 \tag{9.5.2}$$

平衡方程(5.1.2)的第三个式子改写为

$$\frac{\partial\tau_{xz}}{\partial x}+\frac{\partial\tau_{yz}}{\partial y}+\frac{P_x x}{I_y}=0 \tag{9.5.3}$$

B-M 方程仅式(5.3.2e)和式(5.3.2d)有效，分别改写为

$$\nabla^2\tau_{zx}+\frac{P_x}{(1+\nu)I_y}=0\text{，}\quad \nabla^2\tau_{zy}=0 \tag{9.5.4}$$

式(9.5.2)要求应力分量 τ_{zx} 和 τ_{zy} 与坐标 z 无关，仅仅是 x、y 的函数。

柱面上无外加作用力的边界条件为

$$0<z<l,\ \partial S:\qquad \tau_{zx}n_x+\tau_{zy}n_y=0 \tag{9.5.5}$$

式中，n_x、n_y 为柱面外法线单位矢的 x 分量和 y 分量，其 z 分量为零。根据 Saint-Venant 原理，柱体端面的边界条件放松处理为如下三个：

$$z=l,\ S:\qquad \int_S\tau_{zx}\mathrm{d}x\mathrm{d}y=P_x,\quad \int_S\tau_{zy}\mathrm{d}x\mathrm{d}y=0 \tag{9.5.6}$$

$$\int_S(x\tau_{zy}-y\tau_{zx})\mathrm{d}x\mathrm{d}y=e_yP_x \tag{9.5.7}$$

式(9.5.6)表示端面上外加横向力为 P_x，式(9.5.7)表示端面上外力对截面形心的矩为 e_yP_x。

柱体在 $z=0$ 的另一端面，不必再对应力边界条件作要求，因为问题的解必然使全柱体上主矢和主矩的平衡恒等地得到满足。

问题便成为求区域 S 上的应力分量 τ_{zx} 和 τ_{zy}，使其满足控制方程(9.5.3)、方程(9.5.4)，以及边界条件(9.5.5)、边界条件(9.5.6)和边界条件(9.5.7)。

9.5.2　按应力函数解

针对平衡方程(9.5.3)，引入应力函数 $\varPhi(x,y)$，对于足够阶可导的任何函数 $\varPhi(x,y)$，使应力分布

$$S: \ \tau_{zx} = \frac{\partial \Phi}{\partial y} - \frac{P_x}{2I_y}x^2 + f(y), \quad \tau_{zy} = -\frac{\partial \Phi}{\partial x} \tag{9.5.8}$$

恒等地满足平衡方程(9.5.3)。

方程(9.5.4)则要求函数$\Phi(x,y)$满足条件：

$$\frac{\partial}{\partial y}\nabla^2\Phi - \frac{\nu P_x}{(1+\nu)I_y} + \frac{\mathrm{d}^2 f}{\mathrm{d}y^2} = 0, \quad \frac{\partial}{\partial x}\nabla^2\Phi = 0 \tag{9.5.9}$$

这两个式子要求$\nabla^2\Phi(x,y)$有如下形式：

$$S: \ \nabla^2\Phi = \frac{\nu P_x}{(1+\nu)I_y}y - \frac{\mathrm{d}f}{\mathrm{d}y} + \beta \tag{9.5.10}$$

式中引入了一个待定的函数$f(y)$和一个常数β。前者将在简化边界条件中起重要作用。对于后者，可以证明它仅仅与柱体的扭转有关，可以用扭率α表示为

$$\beta = 2G\alpha \tag{9.5.11}$$

事实上，根据式(2.1.18)第一式，计算$\dfrac{\partial \psi_z}{\partial z}$。利用几何方程(5.1.1)，容易证明

$$\frac{\partial}{\partial z}\left(\frac{\partial u_y}{\partial x} - \frac{\partial u_x}{\partial y}\right) = \frac{\partial \gamma_{zy}}{\partial x} - \frac{\partial \gamma_{zx}}{\partial y}$$

结合本构方程(5.1.3)，可以得到

$$\frac{\partial \psi_z}{\partial z} = \frac{1}{2}\left(\frac{\partial \gamma_{zy}}{\partial x} - \frac{\partial \gamma_{zx}}{\partial y}\right) = \frac{1}{2G}\left(\frac{\partial \tau_{zy}}{\partial x} - \frac{\partial \tau_{zx}}{\partial y}\right)$$

将式(9.5.8)代入，便得出

$$\frac{\partial \psi_z}{\partial z} = \frac{\beta}{2G} = \alpha$$

这就证明了常数β仅仅与柱体的扭转有关。因为前面已讨论了扭转问题，所以本节取$\beta = 0$。

对于应力表达式(9.5.8)，边界条件(9.5.5)改写为

$$\partial S: \ \left[\frac{\partial \Phi}{\partial y} - \frac{P_x}{2I_y}x^2 + f(y)\right]n_x - \frac{\partial \Phi}{\partial x}n_y = 0$$

结合公式(8.4.2)，得到的式子可以改写为

$$\partial S: \ \frac{\mathrm{d}\Phi}{\mathrm{d}s} = \left[\frac{P_x}{2I_y}x^2 - f(y)\right]\frac{\mathrm{d}y}{\mathrm{d}s}$$

对于特定的边界曲线，如果存在特定的函数$f(y)$，使在边界上有

$$\partial S: \ \left[\frac{P_x}{2I_y}x^2 - f(y)\right]\frac{\mathrm{d}y}{\mathrm{d}s} = 0 \tag{9.5.12}$$

那么应力函数的边界条件便改写为

$$\partial S: \ \Phi = C_0 \tag{9.5.13}$$

这里C_0为常数。对于单连域截面，此常数可取为零，Φ的边界条件便简化为

$$\partial S: \ \Phi = 0 \tag{9.5.14}$$

注意，由式(9.5.12)可以得到

$$\partial S：\ \frac{P_x}{2I_y}x^2 - f(y) = 0 \text{ 或 } \frac{\mathrm{d}y}{\mathrm{d}s} = 0 \tag{9.5.15}$$

只要在边界点上，式(9.5.15)的两个式子任意满足一个，边界条件(9.5.14)便有效。

在边界条件(9.5.12)和边界条件(9.5.13)下，还要证明边界条件(9.5.6)得到满足。事实上式(9.5.6)第一式的左端可改写为

$$\iint_S \left[\frac{\partial \Phi}{\partial y} - \frac{P_x}{2I_y}x^2 + f(y)\right]\mathrm{d}x\mathrm{d}y = \int_{\partial S}\Phi n_y \mathrm{d}s - \iint_S \left\{\frac{P_x}{2I_y}x^2 - \frac{\partial}{\partial x}\left[xf(y)\right]\right\}\mathrm{d}x\mathrm{d}y$$

根据边界条件(9.5.14)等号右端第一项为零，上式可改写为

$$\iint_S \left[\frac{\partial \Phi}{\partial y} - \frac{P_x}{2I_y}x^2 + f(y)\right]\mathrm{d}x\mathrm{d}y = -\frac{P_x}{2I_y}\iint_S x^2\mathrm{d}x\mathrm{d}y + \int_{\partial S} xf(y)n_x\mathrm{d}s$$

计算得到

$$-\frac{P_x}{2I_y}\iint_S x^2\mathrm{d}x\mathrm{d}y + \int_{\partial S} xf(y)n_x\mathrm{d}s = -\frac{P_x}{2} + \frac{P_x}{2I_y}\int_{\partial S} x^3 n_x \mathrm{d}s = -\frac{P_x}{2} + \frac{P_x}{2I_y}\iint_S \frac{\partial}{\partial x}x^3\mathrm{d}x\mathrm{d}y = -\frac{P_x}{2} + \frac{3P_x}{2} = P_x$$

于是式(9.5.6)的第一式得到证明。计算中用到了式(9.5.15)的第一式。式(9.5.6)的第二式的证明从略。式(9.5.7)则给出了力作用线的位置需满足的条件：

$$e_y = \iint_S (x\tau_{zy} - y\tau_{zx})\mathrm{d}x\mathrm{d}y \Big/ P_x \tag{9.5.16}$$

通过总结，柱体受横向集中力弯曲问题的应力函数解法步骤如下：

(1) 对于特定的边界曲线，选择函数 $f(y)$，使式(9.5.15)得到满足。

(2) 求解应力函数 $\Phi(x,y)$ 的边值问题：控制方程为(9.5.10)，取其中 $\beta = 0$；边界条件为(9.5.14)。

(3) 按式(9.5.16)求力作用线的位置 e_y，以确保不产生扭转。

9.5.3　弯曲中心

弯曲中心是端截面上的一个点 W，当横向力通过此点时，柱体不产生扭转。

用功互等定理可以推论，柱体在自由扭转下，弯曲中心不发生横向位移。因此，弯曲中心又称为扭转中心。

前节讨论了端截面所受横向集中力沿轴 Ox 的情况，问题的求解可以得出弯曲中心的 y 坐标为 $(-e_y)$。类似的讨论可以得到端面受横向集中力沿轴 Oy 的情况，由此得出弯曲中心的 x 坐标为 $(-e_x)$。于是弯曲中心 W 的位置便得以确定。

9.5.4　解例

例 9.1　求椭圆截面柱体的弯曲中心，截面如图 9.6 所示。

解：第一步，选择特定的函数 $f(y)$。椭圆截面的边界曲线的方程为

$$\frac{x^2}{a^2} + \frac{y^2}{b^2} = 1$$

因此在边界上

$$x^2 = a^2 - \frac{a^2}{b^2} y^2$$

可以选择

$$S：\ f(y) = \frac{P_x}{2I_y}\left(a^2 - \frac{a^2}{b^2} y^2\right)$$

该式满足条件(9.5.15)。

第二步，求解应力函数 $\Phi(x,y)$ 的边值问题。

根据 S 上函数 $f(y)$ 的表达式，得到控制方程

$$S：\ \nabla^2 \Phi = \frac{P_x}{I_y}\left(\frac{v}{1+v} + \frac{a^2}{b^2}\right) y$$

满足边界条件(9.5.14)的解为

$$\Phi = AP_x y\left(\frac{x^2}{a^2} + \frac{y^2}{b^2} - 1\right)，\quad A = \frac{1}{2I_y}\left(\frac{a^2}{b^2} + \frac{v}{1+v}\right) \bigg/ \left(\frac{1}{a^2} + \frac{3}{b^2}\right)$$

应力分量为

$$\tau_{zx} = B_x P_x \frac{1}{I_y}\left[a^2 - x^2 - \frac{(1-2v)a^2}{2(1+v)a^2 + b^2} y^2\right]，\quad \tau_{zy} = -B_y P_x \frac{xy}{I_y}$$

式中，

$$B_x = \frac{2(1+v)a^2 + b^2}{2(1+v)(3a^2 + b^2)}，\quad B_y = \frac{(1+v)a^2 + vb^2}{(1+v)(3a^2 + b^2)}$$

由于剪应力分量 τ_{zx}、τ_{zy} 分布的对称性和反对称性，其对形心的主矩为零，所以截面的弯心就是形心。

特例：圆截面情况下，$a = b$，应力分量改写为

$$S：\ \tau_{zx} = B_x P_x \frac{1}{I_y}\left[a^2 - x^2 - \frac{1-2v}{3+2v} y^2\right]，\quad \tau_{zy} = -B_y P_x \frac{xy}{I_y}$$

式中，

$$B_x = \frac{3+2v}{8(1+v)}，\quad B_y = \frac{1+2v}{4(1+v)}，\quad I_y = \frac{\pi}{4} a^4$$

例 9.2 求半圆截面(图 9.13)的弯曲中心。

解：将例 9.1 所得的结果应用于本题的半圆域，由于前者所得的应力分布满足 $\left(\tau_{zy}\right)_{y=0} = 0$，因此也正是本题的精确解。这里仍将坐标原点置于圆弧的圆心，且有

$$S：\ y \geqslant 0, \qquad 0 \leqslant x^2 + y^2 \leqslant a^2$$

弯心到圆心的距离为 d_y：

$$P_x d_y = \int_S (x\tau_{zy} - y\tau_{zx}) \mathrm{d}x\mathrm{d}y$$

将例 9.1 特例的结果代入，完成积分，得出

$$P_x d_y = \int_S (x\tau_{zy} - y\tau_{zx}) \mathrm{d}x\mathrm{d}y = -P_x \frac{4a}{\pi} \frac{3+4\nu}{15(1+\nu)}$$

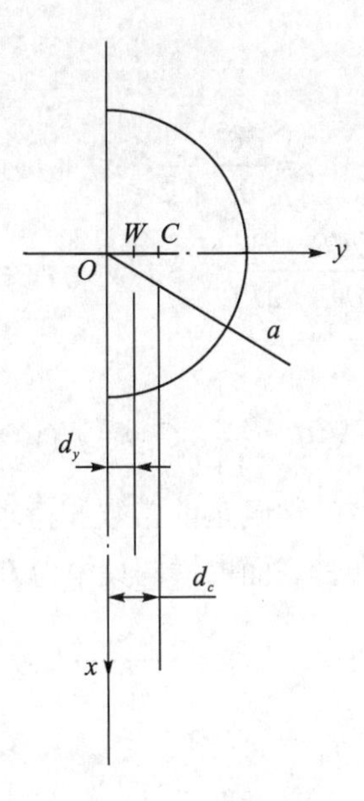

图 9.13　半圆截面

因此

$$d_y = -\frac{4a}{\pi} \frac{3+4\nu}{15(1+\nu)}$$

形心到圆心的距离为

$$d_c = \frac{4a}{3\pi}$$

显然$|d_y| < d_c$。

由于轴 y 是截面的对称轴，弯心的 x 坐标为零，因此 $d_x = 0$。

§ 9.6　柱体的 Saint-Venant 问题综合

将轴 Oz 取为柱体的母线方向。如果无体力、柱面无外加面力，柱体中应力分布的特征为

$$\sigma_x = \sigma_y = \tau_{xy} = 0$$

这样的应力分析问题称为 Saint-Venant 问题。

Saint-Venant 问题可以化为柱体截面所占二维区域 S 上三个二元函数的边值问题。进一步又证明，Saint-Venant 问题可以分解为如下四个彼此独立的问题。

第一个问题，拉压与纯弯曲组合问题。应力分布形式为

$$\{0 < z < l，S\}：\sigma_z = A + Bx + Cy，\tau_{zx} = \tau_{zy} = 0 \tag{9.6.1}$$

这里 A、B、C 为由柱体的边界条件确定的常数。

第二个问题，如图 9.12 所示，一端固定，另一端受截面内横向集中力 P_x 的弯曲问题。应力分布形式为

$\{0<z<l，S\}$：

$$\sigma_z = C_x x(l-z)，\ \tau_{zx} = \frac{\partial \Phi}{\partial y} + \frac{1}{2}C_x x^2 + f(y)，\ \tau_{zy} = -\frac{\partial \Phi}{\partial x} \tag{9.6.2}$$

$$S：\ \tau_{zx} = \frac{\partial \Phi}{\partial y} - \frac{P_x}{2I_y}x^2 + f(y),\ \tau_{zy} = -\frac{\partial \Phi}{\partial x} \tag{9.5.8}$$

式中应力函数满足方程

$$S：\ \nabla^2 \Phi = \frac{v}{1+v}C_x y + f'(y) \tag{9.6.3}$$

这里 C_x 和 $f(y)$ 分别为由柱体的边界条件确定的常数和待求函数。

第三个问题，一端固定，另一端受截面内横向集中力 P_y 的弯曲问题。应力分布形式为

$$\{0<z<l，S\}：\ \sigma_z = C_y y(l-z)，\ \tau_{zy} = \frac{\partial \Phi}{\partial x} + \frac{1}{2}C_y y^2 + g(x)，\ \tau_{zx} = -\frac{\partial \Phi}{\partial y} \tag{9.6.4}$$

式中应力函数满足方程

$$S：\ \nabla^2 \Phi = -\frac{v}{1+v}C_y x + g'(x) \tag{9.6.5}$$

这里 C_y 和 $g(x)$ 分别为由柱体的边界条件确定的常数和待求函数。

第四个问题，一端固定，另一端受扭转力矩 M 的自由扭转问题。应力分布形式为

$$\{0<z<l，S\}：\ \sigma_z = 0，\ \tau_{zx} = \frac{\partial \Phi}{\partial y}，\ \tau_{zy} = -\frac{\partial \Phi}{\partial x} \tag{9.6.6}$$

式中应力函数满足方程

$$S：\ \nabla^2 \Phi = C_z \tag{9.6.7}$$

这里 C_z 为由柱体的边界条件确定的常数。

上述四个问题中，第一个问题易于给出精确解；第二个问题就是本章 9.5 节所述内容；第三个问题与第二个问题只是坐标轴 Ox 与 Oy 互换的结果；第四个问题就是本章 9.1 节到 9.4 节所述内容。

习　　题

9.1　试对圆筒扭转的材料力学解写出剪应力分布，验证剪应力环流定理。

9.2　用两条椭圆围成图 9.14 所示的多连域截面，试求区域上的应力函数。区域的外内边界曲线的方程分别为

$$c_0：\ \frac{x^2}{a^2} + \frac{y^2}{b^2} = 1，\ c_1：\ \frac{x^2}{(\mu a)^2} + \frac{y^2}{(\mu b)^2} = 1$$

式中，$0 \leqslant \mu < 1$。

9.3　利用题 9.2 的结果，求翘曲函数，讨论截面的轴向位移分布特点。

9.4　求图 9.15 所示含四个空孔的、有两对称轴的薄壁截面的扭转模数。所有的壁厚均为常值 t 。

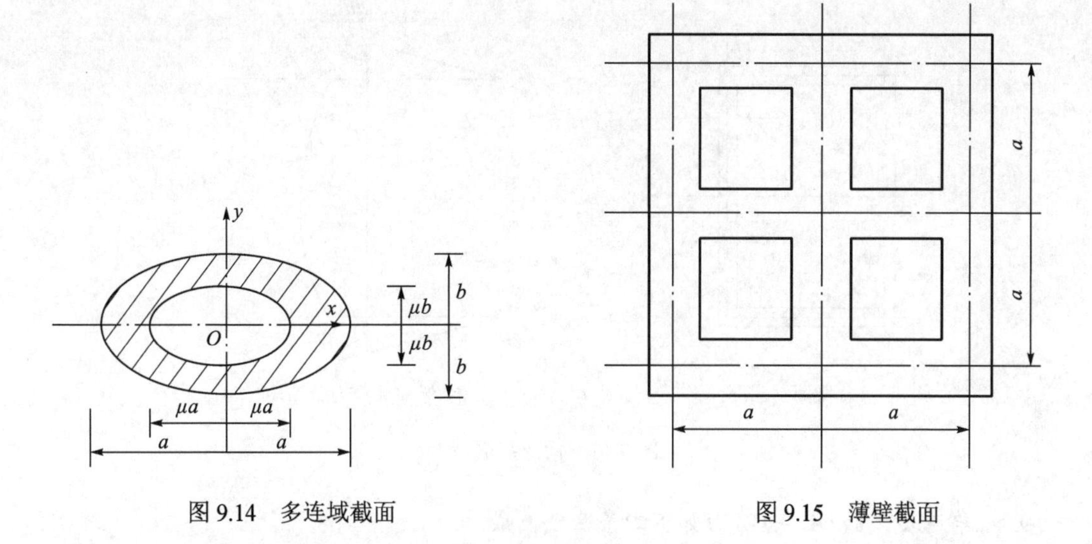

图 9.14　多连域截面　　图 9.15　薄壁截面

9.5　比较具有相等扭转模数的两截面的材料重量。

(1) 圆环形截面和实心圆截面，如图 9.16(a) 所示，圆环形截面的内外半径之比为 α ，$0 \leqslant \alpha < 1$;

(2) 壁厚相等的圆形与正方形薄壁截面，如图 9.16(b) 所示。

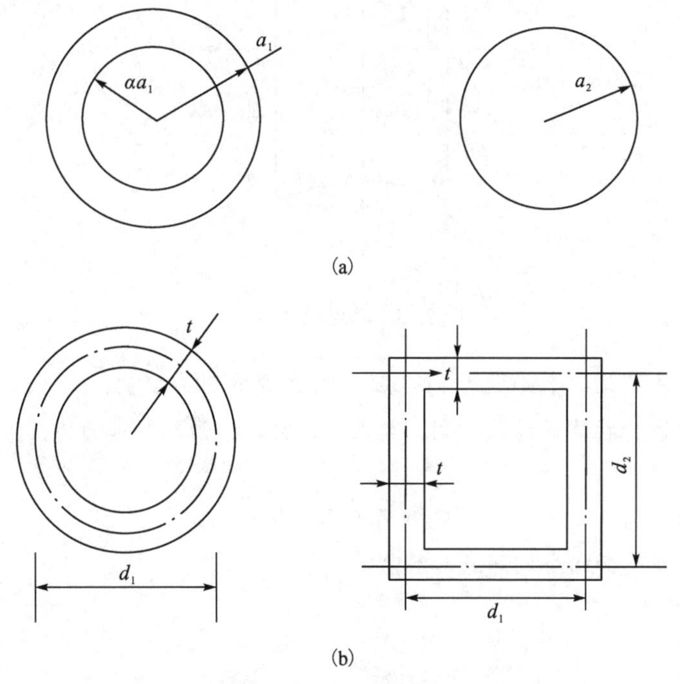

图 9.16　两种薄壁截面

9.6　根据材料力学方法给出的槽形截面(图 9.17)的弯曲剪应力分布规律，求该截面的弯曲中心。

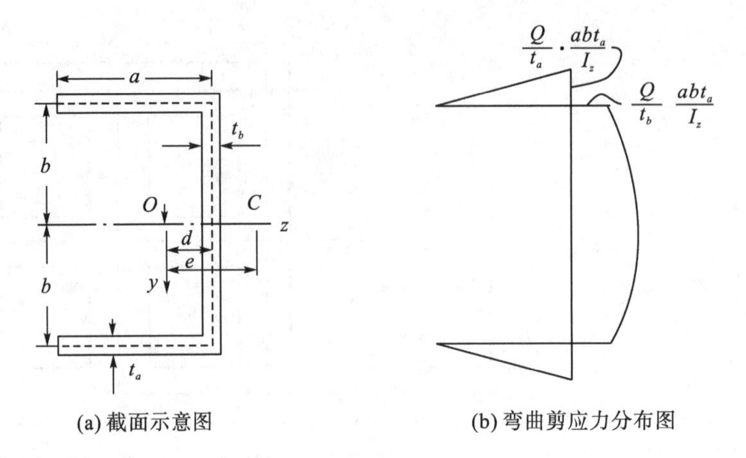

(a) 截面示意图　　(b) 弯曲剪应力分布图

图 9.17　槽形截面

9.7　单连域截面(图 9.18)由如下四条曲线围成：

$$y=\pm a\text{，}\ (1+\nu)x^2-\nu y^2=a^2$$

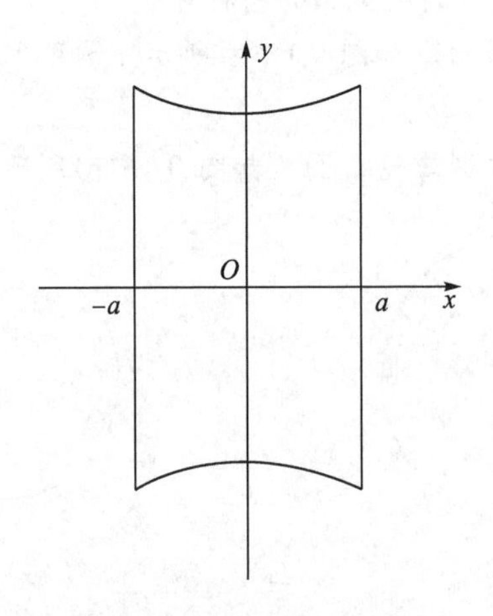

图 9.18　单连域截面

根据 9.5 节所述弯曲理论，求函数 $f(y)$、应力函数 Φ 和应力分量。

9.8　将轴 Oz 取为柱体的母线方向。如果无体力、柱面无外加面力，柱体中应力分布的方式为

$$\sigma_x=\sigma_y=\tau_{xy}=0$$

试由此导出 9.6 节所述的四个问题及其解法。

第 10 章 轴对称问题

轴对称问题是颇有应用价值的弹性力学专题。本章介绍轴对称问题通解的导出方法，着重讲述具有工程背景的三个解：球壳受内压和外压问题的解、Kelvin 问题的解和 Boussinesq 问题的解。对于后两个解，简单介绍它们在边界积分方程的构建、沉陷问题与刚模问题以及接触问题中的应用。

§ 10.1 轴对称问题的提法和通解

10.1.1 轴对称问题的提法

以坐标轴 Oz 为中心轴的旋转体是几何轴对称体。如果用柱坐标描写的位移场呈如下分布：

$$\left.\begin{aligned} u_\theta &= 0 \\ u_r &= u_r(r,z) \\ u_z &= u_z(r,z) \end{aligned}\right\} \tag{10.1.1}$$

相应的应力分析问题就称为轴对称问题。

轴对称问题中，物体的形状、载荷的分布、约束的分布、位移、应变和应力的分布都是关于同一几何轴对称轴 Oz 的对称图形。用过轴 Oz 的平面将旋转体切割，得到平面 rOz 上关于轴 Oz 对称的平面图形，仅仅研究 $r \geqslant 0$ 的部分，即对称轴 Oz 一侧的二维区域，并记这区域为 S。区域 S 的边界仍记为 ∂S，它可以含有对称轴线 c_s［图 10.1(a)］，也可以不含有对称轴线［图 10.1(b)］。将 ∂S 中可能含有的对称线除去后余下的部分记为 c，其外法线单位矢在标架 $\boldsymbol{e}_r$、$\boldsymbol{e}_\theta$、$\boldsymbol{e}_z$ 中的分量记为 n_r、n_θ、n_z，其中 $n_\theta = 0$。

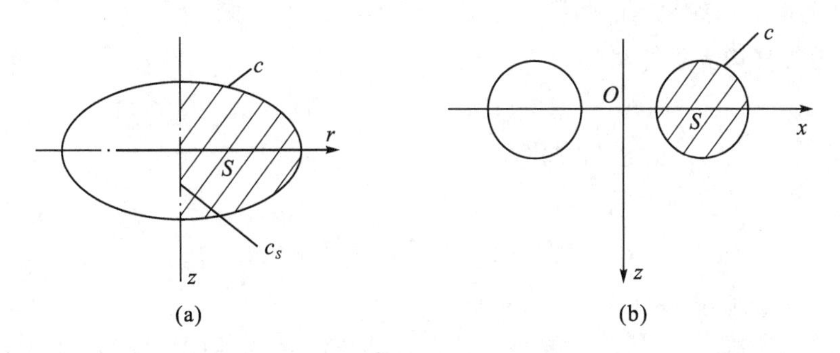

图 10.1 轴对称问题的区域

控制方程：适用于区域 S 的内点。

几何方程：由方程(7.2.10)简化得出

$$\left.\begin{aligned}\varepsilon_r &= \frac{\partial u_r}{\partial r}\\ \varepsilon_\theta &= \frac{u_r}{r}\\ \varepsilon_z &= \frac{\partial u_z}{\partial z}\\ \gamma_{zr} &= \gamma_{rz} = \frac{\partial u_r}{\partial z} + \frac{\partial u_z}{\partial r}\end{aligned}\right\} \tag{10.1.2}$$

$$\left.\begin{aligned}\gamma_{r\theta} &= \gamma_{\theta r} = 0\\ \gamma_{\theta z} &= \gamma_{z\theta} = 0\end{aligned}\right\} \tag{10.1.3}$$

本构方程：

$$\left.\begin{aligned}\sigma_r &= \lambda\left(\frac{\partial u_r}{\partial r} + \frac{u_r}{r} + \frac{\partial u_z}{\partial z}\right) + 2G\frac{\partial u_r}{\partial r}\\ \sigma_\theta &= \lambda\left(\frac{\partial u_r}{\partial r} + \frac{u_r}{r} + \frac{\partial u_z}{\partial z}\right) + 2G\frac{u_r}{r}\\ \sigma_z &= \lambda\left(\frac{\partial u_r}{\partial r} + \frac{u_r}{r} + \frac{\partial u_z}{\partial z}\right) + 2G\frac{\partial u_z}{\partial z}\\ \tau_{zr} &= \tau_{rz} = G\left(\frac{\partial u_r}{\partial z} + \frac{\partial u_z}{\partial r}\right)\end{aligned}\right\} \tag{10.1.4}$$

平衡方程：由方程(7.3.9a)和方程(7.3.9c)简化得到

$$\left.\begin{aligned}\frac{\partial \sigma_r}{\partial r} + \frac{\partial \tau_{zr}}{\partial z} + \frac{\sigma_r - \sigma_\theta}{r} + f_r = 0\\ \frac{\partial \tau_{rz}}{\partial r} + \frac{\partial \sigma_z}{\partial z} + \frac{\tau_{rz}}{r} + f_z = 0\end{aligned}\right\} \tag{10.1.5}$$

方程(7.3.9b)要求 $f_\theta = 0$。

基本方程(10.1.2)～方程(10.1.5)涉及的 10 个待求的场分量，即 u_r、u_z、ε_r、ε_θ、ε_z、γ_{rz}、σ_r、σ_θ、σ_z 和 τ_{rz} 便是以 S 为定义域的 10 个待求的二元函数。

边界条件的形式：如果 c 由两部分组成，即 $c = c_u + c_\sigma$，则：

(1) 在 c_u 上位移边界条件写为

$$c_u\text{：}\ u_r = \bar{u}_r,\ u_z = \bar{u}_z \tag{10.1.6}$$

式中，$\bar{u}_r$ 和 $\bar{u}_z$ 为 c_u 上给定的强制位移。

(2) 在 c_σ 上应力边界条件写为

$$c_\sigma\text{：}\ \sigma_r n_r + \tau_{rz} n_z = \bar{p}_r,\ \tau_{rz} n_r + \sigma_z n_z = \bar{p}_z \tag{10.1.7}$$

式中，$\bar{p}_r$ 和 $\bar{p}_z$ 为 c_σ 上给定的外加面力。

如果对称线在物质区内部，则要特殊地处理其在 c_s 上的条件，使其上的位移、应变和应力分量有界，且

$$c_s\text{：}\ u_r = 0,\ \tau_{rz} = 0 \tag{10.1.8}$$

10.1.2　位移的通解

第 5.2.3 节给出了位移的通解。将这些结果用于轴对称问题，可以得出本节叙述的解的五个常用的方法。

1．解法一(Love 解)

在第 5.2.3 节所述的 Boussinesq 解中，取双调和矢量 $\boldsymbol{q}$ 为一个双调和标量函数 $\varphi(r,z)$ 的如下表达式：

$$\boldsymbol{q}=\varphi(r,z)\,\boldsymbol{i}_z \tag{10.1.9}$$

根据式(5.2.10)算出的位移分量为

$$u_r=-\frac{1}{2(1-\nu)}\frac{\partial^2\varphi}{\partial r\partial z},\ u_z=\nabla^2\varphi-\frac{1}{2(1-\nu)}\frac{\partial^2\varphi}{\partial z^2} \tag{10.1.10}$$

与之对应的应力分量为

$$\sigma_r=\frac{E}{2(1-\nu^2)}\frac{\partial}{\partial z}\left(\nu\nabla^2-\frac{\partial^2}{\partial r^2}\right)\varphi \tag{10.1.11a}$$

$$\sigma_\theta=\frac{E}{2(1-\nu^2)}\frac{\partial}{\partial z}\left(\nu\nabla^2-\frac{\partial^2}{r\partial r}\right)\varphi \tag{10.1.11b}$$

$$\sigma_z=\frac{E}{2(1-\nu^2)}\frac{\partial}{\partial z}\left[(2-\nu)\nabla^2-\frac{\partial^2}{\partial z^2}\right]\varphi \tag{10.1.11c}$$

$$\tau_{rz}=\frac{E}{2(1-\nu^2)}\frac{\partial}{\partial r}\left[(1-\nu)\nabla^2-\frac{\partial^2}{\partial z^2}\right]\varphi \tag{10.1.11d}$$

式中，

$$\Delta\varphi(r,z)=\left[\frac{\partial}{\partial r}\left(r\frac{\partial}{\partial r}\right)+\frac{\partial^2}{\partial z^2}\right]\varphi(r,z) \tag{10.1.12}$$

2．解法二(Michell 解)

在第 5.2.3 节所述的 Boussinesq 解中，取双调和矢量 $\boldsymbol{q}$ 为一个标量函数 $\varphi_r(r,z)$ 的如下表达式：

$$\boldsymbol{q}=\varphi_r(r,z)\boldsymbol{e}_r \tag{10.1.13}$$

$\boldsymbol{q}$ 为双调和矢量，要求 $\varphi_r(r,z)$ 满足方程：

$$\nabla_r^2\nabla_r^2\varphi_r(r,z)=0 \tag{10.1.14}$$

式中引入算子记号

$$\nabla_r^2\varphi_r=\left(\nabla^2-\frac{1}{r^2}\right)\varphi_r \tag{10.1.15}$$

根据式(5.2.10)算出的位移分量为

$$u_r=\nabla_r^2\varphi_r-\frac{1}{2(1-\nu)}\frac{\partial}{\partial r}\left(\frac{\partial\varphi_r}{\partial r}+\frac{\varphi_r}{r}\right) \tag{10.1.16a}$$

$$u_z = -\frac{1}{2(1-\nu)}\frac{\partial}{\partial z}\left(\frac{\partial \varphi_r}{\partial r}+\frac{\varphi_r}{r}\right) \tag{10.1.16b}$$

与之对应的应力分量为

$$\sigma_r = \frac{E}{2(1-\nu^2)}\left\{\left[(2-\nu)\frac{\partial}{\partial r}+\nu\frac{1}{r}\right]\nabla_r^2\varphi_r - \frac{\partial^2}{\partial r^2}\left(\frac{\partial \varphi_r}{\partial r}+\frac{\varphi_r}{r}\right)\right\} \tag{10.1.17a}$$

$$\sigma_\theta = \frac{E}{2(1-\nu^2)}\left\{\left[(2-\nu)\frac{1}{r}+\nu\frac{\partial}{\partial r}\right]\nabla_r^2\varphi_r - \frac{\partial}{r\partial r}\left(\frac{\partial \phi_r}{\partial r}+\frac{\varphi_r}{r}\right)\right\} \tag{10.1.17b}$$

$$\sigma_z = \frac{E}{2(1-\nu^2)}\left[\left(\nu\frac{\partial}{\partial r}+\frac{1}{r}\right)\nabla_r^2\varphi_r - \frac{\partial^2}{\partial z^2}\left(\frac{\partial \varphi_r}{\partial r}+\frac{\varphi_r}{r}\right)\right] \tag{10.1.17c}$$

$$\tau_{rz} = \frac{E}{2(1-\nu^2)}\left[(1-\nu)\frac{\partial}{\partial z}\nabla_r^2\varphi_r - \frac{\partial^2}{\partial z\partial r}\left(\frac{\partial \varphi_r}{\partial r}+\frac{\varphi_r}{r}\right)\right] \tag{10.1.17d}$$

3. 解法三(Boussinesq 解)

在第 5.2.3 节所述的 Papkovitch 解中，在四个调和函数中只取两个调和函数，且

$$p_0 = p_0(r,z)，\quad \boldsymbol{p} = p(r,z)\boldsymbol{i}_z \tag{10.1.18}$$

根据式(5.2.12)算出的位移分量为

$$u_r = -\frac{1}{2(1-\nu)}\frac{\partial}{\partial r}\left(p_0+\frac{1}{2}zp\right) \tag{10.1.19a}$$

$$u_z = p - \frac{1}{2(1-\nu)}\frac{\partial}{\partial z}\left(p_0+\frac{1}{2}zp\right) \tag{10.1.19b}$$

与之对应的应力分量为

$$\sigma_r = \frac{E}{2(1-\nu^2)}\left[\nu\frac{\partial p}{\partial z} - \frac{\partial^2}{\partial r^2}\left(p_0+\frac{1}{2}zp\right)\right] \tag{10.1.20a}$$

$$\sigma_\theta = \frac{E}{2(1-\nu^2)}\left[\nu\frac{\partial p}{\partial z} - \frac{\partial^2}{r\partial r}\left(p_0+\frac{1}{2}zp\right)\right] \tag{10.1.20b}$$

$$\sigma_z = \frac{E}{2(1-\nu^2)}\left[(2-\nu)\frac{\partial p}{\partial z} - \frac{\partial^2}{\partial z^2}\left(p_0+\frac{1}{2}zp\right)\right] \tag{10.1.20c}$$

$$\tau_{rz} = \frac{E}{2(1-\nu^2)}\left[(1-\nu)\frac{\partial p}{\partial r} - \frac{\partial^2}{\partial r\partial z}\left(p_0+\frac{1}{2}zp\right)\right] \tag{10.1.20d}$$

4. 解法四(Timpe 解)

在第 5.2.3 节所述的巴布科维齐解中，将一个调和函数 p_0 和一个调和矢量 $\boldsymbol{p}$ 取为

$$p_0 = p_0(r,z)，\quad \boldsymbol{p}(r,z) = p_r(r,z)\boldsymbol{e}_r \tag{10.1.21}$$

$\boldsymbol{p}(r,z)$ 为调和矢量，要求 $p_r(r,z)$ 满足

$$\nabla_r^2 p_r = 0 \tag{10.1.22}$$

而 $\nabla^2 p_0 = 0$。根据式(5.2.12)算出的位移分量为

$$u_r = p_r - \frac{1}{2(1-\nu)}\frac{\partial}{\partial r}(p_0 + rp_r) \tag{10.1.23a}$$

$$u_z = -\frac{1}{2(1-\nu)}\frac{\partial}{\partial z}(p_0 + rp_r) \tag{10.1.23b}$$

与之对应的应力分量为

$$\sigma_r = \frac{E}{2(1-\nu^2)}\left[\nu\left(\frac{\partial}{\partial r}+\frac{1}{r}\right)p_r + 2\frac{\partial p_r}{\partial r} - \frac{\partial^2}{\partial r^2}\left(p_0 + \frac{1}{2}rp_r\right)\right] \tag{10.1.24a}$$

$$\sigma_\theta = \frac{E}{2(1-\nu^2)}\left[\nu\left(\frac{\partial}{\partial r}+\frac{1}{r}\right)p_r + 2\frac{\partial p_r}{\partial r} - \frac{\partial^2}{r\partial r}\left(p_0 + \frac{1}{2}rp_r\right)\right] \tag{10.1.24b}$$

$$\sigma_z = \frac{E}{2(1-\nu^2)}\left[\nu\left(\frac{\partial}{\partial r}+\frac{1}{r}\right)p_r - \frac{\partial^2}{\partial z^2}\left(p_0 + \frac{1}{2}rp_r\right)\right] \tag{10.1.24c}$$

$$\tau_{rz} = \frac{E}{2(1-\nu^2)}\left[(1-\nu)\frac{\partial p_r}{\partial z} - \frac{\partial^2}{\partial r\partial z}\left(p_0 + \frac{1}{2}rp_r\right)\right] \tag{10.1.24d}$$

式(10.1.23)和式(10.1.24)构成 Timpe 解。

5. 解法五(势函数解)

如果位移场 $\boldsymbol{u}$ 存在势函数 $\boldsymbol{\Phi}$，即：

$$\boldsymbol{u} = \nabla\boldsymbol{\Phi} \tag{10.1.25}$$

那么矢量形式的纳维方程(5.2.4)改写为

$$\frac{2(1-\nu)}{1-2\nu}\nabla(\nabla^2\boldsymbol{\Phi}) = \boldsymbol{0}$$

因此势函数 $\boldsymbol{\Phi}$ 满足方程：

$$\nabla^2\boldsymbol{\Phi} = C \tag{10.1.26}$$

这里 C 为常量。

注意，式(10.1.25)表达的轴对称位移不是完备的。

§ 10.2　球对称问题

10.2.1　球对称问题的提法及位移通解

球对称指球坐标 (ρ,φ,θ) 描写的位移场只存在径向分量，且只是坐标 ρ 的函数：

$$u_\rho = u(\rho), \qquad u_\varphi = u_\theta = 0 \tag{10.2.1}$$

根据式(7.2.17)，应变分量为

$$\varepsilon_\rho = \frac{\mathrm{d}u}{\mathrm{d}\rho}, \quad \varepsilon_\varphi = \varepsilon_\theta = \frac{u_\rho}{\rho} \tag{10.2.2}$$

$$\gamma_{\rho\varphi} = \gamma_{\varphi\theta} = \gamma_{\theta\rho} = 0 \tag{10.2.3}$$

对应的应力分量为

$$\sigma_\rho = \lambda\left(\frac{\mathrm{d}u}{\mathrm{d}\rho} + 2\frac{u}{\rho}\right) + 2G\frac{\mathrm{d}u}{\mathrm{d}\rho}, \quad \sigma_\theta = \sigma_\varphi = \lambda\left(\frac{\mathrm{d}u}{\mathrm{d}\rho} + 2\frac{u}{\rho}\right) + 2G\frac{u}{\rho} \tag{10.2.4}$$

$$\tau_{\rho\varphi} = \tau_{\varphi\theta} = \tau_{\theta\rho} = 0$$

平衡方程(7.3.14a)改写为

$$\frac{\mathrm{d}\sigma_\rho}{\mathrm{d}\rho}+\frac{2\sigma_\rho-\sigma_\varphi-\sigma_\theta}{\rho}+f_\rho=0 \tag{10.2.5}$$

式(7.3.14)的其余两个平衡方程要求体力的两个切向分量为零，即 $f_\varphi=0, f_\theta=0$。

将式(10.2.4)代入式(10.2.5)，得出关于径向位移分量的二阶常微分方程：

$$\frac{\mathrm{d}}{\mathrm{d}\rho}\left(\frac{1}{\rho^2}\frac{\mathrm{d}}{\mathrm{d}\rho}(\rho^2 u)\right)+\frac{f_\rho}{\lambda+2G}=0 \tag{10.2.6}$$

对应齐次方程的通解是

$$u=A\rho+B/\rho^2 \tag{10.2.7}$$

这里 A、B 是两个积分常数。将式(10.2.7)代回式(10.2.4)算出齐次方程通解对应的应力分量：

$$\sigma_\rho=2G\left(-2B\frac{1}{\rho^3}+\frac{1+\nu}{1-2\nu}A\right),\quad \sigma_\varphi=\sigma_\theta=2G\left(B\frac{1}{\rho^3}+\frac{1+\nu}{1-2\nu}A\right) \tag{10.2.8}$$

10.2.2 球壳受内压和外压问题的解

球壳受内压和外压问题有极其重要的工程背景，其解具有重要的应用价值。

设球壳在内表面 $\rho=a$ 和外表面 $\rho=b$ 所受的压强分别为 p_a 和 p_b，那么由式(10.2.8)写出边界条件为

$$(\sigma_\rho)_{\rho=a}=2G\left(-2B\frac{1}{a^3}+\frac{1+\nu}{1-2\nu}A\right)=-p_a \tag{10.2.9a}$$

$$(\sigma_\rho)_{\rho=b}=2G\left(-2B\frac{1}{b^3}+\frac{1+\nu}{1-2\nu}A\right)=-p_b \tag{10.2.9b}$$

由此得出

$$AG=\frac{1-2\nu}{2(1+\nu)}\frac{a^3p_a-b^3p_b}{b^3-a^3},\quad 4BG=\frac{a^3b^3(p_b-p_a)}{b^3-a^3} \tag{10.2.10}$$

应力分量为

$$\begin{aligned}\sigma_\rho&=-p_a\frac{\left(\frac{b}{\rho}\right)^3-1}{\left(\frac{b}{a}\right)^3-1}-p_b\frac{1-\left(\frac{a}{\rho}\right)^3}{1-\left(\frac{a}{b}\right)^3},\\ \sigma_\varphi=\sigma_\theta&=\frac{p_a}{2}\frac{\left(\frac{b}{\rho}\right)^3+2}{\left(\frac{b}{a}\right)^3-1}-\frac{p_b}{2}\frac{\left(\frac{a}{\rho}\right)^3+2}{1-\left(\frac{a}{b}\right)^3}\end{aligned} \tag{10.2.11}$$

位移分量为

$$u_\rho=\frac{\rho}{2G}\left[p_a\frac{\frac{1}{2}\left(\frac{b}{\rho}\right)^3+\frac{1-2v}{1+v}}{\left(\frac{b}{a}\right)^3-1}-p_b\frac{\frac{1-2v}{1+v}+\frac{1}{2}\left(\frac{a}{\rho}\right)^3}{1-\left(\frac{a}{b}\right)^3}\right] \tag{10.2.12}$$

特例　仅仅在内表面 $\rho=a$ 存在内压 p_a，式(10.2.10)改写为

$$AG=\frac{1-2v}{2(1+v)}\frac{a^3p_a}{b^3-a^3},\quad 4BG=-\frac{a^3b^3p_a}{b^3-a^3} \tag{10.2.13}$$

应力和位移分量分别为

$$\sigma_\rho=-p_a\frac{\left(\frac{b}{\rho}\right)^3-1}{\left(\frac{b}{a}\right)^3-1},\quad \sigma_\varphi=\sigma_\theta=\frac{p_a}{2}\frac{\left(\frac{b}{\rho}\right)^3+2}{\left(\frac{b}{a}\right)^3-1} \tag{10.2.14}$$

$$u_\rho=\frac{p_a}{2G}\rho\frac{\frac{1}{2}\left(\frac{b}{\rho}\right)^3+\frac{1-2v}{1+v}}{\left(\frac{b}{a}\right)^3-1} \tag{10.2.15}$$

§ 10.3　Kelvin　问　题

无限体在一点上受集中力的问题称为 Kelvin 问题。

取力 P 的作用点为坐标原点，取轴 Oz 为作用力的方向，图 10.2 所示的 Kelvin 问题便是轴对称问题，可以用前已叙述的方法求解。

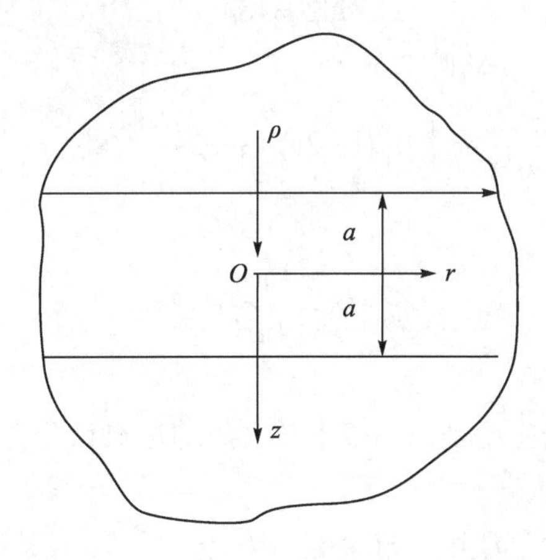

图 10.2　Kelvin 问题

在轴对称问题的 Love 解［式(10.1.10)］中取

$$\varphi(r,z)=A(r^2+z^2)^{1/2} \tag{10.3.1}$$

式中，A 为常量。由式(10.1.10)、式(10.1.11)给出位移和应力分量：

$$u_r = \frac{A}{2(1-\nu)}\frac{rz}{\rho^3},\quad u_z = \frac{A}{2(1-\nu)}\left(\frac{3-4\nu}{\rho} + \frac{z^2}{r^3}\right) \tag{10.3.2}$$

$$\sigma_r = \frac{E}{2(1-\nu^2)}A\left[(1-2\nu)\frac{z}{\rho^3} - 3\frac{r^2 z}{\rho^5}\right] \tag{10.3.3a}$$

$$\sigma_\theta = \frac{E}{2(1-\nu^2)}A(1-2\nu)\frac{z}{\rho^3} \tag{10.3.3b}$$

$$\sigma_z = -\frac{E}{2(1-\nu^2)}A\left[(1-2\nu)\frac{z}{\rho^3} + 3\frac{z^3}{\rho^5}\right] \tag{10.3.3c}$$

$$\tau_{rz} = -\frac{E}{2(1-\nu^2)}A\left[(1-2\nu)\frac{r}{\rho^3} + 3\frac{rz^2}{\rho^5}\right] \tag{10.3.3d}$$

当$\rho \to \infty$时，所有的位移和应力分量都趋于零。在原点，这些位移和应力分量有趋于无穷大的奇异性。可以按局部区域的平衡条件确定积分常数A。例如，对区域$|z| \leqslant a, 0 \leqslant r < \infty$列出作用在其上外力主矢的$z$分量为零的平衡方程：

$$\int_{z=a} \sigma_z \mathrm{d}x\mathrm{d}y - \int_{z=-a} \sigma_z \mathrm{d}x\mathrm{d}y + P = 0$$

将式(10.3.3c)代入上式，得出

$$P = \frac{2\pi E}{(1-\nu^2)}A\int_{r=0}^{r\to\infty} a\left[(1-2\nu)\frac{1}{\rho^3} + 3\frac{a^2}{\rho^5}\right]r\mathrm{d}r$$

式中，$\rho = (r^2+z^2)^{\frac{1}{2}}$。另外，有等式：

$$\mathrm{d}\rho = (r^2+z^2)^{-\frac{1}{2}} r\mathrm{d}r$$

或写为

$$\rho\mathrm{d}\rho = r\mathrm{d}r \tag{10.3.4}$$

利用这个关系可以计算出P，得到

$$P = \frac{2\pi E}{(1-\nu^2)}A\int_{\rho=a}^{\rho\to\infty} a\left[(1-2\nu)\frac{1}{\rho^3} + 3\frac{a^2}{\rho^5}\right]\rho\mathrm{d}\rho = \frac{4\pi E}{1+\nu}A$$

于是得出

$$A = \frac{1+\nu}{4\pi E}P \tag{10.3.5}$$

这就是问题的解。

Kelvin 问题解最重要的应用是作为基本解去组构边界积分方程。

§10.4 Boussinesq 问 题

10.4.1 Boussinesq 问题的提法及其解

半空间在界面上受法向集中力的问题称为 Boussinesq 问题。

取力P的作用点为坐标原点，取轴Oz为作用力的方向，所讨论的半空间为$0 \leqslant z < \infty$，

图 10.3 所示的 Boussinesq 问题便是轴对称问题，可以用前已叙述的方法求解。

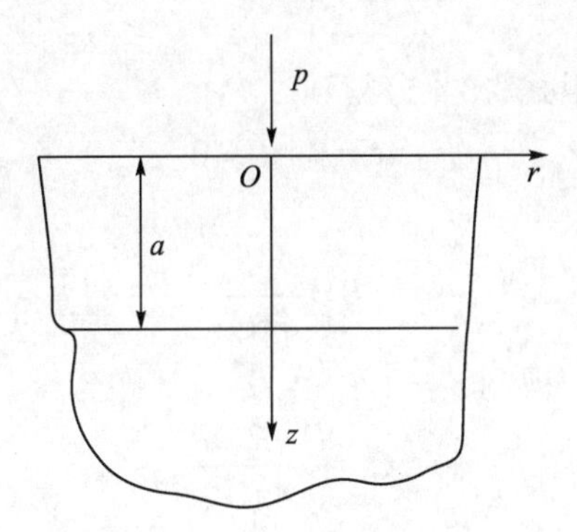

图 10.3　Boussinesq 问题

本节介绍轴对称问题的 Boussinesq 解，即在式(10.1.19)中取：

$$p = 4(1-\nu)B/\rho, \quad p_0 = 2(1-\nu)C\ln(\rho+z) \tag{10.4.1}$$

这里 B 和 C 是待定常数。按式(10.1.19)给出位移分量：

$$u_r = -C\frac{r}{\rho(\rho+z)} + B\frac{rz}{\rho^3}, \quad u_z = \left[(3-4\nu)B - C\right]\frac{1}{\rho} + B\frac{z^2}{\rho^3} \tag{10.4.2}$$

应力分量为

$$\sigma_r/G = 2B\left[(1-2\nu)\frac{z}{\rho^3} - 3\frac{zr^2}{\rho^5}\right] - 2C\frac{z^2(\rho+z) - r^2\rho}{\rho^3(\rho+z)^2} \tag{10.4.3a}$$

$$\sigma_\theta/G = 2B\left[(1-2\nu)\frac{z}{\rho^3} - 3\frac{zr^2}{\rho^5}\right] - 2C\frac{1}{\rho(\rho+z)} \tag{10.4.3b}$$

$$\sigma_z/G = -2B\left[(1-2\nu)\frac{z}{\rho^3} + 3\frac{zr^2}{\rho^5}\right] + 2C\frac{z}{\rho^3} \tag{10.4.3c}$$

$$\tau_{rz}/G = 2\left[C - B\left(1-2\nu+3\frac{z^2}{\rho^2}\right)\right]\frac{r}{\rho^3} \tag{10.4.3d}$$

图 10.3 所示 Boussinesq 问题在边界平面$\{\Pi:\{z=0,-\infty<x<\infty,-\infty<y<\infty\}\}$的边界条件为

$$z=0:\ \sigma_z = 0,\ \tau_{rz} = 0 \tag{10.4.4}$$

由式(10.4.3c)可见，边界条件(10.4.4)的第一个式子已经得到满足。将式(10.4.3d)代入式(10.4.4)第二个式子，得到

$$C - B(1-2\nu) = 0$$

由此得出

$$C = B(1-2\nu) \tag{10.4.5}$$

取部分区域$0 \leqslant z \leqslant a$,　$0 \leqslant r < \infty$ 的平衡条件，得出唯一的有效方程：

$$\int_{z=a,0\leqslant r<\infty} \sigma_z \mathrm{d}x\mathrm{d}y + P = 0$$

即

$$2\pi\int_0^{\infty}\sigma_z r\mathrm{d}r + P = 0$$

将式(10.4.3c)代入上式，利用式(10.4.5)得到

$$-4G\pi B + P = 0$$

因此

$$B = \frac{P}{4\pi G} \tag{10.4.6}$$

将式(10.4.6)代入式(10.4.5)，得到

$$C = \frac{(1-2\nu)P}{4\pi G} \tag{10.4.7}$$

将所得的 B 和 C 代入式(10.4.2)和式(10.4.3)，得到

$$u_r = \frac{P}{4\pi G}\frac{1}{\rho}\left[\frac{rz}{\rho^2} - (1-2\nu)\frac{r}{\rho+z}\right],\quad u_z = \frac{P}{4\pi G}\frac{1}{\rho}\left[\frac{z^2}{\rho^2} + 2(1-\nu)\right] \tag{10.4.8}$$

$$\sigma_r = \frac{P}{2\pi}\frac{1}{\rho^2}\left[-3\frac{r^2 z}{\rho^3} + (1-2\nu)\frac{\rho}{\rho+z}\right] \tag{10.4.9a}$$

$$\sigma_\theta = (1-2\nu)\frac{P}{2\pi}\frac{1}{\rho^2}\left(\frac{z}{\rho} - \frac{\rho}{\rho+z}\right) \tag{10.4.9b}$$

$$\sigma_z = -\frac{3P}{2\pi}\frac{z^3}{\rho^5} \tag{10.4.9c}$$

$$\tau_{rz} = -\frac{3P}{2\pi}\frac{rz^2}{\rho^5} \tag{10.4.9d}$$

推论：图 10.3 所示 Boussinesq 问题在边界平面 Π 的 z 向位移分布为

$$u_z(r,z)_{z=0} = P\frac{1-\nu^2}{\pi E}\frac{1}{r} \tag{10.4.10}$$

在土木工程问题中，往往称 z 向位移为表面的沉陷。

10.4.2 半空间界面的沉陷问题和刚模问题

半空间 $0\leqslant z<\infty$ 边界平面 Π 内的区域 S 上受 z 向的面力 $q(\xi,\eta)\left[(\xi,\eta)\in S\right]$ 作用(图 10.4)。用 Boussinesq 问题的解可以写出 Π 平面的 z 向位移分布。

设点 (ξ,η) 处的集中力 $q(\xi,\eta)\mathrm{d}\xi\mathrm{d}\eta$ 产生于点 (x,y) 处的沉陷为 $\mathrm{d}w(\xi,\eta;x,y)$。根据式(10.4.10)可以得到

$$\mathrm{d}w(\xi,\eta;x,y) = \frac{1-\nu^2}{\pi E}\frac{q(\xi,\eta)}{\sqrt{(\xi-x)^2+(\eta-y)^2}}\mathrm{d}\xi\mathrm{d}\eta \tag{10.4.11}$$

因此，区域 S 上的 z 向面力 $q(\xi,\eta)$ $\left[(\xi,\eta)\in S\right]$ 在点 $(x,y)\in\Pi$ 处的沉陷为 $W(x,y)$：

$$W(x,y) = \int_{(\xi,\eta)\in S}\mathrm{d}w(\xi,\eta;x,y)$$

将式(10.4.11)代入上式，得出

$$W(x,y)=\frac{1-\nu^2}{\pi E}\int\limits_{(\xi,\eta)\in S}\frac{q(\xi,\eta)}{\sqrt{(\xi-x)^2+(\eta-y)^2}}\mathrm{d}\xi\mathrm{d}\eta\text{，}\quad(x,y)\in\Pi \tag{10.4.12}$$

对于所得的这个方程，可按如下两种方式提出问题：

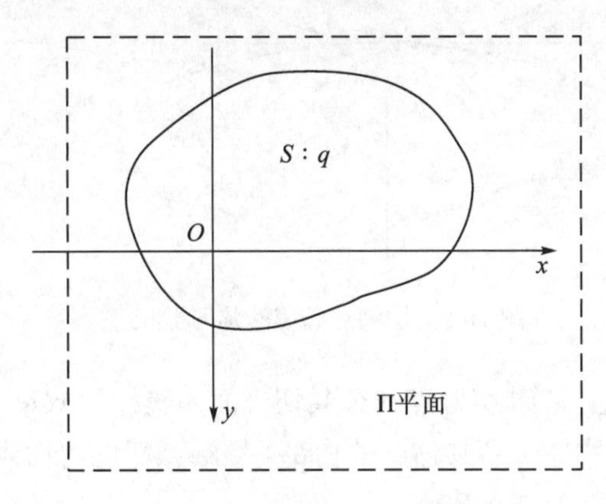

图 10.4 Π 平面和区域 S

1. 沉陷问题

方程(10.4.12)中已知E、ν和区域S上的z向面力$q(\xi,\eta)$ $[(\xi,\eta)\in S]$，求平面Π的沉陷分布$W(x,y)$。

2. 刚模问题

方程(10.4.12)中，已知E、ν和沉陷在平面Π内的区域S上的分布$W(x,y)$ $[(x,y)\in S]\subset\Pi$，求区域S上的z向面力$q(\xi,\eta)$ $[(\xi,\eta)\in S]$。

沉陷问题是一个二重积分问题。刚模问题是一个确定区域上的积分方程问题，即 Fredholm 型问题。此外，还有一种提出问题的方式，就是待定区域上的积分方程问题，即 Volterra 型问题。下面将要讨论的问题就属于这个类型。

§10.5 接触问题

10.5.1 物体光滑面上的小变形接触问题的模型

1. 切触点邻域的几何状态

讨论两胡克介质物体在光滑表面上的小变形接触问题。小变形接触指接触面尺寸远小于光滑表面的曲率半径。

如果两物体接触，但相互间无力的作用，那么按微分几何的术语，光滑表面的接触是两曲面在点上的切触(图 10.5)。首先讨论切触点邻域的几何状态。

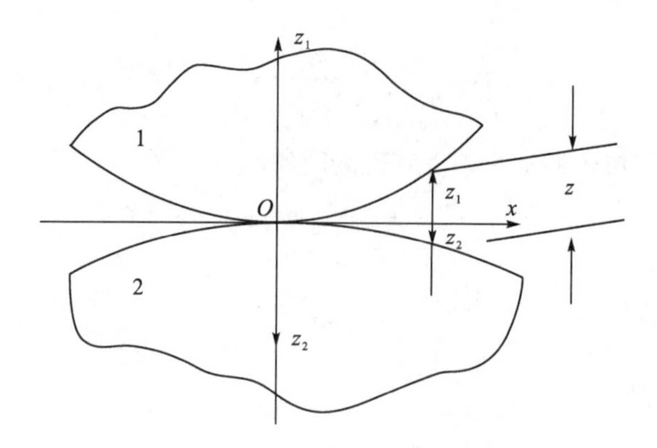

图 10.5　切触点邻域的几何形状

取切触点为坐标原点，取过切触点的公共切平面为坐标面 xOy 。取轴 Oz_1 和 Oz_2 垂直坐标面 xOy ，且分别指向物体 1 和物体 2 的内部。切触点邻近两物体表面的方程可以用泰勒级数的二次项近似表达，分别为

$$z_1 = A_1x^2 + B_1y^2 + C_1xy \tag{10.5.1a}$$

$$z_2 = A_2x^2 + B_2y^2 + C_2xy \tag{10.5.1b}$$

因此，切触点邻近，两物体表面上坐标 x 和 y 分别相同的两点之间的 z 向距离，可以近似写为 $z = z_1 + z_2$ ，这就是两物体表面的间隔。将式(10.5.1a)与式(10.5.1b)相加，得到

$$z = Ax^2 + By^2 + Cxy \tag{10.5.2}$$

这里 $A = A_1 + A_2$ ， $B = B_1 + B_2$ ， $C = C_1 + C_2$ 。利用二次型表达式的标准化方法，通过对切平面内坐标轴 Ox (或 Oy)方向的适当选择，使两物体表面的 z 向距离表达式中不含 xy 项，将式(10.6.2)改写为如下标准形式

$$z = Ax^2 + By^2 \tag{10.5.3}$$

例 10.1　求切触点附近两物体表面间隔的参数 A 和 B 。

(1)球与球的接触，图 10.6(a)；

(2)柱与球的接触，图 10.6(b)；

(3)柱与柱的接触，图 10.6(c)；

(4)球与凹形球面的接触，图 10.6(d)。

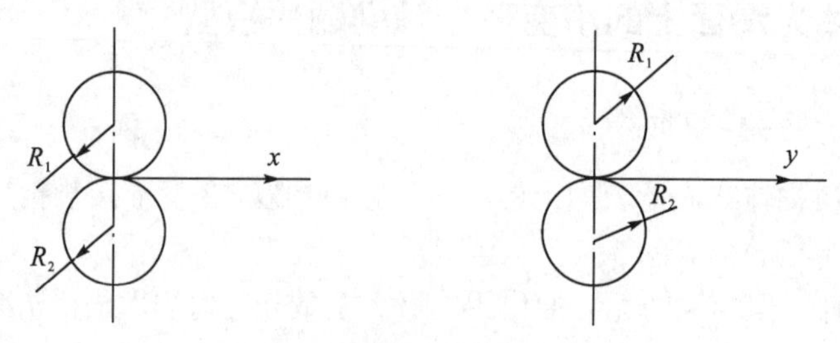

(a) 球与球的接触

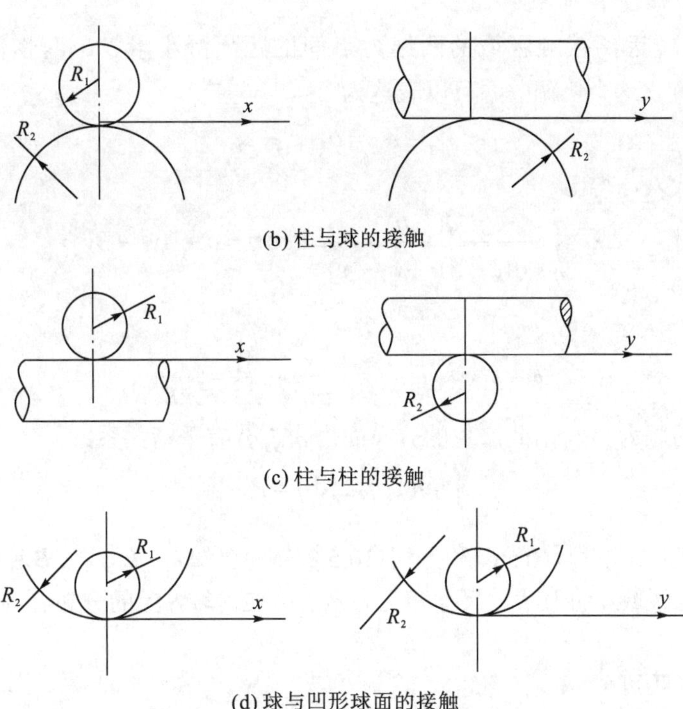

(b) 柱与球的接触

(c) 柱与柱的接触

(d) 球与凹形球面的接触

图 10.6　球面和圆柱面切触的几种情况

解：

(1) $z_1=\dfrac{1}{2R_1}(x^2+y^2)$，$z_2=\dfrac{1}{2R_2}(x^2+y^2)$，$A=B=\dfrac{1}{2}\left(\dfrac{1}{R_1}+\dfrac{1}{R_2}\right)$

(2) $z_1=\dfrac{1}{2R_1}x^2$，$z_2=\dfrac{1}{2R_2}(x^2+y^2)$，$A=\dfrac{1}{2}\left(\dfrac{1}{R_1}+\dfrac{1}{R_2}\right)$，$B=\dfrac{1}{2R_2}$

(3) $z_1=\dfrac{1}{2R_1}x^2$，$z_2=\dfrac{1}{2R_2}y^2$，$A=\dfrac{1}{2R_1}$，$B=\dfrac{1}{2R_2}$

(4) $z_1=\dfrac{1}{2R_1}(x^2+y^2)$，$z_2=-\dfrac{1}{2R_2}(x^2+y^2)$，$A=\dfrac{1}{2}\left(\dfrac{1}{R_1}-\dfrac{1}{R_2}\right)$，$B=\dfrac{1}{2}\left(\dfrac{1}{R_1}-\dfrac{1}{R_2}\right)$

2. 小变形接触问题的模型

在远离接触区域的位置，分别在两物体上受到大小相等的压力 P，使两物体上距接触点较远的两施力点之间的距离减小了 δ，同时产生了接触面。设接触面在坐标面 xOy 的投影区域为 S，其上分布的面力为 $q(\xi,\eta)\left[(\xi,\eta)\in S\right]$，由此产生的两物体表面的沉陷分别用式(10.4.12)表达为

$$W_1(x,y)=\frac{1-\nu_1^2}{\pi E_1}\int\limits_{(\xi,\eta)\in S}\frac{q(\xi,\eta)}{\sqrt{(\xi-x)^2+(\eta-y)^2}}\mathrm{d}\xi\mathrm{d}\eta\,,\qquad (x,y)\in\Pi \tag{10.5.4a}$$

$$W_2(x,y)=\frac{1-\nu_2^2}{\pi E_2}\int\limits_{(\xi,\eta)\in S}\frac{q(\xi,\eta)}{\sqrt{(\xi-x)^2+(\eta-y)^2}}\mathrm{d}\xi\mathrm{d}\eta\,,\qquad (x,y)\in\Pi \tag{10.5.4b}$$

这样一来，需要处理五个量间的协调关系，这五个量是：接触点附近物体表面的形状

$z_1(x,y)$ 和 $z_2(x,y)$，远离接触区域的两施力点间的距离减小量 δ，两物体表面的沉陷 $W_1(x,y)$ 和 $W_2(x,y)$。这个协调关系可以表达为

$$W_1+W_2=\delta-z_1-z_2 \tag{10.5.5}$$

将相应的表达式代入，得出

$$k\int\limits_{(\xi,\eta)\in S}\frac{q(\xi,\eta)}{\sqrt{(\xi-x)^2+(\eta-y)^2}}\mathrm{d}\xi\mathrm{d}\eta=\delta-Ax^2-By^2 \tag{10.5.6}$$

这里引入记号

$$k=k_1+k_2,\quad k_1=\frac{1-\nu_1^2}{\pi E_1},\quad k_2=\frac{1-\nu_2^2}{\pi E_2} \tag{10.5.7}$$

此外，两物体间的压力 P 与由此产生的分布面力 $q(\xi,\eta)$ 有平衡关系：

$$\int\limits_{(\xi,\eta)\in S}q(\xi,\eta)\mathrm{d}\xi\mathrm{d}\eta=P \tag{10.5.8}$$

问题的提法是：在方程(10.5.6)和方程(10.5.8)中，已知 k_1、k_2、A、B 和压力 P，求距离减小量 δ、接触区域 S 的形状、尺寸和面力 $q(\xi,\eta)$ 在区域 S 上的分布。

10.5.2 Hertz 解

首先不加证明地直接引出两个积分的解析结果。

如果

$$S:\ \frac{x^2}{a^2}+\frac{y^2}{b^2}\leqslant 1 \tag{10.5.9}$$

且

$$q(\xi,\eta)=q_0\left(1-\frac{\xi^2}{a^2}-\frac{\eta^2}{b^2}\right),\quad (\xi,\eta)\in S \tag{10.5.10}$$

那么如下两个积分成立：

$$\int\limits_{(\xi,\eta)\in S}q(\xi,\eta)\mathrm{d}\xi\mathrm{d}\eta=\frac{2}{3}\pi abq_0 \tag{10.5.11}$$

$$\int\limits_{(\xi,\eta)\in S}\frac{q(\xi,\eta)}{\sqrt{(\xi-x)^2+(\eta-y)^2}}\mathrm{d}\xi\mathrm{d}\eta=q_0\pi b\left[K(e)-\frac{D(e)}{a^2}x^2-\frac{K(e)-D(e)}{b^2}y^2\right] \tag{10.5.12}$$

式中，

$$e=\sqrt{1-\frac{b^2}{a^2}} \tag{10.5.13}$$

$$D(e)=\frac{K(e)-E(e)}{e^2},$$

$$K(e)=\int_0^{\pi/2}\frac{\mathrm{d}x}{\sqrt{1-e^2\sin^2 x}}, \tag{10.5.14}$$

$$E(e)=\int_0^{\pi/2}\sqrt{1-e^2\sin^2 x}\,\mathrm{d}x$$

这里 $K(e)$、$E(e)$ 和 $D(e)$ 分别是第一类、第二类和第三类完全椭圆积分。以式(10.5.11)和式(10.5.12)为基础，Hertz 将式(10.5.6)和式(10.5.8)提出的接触问题转化为如下四个关于未知数 δ、q_0、a、b 的代数方程

$$\frac{2}{3}\pi abq_0 = P \tag{10.5.15a}$$

$$kq_0\pi bK(e) = \delta \tag{10.5.15b}$$

$$kq_0\pi b\frac{D(e)}{a^2} = A \tag{10.5.15c}$$

$$kq_0\pi b\frac{K(e)-D(e)}{b^2} = B \tag{10.5.15d}$$

为了求解 δ、q_0、a、b，将式(10.5.15a)、式(10.5.15c)、式(10.5.15d)结合，得到

$$\frac{3}{2}kP\frac{E(e)}{ab^2} = A+B，\quad \frac{3}{2}kP\frac{2D(e)-2K(e)+E(e)}{ab^2} = A-B \tag{10.5.16}$$

记

$$f(e) \equiv \frac{2D(e)-2K(e)+E(e)}{E(e)}$$

因此

$$f(e) = \frac{A-B}{A+B}$$

或

$$e = f^{-1}\left(\frac{A-B}{A+B}\right) \tag{10.5.17}$$

式(10.5.16)第一式又写为

$$\frac{3}{2}\frac{kP}{a^3}\frac{E(e)}{1-e^2} = A+B，\quad \frac{3}{2}\frac{kP}{b^3}\sqrt{1-e^2}E(e) = A+B$$

于是

$$a = \left(\frac{3}{2}\frac{kP}{A+B}\frac{E(e)}{1-e^2}\right)^{1/3}，\quad b = \left(\frac{3}{2}\frac{kP}{A+B}\sqrt{1-e^2}E(e)\right)^{1/3} \tag{10.5.18}$$

解的次序是：由式(10.5.17)求 e；由式(10.5.18)求 a 和 b；由式(10.5.15b)求 δ。不少著作中已列出了用以计算的数值表和应用程序，可以方便地得到所需要的结果。

习　　题

10.1　无限体含球形空穴，求空穴中压强 p 产生的应力分布，试估计到空穴中心距离为 ρ 处应力分量的值。

10.2　求 Π 平面上圆域内均布压力 p 使半空间界面产生的沉陷。

10.3　导出两半径相同的球的接触中，接触面积与压力 P、压力 P 与球心接近量间的关系。

第11章 热　应　力

根据热力学理论，应力、应变和位移与温度变化和热传递现象是相互耦合的。因此热力耦合的研究路线是讨论热现象和变形与应力问题的合理的思路。从线性弹性和可逆过程热力学框架出发，本章首先导出热力耦合的控制方程，给出定解问题。以此为基础，引出问题的解耦方案。重点讨论温度分布与应变和应力无关但应变和应力分布与温度有关的热应力分析理论框架及其求解途径，给出平面热应力分析的边值问题的提法和典型解例。

§11.1 热 力 耦 合

11.1.1 热应力应变关系

设参考位形下体元的应变和应力为零，且有温度为T_0的均匀温度场，那么在与参考位形邻近的位形下，温度增加$\Delta T = T - T_0$，保持零应力不变，产生了应变ε_{kl}。对于各向同性均匀固体，根据热膨胀原理，这个应变可以表示为球张量，即$\varepsilon_{kl} = \alpha(T - T_0)\delta_{kl}$，这里$\alpha$为线膨胀系数。如果温度增加和应力共同作用，那么体元的应变还须增加由式(5.1.5)表示的部分，成为

$$\left.\begin{aligned}
\varepsilon_x &= \frac{1}{E}[\sigma_x - \nu(\sigma_y + \sigma_z)] + \alpha(T - T_0), \quad \gamma_{yz} = \frac{\tau_{yz}}{G} \\
\varepsilon_y &= \frac{1}{E}[\sigma_y - \nu(\sigma_z + \sigma_x)] + \alpha(T - T_0), \quad \gamma_{zx} = \frac{\tau_{zx}}{G} \\
\varepsilon_z &= \frac{1}{E}[\sigma_z - \nu(\sigma_x + \sigma_y)] + \alpha(T - T_0), \quad \gamma_{xy} = \frac{\tau_{xy}}{G}
\end{aligned}\right\} \tag{11.1.1}$$

或改写为

$$\left.\begin{aligned}
\sigma_x &= \lambda(\varepsilon_x + \varepsilon_y + \varepsilon_z) + 2G\varepsilon_x - \beta(T - T_0), \quad \tau_{yz} = G\gamma_{yz} \\
\sigma_y &= \lambda(\varepsilon_x + \varepsilon_y + \varepsilon_z) + 2G\varepsilon_y - \beta(T - T_0), \quad \tau_{zx} = G\gamma_{zx} \\
\sigma_z &= \lambda(\varepsilon_x + \varepsilon_y + \varepsilon_z) + 2G\varepsilon_z - \beta(T - T_0), \quad \tau_{xy} = G\gamma_{xy}
\end{aligned}\right\} \tag{11.1.2}$$

以上两式又可以用角标量分别写为

$$\varepsilon_{ji} = b_{jikl}\sigma_{kl} + \alpha\Delta T\delta_{ji} \tag{11.1.3a}$$

$$\sigma_{ji} = a_{jikl}\varepsilon_{kl} - \beta\Delta T\delta_{ji} \tag{11.1.3b}$$

这里ΔT为温度增加，$\Delta T = T - T_0$；a_{jikl}和b_{jikl}分别由式(4.3.18)和式(4.3.19)表示；β为应力的温度系数，可表示为

$$\beta = (3\lambda + 2G)\alpha = \frac{\alpha E}{1 - 2\nu} \tag{11.1.4}$$

11.1.2　热传导方程

将对单位体积介质输入热量的速率记为$\rho\dot{q}$，式中ρ为密度，因此$\dot{q}$为对单位质量介质输入热量的速率。如果物体存在强度为$\dot{r}$的体热源(对单位质量，在单位时间里供应的热量)，在热流矢量场$\boldsymbol{q}(x,y,z,t)$中，按场论的原理，可以得出热平衡条件：

$$\rho\dot{q}=\rho\dot{r}-\mathrm{div}\boldsymbol{q} \tag{11.1.5}$$

式中，$\mathrm{div}\boldsymbol{q}$为矢量场$\boldsymbol{q}$的散度。

另一方面，对单位体积介质输入热量的速率$\dot{q}$总可以表示为状态变量变率的线性组合。将T和ε_{kl}作为一组状态变量，则平衡条件可写为

$$\rho\dot{q}=\rho C_{\varepsilon}\dot{T}+\lambda_{kl}\dot{\varepsilon}_{kl} \tag{11.1.6}$$

代替T和$\varepsilon_{k\rho}$，将T和σ_{kl}作为另一组状态变量，则平衡条件可写为

$$\rho\dot{q}=\rho C_{\sigma}\dot{T}+\mu_{kl}\dot{\sigma}_{kl} \tag{11.1.7}$$

式中，C_{ε}、C_{σ}分别称为等应变比热和等应力比热；λ_{kl}和μ_{kl}分别称为应变潜热和应力潜热。它们都可以用实验方法测定。

将热传导 Fourier 定律写为

$$q_j=-k_{ji}T_{,i} \tag{11.1.8}$$

对于各向同性均匀介质，$k_{ji}=k\delta_{ji}$，k为 Fourier 系数。

将式(11.1.5)、式(11.1.6)和式(11.1.7)结合，得到

$$(k_{kl}T_{,l})_{,k}+\rho\dot{r}=\begin{cases}\rho C_{\varepsilon}\dot{T}+\lambda_{kl}\dot{\varepsilon}_{kl}\\ \rho C_{\sigma}\dot{T}+\mu_{kl}\dot{\sigma}_{kl}\end{cases} \tag{11.1.9}$$

这就是热力耦合的热传导方程。当忽略变形对热传导的影响时，这个方程才简化为通常传热学以及数学物理方程教程中的热传导方程。

下面给出式(11.1.9)中λ_{kl}和μ_{kl}的确定方法。

经典热力学构建了联系热学量和力学量的势函数理论。比自由能和比吉布斯函数就是其中两个常用的势函数。

比自由能为温度T和应变ε_{kl}的函数，记为$f(T,\varepsilon)$。势函数与状态变量间存在如下偏导数关系：

$$s=-\frac{\partial f(T,\varepsilon)}{\partial T} \tag{11.1.10}$$

$$\sigma_{ji}=\rho\frac{\partial f(T,\varepsilon)}{\partial\varepsilon_{ji}} \tag{11.1.11}$$

式中，s为比熵，即单位质量的熵。单位体积上的熵为ρs，其增率为$\rho\dot{s}$，用单位体积介质输入热量的速率$\dot{q}$与当地当时温度的比值定义为

$$\rho\dot{s}=\frac{\rho\dot{q}}{T} \tag{11.1.12}$$

由式(11.1.10)、式(11.1.12)和式(11.1.7)得到

$$\rho\dot{s} = -\frac{\mathrm{d}}{\mathrm{d}t}\left[\rho\frac{\partial f(T,\boldsymbol{\varepsilon})}{\partial T}\right] = \frac{1}{T}[\rho C_{\varepsilon}\dot{T} + \lambda_{kl}\dot{\varepsilon}_{kl}] \tag{11.1.13}$$

由式(11.1.11)，结合式(11.1.3b)，得到

$$\dot{\sigma}_{ji} = \frac{\mathrm{d}}{\mathrm{d}t}\left[\rho\frac{\partial f(T,\boldsymbol{\varepsilon})}{\partial \varepsilon_{ji}}\right] = \frac{\mathrm{d}}{\mathrm{d}t}[a_{jikl}\varepsilon_{kl} - \beta\Delta T\delta_{ji}] = a_{jikl}\dot{\varepsilon}_{kl} - \beta\Delta\dot{T}\delta_{ji}$$

根据混合偏导数可交换求偏导次序的原理，得到

$$\frac{\mathrm{d}}{\mathrm{d}t}\left[\rho\frac{\partial^2 f(T,\boldsymbol{\varepsilon})}{\partial\varepsilon_{ji}\partial T}\right] = \frac{\mathrm{d}}{\mathrm{d}t}\left[\rho\frac{\partial^2 f(T,\boldsymbol{\varepsilon})}{\partial T\partial\varepsilon_{ji}}\right]$$

由此得出

$$\lambda_{kl} = T\beta\delta_{kl} \tag{11.1.14}$$

比吉布斯函数为温度T和应力分量σ_{kl}的函数，记为$g(T,\boldsymbol{\sigma})$。势函数与状态变量间存在如下偏导数关系：

$$s = -\frac{\partial g(T,\boldsymbol{\varepsilon})}{\partial T} \tag{11.1.15}$$

$$\varepsilon_{ji} = -\rho\frac{\partial g(T,\boldsymbol{\sigma})}{\partial\sigma_{ji}} \tag{11.1.16}$$

利用式(11.1.7)、式(11.1.12)和式(11.1.15)，与前类似的推演可以得出

$$\rho\dot{s} = -\frac{\mathrm{d}}{\mathrm{d}t}\left[\rho\frac{\partial g(T,\boldsymbol{\sigma})}{\partial T}\right] = \frac{1}{T}[\rho C_{\sigma}\dot{T} + \mu_{kl}\dot{\sigma}_{kl}] \tag{11.1.17}$$

由式(11.1.16)，结合式(11.1.3a)，得到

$$\dot{\varepsilon}_{ji} = -\frac{\mathrm{d}}{\mathrm{d}t}\left[\rho\frac{\partial g(T,\boldsymbol{\sigma})}{\partial\sigma_{ji}}\right] = \frac{\mathrm{d}}{\mathrm{d}t}[b_{jikl}\sigma_{kl} + \alpha\Delta T\delta_{ji}] = b_{jikl}\dot{\sigma}_{kl} + \alpha\Delta\dot{T}\delta_{ji}$$

根据混合偏导数可交换求偏导次序的原理，得到

$$\frac{\mathrm{d}}{\mathrm{d}t}\left[\rho\frac{\partial^2 g(T,\boldsymbol{\sigma})}{\partial\sigma_{ji}\partial T}\right] = \frac{\mathrm{d}}{\mathrm{d}t}\left[\rho\frac{\partial^2 g(T,\boldsymbol{\sigma})}{\partial T\partial\varepsilon_{ji}}\right]$$

由此得出

$$\mu_{kl} = T\alpha\delta_{kl} \tag{11.1.18}$$

求式(11.1.14)和式(11.1.18)时用到关系$\Delta\dot{T} = \dot{T}$。

这样一来，热力耦合的热传导方程(11.1.9)可改写为

$$(k_{kl}T_{,l})_{,k} + \rho\dot{r} = \begin{cases}\rho C_{\varepsilon}\dot{T} + T\beta\dot{\varepsilon}_{kk}\\ \rho C_{\sigma}\dot{T} + T\alpha\dot{\sigma}_{kk}\end{cases} \tag{11.1.19}$$

由此可给出等应变比热和等应力比热间的关系。由式(11.1.19)等号右端得出

$$\rho C_{\varepsilon}\dot{T} + T\beta\dot{\varepsilon}_{kk} = \rho C_{\sigma}\dot{T} + T\alpha\dot{\sigma}_{kk}$$

又由式(11.1.2)可得

$$\dot{\sigma}_{jj} = (3\lambda + 2G)\varepsilon_{ii} - 3\beta\dot{T}$$

将前两式结合，注意到式(11.1.4)，得到

$$C_\sigma - C_\varepsilon = 3\alpha\beta\frac{T}{\rho} \tag{11.1.20}$$

§11.2　热应力问题及解耦

11.2.1　热应力问题

根据热力学理论，物体中的应力、应变和位移场与温度场有关，反之物体中的温度场与应力、应变和位移场有关。这就是力学量的分布与热学量的分布互相耦合。

如果考虑热力耦合，可以将热应力问题归结为如下边值问题：

1. 控制方程

1) 力学主方程

几何方程(5.1.1)、本构方程(11.1.1)或方程(11.1.2)，以及计入了惯性力的动量平衡方程，即动量方程：

$$\left.\begin{aligned}
&\frac{\partial\sigma_x}{\partial x}+\frac{\partial\tau_{yx}}{\partial y}+\frac{\partial\tau_{zx}}{\partial z}+f_x-\rho\ddot{u}_x=0\\
&\frac{\partial\tau_{xy}}{\partial x}+\frac{\partial\sigma_y}{\partial y}+\frac{\partial\tau_{zy}}{\partial z}+f_y-\rho\ddot{u}_y=0\\
&\frac{\partial\tau_{xz}}{\partial x}+\frac{\partial\tau_{yz}}{\partial y}+\frac{\partial\sigma_z}{\partial z}+f_z-\rho\ddot{u}_z=0
\end{aligned}\right\} \tag{11.2.1}$$

或写为

$$\sigma_{ji,j}+f_i-\rho\ddot{u}_i=0 \tag{11.2.2}$$

2) 热学主方程

热传导方程(11.1.19)和 Fourier 热传导定律(11.1.8)。

2. 边界条件

1) 力学条件

第 5.1.2 节所述用式(5.1.5)、式(5.1.6)和式(5.1.7)分别表达的位移边界条件、应力边界条件和混合边界条件。

2) 热学条件

通常有如下两类提法：

(1) 温度边值条件：适用于部分边界 ∂V_T。

$$T=\overline{T} \tag{11.2.3}$$

(2) 热流边值条件：适用于部分边界 ∂V_q。

$$k\frac{\partial T}{\partial n}=\overline{q}_n \tag{11.2.4}$$

这里$\overline{T}$和$\overline{q}_n$分别在∂V_T和∂V_q中给出，分别为温度的边值和通过边界对物体供热的热流矢量的边值。∂V_T和∂V_q的交集是空集，两者的和集为∂V。

3. 初始条件

因为引入了惯性力，相应地也引入了时间作为自变量，因此需要补充初始条件。初始条件通常的提法是：已知$t=0$时刻的位移分布和速度分布。

这里自变量为x、y、z和时间变量t。待求函数共19个：15个力学分量和4个热学分量。后者是温度T和热流矢量的分量q_x、q_y、q_z。

11.2.2 解耦型热应力问题

在一定条件下，上述热力耦合问题可以简化：

(1)在较大的温度变化速率范围内，可以在动量方程(11.1.16)中忽略惯性力的影响；

(2)如果温度变化的范围不太大，即ΔT相对T_0是小量，则热传导方程(11.1.9)可以简化为线性形式：

$$k\nabla^2 T+\rho\dot{r}=\rho C_\varepsilon\dot{T}+\beta T_0(\dot{\varepsilon}_x+\dot{\varepsilon}_y+\dot{\varepsilon}_z) \tag{11.2.5}$$

$$k\nabla^2 T+\rho\dot{r}=\rho C_\sigma\dot{T}+\alpha T_0(\dot{\sigma}_x+\dot{\sigma}_y+\dot{\sigma}_z) \tag{11.2.6}$$

(3)在温度变化速率不大的条件下，或近于稳恒温度场的情况下，可以在热传导方程(11.2.5)和方程(11.2.6)中忽略力学量变化率的影响，将其改写为只含温度的热传导方程：

$$k\nabla^2 T+\rho\dot{r}=\rho C_\varepsilon\dot{T} \tag{11.2.7}$$

通过将方程简化并忽略惯性力，得出了热力耦合问题的解耦提法。这种解耦型热应力问题可以看作两个可以渐次求解的边值问题的组合。这两个问题是：

问题A　单纯热传导问题

控制方程：热传导方程(11.2.7)与傅里叶定律(11.1.8)。

边界条件：温度边值条件(11.2.3)和(或)热流边值条件(11.2.4)。

问题B　应力分析问题

控制方程：几何方程(5.1.1)、本构方程(11.1.1)或方程(11.1.2)和平衡方程(5.1.2)。

边界条件：第5.1.2节式(5.1.5)、式(5.1.6)和式(5.1.7)分别表达的位移边界条件、应力边界条件和混合边界条件

问题A可以独立解出，随后将解出的温度场作为已知，求问题B的解。与第5章所述应力分析问题比较，问题B的特殊之处在于应力、应变和温度间的本构方程包含了温度增加项。

本章以下各节的讨论都假设温度场已知，仅仅讨论问题B，即处理温度场产生的热应力。

§11.3　热弹性位移势

对问题 B，可以采用按位移解的方法。位移的控制方程就是考虑温度场修正的 Navier 方程(5.2.1)。不计体力，利用几何方程(5.1.1)和本构方程(11.1.1)或方程(11.1.2)，将平衡方程(5.1.2)用位移和温度增量表达，便得出如下结果：

$$(\lambda+G)\nabla(\nabla\cdot\boldsymbol{u})+G\nabla^2\boldsymbol{u}-\frac{\alpha E}{1-2\nu}\nabla T=\boldsymbol{0} \tag{11.3.1}$$

该方程的解可以表达为一个特解与齐次方程的通解的组合。

寻求特解最直接的途径是将位移矢量用一个势函数表达：

$$\boldsymbol{u}=\nabla\Psi \tag{11.3.2}$$

式中，Ψ 为位移的势函数。将式(11.3.2)代入式(11.3.1)，得出关于 Ψ 的方程：

$$\nabla\left[(\lambda+2G)\nabla^2\Psi-\frac{\alpha E}{1-2\nu}T\right]=0$$

因此要求

$$(\lambda+2G)\nabla^2\Psi-\frac{\alpha E}{1-2\nu}T=0$$

或

$$\nabla^2\Psi-\frac{1+\nu}{1-\nu}\alpha T=0 \tag{11.3.3}$$

将式(11.3.2)代入几何方程(5.1.1)，得出与位移势 Ψ 对应的应变分量是

$$\varepsilon_x=\frac{\partial^2\Psi}{\partial x^2},\quad \varepsilon_y=\frac{\partial^2\Psi}{\partial y^2},\quad \varepsilon_z=\frac{\partial^2\Psi}{\partial z^2},\quad \gamma_{xy}=2\frac{\partial^2\Psi}{\partial x\partial y},\quad \gamma_{yz}=2\frac{\partial^2\Psi}{\partial y\partial z},\quad \gamma_{zx}=2\frac{\partial^2\Psi}{\partial z\partial x}$$

利用式(11.1.2)，得出与位移势 Ψ 对应的应力分量为

$$\sigma_x=-\frac{\alpha E}{1-\nu}\Delta T+2G\frac{\partial^2\Psi}{\partial x^2},\quad \tau_{xy}=2G\frac{\partial^2\Psi}{\partial x\partial y}$$

$$\sigma_y=-\frac{\alpha E}{1-\nu}\Delta T+2G\frac{\partial^2\Psi}{\partial y^2},\quad \tau_{yz}=2G\frac{\partial^2\Psi}{\partial y\partial z}$$

$$\sigma_z=-\frac{\alpha E}{1-\nu}\Delta T+2G\frac{\partial^2\Psi}{\partial z^2},\quad \tau_{zx}=2G\frac{\partial^2\Psi}{\partial z\partial x}$$

齐次方程的通解就是第 5 章已述及的问题在体力为零时的解。

§11.4　热弹性平面问题

11.4.1　面内应力和面内应变与温度增加的关系

前已述及，已知温度场的应力分析问题的特殊之处在于应力、应变和温度间的本构方程包含了温度增加项。本节首先讨论平面问题中面内应力和面内应变与温度增加的关系。

对于平面应力问题，方程(11.1.1)中取$\sigma_z=\tau_{zx}=\tau_{zy}=0$，则$\varepsilon_x$、$\varepsilon_y$、$\gamma_{xy}$可表示为

$$\varepsilon_x=\frac{1}{E}(\sigma_x-\nu\sigma_y)+\alpha\Delta T,\ \varepsilon_y=\frac{1}{E}(\sigma_y-\nu\sigma_z)+\alpha\Delta T,\ \gamma_{xy}=\frac{\tau_{xy}}{G} \tag{11.4.1}$$

ε_z、γ_{yz}、γ_{zx}可表示为

$$\varepsilon_z=-\frac{\nu}{E}(\sigma_x+\sigma_y)+\alpha\Delta T,\ \gamma_{yz}=\frac{\tau_{yz}}{G},\ \gamma_{zx}=\frac{\tau_{zx}}{G} \tag{11.4.2}$$

对于平面应变问题，方程(11.1.2)中取$\varepsilon_z=\gamma_{zx}=\gamma_{zy}=0$，则$\sigma_z$、$\tau_{yz}$、$\tau_{zx}$可表示为

$$\sigma_z=\nu(\sigma_x+\sigma_y)-E\alpha\Delta T,\ \tau_{yz}=0,\ \tau_{zx}=0 \tag{11.4.3}$$

σ_x、σ_y和τ_{xy}也可以表示为简化的形式，引入记号E_1、ν_1和α_1后，所得的式子可以改写为

$$\varepsilon_x=\frac{1}{E_1}(\sigma_x-\nu_1\sigma_y)+\alpha_1\Delta T,\ \varepsilon_y=\frac{1}{E_1}(\sigma_y-\nu_1\sigma_z)+\alpha_1\Delta T,\ \gamma_{xy}=\frac{\tau_{xy}}{G} \tag{11.4.4}$$

式中，E_1和ν_1由式(8.1.13)给出，而

$$\alpha_1=(1+\nu)\alpha \tag{11.4.5}$$

由此可以得出结论：如果在平面应力问题的控制方程中，将E、ν和α用E_1、ν_1和α_1代替，则其成为平面应变问题的控制方程。

还可以证明，在平面应变问题的控制方程中，将E、ν和α分别用E'、ν'和α'代替，则其成为平面应力问题的控制方程。这里E'和ν'由式(8.1.15)给出，而

$$\alpha'=\frac{1+\nu}{1+2\nu}\alpha \tag{11.4.6}$$

11.4.2 轴对称温度场的热应力

用极坐标描写的旋转体中的轴对称温度场记为$T(r)$。按平面应变问题处理，由此产生的轴对称应力σ_r、σ_θ和应变ε_r、ε_θ有关系

$$\sigma_r=\lambda(\varepsilon_r+\varepsilon_\theta)+2G\varepsilon_r-\beta\Delta T \tag{11.4.7a}$$

$$\sigma_\theta=\lambda(\varepsilon_r+\varepsilon_\theta)+2G\varepsilon_\theta-\beta\Delta T \tag{11.4.7b}$$

此式适用于平面应变问题。

取位移为

$$u_r=u(r),u_\theta=0 \tag{11.4.8}$$

根据几何方程(7.2.10)，有

$$\varepsilon_r=u',\quad \varepsilon_\theta=\frac{u}{r},\quad \gamma_{r\theta}=0 \tag{11.4.9}$$

因此，$\tau_{r\theta}=0$。将式(11.4.7)、式(11.4.8)和式(11.4.9)结合，代入平衡方程(7.3.9a)，得出关于u的一个二阶常微分方程：

$$\frac{\mathrm{d}}{\mathrm{d}r}\frac{1}{r}\frac{\mathrm{d}}{\mathrm{d}r}(ru)=\frac{1+\nu}{1-\nu}\alpha\frac{\mathrm{d}T}{\mathrm{d}r} \tag{11.4.10}$$

对内外半径分别为a和b的圆筒，在无体热源条件下，满足边界条件

$$T(r)_{r=a}=T_0,\quad T(r)_{r=b}=0$$

的稳态温度分布为

$$T=T_0\ln\frac{b}{r}\bigg/\ln\frac{b}{a} \tag{11.4.11}$$

代入式(11.4.10)，求出

$$u=\frac{1+\nu}{1-\nu}\frac{\alpha T_0}{4\ln b/a}r\left(2\ln\frac{b}{r}+1\right)+c_1r+c_2\frac{1}{r} \tag{11.4.12}$$

根据式(11.4.9)和式(11.4.7)算出应力分量，依据内外边界不受外力，即由

$$(\sigma_r)_{r=a}=0,\quad (\sigma_r)_{r=b}=0 \tag{11.4.13}$$

确定积分常数c_1、c_2。最终得出内外边界的温度差产生的稳态应力为

$$\left.\begin{aligned}\sigma_r&=-T_0\frac{E\alpha}{2(1-\nu)}\left[\frac{\ln b/r}{\ln b/a}-\frac{(b/r)^2-1}{(b/a)^2-1}\right]\\ \sigma_\theta&=-T_0\frac{E\alpha}{2(1-\nu)}\left[\frac{\ln b/r-1}{\ln b/a}+\frac{(b/r)^2+1}{(b/a)^2-1}\right]\end{aligned}\right\} \tag{11.4.14}$$

习　题

11.1　对于内外半径分别为a和b的球壳，外表温度增加为零，求内表面温度增加常值T_0产生的稳态温度分布。

11.2　对题 11.1，求球壳中的稳态热应力分布。

第 12 章　弹性波的传播

波传播是自然界普遍存在的重要物理现象。在 Hooke 介质中存在波传播。本章首先简述波传播的基础知识，以此为基础，讲述胡克介质中存在的两类基本波，即集散波和等容波；其次，讲述波传播中的应力与介质速度的关系；最后，讲述由两类波组合生成的表层波，即 Rayleigh 波。

§ 12.1　波 动 方 程

12.1.1　振弦方程和一维波传播

首先讨论存在张力的弦的振动问题。直线形状是弦的平衡位置。讨论弦在平衡位置附近的横向微幅振动。所谓微幅，指挠曲变形很小，因此对给定张力的影响可以忽略不计。图 12.1 所示弦元素的平衡条件只需一个方程便可以表达，即弦元素所受外力主矢的 y 向分量为零的平衡方程：

$$-T\tan\theta+T\left(\tan\theta+\frac{\partial\tan\theta}{\partial x}\mathrm{d}x\right)-\rho\frac{\partial^2 u_y}{\partial t^2}\mathrm{d}x+p\mathrm{d}x=0$$

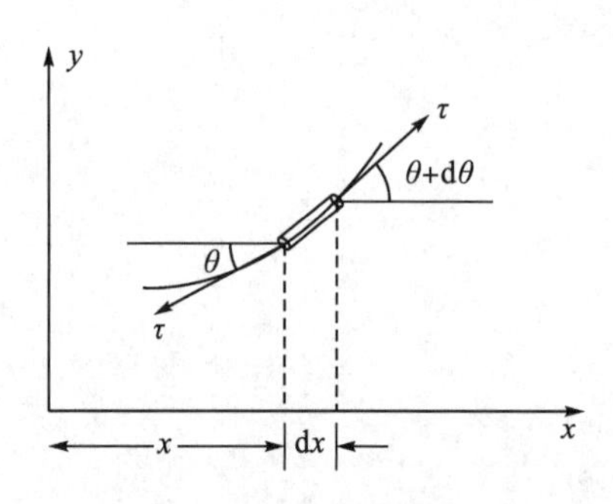

图 12.1　弦元素平衡条件

注意到 $\tan\theta=\dfrac{\partial u_y}{\partial x}$，将等号两端除以 $\mathrm{d}x$ 后得到振弦方程：

$$T\frac{\partial^2 u_y(x,t)}{\partial x^2}-\rho\frac{\partial^2 u_y(x,t)}{\partial t^2}=p(x,t) \tag{12.1.1}$$

式中，T 为张力，取为常量；ρ 为单位长度弦的质量；u_y 为弦的 y 向位移；$p(x,t)$ 为单位长度弦所受的横向外力。

将方程(12.1.1)改写为

$$c^2\frac{\partial^2 u_y(x,t)}{\partial x^2}-\frac{\partial^2 u_y(x,t)}{\partial t^2}=\frac{p(x,t)}{\rho} \tag{12.1.2}$$

这里引入了正值的常量c：

$$c=\sqrt{T/\rho} \tag{12.1.3}$$

可以证明，对于任意足够阶可导的一元函数$f(y)$和$g(y)$，方程(12.1.2)的齐次方程的通解可以表达为

$$u_y(x,t)=f(x-ct)+g(x+ct) \tag{12.1.4}$$

将式(12.1.4)直接代入式(12.1.2)，便可以证明这个命题。

式(12.1.4)含两个部分。由$f(x-ct)$描写的部分表示时刻$t=0$的挠曲形式$f(x)$随时间的推移，以速度c向轴Ox方向传播；由$g(x+ct)$描写的部分表示时刻$t=0$的挠曲形式$g(x)$随时间的推移，以速度c向轴Ox的负方向传播。因此，称式(12.1.2)的参数c为波速，即初始形状传播的速度，就是波传播的速度；称与$f(x-ct)$和$g(x+ct)$对应的传播分支分别为右行波和左行波。而u_y则为被传播的运动形式，这里指横向运动。

凡是控制方程与方程(12.1.2)形式相同的物理现象，必然存在一维波传播。

12.1.2　二维和三维波传播

如果物理现象的控制方程形式为

$$c^2\left(\frac{\partial^2\Phi(x,y,t)}{\partial x^2}+\frac{\partial^2\Phi(x,y,t)}{\partial y^2}\right)-\frac{\partial^2\Phi(x,y,t)}{\partial t^2}=F(x,y,t) \tag{12.1.5}$$

则存在二维波传播，且波传播的速度为c，被传播的物理量为Φ。二维波传播控制方程的一个例子是膜的振动方程。式(9.2.18)加入惯性力，用$q-\rho\partial^2 Z/\partial t^2$代替$q$，于是膜的振动方程可写为

$$T\nabla^2 Z-\rho\frac{\partial^2 Z}{\partial t^2}+q=0$$

式中，ρ为单位面积薄膜的质量，其余记号在第 9.2.2 节中有介绍。这里波速为$c=\sqrt{T/\rho}$。

控制方程形式为

$$c^2\left(\frac{\partial^2\Phi(x,y,z,t)}{\partial x^2}+\frac{\partial^2\Phi(x,y,z,t)}{\partial y^2}+\frac{\partial^2\Phi(x,y,z,t)}{\partial z^2}\right)-\frac{\partial^2\Phi(x,y,z,t)}{\partial t^2}=F(x,y,z,t) \tag{12.1.6}$$

的物理现象，存在三维波传播，且波传播的速度为c。这个方程中，被传播的物理量为Φ。三维波传播控制方程的一个例子是电磁波传播方程。在无自由电荷与不存在传导电流的情况下，电场矢量和磁场矢量分别满足方程(12.1.6)的齐次方程：

$$c^2\left(\frac{\partial^2\Phi}{\partial x^2}+\frac{\partial^2\Phi}{\partial y^2}+\frac{\partial^2\Phi}{\partial z^2}\right)-\frac{\partial^2\Phi}{\partial t^2}=0$$

式中，被传播的运动Φ是相互耦合的电场矢量$\boldsymbol{E}$或磁场矢量$\boldsymbol{H}$，传播速度为$c=\sqrt{1/(\varepsilon\mu)}$，这里$\varepsilon$和$\mu$分别是介电常数和磁导率。

§ 12.2 两类弹性波

12.2.1 动量方程

对于动力学问题，在 Navier 方程(5.2.4)中，计入惯性力，即将 $\boldsymbol{f}$ 用 $\boldsymbol{f}-\rho\partial^2\boldsymbol{u}/\partial t^2$ 代替，于是动量方程可写为

$$(\lambda+G)\nabla(\nabla\cdot\boldsymbol{u})+G\nabla^2\boldsymbol{u}-\rho\frac{\partial^2\boldsymbol{u}}{\partial t^2}+\boldsymbol{f}=\boldsymbol{0} \tag{12.2.1}$$

这里 ρ 为介质的密度。利用在第 5.2.1 节中引入的矢量分析公式(5.2.5)，动量方程(12.2.1)可以改写为

$$-(\lambda+G)\nabla\times\nabla\times\boldsymbol{u}+(\lambda+2G)\nabla^2\boldsymbol{u}-\rho\frac{\partial^2\boldsymbol{u}}{\partial t^2}+\boldsymbol{f}=\boldsymbol{0} \tag{12.2.2}$$

12.2.2 无旋波与等容波

根据 Stokes 定理，位移矢量场总可以分解为一个梯度场和一个无源场，且这种分解是完备的。所谓梯度场，就是旋度为零的矢量场；所谓无源场，就是散度为零的矢量场，对应的波称为等容波。

1. 无旋波

如果位移场无旋，即 $\nabla\times\boldsymbol{u}=\boldsymbol{0}$，称为梯度场，动量方程(12.2.2)改写为

$$(\lambda+2G)\nabla^2\boldsymbol{u}-\rho\frac{\partial^2\boldsymbol{u}}{\partial t^2}+\boldsymbol{f}=\boldsymbol{0}$$

或

$$c_1^2\nabla^2\boldsymbol{u}-\frac{\partial^2\boldsymbol{u}}{\partial t^2}+\frac{1}{\rho}\boldsymbol{f}=\boldsymbol{0} \tag{12.2.3}$$

波速为

$$c_1=\sqrt{(\lambda+2G)/\rho} \tag{12.2.4}$$

2. 等容波

如果位移场是无源场，即位移的散度为零，$\nabla\cdot\boldsymbol{u}=0$，那么动量方程(12.2.1)改写为

$$G\nabla^2\boldsymbol{u}-\rho\frac{\partial^2\boldsymbol{u}}{\partial t^2}+\boldsymbol{f}=\boldsymbol{0}$$

或

$$c_2^2\nabla^2\boldsymbol{u}-\frac{\partial^2\boldsymbol{u}}{\partial t^2}+\frac{1}{\rho}\boldsymbol{f}=\boldsymbol{0} \tag{12.2.5}$$

波速为

$$c_2=\sqrt{G/\rho} \tag{12.2.6}$$

由此可见，Hooke 介质中存在两类基本的弹性波，分别称为集散波(或无旋波)和等容波(或无源波，或畸变波)，传播速度分别为c_1和c_2，且$c_1 > c_2$。

§12.3　平　面　波

12.3.1　平面纵波

平面纵波指波阵面为平面，介质运动方向与波传播方向一致的波。设传播方向沿轴Ox，位移分量只存在u_x，由于场分量与坐标y、z无关，因此动量方程(12.2.1)的齐次形式为

$$(\lambda+2G)\frac{\partial^2 u_x}{\partial x^2}-\rho\frac{\partial^2 u_x}{\partial t^2}=0$$

或

$$c_1^2\frac{\partial^2 u_x}{\partial x^2}-\frac{\partial^2 u_x}{\partial t^2}=0 \tag{12.3.1}$$

其通解为

$$u_x(x,t)=f(x-ct)+g(x+ct) \tag{12.3.2}$$

由此可见，平面纵波是集散波。

仅讨论右行波，与之对应的唯一的非零应变分量为

$$\varepsilon_x=f'(x-c_1t) \tag{12.3.3a}$$

对应的应力分量为

$$\sigma_x=(\lambda+2G)f'(x-c_1t) \tag{12.3.3b}$$

此外，还存在两个非零的应力分量：

$$\sigma_y=\sigma_z=\nu\sigma_x$$

介质的速度仅存在x分量，记作V_x：

$$V_x=\frac{\partial u_x}{\partial t}=-c_1f'(x-c_1t) \tag{12.3.4}$$

将式(12.3.3)和式(12.3.4)结合得出

$$\sigma_x=-\frac{\lambda+2G}{c_1}V_x \tag{12.3.5}$$

由此可见，对于给定的介质，即给定λ、G、ρ，应力分量σ_x正比于介质的速度。这正解释了 Hopkison 落锤击断拉杆的实验中，断裂现象与锤的质量无关，却与落下高度有关的结论。

12.3.2　平面横波

平面横波指波阵面为平面，介质运动方向垂直于波传播方向的波。设传播方向沿轴Ox，位移分量只存在u_y，由于场分量与坐标y、z无关，因此动量方程(12.2.1)的齐次形

式为

$$G\frac{\partial^2 u_y}{\partial x^2}-\rho\frac{\partial^2 u_y}{\partial t^2}=0 \tag{12.3.6}$$

或

$$c_2^2\frac{\partial^2 u_y}{\partial x^2}-\frac{\partial^2 u_y}{\partial t^2}=0 \tag{12.3.7}$$

由此可见，平面横波是等容波。

对平面横波，存在与平面纵波类似的结论：对于给定的介质，即给定λ、G、ρ，剪应力分量τ_{xy}正比于介质的速度。

§12.4 表　层　波

两类基本的弹性波可以组合，形成速度不同的多种弹性波。由 Rayleigh 首先讨论的表层波就属这种情况。

设用以组合的两类波都沿轴 Ox 传播$(y\geqslant 0,\quad -\infty<x<\infty)$。

第 1 类波：

$$u_x^{(1)}=As\mathrm{e}^{-ay}\sin s(c_3t-x),\quad u_y^{(1)}=-Aa\mathrm{e}^{-ay}\cos s(c_3t-x),\quad u_z^{(1)}=0 \tag{12.4.1}$$

第 2 类波：

$$u_x^{(2)}=Bb\mathrm{e}^{-by}\sin s(c_3t-x),\quad u_y^{(2)}=-Bs\mathrm{e}^{-by}\cos s(c_3t-x),\quad u_z^{(2)}=0 \tag{12.4.2}$$

式中，c_3为待求的波传播的速度；s、a、b为待求参数；A、B为两类波的幅度。因为含衰减因子e^{-ay}和e^{-by}，当$a>0,\ b>0$时，两组波随$y\to\infty$迅速衰减，因此称为表层波。又因为 Rayleigh 首先对其进行讨论，又称其为 Rayleigh 波。

容易验证，这两类波分别满足无旋和无源条件，即分别满足方程：

$$\frac{\partial u_x^{(1)}}{\partial y}-\frac{\partial u_y^{(1)}}{\partial x}=0,\quad \frac{\partial u_x^{(2)}}{\partial x}+\frac{\partial u_y^{(2)}}{\partial y}=0$$

使第 1 类波和第 2 类波分别满足集散波和等容波的控制方程：

$$c_1^2\left(\frac{\partial^2 u_x^{(1)}}{\partial x^2}+\frac{\partial^2 u_x^{(1)}}{\partial y^2}\right)-\frac{\partial^2 u_x^{(1)}}{\partial t^2}=0,\qquad c_1^2\left(\frac{\partial^2 u_y^{(1)}}{\partial x^2}+\frac{\partial^2 u_y^{(1)}}{\partial y^2}\right)-\frac{\partial^2 u_y^{(1)}}{\partial t^2}=0 \tag{12.4.3}$$

$$c_2^2\left(\frac{\partial^2 u_x^{(2)}}{\partial x^2}+\frac{\partial^2 u_x^{(2)}}{\partial y^2}\right)-\frac{\partial^2 u_x^{(2)}}{\partial t^2}=0,\quad c_2^2\left(\frac{\partial^2 u_y^{(2)}}{\partial x^2}+\frac{\partial^2 u_y^{(2)}}{\partial y^2}\right)-\frac{\partial^2 u_y^{(2)}}{\partial t^2}=0 \tag{12.4.4}$$

分别得到

$$a^2=s^2\left(1-\frac{c_3^2}{c_1^2}\right),\quad b^2=s^2\left(1-\frac{c_3^2}{c_2^2}\right) \tag{12.4.5}$$

两个部分叠加后计算应力分量，得到

$$\sigma_y=A\mathrm{e}^{-ay}[\lambda(a^2-s^2)+2Ga^2]\cos s(c_3t-x)+B\mathrm{e}^{-by}Gbs\cdot\cos s(c_3t-x) \tag{12.4.6}$$

$$\tau_{xy}=G\mathrm{e}^{-ay}[-2Asa\mathrm{e}^{-ay}\sin s(c_3t-x)-B\mathrm{e}^{-by}(b^2+s^2)\cdot\sin s(c_3t-x) \tag{12.4.7}$$

满足边界 $y=0$ 处自由的边界条件为

$$(\sigma_y)_{y=0}=\{A[\lambda(a^2-s^2)+2Ga^2]+2BGbs\}\cdot\cos s(c_3t-x)=0$$

$$(\tau_{xy})_{y=0}=G[-2Asa-B(b^2+s^2)]\cdot\sin s(c_3t-x)=0$$

导出关于 A、B 的线性代数方程：

$$\left.\begin{aligned}A[\lambda(a^2-s^2)+2Ga^2]+2BGbs=0\\-2Asa-B(b^2+s^2)=0\end{aligned}\right\}$$

此方程对 A、B 有非零解的充要条件是系数行列式为零，由此导出

$$(b^2+s^2)[(\lambda+2G)a^2-\lambda s^2]-4Gs^2ab=0 \tag{12.4.8}$$

将式(12.4.5)化为关于 c_3/c_2 的六次代数方程：

$$\left(\frac{c_3}{c_2}\right)^6-8\left(\frac{c_3}{c_2}\right)^4+8\frac{2-\nu}{1-\nu}\left(\frac{c_3}{c_2}\right)^2-8\frac{1}{1-\nu}=0 \tag{12.4.9}$$

导出此式的过程中用到了式(12.2.4)和式(12.2.6)。在通常的泊松比取值范围内，关于 c_3/c_2 的方程(12.4.9)只有一个正实数根。例如：

$$\nu=0.50,\quad c_3/c_2=0.955$$

$$\nu=0.25,\quad c_3/c_2=0.919$$

与波速 c_3 对应的波便称为 Rayleigh 波。通常有 $c_2>c_3$，以及 $c_1>c_2>c_3$。波速从大到小的顺序为：集散波、畸变波和瑞利波。这个现象在地震观测中得到了证实。

习　题

12.1　取 $E=200\text{GPa}$，$\nu=0.22$，试计算钢中的波速 c_1 和 c_2 的值。

12.2　设球坐标位移仅存在一个与坐标 φ、θ 无关的非零分量 $u_\rho(\rho,t)$，试由此导出球面弹性波传播的控制方程。进一步证明有通解

$$u_\rho(\rho,t)=\frac{\partial\Phi}{\partial\rho}$$

式中，

$$\Phi(\rho,t)=\frac{1}{\rho}[f(\rho-ct)+g(\rho+ct)]$$

式中，$f(x)$ 和 $g(x)$ 都是足够阶可导的一元函数。

第13章 变分原理

本章首先介绍变分法的相关知识。以此为基础，简要叙述虚功原理和虚应力功原理。其次将弹性力学问题与变分问题对应，建立弹性力学问题的变分原理。最后介绍最小势能原理和最小余能原理，以及相关的近似方法。

§13.1 变分法概要

13.1.1 泛函求极问题

函数是两个数间的一个对应关系。所谓**泛函**，则是一个函数与一个数的对应关系。下面列举泛函的三个经典例子，它们分别对应于变分问题的三类典型问题。

例 13.1 沿曲线下滑所需的时间——最速降线问题。

质量为m的质点在自重作用下自点$A(a,y_a)$下滑到点$B(b,y_b)$，设所沿曲线是光滑的，记为C：$\{y(x),\ a\leqslant x\leqslant b\}$，则完成下滑需要的时间$T$为

$$T=\int_a^b\frac{\sqrt{1+[y'(x)]^2}}{\sqrt{2gy}}\mathrm{d}x,\quad C\supset y(x) \tag{13.1.1}$$

式中，曲线C足够阶可导且满足端点条件：

$$y(a)=y_a,\quad y(b)=y_b \tag{13.1.2}$$

这里，通过方程(13.1.1)，T与满足条件(13.1.2)的、足够阶可导的函数$y(x)$构成了对应关系。称T为函数$y(x)$的泛函，并记为

$$T[y]=\int_a^b\frac{\sqrt{1+[y'(x)]^2}}{\sqrt{2gy}}\mathrm{d}x \tag{13.1.3}$$

称函数$y(x)$为泛函T的**自变函数**，称满足端点条件(13.1.2)的足够阶可导的函数的集合为泛函的**定义集合**。

需要讨论的变分问题是，在定义集合中寻求一个函数$y^*(x)$，使T取最小值。这就是**泛函求极值**的问题，也就是**变分法**讨论的问题。本例所求解的问题称为**最速降线问题**。

例 13.2 短程线问题。

在曲面

$$F(x,y,z)=0 \tag{13.1.4}$$

上连接两点$A(x_1,y_1,z_1)$和$B(x_2,y_2,z_2)$的曲线为C：

$$y=y(x),\quad z=z(x),\quad x_1\leqslant x\leqslant x_2 \tag{13.1.5}$$

它的长度为

$$L[y,z]=\int_{x_1}^{x_2}\sqrt{1+\dot{y}^2+\dot{z}^2}\mathrm{d}x \tag{13.1.6}$$

这里，L 为两个函数 $y(x)$ 和 $z(x)$ 的泛函。自变函数 $y(x)$ 和 $z(x)$ 的定义集合是：

$\{y(x)，z(x)\}$：$\{F(x,y,z)=0,F(x_1,y_1,z_1)=0,F(x_2,y_2,z_2)=0$，足够阶可导$\}$

需要讨论的变分问题是，在定义集合中寻求两个函数 $y^*(x)$ 和 $z^*(x)$，使 L 取最小值。这个变分问题称为**短程线问题**。例 13.2 与例 13.1 的不同之处在于，其自变函数个数增加为两个，且受到式(13.1.4)表达的**函数约束**。

例 13.3　所围面积最大的定长平面封闭曲线——等周问题。

平面 xOy 内的封闭曲线为

$$x=x(t),\quad y=y(t),\quad t_1\leqslant t\leqslant t_2 \tag{13.1.7}$$

两个函数 $x(t)$ 和 $y(t)$ 满足的条件为足够阶可导且

$$x(t_1)=x(t_2),\quad y(t_1)=y(t_2) \tag{13.1.8}$$

该封闭曲线的长度 L 和所围的面积 S 分别为

$$L[y,z]=\int_{t_1}^{t_2}\sqrt{1+\dot{x}^2+\dot{y}^2}\mathrm{d}t \tag{13.1.9}$$

$$S[y,z]=\frac{1}{2}\int_{t_1}^{t_2}(x\dot{y}-y\dot{x})\mathrm{d}t \tag{13.1.10}$$

式中，L 和 S 是两个自变函数 $x(t)$ 和 $y(t)$ 的泛函；泛函的定义集合是满足式(13.1.8)的足够阶可导函数。

可以提出的变分问题是：保持曲线长度 L 为定值的封闭曲线中，寻求一条使所围面积最大的曲线；或者保持曲线所围面积 S 为定值的封闭曲线中，寻求一条使曲线长度 L 最小的曲线。称该问题为**等周问题**。例 13.3 与例 13.2 的不同之处在于，其自变函数受到式(13.1.9)［或者式(13.1.10)］表达的**积分形式的约束**。

13.1.2　欧拉方程

如何求解上述变分问题呢？欧拉(Euler)首先提出将上述变分问题化为微分方程边值问题的解法。

讨论变分问题：

$$I[u]=\int_{x_1}^{x_2}F(x,u,u')\mathrm{d}x\to \text{ext.},\quad u\in\{C_2,u(x_1)=u_1,u(x_2)=u_2\} \tag{13.1.11}$$

这里大括号内第一个记号 C_2 表示函数 $u(x)$ 属 C_2 类，即有直到两阶的连续导数。记号 $\to$ ext. 表示求极值。

如果函数 $u^*(x)$ 使 $I[u]$ 取极小值，那么对于任何属 C_2 类且满足条件

$$\eta(x_1)=\eta(x_2)=0 \tag{13.1.12}$$

的函数 $\eta(x)$ 和实变量 α 组成的函数 $u(x)=u^*(x)+\alpha\eta(x)$，总有

$$I[u^*]\leqslant I[u] \tag{13.1.13}$$

可以进一步作出推论：对任何$\eta(x)$，如下形式构成的函数$f(\alpha)$在$\alpha=0$处取极值：

$$f(\alpha)=I[u^*+\alpha\eta] \tag{13.1.14}$$

于是将泛函求极值问题转化为函数的极值问题。函数$f(\alpha)$在$\alpha=0$处取极值的必要条件是

$$\left(\frac{\mathrm{d}f(\alpha)}{\mathrm{d}\alpha}\right)_{\alpha=0}=0 \tag{13.1.15}$$

将式(13.1.11)、式(13.1.14)和式(13.1.15)结合，计算得到

$$\left(\frac{\mathrm{d}f(\alpha)}{\mathrm{d}\alpha}\right)_{\alpha=0}=\int_{x_1}^{x_2}\left(\frac{\partial F(x,u^*,u^{*\prime})}{\partial u^*}-\frac{\mathrm{d}}{\mathrm{d}x}\frac{\partial F(x,u^*,u^{*\prime})}{\partial u^{*\prime}}\right)\eta\mathrm{d}x+\left[\frac{\partial F(x,u^*,u^{*\prime})}{\partial u^{*\prime}}\eta(x)\right]_{x=x_1}^{x=x_2}=0 \tag{13.1.16}$$

根据式(13.1.12)，式(13.1.16)等号右端第二项为零。可以证明，由于$\eta(x)$在区间(x_1,x_2)的任意性，式(13.1.16)成立的充要条件是

$$\frac{\partial F(x,u,u')}{\partial u}-\frac{\mathrm{d}}{\mathrm{d}x}\frac{\partial F(x,u,u')}{\partial u'}=0,\quad x\in(x_1,x_2) \tag{13.1.17}$$

在区间(x_1,x_2)内成立。这就是使泛函I取极值的自变函数应满足的微分方程，通常称其为这个变分问题的**欧拉方程**。为了简洁，这里已省略了右上角的*号。这个方程还可以改写为

$$\frac{\partial F(x,u,u')}{\partial u}-\frac{\partial^2 F(x,u,u')}{\partial x\partial u'}-\frac{\partial^2 F(x,u,u')}{\partial u\partial u'}u'-\frac{\partial^2 F(x,u,u')}{\partial u'^2}u''=0$$

与之配合的边界条件是

$$u(x_1)=u_1,\quad u(x_2)=u_2$$

导出欧拉方程的过程中用到的由任意函数$\eta(x)$和实数α组成的$u^*(x)$的扰动项$\alpha\eta(x)$，将这个扰动项另记为

$$\delta u(x)=\alpha\eta(x) \tag{13.1.18}$$

称为自变函数的**变分**。显然自变函数的变分满足$\delta u(x_1)=\delta u(x_2)=0$。利用这个记号，式(13.1.16)可以改写为

$$\alpha\left(\frac{\mathrm{d}f(\alpha)}{\mathrm{d}\alpha}\right)_{\alpha=0}=\delta I[u]=\int_{x_1}^{x_2}\left(\frac{\partial F(x,u,u')}{\partial u}-\frac{\mathrm{d}}{\mathrm{d}x}\frac{\partial F(x,u,u')}{\partial u'}\right)\delta u\mathrm{d}x+\left[\frac{\partial F(x,u,u')}{\partial u'}\delta u\right]_{x=x_1}^{x=x_2}=0$$

记

$$\delta I[u]=\alpha\left(\frac{\mathrm{d}f(\alpha)}{\mathrm{d}\alpha}\right)_{\alpha=0}$$

称为泛函的一阶**变分**。因此，泛函在自变函数u上取极值的必要条件便是**泛函的一阶变分为零**，即

$$\delta I[u]=0 \tag{13.1.19}$$

对含有自变函数的函数或泛函计算变分，与计算函数的微分类似。因此，可以直接用变分的记号计算泛函的一阶变分。对于式(13.1.11)的泛函，推演步骤如下：

$$\begin{aligned}\delta I[u]&=\int_{x_1}^{x_2}\delta F(x,u,u')\mathrm{d}x=\int_{x_1}^{x_2}\left(\frac{\partial F(x,u,u')}{\partial u}\delta u+\frac{\partial F(x,u,u')}{\partial u'}\delta u'\right)\mathrm{d}x\\&=\int_{x_1}^{x_2}\left[\frac{\partial F}{\partial u}\delta u-\left(\frac{\mathrm{d}}{\mathrm{d}x}\frac{\partial F}{\partial u}\right)\delta u+\frac{\mathrm{d}}{\mathrm{d}x}\left(\frac{\partial F}{\partial u'}\delta u\right)\right]\mathrm{d}x\end{aligned}$$

于是得到

$$\delta I[u]=\int_{x_1}^{x_2}\left[\frac{\partial F}{\partial u}-\left(\frac{\mathrm{d}}{\mathrm{d}x}\frac{\partial F}{\partial u}\right)\right]\delta u\mathrm{d}x+\left(\frac{\partial F}{\partial u'}\delta u\right)_{x=x_1}^{x=x_2} \tag{13.1.20}$$

根据式(13.1.12)和式(13.1.18)，此式等号右端第二项为零。由于$\delta u(x)$在区间(x_1,x_2)的任意性，式(13.1.19)成立的充要条件是方程(13.1.17)在区间(x_1,x_2)内成立。

这里用到函数的变分与微分次序可交换性，以及含有自变函数的函数变分算法：

$$\delta u'(x)=[\delta u(x)]'，\ \delta F(x,u,u')=\frac{\partial F}{\partial u}\delta u+\frac{\partial F}{\partial u'}\delta u' \tag{13.1.21}$$

13.1.3　典型变分问题的欧拉方程和自然边界条件

1. 悬臂梁受均布载荷的挠曲线

讨论含二阶导数的泛函的如下变分问题：

$$\Pi[u]=\int_0^l\left[\frac{EI}{2}(u'')^2-qu\right]\mathrm{d}x-H(u')_{x=l}\to\text{ext.} \tag{13.1.21}$$

$$x=0:\quad u=0,\ u'=0 \tag{13.1.22}$$

这是对梁表面受均布载荷q，端部$x=l$受力矩H的悬臂梁求挠曲线$u(x)$（$0\leqslant x\leqslant l$）的变分问题。这里EI为截面的弯曲刚度。泛函$\Pi[u]$称为总势能，它的自变函数为挠度$u(x)$，定义集合是满足几何约束条件(13.1.22)的连续函数。不考虑端点$x=l$处的力学条件，但在泛函求极过程中将体现这个要求。

作泛函的一阶变分：

$$\begin{aligned}
\delta\Pi[u]&=\int_0^l[E(u''\delta u''-q\delta u]\mathrm{d}x-H\delta(u')_{x=l}\\
&=\int_0^l\left[\frac{\mathrm{d}}{\mathrm{d}x}(EIu''\delta u')-\frac{\mathrm{d}}{\mathrm{d}x}(EIu'')\delta u'-q\delta u\right]\mathrm{d}x-H\delta(u')_{x=l}\\
&=\int_0^l\left\{\frac{\mathrm{d}}{\mathrm{d}x}(EIu''\delta u')-\frac{\mathrm{d}}{\mathrm{d}x}\left[\frac{\mathrm{d}}{\mathrm{d}x}(EIu'')\delta u\right]+\frac{\mathrm{d}^2}{\mathrm{d}x^2}(EIu'')\delta u-q\delta u\right\}\mathrm{d}x-H\delta(u')_{x=l}\\
&=\int_0^l\left[\frac{\mathrm{d}^2}{\mathrm{d}x^2}(EIu'')-q]\delta u\right]\mathrm{d}x-H\delta(u')_{x=l}+(EIu''\delta u')_{x=0}^{x=l}-\left[\frac{\mathrm{d}}{\mathrm{d}x}(EIu'')\delta u\right]_{x=0}^{x=l}\\
&=\int_0^l\left[\frac{\mathrm{d}^2}{\mathrm{d}x^2}(EIu'')-q\right]\delta u\mathrm{d}x-[EIu''\delta u']_{x=0}+[EIu''-H)\delta u']_{x=l}+[(EIu'')'\delta u]_{x=0}-[(EIu'')'\delta u]_{x=l}
\end{aligned}$$

令其为零：

$$\begin{aligned}
\delta\Pi[u]=&\int_0^l\left[\frac{\mathrm{d}^2}{\mathrm{d}x^2}(EIu'')-q\right]\delta u\mathrm{d}x-[EIu''\delta u']_{x=0}+[EIu''-H)\delta u']_{x=l}\\
&+[(EIu'')'\delta u]_{x=0}-[(EIu'')'\delta u]_{x=l}=0
\end{aligned} \tag{13.1.22}$$

条件(13.1.21)要求本式等号右端第 2 项、第 4 项为零。因为$u(x)$在区间（$0\leqslant x\leqslant l$）内变分不受限制，变分$(\delta u)_{x=l}$和$(\delta u')_{x=l}$也不受限制，此式成立的充要条件是

$$0\leqslant x\leqslant l：\ \frac{\mathrm{d}^2}{\mathrm{d}x^2}(EIu'')-q=0 \tag{13.1.23}$$

$$x=l:\ EIu''=H,\quad (EIu'')'=0 \tag{13.1.24}$$

式(13.1.23)就是欧拉方程，式(13.1.24)则体现了端点$x=l$处的力学条件要求。称这个条件为**自然边界条件**。

2. 受张力薄膜的小挠曲问题

讨论自变函数为二元函数$u(x,y)$的如下变分问题：

$$\Pi[u]=\iint_S\left[\frac{T}{2}\left(\left(\frac{\partial u}{\partial x}\right)^2+\left(\frac{\partial u}{\partial x}\right)^2\right)-qu\right]\mathrm{d}x\mathrm{d}y\to \text{ext.} \tag{13.1.25}$$

$$\partial S:\ u=0 \tag{13.1.26}$$

这相当于对受张力T的薄膜求侧压q产生的小挠度问题。泛函$\Pi[u]$为总势能，它的自变函数为挠度$u(x,y)$。式(13.1.26)表示膜在边界∂S上固定。令$\Pi[u]$的一阶变分为零，得出

$$\delta\Pi[u]=\iint_S\left[T\left(\frac{\partial u}{\partial x}\delta\frac{\partial u}{\partial x}+\frac{\partial u}{\partial y}\delta\frac{\partial u}{\partial y}\right)-q\delta u\right]\mathrm{d}x\mathrm{d}y=0$$

分部积分，利用格林公式，得到

$$\begin{aligned}\delta\Pi[u]&=\iint_S\left\{T\left[-\left(\frac{\partial^2 u}{\partial x^2}+\frac{\partial^2 u}{\partial y^2}\right)\delta u+\frac{\partial}{\partial x}\left(\frac{\partial u}{\partial x}\delta u\right)+\frac{\partial}{\partial y}\left(\frac{\partial u}{\partial y}\delta u\right)\right]-q\delta u\right\}\mathrm{d}x\mathrm{d}y\\&=-\iint_S\left[T\left(\frac{\partial^2 u}{\partial x^2}+\frac{\partial^2 u}{\partial y^2}\right)+q\right]\delta u\mathrm{d}x\mathrm{d}y+\int_{\partial S}T\left(\frac{\partial u}{\partial x}n_x+\frac{\partial u}{\partial y}n_y\right)\delta u\mathrm{d}s\end{aligned}$$

令其为零

$$\delta\Pi[u]=-\iint_S\left[T\left(\frac{\partial^2 u}{\partial x^2}+\frac{\partial^2 u}{\partial y^2}\right)+q\right]\delta u\mathrm{d}x\mathrm{d}y+\int_{\partial S}T\left(\frac{\partial u}{\partial x}n_x+\frac{\partial u}{\partial y}n_y\right)\delta u\mathrm{d}s=0$$

式(13.1.26)要求$\partial S:\delta u=0$，因此第一等号右端第二项为零。又根据$\delta u(x,y)$在区域S上的任意性，导出如下形式的欧拉方程成立：

$$S:\ T\left(\frac{\partial^2 u}{\partial x^2}+\frac{\partial^2 u}{\partial y^2}\right)+q=0$$

与这个控制方程配合的边界条件是式(13.1.26)。

3. 单轴应力状态杆的应力变分方程

讨论自变函数带约束的如下变分问题：

$$\Pi_C[\sigma]=\int_0^l\frac{1}{2E}\sigma^2\mathrm{d}x-(\sigma)_{x=l}\bar{u}\to\text{ext.} \tag{13.1.27}$$

$$\text{约束条件：}\ 0\leqslant x\leqslant l:\ \sigma'(x)+p=0 \tag{13.1.28}$$

这相当于对在$x=l$端上受强制位移$\bar{u}$，轴线受分布轴向外力p的单轴拉压的杆，求轴向正应力σ的变分问题。泛函$\Pi_C[\sigma]$称为总余能，其自变函数为σ。下面介绍处理这个问题的乘子方法。

组构泛函$\Pi[\sigma,\lambda]$的如下变分问题：

$$\Pi\ [\sigma,\lambda]=\Pi_C[\sigma]+\int_0^l \lambda(\sigma'+p)\mathrm{d}x \to \text{ext.} \tag{13.1.29}$$

这里$\lambda(x)$和$\sigma(x)$彼此独立，不受约束。作一阶变分，令其为零，得到

$$\delta\Pi\ [\sigma,\lambda]=\int_0^l\left(\frac{\sigma}{E}-\lambda'\right)\delta\sigma\mathrm{d}x+\int_0^l(\sigma'+p)\delta\lambda\mathrm{d}x+[(\lambda-\overline{u})\delta\sigma]_{x=l}-[\lambda\delta\sigma]_{x=0}=0$$

根据$\delta\sigma$和$\delta\lambda$的任意性，得出此式成立的充要条件是满足：

$$0\leqslant x\leqslant l:\ \sigma/E=\lambda',\ \ \sigma'+p=0 \tag{13.1.30}$$

$$x=l:\ \ \lambda=\overline{u} \tag{13.1.31}$$

$$x=0:\ \ \lambda=0 \tag{13.1.32}$$

求解这组关于σ和λ的微分方程边值问题，即可给出问题的解答。这里引入的乘子λ就是轴向位移分布。

乘子方法在弹性力学变分原理的研究中有重要的应用，它是导出一系列广义变分原理的重要工具。

§13.2 虚功方程和虚应力功方程

本节的叙述主要针对5.1节所提出的弹性力学边值问题。

13.2.1 可能位移、虚位移、可能应力和虚应力

可能位移指在区域V内连续且满足边界∂V_u上的位移边界条件(5.1.6)的位移的集合，记为$\boldsymbol{u}^{(k)}$或$u_j^{(k)}$，其分量记为$u_x^{(k)}$、$u_y^{(k)}$、$u_z^{(k)}$。显然，在位移边界条件(5.1.6)下，在边界∂V_u之外，可能位移具有可大可小、可正可负的任意性。此外，可能位移的集合中包含了问题的位移解，即问题的位移解是可能位移中的一个。

根据几何方程(5.1.1)，用可能位移算出的应变称为**可能应变**，记为$\varepsilon_x^{(k)},\varepsilon_y^{(k)},\cdots,\gamma_{xy}^{(k)}$。

因为所讨论的问题是线性问题，所以可以定义虚位移为任何两个可能位移之差，记为$\delta\boldsymbol{u}$或δu_j，其分量为δu_x、δu_y、δu_z。按这个定义，虚位移在边界∂V_u满足齐次边界条件

$$\partial V_u:\ \ \delta u_x=0,\ \ \delta u_y=0,\ \ \delta u_z=0 \tag{13.2.1}$$

根据几何方程(5.1.1)，用虚位移算出的应变称为**虚应变**，记为$\delta\varepsilon_x,\delta\varepsilon_y,\cdots,\delta\gamma_{xy}$。显然，可能应变和虚应变都满足应变协调方程(2.2.9)。

可能应力指满足区域V内平衡方程(5.1.2)和边界∂V_σ上的应力边界条件(5.1.7)的应力场的集合，记为$\boldsymbol{\sigma}^{(s)}$，其分量记为$\sigma_x^{(s)},\sigma_y^{(s)},\cdots,\tau_{xy}^{(s)}$。显然，可能应力具有任意性，可能应力集合包含了问题的应力解，即问题的应力解是可能应力场中的一个。

虚应力定义为任何两个可能应力之差，记为$\delta\boldsymbol{\sigma}^{(s)}$，其分量记为$\delta\sigma_x,\delta\sigma_y,\cdots,\delta\tau_{xy}$。按这个定义，虚应力在边界$\partial V_\sigma$满足齐次边界条件：

$$\partial V_\sigma:\ \ \delta\sigma_x n_x+\delta\tau_{yx}n_y+\delta\tau_{zx}n_z=0 \tag{13.2.2a}$$

$$\delta\tau_{xy}n_x + \delta\sigma_y n_y + \delta\tau_{zy}n_z = 0 \tag{13.2.2b}$$

$$\delta\tau_{xz}n_x + \delta\tau_{yz}n_y + \delta\sigma_z n_z = 0 \tag{13.2.2c}$$

还需说明，如果在区域V内存在间断面S，那么位移的解、可能位移和虚位移满足跨越此面的连续条件，其形式为

$$S：[u_x]_S = 0，[u_y]_S = 0，[u_z]_S = 0 \tag{13.2.3}$$

应力的解、可能应力和虚应力都应满足跨越此面的面力连续条件，其形式为

$$S：[\sigma_x n_x + \tau_{yx}n_y + \tau_{zx}n_z]_S = 0 \tag{13.2.4a}$$

$$[\tau_{xy}n_x + \sigma_y n_y + \tau_{zy}n_z]_S = 0 \tag{13.2.4b}$$

$$[\tau_{xz}n_x + \tau_{yz}n_y + \sigma_z n_z]_S = 0 \tag{13.2.4c}$$

式中，n_x、n_y、n_z为间断面的法向单位矢量。

根据这些定义，可以引出这样的思路：为了寻求位移的解和应变的解，可以先求可能位移或可能应变，然后在可能位移和可能应变中寻求位移的解和应变的解；为了寻求应力的解，可以先求可能应力，然后在可能应力中寻求应力的解。

13.2.2 虚功原理和虚功方程

虚功原理提出了一条寻求可能应力的途径。

虚功原理 应力场$\sigma_x^{(s)},\sigma_y^{(s)},\cdots,\tau_{xy}^{(s)}$是可能应力的充要条件是其满足如下虚功方程：

$$\begin{aligned}&\int_V\left(\sigma_x^{(s)}\delta\varepsilon_x + \sigma_y^{(s)}\delta\varepsilon_y + \sigma_z^{(s)}\delta\varepsilon_z + \tau_{yz}^{(s)}\delta\gamma_{yz} + \tau_{zx}^{(s)}\delta\gamma_{zx} + \tau_{xy}^{(s)}\delta\gamma_{xy}\right)\mathrm{d}x\mathrm{d}y\mathrm{d}z\\ &= \int_V\left(f_x\,\delta u_x + f_y\,\delta u_y + f_z\,\delta u_z\right)\mathrm{d}x\mathrm{d}y\mathrm{d}z + \int_{\partial V_\sigma}\left(p_x\delta u_x + p_y\delta u_y + p_z\delta u_z\right)\mathrm{d}S\end{aligned} \tag{13.2.5a}$$

或用角标量写为

$$\int_V\sigma_{ji}^{(s)}\delta\varepsilon_{ji}\mathrm{d}x\mathrm{d}y\mathrm{d}z = \int_V f_j\,\delta u_j\mathrm{d}x\mathrm{d}y\mathrm{d}z + \int_{\partial V_\sigma}p_j\delta u_j\mathrm{d}S \tag{13.2.5b}$$

证明充分性就是从虚功方程出发导出应力场$\sigma_x^{(s)},\sigma_y^{(s)},\cdots,\tau_{xy}^{(s)}$满足平衡方程(5.1.2)和$\partial V_\sigma$的应力边界条件(5.1.7)；证明必要性就是从平衡方程(5.1.2)和∂V_σ的应力边界条件(5.1.7)出发导出虚功方程(13.2.5)。

下面试用角标量的形式证明其充分性。式(13.2.5b)等号的左端为

$$\begin{aligned}\int_V\sigma_{ji}^{(s)}\delta\varepsilon_{ji}\mathrm{d}x\mathrm{d}y\mathrm{d}z &= \int_V\sigma_{ji}^{(s)}\frac{1}{2}\delta(u_{j,i}+u_{i,j})\mathrm{d}x\mathrm{d}y\mathrm{d}z\\ &= \int_V\sigma_{ji}^{(s)}\delta u_{i,j}\mathrm{d}x\mathrm{d}y\mathrm{d}z\\ &= \int_V\left[(\sigma_{ji}^{(s)}\delta u_i)_{,j} - \sigma_{ji,j}^{(s)}\delta u_i\right]\mathrm{d}x\mathrm{d}y\mathrm{d}z\\ &= \int_V n_j\sigma_{ji}^{(s)}\delta u_i\mathrm{d}x\mathrm{d}y\mathrm{d}z - \int_V\sigma_{ji,j}^{(s)}\delta u_i\mathrm{d}x\mathrm{d}y\mathrm{d}z\end{aligned}$$

这里第 1 个等号用到几何方程，第 2 个等号用到应力张量的对称性，第 3 个等号用分部积分方法，第 4 个等号用到散度定理。于是将式(13.2.5b)等号右端移到左端后改写为

$$\int_{\partial V}(n_j\sigma_{ji}^{(s)}-p_i)\delta u_i\mathrm{d}x\mathrm{d}y\mathrm{d}z-\int_V(\sigma_{ji,j}^{(s)}+f_i)\delta u_i\mathrm{d}x\mathrm{d}y\mathrm{d}z=0$$

由于 δu_i 在 V 和 ∂V 上都具有任意性，因此此式成立的充要条件是：被积式中相邻的因子在相应区域处处为零。这正是 $\sigma_{ji}^{(s)}$ 满足可能应力的定义。于是命题证毕。

13.2.3　虚应力功原理和虚应力功方程

虚应力功原理提出了一条寻求可能应变的途径。

虚应力功原理　应变场 $\varepsilon_x^{(k)},\varepsilon_y^{(k)},\cdots,\gamma_{xy}^{(k)}$ 是可能应变的充要条件是其满足如下虚应力功方程：

$$\begin{aligned}&\int_V(\varepsilon_x^{(k)}\delta\sigma_x+\varepsilon_y^{(k)}\delta\sigma_y+\varepsilon_z^{(k)}\delta\sigma_z+\gamma_{yz}^{(k)}\delta\tau_{yz}+\gamma_{zx}^{(k)}\delta\tau_{zx}+\gamma_{xy}^{(k)}\delta\tau_{xy})\mathrm{d}x\mathrm{d}y\mathrm{d}z\\&=\int_{\partial V_u}\Big[\overline{u}_x(n_x\delta\sigma_x+n_y\delta\tau_{xy}+n_z\delta\tau_{xz})+\overline{u}_y(n_x\delta\tau_{xy}+n_y\delta\sigma_y+n_z\delta\tau_{xz})\\&+\overline{u}_z\delta(n_x\delta\tau_{xz}+n_y\delta\tau_{yz}+n_z\delta\sigma_z)\Big]\mathrm{d}S\end{aligned}\tag{13.2.6a}$$

或用角标量写为

$$\int_V\varepsilon_{ji}^{(k)}\delta\sigma_{ji}\mathrm{d}x\mathrm{d}y\mathrm{d}z=\int_{\partial V_u}\overline{u}_jn_i\delta\sigma_{ij}\mathrm{d}S\tag{13.2.6b}$$

证明必要性可假设给出的应变 $\varepsilon_{ji}^{(k)}$ 是可能应变，因而存在可能位移 $u_i^{(k)}$ 使几何方程(5.1.9)成立。代入式(13.2.6b)等号的左端：

$$\int_V\varepsilon_{ji}^{(k)}\delta\sigma_{ji}\mathrm{d}V=\int_V\frac{u_{j,i}^{(k)}+u_{i,j}^{(k)}}{2}\delta\sigma_{ji}\mathrm{d}V$$

对等号左端分部积分，利用高斯公式，整理得到：

$$\int_V\varepsilon_{ji}^{(k)}\delta\sigma_{ji}\mathrm{d}V=\int_V[-u_i^{(k)}\delta\sigma_{ji,j}]\mathrm{d}V+\int_{\partial V}[u_i^{(k)}n_j\delta\sigma_{ji}]\mathrm{d}S$$

因为在域 V 上虚应力 $\delta\sigma_{ji}$ 满足零体力的平衡方程，且具有任意性，此式中体积分为零，于是得到：

$$\int_V\varepsilon_{ji}^{(k)}\delta\sigma_{ji}\mathrm{d}V=\int_{\partial V}u_i^{(k)}\delta p_i\mathrm{d}S=\int_{\partial V_\sigma}u_i^{(k)}\delta p_i\mathrm{d}S+\int_{\partial V_u}u_i^{(k)}\delta p_i\mathrm{d}S=\int_{\partial V_u}u_i^{(k)}\delta p_i\mathrm{d}S$$

注意到在 ∂V_σ 上 $\delta p_i=0$，所得结果正是式(13.2.6b)的右端。命题的必要性证毕。

证明充分性可假设存在 V 上足够阶连续的单值函数 $u_j^{(k)}$，满足位移边界条件(5.1.6)，因此 $u_j^{(k)}$ 是可能位移。在给定外加面力的部分边界 ∂V_σ 上式(13.2.2)成立，式(13.2.6b)等号的右端可以写为

$$\int_{\partial V_u}\overline{u}_i\,\delta p_i\mathrm{d}S=\int_{\partial V_u}u_i^{(k)}\delta p_i\mathrm{d}S+\int_{\partial V_\sigma}u_i^{(k)}\delta p_i\mathrm{d}S=\int_{\partial V}u_i^{(k)}\delta p_i\mathrm{d}S$$

这里用到式(3.2.3)和式(3.2.4)。据此，利用高斯公式，得到：

$$\int_{\partial V_u}\overline{u}_i\,\delta p_i\mathrm{d}S=\int_V[u_i^{(k)}\delta\sigma_{ji,j}+u_{i,j}^{(k)}\delta\sigma_{ji}]\mathrm{d}V$$

将此式代入式(13.2.6b)，再将式中等号右端移到等号左端，整理后得到：

$$\int_V \varepsilon_{ji}^{(k)}\delta\sigma_{ji}\mathrm{d}V - \int_{\partial V_u}\bar{u}_i\,\delta p_i \mathrm{d}S = \int_V [-\bar{u}_i^{(k)}\delta\sigma_{ji,j} + \left(\varepsilon_{ji}^{(k)} - \frac{u_{j,i}^{(k)} + u_{i,j}^{(k)}}{2}\right)\delta\sigma_{ji}]\mathrm{d}S = 0$$

因为在域 V 上虚应力 $\delta\sigma_{ji}$ 有对称性，且满足零体力的平衡方程，且具有任意性，仅当积分号内含 $\delta\sigma_{ji}$ 项的每个余因子为零，上式等号右端为零，即当且仅当

$$\varepsilon_{ji}^{(k)} - \frac{u_{j,i}^{(k)} + u_{i,j}^{(k)}}{2} = 0$$

式(13.2.6b)成立。这表明，$\varepsilon_{ji}^{(k)}$ 正是由位移场 $u_j^{(k)}$ 按几何方程(5.1.9)算出的，因此应变场 $\varepsilon_{ji}^{(k)}$ 是可能应变。命题的充分性证毕。

13.2.4 由虚应力功方程直接导出应变协调方程

由虚应力功方程是否可以直接导出应变协调方程？在弹性力学发展史上，这是一个经过近半个世纪才被解答的课题。

在第 5.3.3 节述及，对任何足够阶可导的、彼此独立的两组函数 $\chi_1(x,y,z)$、$\chi_2(x,y,z)$、$\chi_3(x,y,z)$ 和 $\psi_1(x,y,z)$、$\psi_2(x,y,z)$、$\psi_3(x,y,z)$，按式(5.3.4)和式(5.3.7)分别表达的两组应力场分别恒等地满足无体力平衡方程式(5.3.5)。由此组构如下两组彼此独立的应力的变分：

$$\left.\begin{aligned}
\delta\sigma_x &= \frac{\partial^2\delta\chi_3}{\partial y^2} + \frac{\partial^2\delta\chi_2}{\partial z^2}, \quad \delta\tau_{yz} = -\frac{\partial^2\delta\chi_1}{\partial y\partial z} \\
\delta\sigma_y &= \frac{\partial^2\delta\chi_1}{\partial z^2} + \frac{\partial^2\delta\chi_3}{\partial x^2}, \quad \delta\tau_{zx} = -\frac{\partial^2\delta\chi_2}{\partial z\partial x} \\
\delta\sigma_z &= \frac{\partial^2\delta\chi_2}{\partial x^2} + \frac{\partial^2\delta\chi_1}{\partial y^2}, \quad \delta\tau_{xy} = -\frac{\partial^2\delta\chi_3}{\partial x\partial y}
\end{aligned}\right\} \tag{13.2.7}$$

$$\left.\begin{aligned}
\delta\tau_{yz} &= \frac{1}{2}\frac{\partial}{\partial x}\left(\frac{\partial\delta\psi_1}{\partial x} - \frac{\partial\delta\psi_2}{\partial y} - \frac{\partial\delta\psi_3}{\partial z}\right), \quad \delta\sigma_x = \frac{\partial^2\delta\psi_1}{\partial y\partial z} \\
\delta\tau_{zx} &= \frac{1}{2}\frac{\partial}{\partial y}\left(\frac{\partial\delta\psi_2}{\partial y} - \frac{\partial\delta\psi_3}{\partial z} - \frac{\partial\delta\psi_1}{\partial x}\right), \quad \delta\sigma_y = \frac{\partial^2\delta\psi_2}{\partial z\partial x} \\
\delta\tau_{xy} &= \frac{1}{2}\frac{\partial}{\partial z}\left(\frac{\partial\delta\psi_3}{\partial z} - \frac{\partial\delta\psi_1}{\partial x} - \frac{\partial\delta\psi_2}{\partial y}\right), \quad \delta\sigma_z = \frac{\partial^2\delta\psi_3}{\partial x\partial y}
\end{aligned}\right\} \tag{13.2.8}$$

这里 $\chi_k(x,y,z)$ 和 $\psi_k(x,y,z)$ 分别为 Maxwell 应力函数和 Morera 应力函数。这两个应力函数提供了由虚应力功方程直接导出应变协调方程的捷径。

将讨论限于应力边值问题，全部边界所受面力 p_x，p_y，p_z 具有确定性，因而其变分在 ∂V 上为零。

$$\partial V: p_k = n_j\sigma_{jk} \quad \delta p_k = n_j\delta\sigma_{jk} = 0 \tag{13.2.9}$$

虚应力功方程（13.2.6b）简化为

$$\int_V (\varepsilon_x^{(k)}\delta\sigma_x + \varepsilon_y^{(k)}\delta\sigma_y + \varepsilon_z^{(k)}\delta\sigma_z + \gamma_{yz}^{(k)}\delta\tau_{yz} + \gamma_{zx}^{(k)}\delta\tau_{zx} + \gamma_{xy}^{(k)}\delta\tau_{xy})\mathrm{d}V = 0 \tag{13.2.10}$$

为了证明这个虚应力功方程成立是应变场 $\varepsilon_x^{(k)},\varepsilon_y^{(k)},\varepsilon_z^{(k)},\gamma_{yz}^{(k)},\gamma_{zx}^{(k)},\gamma_{xy}^{(k)}$ 为可能应变的充要条件，只需直接由式(13.2.10)导出 $\varepsilon_{ji}^{(k)}$ 满足应变协调方程(2.2.9)。

分别将式(13.2.7)和式(13.2.8)代入式(13.2.10)的左端，将得式分别记为

$$\begin{aligned}\delta\Pi_1=\iiint_V[&\varepsilon_x^{(k)}\left(\frac{\partial^2\delta\chi_3}{\partial y^2}+\frac{\partial^2\delta\chi_2}{\partial z^2}\right)+\varepsilon_y^{(k)}\left(\frac{\partial^2\delta\chi_1}{\partial z^2}+\frac{\partial^2\delta\chi_3}{\partial x^2}\right)+\varepsilon_z^{(k)}\left(\frac{\partial^2\delta\chi_2}{\partial x^2}+\frac{\partial^2\delta\chi_1}{\partial y^2}\right)\\&-\gamma_{yz}^{(k)}\frac{\partial^2\delta\chi_1}{\partial y\partial z}-\gamma_{zx}^{(k)}\frac{\partial^2\delta\chi_2}{\partial z\partial x}-\gamma_{xy}^{(k)}\frac{\partial^2\chi_3}{\partial x\partial y})]\mathrm{d}V\end{aligned}\tag{13.2.11}$$

和

$$\begin{aligned}\delta\Pi_2=\iiint_V\Bigg[&\varepsilon_x^{(k)}\frac{\partial^2\delta\psi_1}{\partial y\partial z}+\varepsilon_y^{(k)}\frac{\partial^2\delta\psi_2}{\partial z\partial x}+\varepsilon_z^{(k)}\frac{\partial^2\delta\psi_3}{\partial x\partial y}-\gamma_{yz}^{(k)}\frac{1}{2}\frac{\partial}{\partial x}\left(\frac{\partial\delta\psi_1}{\partial x}-\frac{\partial\delta\psi_2}{\partial y}-\frac{\partial\delta\psi_3}{\partial z}\right)\\&-\gamma_{zx}^{(k)}\frac{1}{2}\frac{\partial}{\partial y}\left(\frac{\partial\delta\psi_2}{\partial y}-\frac{\partial\delta\psi_3}{\partial z}-\frac{\partial\delta\psi_1}{\partial x}\right)-\gamma_{xy}^{(k)}\frac{1}{2}\frac{\partial}{\partial z}\left(\frac{\partial\delta\psi_3}{\partial z}-\frac{\partial\delta\psi_1}{\partial x}-\frac{\partial\delta\psi_2}{\partial y}\right)\Bigg]\mathrm{d}V\end{aligned}\tag{13.2.12}$$

演算用到偏导数分部法则和高斯公式。

第 1 类：

$$\varepsilon_x\frac{\partial^2\delta\chi_2}{\partial z^2}=\frac{\partial}{\partial z}\left(\varepsilon_x\frac{\partial\delta\chi_2}{\partial z}\right)-\frac{\partial\varepsilon_x}{\partial z}\frac{\partial\delta\chi_2}{\partial z}=\frac{\partial}{\partial z}\left(\varepsilon_x\frac{\partial\delta\chi_2}{\partial z}\right)-\frac{\partial}{\partial z}\left(\frac{\partial\varepsilon_x}{\partial z}\delta\chi_2\right)+\frac{\partial^2\varepsilon_x}{\partial z^2}\delta\chi_2$$

$$\varepsilon_x\frac{\partial^2\delta\chi_3}{\partial y^2}=\frac{\partial}{\partial y}\left(\varepsilon_x\frac{\partial\delta\chi_3}{\partial y}\right)-\frac{\partial\varepsilon_x}{\partial y}\frac{\partial\delta\chi_3}{\partial y}=\frac{\partial}{\partial y}\left(\varepsilon_x\frac{\partial\delta\chi_3}{\partial y}\right)-\frac{\partial}{\partial y}\left(\frac{\partial\varepsilon_x}{\partial y}\delta\chi_3\right)+\frac{\partial^2\varepsilon_x}{\partial y^2}\delta\chi_3$$

$$\begin{aligned}\gamma_{yz}\frac{\partial^2\delta\chi_1}{\partial y\partial z}&=\begin{cases}\dfrac{\partial}{\partial y}\left(\gamma_{yz}\dfrac{\partial\delta\chi_1}{\partial z}\right)-\dfrac{\partial\gamma_{yz}}{\partial y}\dfrac{\partial\delta\chi_1}{\partial z}=\dfrac{\partial}{\partial y}\left(\gamma_{yz}\dfrac{\partial\delta\chi_1}{\partial z}\right)-\dfrac{\partial}{\partial z}\left(\dfrac{\partial\gamma_{yz}}{\partial y}\delta\chi_1\right)+\dfrac{\partial^2\gamma_{yz}}{\partial y\partial z}\delta\chi_1\\[2ex]\dfrac{\partial}{\partial z}\left(\gamma_{yz}\dfrac{\partial\delta\chi_1}{\partial y}\right)-\dfrac{\partial\gamma_{yz}}{\partial z}\dfrac{\partial\delta\chi_1}{\partial y}=\dfrac{\partial}{\partial z}\left(\gamma_{yz}\dfrac{\partial\delta\chi_1}{\partial y}\right)-\dfrac{\partial}{\partial y}\left(\dfrac{\partial\gamma_{yz}}{\partial z}\delta\chi_1\right)+\dfrac{\partial^2\gamma_{yz}}{\partial z\partial y}\delta\chi_1\end{cases}\\&=\frac{1}{2}\left[\frac{\partial}{\partial y}\left(\gamma_{yz}\frac{\partial\delta\chi_1}{\partial z}\right)+\frac{\partial}{\partial z}\left(\gamma_{yz}\frac{\partial\delta\chi_1}{\partial y}\right)-\frac{\partial}{\partial z}\left(\frac{\partial\gamma_{yz}}{\partial y}\delta\chi_1\right)-\frac{\partial}{\partial y}\left(\frac{\partial\gamma_{yz}}{\partial z}\delta\chi_1\right)\right]+\frac{\partial^2\gamma_{yz}}{\partial y\partial z}\delta\chi_1\end{aligned}$$

$$\begin{aligned}\varepsilon_x\frac{\partial^2\delta\psi_1}{\partial y\partial z}&=\begin{cases}\dfrac{\partial}{\partial y}\left(\varepsilon_x\dfrac{\partial\delta\psi_1}{\partial z}\right)-\dfrac{\partial\varepsilon_x}{\partial y}\dfrac{\partial\delta\psi_1}{\partial z}=\dfrac{\partial}{\partial y}\left(\varepsilon_x\dfrac{\partial\delta\psi_1}{\partial z}\right)-\dfrac{\partial}{\partial z}\left(\dfrac{\partial\varepsilon_x}{\partial y}\delta\psi_1\right)+\dfrac{\partial^2\varepsilon_x}{\partial y\partial z}\delta\psi_1\\[2ex]\dfrac{\partial}{\partial z}\left(\varepsilon_x\dfrac{\partial\delta\psi_1}{\partial y}\right)-\dfrac{\partial\varepsilon_x}{\partial z}\dfrac{\partial\delta\psi_1}{\partial y}=\dfrac{\partial}{\partial z}\left(\varepsilon_x\dfrac{\partial\delta\psi_1}{\partial y}\right)-\dfrac{\partial}{\partial y}\left(\dfrac{\partial\varepsilon_x}{\partial z}\delta\psi_1\right)+\dfrac{\partial^2\varepsilon_x}{\partial z\partial y}\delta\psi_1\end{cases}\\&=\frac{1}{2}\left[\frac{\partial}{\partial y}\left(\varepsilon_x\frac{\partial\delta\psi_1}{\partial z}\right)+\frac{\partial}{\partial z}\left(\varepsilon_x\frac{\partial\delta\psi_1}{\partial y}\right)-\frac{\partial}{\partial z}\left(\frac{\partial\varepsilon_x}{\partial y}\delta\psi_1\right)-\frac{\partial}{\partial y}\left(\frac{\partial\varepsilon_x}{\partial z}\delta\psi_1\right)\right]+\frac{\partial^2\varepsilon_x}{\partial z\partial y}\delta\psi_1\end{aligned}$$

第 2 类：

$$
\begin{aligned}
&\gamma_{yz}\frac{1}{2}\frac{\partial}{\partial x}\left(\frac{\partial\delta\psi_1}{\partial x}-\frac{\partial\delta\psi_2}{\partial y}-\frac{\partial\delta\psi_3}{\partial z}\right)\\
&=\frac{1}{2}\frac{\partial}{\partial x}[\gamma_{yz}\left(\frac{\partial\delta\psi_1}{\partial x}-\frac{\partial\delta\psi_2}{\partial y}-\frac{\partial\delta\psi_3}{\partial z}\right)]-\frac{1}{2}\frac{\partial\gamma_{yz}}{\partial x}\left(\frac{\partial\delta\psi_1}{\partial x}-\frac{\partial\delta\psi_2}{\partial y}-\frac{\partial\delta\psi_3}{\partial z}\right)\\
&=\frac{1}{2}\left[\frac{\partial}{\partial x}\left(\gamma_{yz}\frac{\partial\delta\psi_1}{\partial x}\right)-\frac{\partial}{\partial x}\left(\gamma_{yz}\frac{\partial\delta\psi_2}{\partial y}\right)-\frac{\partial}{\partial x}\left(\gamma_{yz}\frac{\partial\delta\psi_3}{\partial z}\right)\right]\\
&\quad-\frac{1}{2}\left[\frac{\partial}{\partial x}\left(\frac{\partial\gamma_{yz}}{\partial x}\delta\psi_1\right)-\frac{\partial}{\partial y}\left(\frac{\partial\gamma_{yz}}{\partial x}\delta\psi_2\right)-\frac{\partial}{\partial z}\left(\frac{\partial\gamma_{yz}}{\partial x}\delta\psi_3\right)\right]\\
&\quad+\frac{1}{2}\left[\frac{\partial^2\gamma_{yz}}{\partial x^2}\delta\psi_1-\frac{\partial^2\gamma_{yz}}{\partial x\partial y}\delta\psi_2-\frac{\partial^2\gamma_{yz}}{\partial x\partial z}\delta\psi_3\right]
\end{aligned}
$$

或

$$
\begin{aligned}
&\gamma_{yz}\frac{1}{2}\frac{\partial}{\partial x}\left(\frac{\partial\delta\psi_1}{\partial x}-\frac{\partial\delta\psi_2}{\partial y}-\frac{\partial\delta\psi_3}{\partial z}\right)\\
&=\frac{1}{2}\left[\frac{\partial}{\partial x}\left(\gamma_{yz}\frac{\partial\delta\psi_1}{\partial x}\right)-\frac{\partial}{\partial y}\left(\gamma_{yz}\frac{\partial\delta\psi_2}{\partial x}\right)-\frac{\partial}{\partial z}\left(\gamma_{yz}\frac{\partial\delta\psi_3}{\partial x}\right)\right]\\
&\quad-\frac{1}{2}\left[\frac{\partial}{\partial x}\left(\frac{\partial\gamma_{yz}}{\partial x}\delta\psi_1\right)-\frac{\partial}{\partial x}\left(\frac{\partial\gamma_{yz}}{\partial y}\delta\psi_2\right)-\frac{\partial}{\partial x}\left(\frac{\partial\gamma_{yz}}{\partial z}\delta\psi_3\right)\right]\\
&\quad+\frac{1}{2}\left[\frac{\partial^2\gamma_{yz}}{\partial x^2}\delta\psi_1-\frac{\partial^2\gamma_{yz}}{\partial x\partial y}\delta\psi_2-\frac{\partial^2\gamma_{yz}}{\partial x\partial z}\delta\psi_3\right]
\end{aligned}
$$

$$
\begin{aligned}
\left[\frac{\partial\gamma_{yz}}{\partial x}\left(\frac{\partial\delta\psi_1}{\partial x}-\frac{\partial\delta\psi_2}{\partial y}-\frac{\partial\delta\psi_3}{\partial z}\right)\right]=&\frac{\partial}{\partial x}\left(\frac{\partial\gamma_{yz}}{\partial x}\delta\psi_1\right)-\frac{\partial}{\partial y}\left(\frac{\partial\gamma_{yz}}{\partial x}\delta\psi_2\right)-\frac{\partial}{\partial z}\left(\frac{\partial\gamma_{yz}}{\partial x}\delta\psi_3\right)\\
&-\left[\frac{\partial^2\gamma_{yz}}{\partial x^2}\delta\psi_1-\frac{\partial^2\gamma_{yz}}{\partial x\partial y}\delta\psi_2-\frac{\partial^2\gamma_{yz}}{\partial x\partial z}\delta\psi_3\right]
\end{aligned}
$$

式(13.2.11)和式(13.2.12)分别成为

$$
\begin{aligned}
\delta\Pi_1=&\int_V[\left(\frac{\partial^2\varepsilon_z}{\partial y^2}+\frac{\partial^2\varepsilon_y}{\partial z^2}-\frac{\partial^2\gamma_{yz}}{\partial y\partial z}\right)\delta\chi_1+\left(\frac{\partial^2\varepsilon_x}{\partial z^2}+\frac{\partial^2\varepsilon_z}{\partial x^2}-\frac{\partial^2\gamma_{zx}}{\partial z\partial x}\right)\delta\chi_2+\left(\frac{\partial^2\varepsilon_y}{\partial x^2}+\frac{\partial^2\varepsilon_x}{\partial y^2}-\frac{\partial^2\gamma_{xy}}{\partial x\partial y}\right)\delta\chi_3]\mathrm{d}V\\
&+\int_{\partial V}\left\{\left[\left(n_z\varepsilon_x\frac{\partial\delta\chi_2}{\partial z}+n_y\varepsilon_x\frac{\partial\delta\chi_3}{\partial y}\right)+\left(n_x\varepsilon_y\frac{\partial\delta\chi_3}{\partial x}+n_z\varepsilon_y\frac{\partial\delta\chi_1}{\partial z}\right)+\left(n_y\varepsilon_z\frac{\partial\delta\chi_1}{\partial y}+n_x\varepsilon_z\frac{\partial\delta\chi_2}{\partial x}\right)\right]\right.\\
&\left.-\frac{1}{2}\left[\left(n_y\gamma_{yz}\frac{\partial\delta\chi_1}{\partial z}+n_z\gamma_{yz}\frac{\partial\delta\chi_1}{\partial y}\right)+\left(n_z\gamma_{zx}\frac{\partial\delta\chi_2}{\partial x}+n_x\gamma_{zx}\frac{\partial\delta\chi_2}{\partial z}\right)+\left(n_x\gamma_{xy}\frac{\partial\delta\chi_3}{\partial y}+n_y\gamma_{xy}\frac{\partial\delta\chi_3}{\partial x}\right)\right]\right\}\mathrm{d}S\\
&-\int_{\partial V}\left\{\left[\left(n_z\frac{\partial\varepsilon_x}{\partial z}\delta\chi_2+n_y\frac{\partial\varepsilon_x}{\partial y}\delta\chi_3\right)+\left(n_x\frac{\partial\varepsilon_y}{\partial x}\delta\chi_3+n_z\frac{\partial\varepsilon_y}{\partial z}\delta\chi_1\right)+\left(n_y\frac{\partial\varepsilon_z}{\partial y}\delta\chi_1+n_x\frac{\partial\varepsilon_z}{\partial x}\delta\chi_2\right)\right]\right.\\
&\left.-\frac{1}{2}\left[\left(n_z\frac{\partial\gamma_{yz}}{\partial y}\delta\chi_1+n_y\frac{\partial\gamma_{yz}}{\partial z}\delta\chi_1\right)+\left(n_x\frac{\partial\gamma_{zx}}{\partial z}\delta\chi_2+n_z\frac{\partial\gamma_{zx}}{\partial x}\delta\chi_2\right)+\left(n_y\frac{\partial\gamma_{xy}}{\partial x}\delta\chi_3+n_x\frac{\partial\gamma_{xy}}{\partial y}\delta\chi_3\right)\right]\right\}\mathrm{d}S
\end{aligned}
\tag{13.2.13}
$$

和

$$
\begin{aligned}
\delta\Pi_2=&\int_V\left\{\left[\frac{\partial^2\varepsilon_x}{\partial y\partial z}+\frac{1}{2}\left(\frac{\partial^2\gamma_{yz}}{\partial x^2}-\frac{\partial^2\gamma_{zx}}{\partial x\partial y}-\frac{\partial^2\gamma_{xy}}{\partial x\partial z}\right)\right]\delta\psi_1+\left[\frac{\partial^2\varepsilon_y}{\partial z\partial x}+\frac{1}{2}\left(\frac{\partial^2\gamma_{zx}}{\partial y^2}-\frac{\partial^2\gamma_{xy}}{\partial y\partial z}-\frac{\partial^2\gamma_{yz}}{\partial y\partial x}\right)\right]\delta\psi_2\right.\\
&\left.+\left(\left[\frac{\partial^2\varepsilon_z}{\partial x\partial y}+\frac{1}{2}\left(\frac{\partial^2\gamma_{xy}}{\partial z^2}-\frac{\partial^2\gamma_{yz}}{\partial z\partial x}-\frac{\partial^2\gamma_{zx}}{\partial z\partial y}\right)\right]\right)\delta\psi_3\mathrm{d}V\right.\\
&+\int_{\partial V}\frac{1}{2}\left\{\left[\left(n_y\varepsilon_x\frac{\partial\delta\psi_1}{\partial z}+n_z\varepsilon_x\frac{\partial\delta\psi_1}{\partial y}\right)+\left(n_z\varepsilon_y\frac{\partial\delta\psi_2}{\partial x}+n_x\varepsilon_y\frac{\partial\delta\psi_2}{\partial z}\right)+\left(n_x\varepsilon_z\frac{\partial\delta\psi_3}{\partial y}+n_y\varepsilon_z\frac{\partial\delta\psi_3}{\partial x}\right)\right]\right.\\
&+\frac{1}{2}\left[n_x\gamma_{yz}\left(\frac{\partial\delta\psi_1}{\partial x}-\frac{\partial\delta\psi_2}{\partial y}-\frac{\partial\delta\psi_3}{\partial z}\right)+n_y\gamma_{zx}\left(\frac{\partial\delta\psi_2}{\partial y}-\frac{\partial\delta\psi_3}{\partial z}-\frac{\partial\delta\psi_1}{\partial x}\right)\right.\\
&\left.\left.+n_z\gamma_{xy}\left(\frac{\partial\delta\psi_3}{\partial z}-\frac{\partial\delta\psi_1}{\partial x}-\frac{\partial\delta\psi_2}{\partial y}\right)\right]\right\}\mathrm{d}S\\
&-\int_{\partial V}\frac{1}{2}\left\{\left[\left(n_z\frac{\partial\varepsilon_x}{\partial y}\delta\psi_1+n_y\frac{\partial\varepsilon_x}{\partial z}\delta\psi_1\right)+\left(n_x\frac{\partial\varepsilon_y}{\partial z}\delta\psi_2+n_z\frac{\partial\varepsilon_y}{\partial x}\delta\psi_2\right)+\left(n_y\frac{\partial\varepsilon_z}{\partial x}\delta\psi_3+n_x\frac{\partial\varepsilon_z}{\partial y}\delta\psi_3\right)\right]\right.\\
&\quad+\left[\left(n_x\frac{\partial\gamma_{yz}}{\partial x}\delta\psi_1-n_y\frac{\partial\gamma_{yz}}{\partial x}\delta\psi_2-n_z\frac{\partial\gamma_{yz}}{\partial x}\delta\psi_3\right)+\left(n_y\frac{\partial\gamma_{zx}}{\partial y}\delta\psi_2-n_z\frac{\partial\gamma_{zx}}{\partial y}\delta\psi_3-n_x\frac{\partial\gamma_{zx}}{\partial y}\delta\psi_1\right)\right.\\
&\quad\left.\left.+\left(n_z\frac{\partial\gamma_{xy}}{\partial z}\delta\psi_3-n_x\frac{\partial\gamma_{xy}}{\partial z}\delta\psi_1-n_y\frac{\partial\gamma_{xy}}{\partial z}\delta\psi_2\right)\right]\right\}\mathrm{d}S
\end{aligned}
\tag{13.2.14}
$$

因为将讨论限于应力边值问题，应力函数的变分在域 V 内部不受限制，具有任意性。使 $\delta\Pi_1=0$ 和 $\delta\Pi_2=0$ 的充要条件是含 $\delta\chi_k,\delta\psi_k(k=1,2,3)$ 的项中 6 个余因子在域 V 内处处为零。由此导出的结果正是所要证明的域 V 内应变协调方程(2.2.9)成立。

需要说明，在式(13.2.13)和式(13.2.14)中，区域边界 ∂V 上的积分号内，含有应力函数及其一阶偏导数的变分。对于应力边值问题总认定应力函数及其一阶偏导数在边界取特定值。这不影响域 V 内应变协调方程(2.2.9)成立的结论。

§ 13.3　位移变分原理

本节的叙述主要针对 5.1 节所提出的弹性力学边值问题。

13.3.1　总势能

总势能定义为位移分量的如下泛函

$$
\begin{aligned}
\Pi[u_x,u_y,u_z]=&\int_V w(\boldsymbol{\varepsilon})\mathrm{d}x\mathrm{d}y\mathrm{d}z-\int_V(f_xu_x+f_yu_y+f_zu_z)\mathrm{d}x\mathrm{d}y\mathrm{d}z\\
&-\int_{\partial V_\sigma}(\overline{p}_xu_x+\overline{p}_yu_y+\overline{p}_zu_z)\mathrm{d}S
\end{aligned}
\tag{13.3.1}
$$

$$(u_x,u_y,u_z)\subset\{u_x^{(k)},u_y^{(k)},u_z^{(k)}\}\ \varepsilon_{ji}=(u_{i,j}+u_{j,i})/2 \tag{13.3.2}$$

式(13.3.1)可写为

$$\Pi[\boldsymbol{u}]=\int_V w(\boldsymbol{\varepsilon})\mathrm{d}V-\int_V f_i u_i \mathrm{d}V-\int_{\partial V_\sigma}\overline{p}_i u_i \mathrm{d}S$$

式中，$w(\varepsilon)$为式(4.3.23)表达的应变能密度。泛函的自变函数的定义集合为可能位移。

13.3.2 最小势能原理

最小势能原理提出了一个从可能位移中区别位移解的准则。

最小势能原理 位移解使总势能取最小值。

证明 设总势能在$\boldsymbol{u}$取得最小值，那么只须证明

$$\Pi[\boldsymbol{u}+\delta\boldsymbol{u}]\geqslant\Pi[\boldsymbol{u}]$$

式中，当且仅当$\delta\boldsymbol{u}$恒为零时等号成立。将式(13.3.1)代入上式，得出

$$\Pi[\boldsymbol{u}+\delta\boldsymbol{u}]-\Pi[\boldsymbol{u}]=\int_V(w(\varepsilon+\delta\varepsilon)-w(\varepsilon)\mathrm{d}V-\int_V f_i\delta u_i\mathrm{d}V-\int_{\partial V_\sigma}p_i\delta u_i\mathrm{d}S$$

可以证明：

$$w(\boldsymbol{\varepsilon}+\delta\boldsymbol{\varepsilon})-w(\boldsymbol{\varepsilon})=w(\delta\boldsymbol{\varepsilon})+\frac{\partial w(\boldsymbol{\varepsilon})}{\partial\varepsilon_{ji}}\delta\varepsilon_{ji}=w(\delta\boldsymbol{\varepsilon})+\sigma_{ji}\delta\varepsilon_{ji}$$

结合式(4.2.4)，得到

$$\Pi[\boldsymbol{u}+\delta\boldsymbol{u}]-\Pi[\boldsymbol{u}]=\int_V w(\delta\varepsilon)\mathrm{d}V+\int_V\sigma_{ji}\delta\varepsilon_{ji}\mathrm{d}V-\int_V f_j\delta u_j\mathrm{d}V-\int_{\partial V_\sigma}p_j\delta u_j\mathrm{d}S$$

根据虚功方程，等号右端第2项、第3项、第4项之和为零，于是得到

$$\Pi[\boldsymbol{u}+\delta\boldsymbol{u}]-\Pi[\boldsymbol{u}]=\int_V w(\delta\varepsilon)\mathrm{d}V$$

再根据应变能密度的正定性，等号右端不小于零，且等于零仅在V内应变变分处处为零时成立。

$$\int_V w(\delta\varepsilon)\mathrm{d}V\geqslant 0$$

于是命题得到证明。

需要指出，这个变分原理的欧拉方程是用位移表达的平衡方程，自然边界条件是边界∂V_σ的应力边界条件［式(5.1.7)］。

这个原理可以推广适用于线性弹性固体的一般情况，甚至可适用于非线性弹性的情况。

§13.4 应力变分原理

13.4.1 总余能

总余能定义为应力分量的如下泛函：

$$\Pi_C[\boldsymbol{\sigma}]=\int_V w_C(\boldsymbol{\sigma})\mathrm{d}V-\int_{\partial V_u}[\bar{u}_x(n_x\sigma_x+n_y\tau_{xy}+n_z\tau_{xz})+\bar{u}_y(n_x\tau_{xy}+n_y\sigma_y+n_z\tau_{xz}) \\ +\bar{u}_z\delta(n_x\tau_{xz}+n_y\tau_{yz}+n_z\sigma_z)]\mathrm{d}S \qquad \boldsymbol{\sigma}\subset\{\boldsymbol{\sigma}^{(s)}\} \tag{13.4.1}$$

或

$$\Pi_C[\boldsymbol{\sigma}]=\int_V w_C(\boldsymbol{\sigma})\mathrm{d}V-\int_{\partial V_u}\bar{u}_i\, n_j\sigma_{ji}\mathrm{d}S \tag{13.4.2}$$

式中，$w_C(\boldsymbol{\sigma})$为式(4.3.24)表达的余应变能密度。泛函的自变函数的定义集合为可能应力，即满足平衡方程(5.1.2)和应力边界条件(5.1.7)的应力场。

13.4.2　最小余能原理

最小余能原理提出了一个从可能应力中区别应力解的准则。

最小余能原理　应力解使总余能取最小值。

证明　设在$\boldsymbol{\sigma}(\sigma_x,\sigma_y,\cdots,\tau_{xy})$取得最小值，那么只须证明

$$\Pi_C[\boldsymbol{\sigma}+\delta\boldsymbol{\sigma}]\geqslant\Pi_C[\boldsymbol{\sigma}]$$

式中，当且仅当$\delta\sigma_x,\delta\sigma_y,\cdots,\delta\tau_{xy}$恒为零时等号成立。将式(13.4.1)代入上式，得出

$$\Pi_C[\boldsymbol{\sigma}+\delta\boldsymbol{\sigma}]-\Pi_C[\boldsymbol{\sigma}]=\int_V[w_C(\boldsymbol{\sigma}+\delta\boldsymbol{\sigma})-w_C(\boldsymbol{\sigma})]\mathrm{d}V-\int_{\partial V_u}\bar{u}_i\, n_j\delta\sigma_{ji}\mathrm{d}S$$

可以证明：

$$w_C(\boldsymbol{\sigma}+\delta\boldsymbol{\sigma})-w_C(\boldsymbol{\sigma})=w_C(\delta\boldsymbol{\sigma})+\frac{\partial w_C(\boldsymbol{\sigma})}{\partial\sigma_{ji}}\delta\sigma_{ji}=w_C(\delta\boldsymbol{\sigma})+\varepsilon_{ji}\delta\sigma_{ji}$$

于是得到

$$\Pi_C[\boldsymbol{\sigma}+\delta\boldsymbol{\sigma}]-\Pi_C[\boldsymbol{\sigma}]=\int_V w_C(\delta\varepsilon)\mathrm{d}V+\int_V\varepsilon_{ji}\delta\sigma_{ji}\mathrm{d}V-\int_{\partial V_u}\bar{u}_i\, n_j\delta\sigma_{ji}\mathrm{d}S$$

根据虚应力功方程，等号右端第 2 项、第 3 项之和为零，于是得到

$$\Pi_C[\boldsymbol{\sigma}+\delta\boldsymbol{\sigma}]-\Pi_C[\boldsymbol{\sigma}]=\int_V w_C(\delta\boldsymbol{\sigma})\mathrm{d}V$$

再根据余应变能密度的正定性，等号右端不小于零，且等于零仅在V内应力变分$\delta\boldsymbol{\sigma}$处处为零时成立。

$$\int_V w_C(\delta\boldsymbol{\sigma})\mathrm{d}V\geqslant 0$$

于是命题得到证明。

需要指出，这个变分原理的欧拉方程是用应力表达的应变协调方程，自然边界条件是边界∂V_u的位移边界条件［式(5.1.6)］。

还需要注意，这是约束型变分原理，自变函数的约束条件是应力的平衡方程［式(5.1.2)］。这是含偏导数的函数型约束。

这个原理可以推广适用于线性弹性固体的一般情况。

§13.5 弹性力学几个专题的变分方程

本节将前已述及的几个弹性力学专题用变分问题表达。

13.5.1 平面问题位移的变分方程

对于平面问题，最小势能原理方程改写为

$$\frac{1}{h}\Pi[u_x,u_y]=\int_S w(\varepsilon)\mathrm{d}x\mathrm{d}y-\int_S(f_xu_x+f_yu_y)\mathrm{d}x\mathrm{d}y-\int_{\partial S_\sigma}(\overline{p}_xu_x+\overline{p}_yu_y)\mathrm{d}S\to\text{ext.}\tag{13.5.1}$$

$$(u_x,u_y)\subset\{u_x^{(k)},u_y^{(k)}\}\tag{13.5.2}$$

式中，h为z向的厚度。应变能密度$w(\boldsymbol{\varepsilon})$的表达式为

(1)对于平面应力问题：

$$w=\frac{E}{2(1-\nu^2)}\left[\left(\frac{\partial u_x}{\partial x}\right)^2+\left(\frac{\partial u_y}{\partial y}\right)^2+2\nu\frac{\partial u_x}{\partial x}\frac{\partial u_y}{\partial y}+\frac{1-\nu}{2}\left(\frac{\partial u_x}{\partial y}+\frac{\partial u_y}{\partial x}\right)^2\right]\tag{13.5.3}$$

(2)对于平面应变问题：

$$w=\frac{E_1}{2(1-\nu_1^2)}\left[\left(\frac{\partial u_x}{\partial x}\right)^2+\left(\frac{\partial u_y}{\partial y}\right)^2+2\nu_1\frac{\partial u_x}{\partial x}\frac{\partial u_y}{\partial y}+\frac{1-\nu_1}{2}\left(\frac{\partial u_x}{\partial y}+\frac{\partial u_y}{\partial x}\right)^2\right]\tag{13.5.4}$$

式中，E_1、ν_1由式(8.1.13)表示。

13.5.2 平面问题应力函数的变分方程

对于平面问题，最小余能原理方程改写为

$$\frac{1}{h}\Pi_C[\boldsymbol{\sigma}]=\int_S w_C(\boldsymbol{\sigma})\mathrm{d}x\mathrm{d}y-\int_{\partial S_u}[\overline{u}_x(n_x\sigma_x+n_y\tau_{xy})+\overline{u}_y(n_x\tau_{xy}+n_y\sigma_y)]\mathrm{d}s\to\text{ext.}\tag{13.5.5}$$

$$\boldsymbol{\sigma}\subset\{\boldsymbol{\sigma}^{(s)}\}\tag{13.5.6}$$

式中，h为z向的厚度。余应变能密度$w_C(\boldsymbol{\sigma})$为

(1)对于平面应力问题：

$$w_C(\boldsymbol{\sigma})=\frac{1}{2E}\left[\sigma_x^2+\sigma_y^2-2\nu\sigma_x\sigma_x+2(1+\nu)\tau_{xy}^2\right]\tag{13.5.7}$$

(2)对于平面应变问题：

$$w_C(\boldsymbol{\sigma})=\frac{1}{2E_1}\left[\sigma_x^2+\sigma_y^2-2\nu_1\sigma_x\sigma_x+2(1+\nu_1)\tau_{xy}^2\right]\tag{13.5.8}$$

因为自变函数受平衡方程的约束，因此解除约束便是求解这个变分问题的一个方向。这里，解除约束最直接的方法就是采用应力函数作为自变函数。

前已述及。根据式(8.3.3)，用应力函数产生的应力场恒等地满足无体力平衡方程。将式(8.3.3)代入式(13.5.5)，得到以应力函数为自变函数的总余能泛函：

$$
\begin{aligned}
\frac{1}{h}\Pi_C(U)=&\frac{1}{2E}\iint_S\left[\left(\frac{\partial^2 U}{\partial x^2}\right)^2+\left(\frac{\partial^2 U}{\partial x^2}\right)^2-2\frac{\partial^2 U}{\partial x^2}\frac{\partial^2 U}{\partial x^2}\right]\mathrm{d}x\mathrm{d}y\\
&-\frac{\nu}{E}\iint_S\left[\frac{\partial^2 U}{\partial x^2}\frac{\partial^2 U}{\partial x^2}-\left(\frac{\partial^2 U}{\partial x\partial y}\right)^2\right]\mathrm{d}x\mathrm{d}y\\
&-\int_{\partial S_u}\left[\overline{u}_x\left(n_x\frac{\partial^2 U}{\partial y^2}-n_y\frac{\partial^2 U}{\partial x\partial y}\right)+\overline{u}_y\left(-n_x\frac{\partial^2 U}{\partial x\partial y}+n_y\frac{\partial^2 U}{\partial x^2}\right)\right]\mathrm{d}s
\end{aligned}
\tag{13.5.9}
$$

可以证明，等号右端第二项的一阶变分恒等于零，即：

$$
\delta\iint_S\left[\frac{\partial^2 U}{\partial x^2}\frac{\partial^2 U}{\partial x^2}-\left(\frac{\partial^2 U}{\partial x\partial y}\right)^2\right]\mathrm{d}x\mathrm{d}y\equiv 0
$$

因此可以将它在总余能的表达式中删去。于是泛函可以简化为

$$
\begin{aligned}
\frac{1}{h}\Pi_C(U)=&\frac{1}{2E}\iint_S\left[\left(\frac{\partial^2 U}{\partial x^2}\right)^2+\left(\frac{\partial^2 U}{\partial x^2}\right)^2-2\frac{\partial^2 U}{\partial x^2}\frac{\partial^2 U}{\partial x^2}\right]\mathrm{d}x\mathrm{d}y\\
&-\int_{\partial S_u}\left[\overline{u}_x\left(n_x\frac{\partial^2 U}{\partial y^2}-n_y\frac{\partial^2 U}{\partial x\partial y}\right)+\overline{u}_y\left(-n_x\frac{\partial^2 U}{\partial x\partial y}+n_y\frac{\partial^2 U}{\partial x^2}\right)\right]\mathrm{d}s
\end{aligned}
\tag{13.5.10}
$$

泛函的定义集合要求应力函数满足 8.4 节所述应力边界条件。

13.5.3　柱体自由扭转翘曲函数的变分方程

对于柱体自由扭转，翘曲函数和扭率都属位移类变量，因此总势能［式(13.3.1)］由翘曲函数和扭率表示为

$$
\frac{1}{l}\Pi[\varphi,\alpha]=\frac{G}{2}\alpha^2\iint_S\left[\left(\frac{\partial\varphi}{\partial x}-y\right)^2+\left(\frac{\partial\varphi}{\partial y}+x\right)^2\right]\mathrm{d}x\mathrm{d}y-\alpha\iint_{Z=L}(-\overline{p}_x y+\overline{p}_y x)\mathrm{d}x\mathrm{d}y
$$

式中,l 为 z 向的长度。这里用到了式(9.1.1)。等号右端第二项的端面积分就是扭矩 M 。于是得出

$$
\frac{1}{l}\Pi[\varphi,\alpha]=\frac{G}{2}\alpha^2\iint_S\left[\left(\frac{\partial\varphi}{\partial x}\right)^2+\left(\frac{\partial\varphi}{\partial y}\right)^2-2y\frac{\partial\varphi}{\partial x}+2x\frac{\partial\varphi}{\partial y}+x^2+y^2\right]\mathrm{d}x\mathrm{d}y-\alpha M \tag{13.5.11}
$$

令一阶变分为零：

$$
\delta\Pi=\delta_\varphi\Pi+\delta_\alpha\Pi=0
$$

这里 $\delta_\varphi\Pi$ 为对自变函数 φ 的一阶变分，$\delta_\alpha\Pi$ 为对自变量 α 的一阶变分。翘曲函数和扭率两者互相独立，因此

$$
\delta_\varphi\Pi[\varphi,\alpha]=0\text{，}\quad\delta_\alpha\Pi[\varphi,\alpha]=0 \tag{13.5.12}
$$

前者导出的欧拉方程为式(9.1.7)，自然边界条件是式(9.1.9)。后者是函数的求极问题，得出 α 和 M 的关系：

$$
G\alpha\iint_S\left[\left(\frac{\partial\varphi}{\partial x}-y\right)^2+\left(\frac{\partial\varphi}{\partial y}+x\right)^2\right]\mathrm{d}x\mathrm{d}y-M=0
$$

由此得到截面的扭转模数 D：

$$D=\iint_S\left[\left(\frac{\partial\varphi}{\partial x}-y\right)^2+\left(\frac{\partial\varphi}{\partial y}+x\right)^2\right]\mathrm{d}x\mathrm{d}y \tag{13.5.13}$$

可以证明，这个表达式与式(9.1.10)等价。事实上，证明式(13.5.13)与式(9.1.10)等价，只需证明

$$\iint_S\left[\frac{\partial\varphi}{\partial x}\left(\frac{\partial\varphi}{\partial x}-y\right)+\frac{\partial\varphi}{\partial y}\left(\frac{\partial\varphi}{\partial y}+x\right)\right]\mathrm{d}x\mathrm{d}y=0$$

计算等号左端，得到

$$\begin{aligned}&\iint_S\left[\frac{\partial\varphi}{\partial x}\left(\frac{\partial\varphi}{\partial x}-y\right)+\frac{\partial\varphi}{\partial y}\left(\frac{\partial\varphi}{\partial y}+x\right)\right]\mathrm{d}x\mathrm{d}y\\&=\iint_S\left\{\frac{\partial}{\partial x}\left[\varphi\left(\frac{\partial\varphi}{\partial x}-y\right)\right]+\frac{\partial}{\partial y}\left[\varphi\left(\frac{\partial\varphi}{\partial y}+x\right)\right]-\varphi\left(\frac{\partial^2\varphi}{\partial x^2}+\frac{\partial^2\varphi}{\partial y^2}\right)\right\}\mathrm{d}x\mathrm{d}y\\&=\int_{\partial S}\varphi\left[\left(\frac{\partial\varphi}{\partial x}-y\right)n_x+\left(\frac{\partial\varphi}{\partial y}+x\right)n_y\right]\mathrm{d}s\end{aligned}$$

这里用到了式(9.1.7)。注意到 φ 的边界条件有式(9.1.8a)的形式，因此确定所要求证的命题成立。

13.5.4 柱体自由扭转应力函数的变分方程

对于柱体自由扭转，总余能［式(13.4.1)］改写为

$$\frac{1}{l}\Pi_C[\tau_{zx},\tau_{zy}]=\iint_S\frac{1}{2G}(\tau_{zx}^2+\tau_{zy}^2)\mathrm{d}x\mathrm{d}y-\alpha\iint_{z=l}\left[-y\tau_{zx}+x\tau_{zy}\right]\mathrm{d}x\mathrm{d}y \tag{13.5.14}$$

这里用到式(9.1.1)在端面的表达式:

$$z=0:u_x=0,u_y=0,u_z=\alpha\varphi(x,y) \tag{13.5.15a}$$

$$z=l:u_x=-\alpha ly,u_y=\alpha lx,u_z=\alpha\varphi(x,y) \tag{13.5.15b}$$

作为自变函数的约束条件，两个应力分量满足平衡方程。解除约束的方法仍用式(9.2.4)引入的应力函数。用应力函数表达的总余能为

$$\frac{1}{l}\Pi_C[F]=\alpha^2G\frac{1}{2}\iint_S\left[\left(\frac{\partial F}{\partial x}\right)^2+\left(\frac{\partial F}{\partial y}\right)^2+2y\frac{\partial F}{\partial y}+2x\frac{\partial F}{\partial x}\right]\mathrm{d}x\mathrm{d}y \tag{13.5.16}$$

泛函的定义集合要求自变函数 F 满足侧面的应力边界条件和端面的应力边界条件，对单连域截面，它们分别为式(9.2.11)和式(9.2.16)；对多连域截面，它们分别为式(9.2.12)和式(9.2.14)。泛函［式(13.5.16)］的欧拉方程正是式(9.2.8)。

根据式(9.2.11)和式(9.2.12)，函数 F 在边界 ∂S 的变分为零。在这一条件下，根据式(9.2.8)，式(13.5.16)等价于

$$\frac{1}{l}\Pi_C[F]=\alpha^2G\frac{1}{2}\iint_S\left[\left(\frac{\partial F}{\partial x}\right)^2+\left(\frac{\partial F}{\partial y}\right)^2-4F\right]\mathrm{d}x\mathrm{d}y \tag{13.5.17}$$

§ 13.6　Rayleigh-Ritz 法和 Galerkin 法

前已述及，最小势能原理提出了一个从可能位移中区别位移解的准则；最小余能原理提出了一个从可能应力中区别应力解的准则。本节叙述按这两个变分原理寻求解的具体方法，从具体例子入手介绍 Rayleigh-Ritz 法和 Galerkin 法。

13.6.1　Rayleigh-Ritz 法

例 13.4　用第 13.5.4 节所述变分方程求图 9.3.4 所示矩形截面杆自由扭转的应力分布。矩形的两邻边长分别为 $2a$ 和 $2b$。

(1) 建立应力函数解的序列。取

$$F=(x^2-a^2)(y^2-b^2)\sum_{m=0}^{M}\sum_{n=0}^{N}A_{mn}x^m y^n \tag{13.6.1}$$

要求 F 属于泛函定义集合，且形成序列，含有序列的待定常数 A_{mn}。这里泛函定义集合的函数要满足单连域截面的边界条件［式(9.2.11)］。

(2) 计算总余能。将式(13.6.1)代入式(13.5.17)，计算总余能，得到序列的待定常数 A_{mn} 的函数。作为演练方法的例子，这里的计算过程中，截断级数［式(13.6.1)］，只取含 A_{00} 的一项，得到

$$\frac{2}{\alpha^2 Gl}\Pi_C[F]=\frac{64}{45}a^3b^3[2A_{00}^2(a^2+b^2)-5A_{00}] \tag{13.6.2}$$

(3) 求待定常数的最优解。选择待定常数 A_{00}，使总余能取极小值。按取极的必要条件：

$$\frac{2}{\alpha^2 Gl}\frac{\mathrm{d}}{\mathrm{d}A_{00}}\Pi_C[F]=0 \tag{13.6.3}$$

得出 A_{00} 满足的线性代数方程为

$$4A_{00}(a^2+b^2)-5=0$$

于是得出

$$A_{00}=\frac{5}{4}\frac{1}{a^2+b^2} \tag{13.6.4}$$

余下的工作就是按公式(9.2.4)计算应力分量，按式(9.2.16)计算截面的扭转模数。对于正方形截面 $(a=b)$，最大剪应力在边长的中点，其近似值为

$$\tau_{\max}=\frac{9}{16}\frac{M}{a^3}$$

扭转模数的近似值为

$$D=\frac{20}{9}a^4$$

以上两项的精确解分别为

$$\tau_{\max}=0.600\frac{M}{a^3},\quad D=2.222a^4$$

误差分别为–6.2%和–1.2%。

13.6.2 Galerkin 法

为了对比，将例 13.4 用 Galerkin 法叙述。

(1)建立应力函数解的序列。仍取

$$F=(x^2-a^2)(y^2-b^2)\sum_{m=0}^{M}\sum_{n=0}^{N}A_{mn}x^m y^n \tag{13.6.5}$$

使 F 满足全部边界条件，并且形成序列，含有序列的待定常数 A_{mn}。这里全部的边界条件就是单连域截面的条件［式(9.2.11)］。

注意："满足全部边界条件"和"泛函定义集合"要求的条件是不同的。这里出现相同的形式只是个例。

(2)建立加权残值算式，并令其为零。将式(13.6.5)代入式(9.2.8)等号的左端，按下式构建加权残值算式，并令其为零，得到的式子为

$$\int_S(\nabla^2 F+2)\frac{\partial F}{\partial A_{mn}}\mathrm{d}x\mathrm{d}y=0 \tag{13.6.6}$$

这里仍截断级数［式(13.6.1)］，只取含 A_{00} 的一项，得到

$$\int_{\substack{-a\leqslant x\leqslant a\\ -b\leqslant y\leqslant b}}2[A_{00}(x^2-a^2+y^2-b^2)+1](x^2-a^2)(y^2-b^2)\mathrm{d}x\mathrm{d}y=0 \tag{13.6.7}$$

计算结果为

$$\frac{128}{45}a^3b^3\left[A_{00}(a^2+b^2)-\frac{5}{4}\right]=0 \tag{13.6.8}$$

(3)求待定常数。求解方程(13.6.8)得到待定常数 A_{00}：

$$A_{00}=\frac{5}{4}\frac{1}{a^2+b^2}$$

这个结果与 Rayleigh-Ritz 法所得结果［式(13.6.4)］完全相同。

习　题

13.1　根据材料力学原理，仿照最小势能原理，写出求梁挠度的变分问题，导出欧拉方程和自然边界条件。

(1)简支梁受均布载荷 q［图 13.1(a)］；(2)简支梁在跨中点受横向集中力 P 和弯曲力矩 H［图 13.1(b)］。

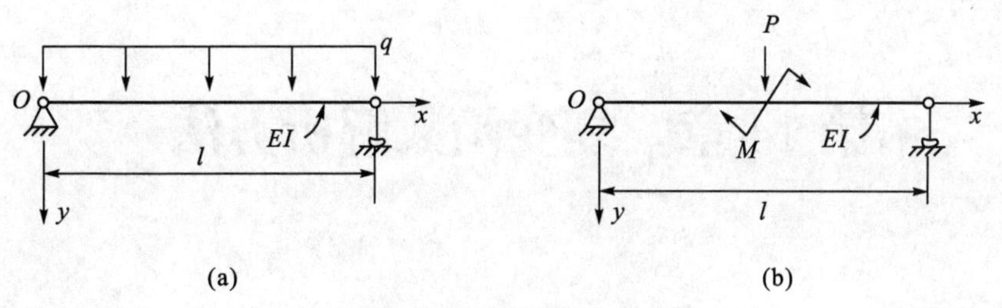

图 13.1　简支梁受力示意图

13.2　求变分问题

$$\delta\int_S\left\{\frac{\partial^2 U}{\partial x^2}\frac{\partial^2 U}{\partial y^2}-\left(\frac{\partial^2 U}{\partial x\partial y}\right)^2\right\}\mathrm{d}x\mathrm{d}y\equiv 0$$

的欧拉方程并作必要的讨论。

13.3　根据 Rayleigh-Ritz 法，用同一近似挠度

$$V(x)=Ax(l-x)$$

分别求习题 13.1 中两个小题的最大挠度的近似解。

13.4　对于如图 13.2 所示的一对边上拉力为抛物线分布的矩形板，试组构应力函数序列，列出总余能泛函，并求应力分布的近似。

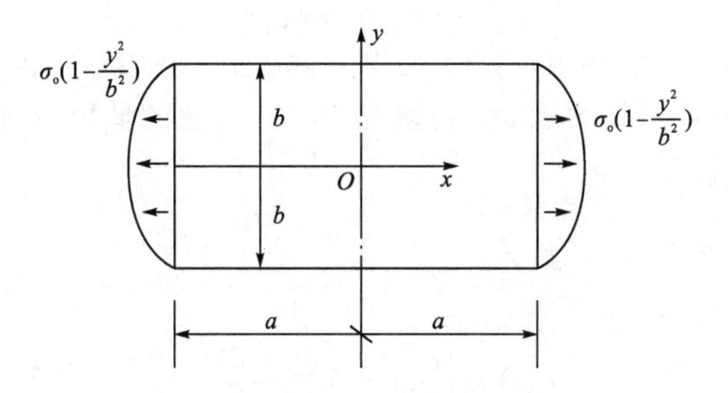

图 13.2　矩形板受力示意图

第 14 章　复变函数解析方法

解析方法是弹性力学的重要内容，是其他任何方法都不能替代的。学习弹性力学必须学习解析方法，否则不可能得其精髓。本章仅叙述弹性力学复变函数解析方法。

§ 14.1　用复变函数解平面问题

14.1.1　复变函数与解析函数

对于直角坐标(x,y)和虚数单位$\mathrm{i}\left(=\sqrt{-1}\right)$，引入复变量$z$，使$z=x+\mathrm{i}y$。依赖复变量$z$的函数$f(z)$的实部和虚部为两个二元函数，分别记为$u(x,y)$和$v(x,y)$，表示为

$$\operatorname{Re} f(z)=u(x,y),\quad \operatorname{Im} f(z)=v(x,y)$$

则

$$f(z)=u(x,y)+\mathrm{i}v(x,y)$$

如果复变函数$f(z)$在区域D处处可导，则称其在此区域解析。一个复变函数$f(z)$在区域解析的充要条件是其实部$u(x,y)$和虚部$v(x,y)$在此域内处处可微，且满足Cauchy-Riemann 方程：

$$\frac{\partial u}{\partial x}=\frac{\partial v}{\partial y},\quad \frac{\partial u}{\partial y}=-\frac{\partial u}{\partial x}$$

这时$f(z)$的导数为

$$f'(z)=\frac{\partial u}{\partial x}+\mathrm{i}\frac{\partial v}{\partial x}=\frac{\partial v}{\partial y}-\mathrm{i}\frac{\partial u}{\partial y}$$

且其实部和虚部是一对共轭调和函数，即在域内满足Cauchy-Riemann 方程和拉普拉斯方程：

$$\Delta u=\frac{\partial^2 u}{\partial x^2}+\frac{\partial^2 u}{\partial y^2}=0,\quad \Delta v=\frac{\partial^2 v}{\partial x^2}+\frac{\partial^2 v}{\partial y^2}=0$$

复变量z的共轭运算记为$\overline{z}$，定义为

$$\overline{z}=x-\mathrm{i}y$$

如果函数$f(z)$表示为Laurent 级数：

$$f(z)=\sum_{k=-\infty}^{\infty}c_k(z-z_0)^k$$

那么对函数$f(z)$作共轭运算有如下三类形式：

$$\overline{f(z)}=\sum_{k=-\infty}^{\infty}\overline{c}_k(\overline{z}-\overline{z}_0)^k,\quad \overline{f}(z)=\sum_{k=-\infty}^{\infty}\overline{c}_k(z-\overline{z}_0)^k,\quad f(\overline{z})=\sum_{k=-\infty}^{\infty}c_k(\overline{z}-z_0)^k$$

在相关文献中常见的如下法则成立：

$$\overline{f(z)}=\overline{f}(\overline{z})$$

14.1.2　Muskhelishvili 方法

首先叙述双调和函数的表示定理。

表示定理：如果 $p(x,y)$ 和 $p_1(x,y)$ 为两个独立的调和函数，那么

$$U(x,y)=xp+yq+p_1 \tag{14.1.1}$$

必为双调和函数；另外，任何一个双调和函数 U，总可以写为两个调和函数 $p(x,y)$ 和 $p_1(x,y)$ 的表达式［式(14.1.1)］，式中 q 为与 p 共轭的调和函数。

这个定理的证明从略。由这个定理可以推论：任何一个双调和函数 U 总可以写为两个解析函数 $\varphi(z)$ 和 $\chi(z)$ 表达的形式：

$$U(x,y)=\mathrm{Re}[\overline{z}\varphi(z)+\chi(z)]=\frac{1}{2}\left[\overline{z}\varphi(z)+z\overline{\varphi(z)}+\chi(z)+\overline{\chi(z)}\right] \tag{14.1.2}$$

这里

$$\mathrm{Re}\varphi(z)=p(x,y),\quad \mathrm{Im}\varphi(z)=q(x,y),\quad \mathrm{Re}\,\chi(z)=p_1(x,y)$$

解析函数 $\varphi(z)$ 和 $\chi(z)$ 便是 Muskhelishvili 复应力函数。

引入一组复变量 $(z,\overline{z})$ 代替实变量（x,y）：

$$z=x+\mathrm{i}y,\quad \overline{z}=x-\mathrm{i}y$$

对于这个变量变换，函数 $U(x,y)$ 用复变量 $(z,\overline{z})$ 表示为 $U_1(z,\overline{z})$：

$$U(x,y)=U_1(z,\overline{z})=\frac{1}{2}\left[\overline{z}\varphi(z)+z\overline{\varphi(z)}+\chi(z)+\overline{\chi(z)}\right]$$

偏导数表达为

$$\frac{\partial U}{\partial x}=\frac{\partial U_1}{\partial z}\frac{\partial z}{\partial x}+\frac{\partial U}{\partial \overline{z}}\frac{\partial \overline{z}}{\partial x}=\frac{1}{2}[\overline{z}\varphi'(z)+\overline{\varphi}(\overline{z})+\chi'(z)+\varphi(z)+z\overline{\varphi}'(\overline{z})+\overline{\chi}'(\overline{z})]$$

这里用到了 $\overline{f(z)}=\overline{f}(\overline{z})$。引入 $\psi(z)$，使

$$\psi(z)=\chi'(z)$$

于是得到

$$\frac{\partial U}{\partial x}=\frac{\partial U_1}{\partial z}\frac{\partial z}{\partial x}+\frac{\partial U}{\partial \overline{z}}\frac{\partial \overline{z}}{\partial x}=\frac{1}{2}[\overline{z}\varphi'(z)+\overline{\varphi}(\overline{z})+\psi(z)+\varphi(z)+z\overline{\varphi}'(\overline{z})+\overline{\psi}(\overline{z})] \tag{14.1.3a}$$

同理得出

$$\frac{\partial U}{\partial y}=\frac{\partial U_1}{\partial z}\frac{\partial z}{\partial y}+\frac{\partial U}{\partial \overline{z}}\frac{\partial \overline{z}}{\partial y}=\frac{1}{2}\mathrm{i}[\overline{z}\varphi'(z)+\overline{\varphi}(\overline{z})+\psi(z)-\varphi(z)-z\overline{\varphi}'(\overline{z})-\overline{\psi}(\overline{z})] \tag{14.1.3b}$$

$$\begin{aligned}\frac{\partial^2 U}{\partial x^2}&=\frac{\partial}{\partial z}\left(\frac{\partial U}{\partial x}\right)\frac{\partial z}{\partial x}+\frac{\partial}{\partial \overline{z}}\left(\frac{\partial U}{\partial x}\right)\frac{\partial \overline{z}}{\partial x}\\&=\frac{1}{2}\left[\overline{z}\varphi''(z)+z\overline{\varphi}''(\overline{z})+2\varphi'(z)+2\overline{\varphi}(\overline{z})+\psi'(z)+\overline{\psi}'(\overline{z})\right]\end{aligned} \tag{14.1.3c}$$

$$\begin{aligned}\frac{\partial^2 U}{\partial y^2}&=\frac{\partial}{\partial z}\left(\frac{\partial U}{\partial y}\right)\frac{\partial z}{\partial y}+\frac{\partial}{\partial \overline{z}}\left(\frac{\partial U}{\partial y}\right)\frac{\partial \overline{z}}{\partial y}\\&=-\frac{1}{2}\left[\overline{z}\varphi''(z)+z\overline{\varphi}''(\overline{z})-2\varphi'(z)-2\overline{\varphi}'(\overline{z})+\psi'(z)+\overline{\psi}'(\overline{z})\right]\end{aligned} \tag{14.1.3d}$$

$$\frac{\partial^2 U}{\partial x \partial y}=\frac{\partial}{\partial z}\left(\frac{\partial U}{\partial y}\right)\frac{\partial z}{\partial x}+\frac{\partial}{\partial \overline{z}}\left(\frac{\partial U}{\partial y}\right)\frac{\partial \overline{z}}{\partial x}=\frac{1}{2}\mathrm{i}\left[\overline{z}\varphi''(z)-z\overline{\varphi}''(\overline{z})+\psi'(z)-\overline{\psi}'(\overline{z})\right] \quad (14.1.3\mathrm{e})$$

$$\Delta U=\frac{\partial^2 U}{\partial x^2}+\frac{\partial^2 U}{\partial y^2}=2[\varphi'(z)+\overline{\varphi}'(\overline{z})]=2\frac{\partial}{\partial x}[\varphi(z)+\overline{\varphi}(\overline{z})]=-2\mathrm{i}\frac{\partial}{\partial y}[\varphi(z)-\overline{\varphi}(\overline{z})] \quad (14.1.3\mathrm{f})$$

利用这些结果，可以按第 8 章平面问题的内容，用一个双调和函数，即用艾里应力函数表达应力和位移分量，将其改写为用两个解析函数表达的形式：

$$\sigma_x+\sigma_y=\frac{\partial^2 U}{\partial y^2}+\frac{\partial^2 U}{\partial x^2}=2[\varphi'(z)+\overline{\varphi}'(\overline{z})] \quad (14.1.4\mathrm{a})$$

$$\sigma_y-\sigma_x+2\mathrm{i}\tau_{xy}=\frac{\partial^2 U}{\partial x^2}-\frac{\partial^2 U}{\partial y^2}-2\mathrm{i}\frac{\partial^2 U}{\partial x \partial y}=2[\overline{z}\varphi''(z)+\psi'(z)] \quad (14.1.4\mathrm{b})$$

或

$$\sigma_x+\sigma_y=2[\varPhi(z)+\overline{\varPhi}(\overline{z})] \quad (14.1.5\mathrm{a})$$

$$\sigma_y-\sigma_x+2\mathrm{i}\tau_{xy}=2[\overline{z}\varPhi'(z)+\varPsi(z)] \quad (14.1.5\mathrm{b})$$

式中引入了 $\varPhi(z)$ 和 $\varPsi(z)$：

$$\varPhi(z)=\varphi'(z),\quad \varPsi(z)=\psi'(z) \quad (14.1.6)$$

此外，还得到

$$\frac{\partial U}{\partial x}+\mathrm{i}\frac{\partial U}{\partial y}=\varphi(z)+z\overline{\varphi}'(\overline{z})+\overline{\psi}(\overline{z}) \quad (14.1.7)$$

这里用到式(8.3.3)。再由式(8.1.3a)和式(8.3.3)，得到

$$\frac{\partial u_x}{\partial x}=\frac{1}{E}\left[\left(\Delta U-\frac{\partial^2 U}{\partial x^2}\right)-\nu\frac{\partial^2 U}{\partial x^2}\right]$$

$$\frac{\partial u_y}{\partial y}=\frac{1}{E}\left[\left(\Delta U-\frac{\partial^2 U}{\partial y^2}\right)-\nu\frac{\partial^2 U}{\partial y^2}\right]$$

$$\frac{\partial u_x}{\partial y}+\frac{\partial u_y}{\partial x}=-\frac{2(1+\nu)}{E}\frac{\partial^2 U}{\partial x \partial y}$$

对这三个偏微分方程积分，结合式(14.1.3f)得出

$$u_x=\frac{1}{2G}\left\{-\frac{\partial U}{\partial x}+\frac{2}{1+\nu}[\varphi(z)+\overline{\varphi}(\overline{z})]\right\}+u_{x0}-y\omega_0$$

$$u_y=\frac{1}{2G}\left\{-\frac{\partial U}{\partial y}+\frac{2}{1+\nu}\frac{1}{i}[\varphi(z)-\overline{\varphi}(\overline{z})]\right\}+u_{y0}+x\omega_0$$

这里 u_{x0}、u_{x0}、ω_0 为表示刚体位移的积分常数，其值取为零也不失普遍性。将得到的式子改写为

$$2G(u_x+\mathrm{i}u_y)=-\left(\frac{\partial U}{\partial x}+\mathrm{i}\frac{\partial U}{\partial y}\right)+\frac{4}{1+\nu}\varphi(z)$$

结合式(14.1.7)，以及对平面应力情况与平面应变情况的差异，得到

$$2G(u_x+\mathrm{i}u_y)=\kappa\varphi(z)-z\overline{\varphi}'(\overline{z})-\overline{\psi}(\overline{z}) \quad (14.1.8)$$

这里

$$\kappa=\begin{cases}3-4\nu, & \text{平面应力}\\(3-\nu)/(1+\nu), & \text{平面应变}\end{cases}$$

然后，将应力边界条件(8.4.5)改写为用两个解析函数表达的形式。首先将式(8.4.5)改写为

$$\partial S:\ \left(\frac{\partial U}{\partial x}\right)_s+\mathrm{i}\left(\frac{\partial U}{\partial y}\right)_s=\left(\frac{\partial U}{\partial x}\right)_{s=0}+\mathrm{i}\left(\frac{\partial U}{\partial y}\right)_{s=0}+\mathrm{i}\int_0^s(\overline{p}_x+\mathrm{i}\overline{p}_y)_{\partial S}\mathrm{d}s \tag{14.1.9}$$

根据式(14.1.7)，用解析函数$\varphi(z)$和$\chi(z)$，或者$\varphi(z)$和$\psi(z)$表达为

$$\partial S:\ \varphi(z)+z\overline{\varphi}'(\overline{z})+\overline{\chi}'(\overline{z})=F(z) \tag{14.1.10a}$$

$$\partial S:\ \varphi(z)+z\overline{\varphi}'(\overline{z})+\overline{\psi}(\overline{z})=F(z) \tag{14.1.10b}$$

式中，

$$F(z)=i\int_0^s(\overline{p}_x+\mathrm{i}\overline{p}_y)_{\partial S}\mathrm{d}s+\text{const.} \tag{14.1.11}$$

最后，将式(8.4.9)表达为 Muskhelishvili 复应力函数的形式。

$$\partial S:\ M=M_{AB}=-\mathrm{Re}\{z[\overline{\varphi}(\overline{z})+\overline{z}\varphi'(z)+\psi(z)]\}+\mathrm{Re}[\overline{z}\varphi(z)+\chi(z)] \tag{14.1.12a}$$

或

$$\partial S:\ M=M_{AB}=\mathrm{Re}\{\chi(z)-[z\overline{z}\varphi'(z)+z\psi(z)]\} \tag{14.1.12b}$$

根据这些表达式，在具体问题的分析中，就是探求满足具体边界条件的两个复应力解析函数。

14.1.3　保角变换式

如果解析函数

$$z=\omega(\varsigma) \tag{14.1.13}$$

将z平面上的区域D映射为ς平面上的区域Σ。用ρ、θ表示ς平面的极坐标：

$$\varsigma=\rho\mathrm{e}^{\mathrm{i}\theta} \tag{14.1.14}$$

那么曲线$\rho=$const.和$\theta=$const.形成z平面的一套正交曲线坐标系(图 14.1)。

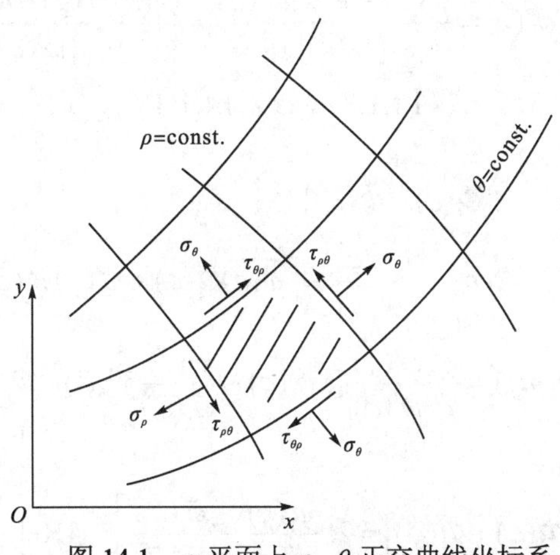

图 14.1　z 平面上 ρ、θ 正交曲线坐标系

设坐标线θ=const.的切线与轴Ox间的夹角为β，坐标系(ρ，θ)描写的应力和位移分量分别记为σ_ρ、σ_θ、$\tau_{\rho\theta}$和u_ρ、u_θ，它们与直角坐标系Oxy描写的应力分量σ_x、σ_y、τ_{xy}和位移分量u_x、u_y有如式(3.3.6)和式(7.2.7a)所示的关系，可表示为

$$\sigma_\rho=\frac{\sigma_x+\sigma_y}{2}-\frac{\sigma_y-\sigma_x}{2}\cos 2\beta+\tau_{xy}\sin 2\beta$$

$$\sigma_\theta=\frac{\sigma_x+\sigma_y}{2}+\frac{\sigma_y-\sigma_x}{2}\cos 2\beta-\tau_{xy}\sin 2\beta$$

$$\tau_{\rho\theta}=\frac{\sigma_y-\sigma_x}{2}\sin 2\beta+\tau_{xy}\cos 2\beta$$

$$u_\rho=u_x\cos\beta+u_y\sin\beta$$

$$u_\theta=-u_x\sin\beta+u_y\cos\beta$$

可以将这些式子改写为

$$\left.\begin{aligned}&\sigma_\rho+\sigma_\theta=\sigma_x+\sigma_y\\&\sigma_\theta-\sigma_\rho+2\mathrm{i}\tau_{\rho\theta}=(\sigma_y-\sigma_x+2\mathrm{i}\tau_{xy})\mathrm{e}^{2\mathrm{i}\beta}\end{aligned}\right\}\tag{14.1.15}$$

$$u_\rho+\mathrm{i}u_\theta=(u_x+\mathrm{i}u_y)\mathrm{e}^{-\mathrm{i}\beta}\tag{14.1.16}$$

根据解析函数导数的几何含义，可以得到

$$\beta=\theta+\arg\omega'(\varsigma)，\quad \mathrm{e}^{\mathrm{i}\beta}=\mathrm{e}^{\mathrm{i}\theta}\mathrm{e}^{\mathrm{i}\arg\omega'(\varsigma)}=\frac{\varsigma}{\rho}\frac{\omega'(\varsigma)}{|\omega'(\varsigma)|},$$

$$\mathrm{e}^{\mathrm{i}2\beta}=\mathrm{e}^{\mathrm{i}2\theta}\mathrm{e}^{\mathrm{i}2\arg\omega'(\varsigma)}=\frac{\varsigma^2}{\rho^2}\frac{[\omega'(\varsigma)]^2}{|\omega'(\varsigma)|^2}\tag{14.1.17}$$

引入记号$\varphi_1(\varsigma)$、$\Phi_1(\varsigma)$、$\psi_1(\varsigma)$、$\Psi_1(\varsigma)$使

$$\varphi_1(\varsigma)=\varphi[z(\varsigma)],\quad \Phi_1(\varsigma)=\Phi[z(\varsigma)],\quad \psi_1(\varsigma)=\psi[z(\varsigma)],\quad \Psi_1(\varsigma)=\Psi[z(\varsigma)],$$

那么

$$\varphi_1'(\varsigma)=\varphi'(z)\omega'(\varsigma),\quad \varphi_1''(\varsigma)=\varphi''(z)[\omega'(\varsigma)]^2+\varphi'(z)\omega''(\varsigma)$$

因此有

$$\varphi'(z)=\frac{\varphi_1'(\varsigma)}{\omega'(\varsigma)},\quad \varphi''(z)=\frac{\varphi_1''(\varsigma)-\varphi'(z)\omega''(\varsigma)}{[\omega'(\varsigma)]^2}=\frac{\varphi_1''(\varsigma)\omega'(\varsigma)-\varphi_1'(\varsigma)\omega''(\varsigma)}{[\omega'(\varsigma)]^3}\tag{14.1.18}$$

利用式(14.1.4)、式(14.1.5)、式(14.1.8)、式(14.1.17)、式(14.1.18)，式(14.1.15)和式(14.1.16)分别改写为

$$\left.\begin{aligned}&\sigma_\rho+\sigma_\theta=2[\Phi_1(\varsigma)+\bar{\Phi}_1(\bar{\varsigma})]\\&\sigma_\theta-\sigma_\rho+2\mathrm{i}\tau_{\rho\theta}=\frac{2\varsigma^2}{\rho^2\overline{\omega'(\varsigma)}}\left[\overline{\omega(\varsigma)}\Phi_1'(\varsigma)+\omega'(\varsigma)\Psi_1(\varsigma)\right]\end{aligned}\right\}\tag{14.1.19}$$

$$2G(u_\rho+\mathrm{i}u_\theta)=\frac{\bar{\varsigma}}{\rho}\frac{\overline{\omega'(\varsigma)}}{|\omega'(\varsigma)|}[\kappa\varphi_1(\varsigma)-\frac{\omega(\varsigma)}{\bar{\omega}'(\bar{\varsigma})}\bar{\varphi}_1'(\bar{\varsigma})-\bar{\psi}_1(\bar{\varsigma})]\tag{14.1.20}$$

还可导出如下有用的公式：

$$\sigma_x+\sigma_y=2\left[\Phi_1(\varsigma)+\bar{\Phi}_1(\bar{\varsigma})\right]=2\left[\frac{\varphi_1'(\varsigma)}{\omega'(\varsigma)}+\frac{\bar{\varphi}_1'(\bar{\varsigma})}{\bar{\omega}'(\bar{\varsigma})}\right]=4\mathrm{Re}\left[\frac{\varphi_1'(\varsigma)}{\omega'(\varsigma)}\right]\tag{14.1.21a}$$

$$
\left.\begin{aligned}
\sigma_y-\sigma_x+2\mathrm{i}\tau_{xy}&=2\left[\frac{\overline{\omega}(\overline{\varsigma})}{\omega'(\varsigma)}\Phi_1'(\varsigma)+\Psi_1(\varsigma)\right]=2[\overline{z}\varphi''(z)+\psi'(z)]\\
&=\frac{2}{[\omega'(\varsigma)]^3}\{\overline{\omega}(\overline{\varsigma})[\varphi_1''(\varsigma)\omega'(\varsigma)-\varphi_1'(\varsigma)\omega''(\varsigma)]\\
&\quad+\chi_1''(\varsigma)\omega'(\varsigma)-\chi_1'(\varsigma)\omega''(\varsigma)\}
\end{aligned}\right\}\tag{14.1.21b}
$$

$$
2G(u_x+\mathrm{i}u_y)=\kappa\varphi_1(\varsigma)-\frac{\omega(\varsigma)}{\overline{\omega}'(\overline{\varsigma})}\overline{\varphi}_1'(\overline{\varsigma})-\frac{1}{\overline{\omega}'(\overline{\varsigma})}\overline{\chi}_1'(\overline{\varsigma})\tag{14.1.22}
$$

用以处理应力边界条件的式(14.1.10)改写为用变量ς描写：

$$
\partial S_1:\ \varphi_1(\varsigma)+\frac{\omega(\varsigma)}{\overline{\omega'(\varsigma)}}\overline{\varphi}_1'(\overline{\varsigma})+\overline{\psi}_1(\overline{\varsigma})=F_1(\varsigma)\tag{14.1.23a}
$$

$$
\partial S_1:\ \varphi_1(\varsigma)+\frac{\omega(\varsigma)}{\overline{\omega'(\varsigma)}}\overline{\varphi}_1'(\overline{\varsigma})+\frac{1}{\overline{\omega'(\varsigma)}}\overline{\chi}_1'(\overline{\varsigma})=F_1(\varsigma)\tag{14.1.23b}
$$

这里∂S_1为在ς平面的像，$F_1(\varsigma)=F\left[z(\varsigma)\right]$。此外，式(14.1.12)也可以用变量$\varsigma$描写：

$$
\partial S:\ M=\mathrm{Re}\left[\chi_1(\varsigma)-\frac{\omega(\varsigma)}{\omega'(\varsigma)}\chi_1'(\varsigma)-\frac{\omega(\varsigma)\overline{\omega}(\overline{\varsigma})}{\omega'(\varsigma)}\varphi_1'(\varsigma)\right]\tag{14.1.24}
$$

14.1.4　多连域问题的复应力函数

本节讨论多连域问题中应力和位移的单值条件对复应力函数的限制条件。

设多连域D_k由内封闭曲线C_k和外封闭曲线C_0所围的区域组成(图 14.2)。首先，式(14.1.5)在多连域上的单值条件要求：域内动点z环绕包含了内部的域外点z_k的边界曲线C_k，经过封闭曲线Γ_k一周和数周，不改变取值。这要求$\mathrm{Re}\varphi'(z)$和$\psi'(z)$为单值，因此它们可以表示为

$$
\varphi'(z)=\Phi^*(z)+A_k\ln(z-z_k),\quad \psi'(z)=\Psi^*(z)\tag{14.1.25}
$$

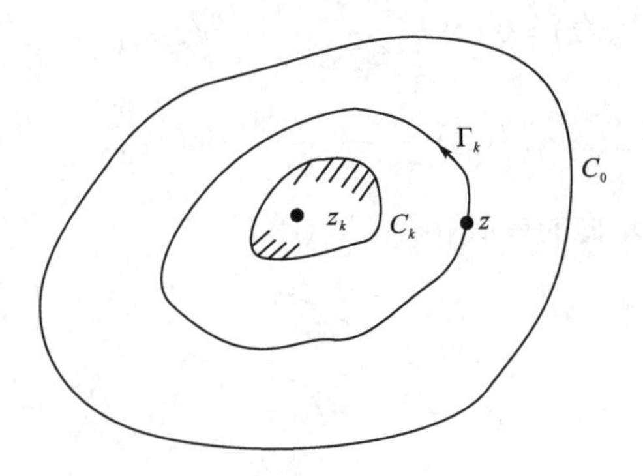

图 14.2　二连通域

其中，$\Phi^*(z)$和$\Psi^*(z)$都是全纯函数，即可以在域D_k表示为如下形式的 Laurent 级数：

$$
\sum_{m=-\infty}^{\infty}a_m(z-z_k)^m
$$

由此推出，$\varphi(z)$和$\psi(z)$具有如下形式：

$$\left.\begin{aligned}\varphi(z)&=\varphi^*(z)+zA_k\ln(z-z_k)+\gamma_k\ln(z-z_k)\\ \psi(z)&=\psi^*(z)+\gamma_k'\ln(z-z_k)\end{aligned}\right\}\tag{14.1.26}$$

这里$\varphi^*(z)$和$\psi^*(z)$为域D_k内的全纯函数，γ_k和γ_k'为复常数。

将式(14.1.26)代入式(14.1.8)，计算其绕Γ_k一周的增加量，得到

$$2[G(u_x+\mathrm{i}u_y)]_{\Gamma_k}=2\mathrm{i}\pi[(\kappa+1)A_k z+\kappa\gamma_k+\overline{\gamma}_k']$$

位移单值条件要求此式对域内任意点z须恒等于零，于是得到

$$A_k=0,\quad \kappa\gamma_k+\overline{\gamma}_k'=0\tag{14.1.27}$$

将式(14.1.26)代入式(14.1.10)计算其绕C_k一周的增加量，得到

$$\partial S:\ -2\pi\mathrm{i}(\gamma_k-\overline{\gamma}_k')=\mathrm{i}(X_k+\mathrm{i}Y_k)\tag{14.1.28}$$

式中，(X_k，Y_k)为通过边界的外封闭曲线C_k施于域D_k的力的主矢。这里用到

$$[F(z)]_{C_z}=\mathrm{i}\int_{C_k}(\overline{p}_x+\mathrm{i}\overline{p}_y)_{\partial S}\,\mathrm{d}s=\mathrm{i}(X_k+\mathrm{i}Y_k)$$

联合式(14.1.27)和式(14.1.28)，解出

$$\gamma_k=-\frac{X_k+\mathrm{i}Y_k}{2\pi(1+\kappa)},\quad \gamma_k'=\frac{\kappa(X_k-\mathrm{i}Y_k)}{2\pi(1+\kappa)}\tag{14.1.29}$$

将此式代回式(14.1.26)，便得到图14.1.2所示多连域D_k上复应力函数的形式：

$$\varphi(z)=\varphi^*(z)-\frac{X_k+\mathrm{i}Y_k}{2\pi(1+\kappa)}\ln(z-z_k)\tag{14.1.30a}$$

$$\psi(z)=\psi^*(z)+\frac{\kappa(X_k-\mathrm{i}Y_k)}{2\pi(1+\kappa)}\ln(z-z_k)\tag{14.1.30b}$$

这个形式适用于两连通域。对于连通数更多的情况，例如N个空穴的多连域D_N的情况，其形式为

$$\varphi(z)=\varphi^*(z)-\sum_{k=1}^{N}\frac{X_k+\mathrm{i}Y_k}{2\pi(1+\kappa)}\ln(z-z_k)\tag{14.1.31a}$$

$$\psi(z)=\psi^*(z)+\sum_{k=1}^{N}\frac{\kappa(X_k-\mathrm{i}Y_k)}{2\pi(1+\kappa)}\ln(z-z_k)\tag{14.1.31b}$$

式中，$\varphi^*(z)$和$\psi^*(z)$为D_N内的单值解析函数(图14.3)。

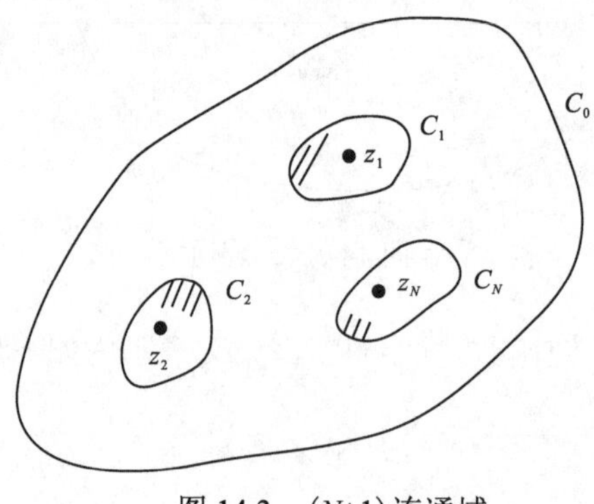

图14.3 (N+1)连通域

如果图 14.3 所示外围封闭曲线 C_0 趋于无穷远点，便成为无界多连域情况(图 14.4)。这种情况下，式(14.1.31)改写为如下形式：

$$\varphi(z)=\varphi^{*}(z)-\frac{\sum_{k=1}^{N}(X_k+\mathrm{i}Y_k)}{2\pi(1+\kappa)}\ln z$$

$$\psi(z)=\psi^{*}(z)+\frac{\kappa\sum_{k=1}^{N}(X_k-\mathrm{i}Y_k)}{2\pi(1+\kappa)}\ln z$$

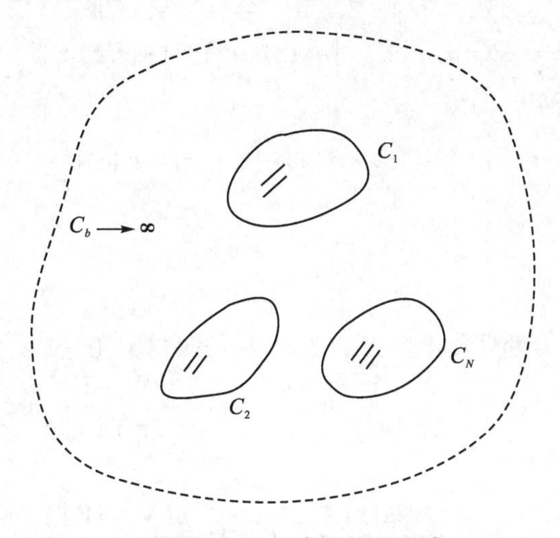

图 14.4　N 个孔的无限域

考虑到无穷远处允许应力分量存在有限值，因而要求式中 $\varphi^{*}(z)$ 和 $\psi^{*}(z)$ 满足

$$\varphi^{*}(z)=\varphi^{**}(z)+a_0+a_1z,\quad \psi^{*}(z)=\psi^{**}(z)+b_0+b_1z$$

式中，$\varphi^{**}(z)$、$\psi^{**}(z)$ 在无穷远处的洛朗级数有如下形式：

$$\varphi^{**}(z)=\sum_{k=-1}^{-\infty}a_kz^k,\quad \psi^{**}(z)=\sum_{k=-1}^{-\infty}b_kz^k$$

于是有无界多连域情况下复应力函数的一般形式：

$$\varphi(z)=a_0+a_1z+\varphi^{**}(z)-\frac{\sum_{k=1}^{N}(X_k+\mathrm{i}Y_k)}{2\pi(1+\kappa)}\ln z \tag{14.1.32a}$$

$$\psi(z)=b_0+b_1z+\psi^{**}(z)+\frac{\kappa\sum_{k=1}^{N}(X_k-\mathrm{i}Y_k)}{2\pi(1+\kappa)}\ln z \tag{14.1.32b}$$

式中，与 a_0、a_1、b_0、b_1 对应的应力为

$$\sigma_x^{\infty}+\sigma_y^{\infty}=4\operatorname{Re}a_1,\sigma_y^{\infty}-\sigma_x^{\infty}+2\mathrm{i}\tau_{xy}^{\infty}=2b_1$$

因此

$$\operatorname{Re}a_1=(\sigma_x^{\infty}+\sigma_y^{\infty})/4,\quad \operatorname{Re}b_1=(\sigma_y^{\infty}-\sigma_x^{\infty})/4,\quad \operatorname{Im}b_1=\tau_{xy}^{\infty} \tag{12.1.33}$$

对 a_0、b_0、$\mathrm{Im}\,a_1$ 不作限制，因此将其值取为零不影响应力分量。

本节所得结果可直接用于处理圆域圆环域的问题。

例 14.1 无限平面受集中力。

首先写出 z 平面上极坐标 r、θ 描写的应力和位移分量的复变函数表达式。只将式(14.1.15)和式(14.1.16)中的 β 换为 θ，应力和位移分量的角标 (ρ,θ) 换为 (r,θ) 即可。结合式(14.1.4)和式(14.1.8)，得出

$$\sigma_r+\sigma_\theta=2[\varphi'(z)+\overline{\varphi}'(\overline{z})] \tag{14.1.34a}$$

$$\sigma_\theta-\sigma_r+2\mathrm{i}\,\tau_{r\theta}=2[\overline{z}\varphi''(z)+\psi'(z)]\mathrm{e}^{2\mathrm{i}\theta} \tag{14.1.34b}$$

$$2G(u_r+\mathrm{i}u_\theta)=[\kappa\varphi(z)-z\overline{\varphi}'(\overline{z})-\overline{\psi}(\overline{z})]\mathrm{e}^{-\mathrm{i}\theta} \tag{14.1.35}$$

式(14.1.34a)和式(14.1.34b)可改写为

$$\sigma_r-\mathrm{i}\,\tau_{r\theta}=\varphi'(z)+\overline{\varphi}'(\overline{z})-[\overline{z}\varphi''(z)+\psi'(z)]\frac{z^2}{z\overline{z}}$$

这里用到

$$\mathrm{e}^{2\mathrm{i}\theta}=\frac{z^2}{z\overline{z}}$$

讨论无限平面上 $z=0$ 处受集中力 $X+\mathrm{i}Y$。根据式(14.1.30)的形式取复应力函数：

$$\varphi(z)=-\frac{X+\mathrm{i}Y}{2\pi(1+\kappa)}\ln z,\quad \psi(z)=\frac{\kappa(X-\mathrm{i}Y)}{2\pi(1+\kappa)}\ln z \tag{14.1.36}$$

计算得到

$$\varphi'(z)=-\frac{X+\mathrm{i}Y}{2\pi(1+\kappa)}\frac{1}{z},\quad \psi'(z)=\frac{\kappa(X-\mathrm{i}Y)}{2\pi(1+\kappa)}\frac{1}{z}$$

根据式(14.1.34)和式(14.1.35)算出对应的应力分量和位移分量：

$$\sigma_r+\sigma_\theta=-(1+\nu)\frac{X\cos\theta+Y\sin\theta}{2\pi r} \tag{14.1.37a}$$

$$\sigma_\theta-\sigma_r+2\mathrm{i}\,\tau_{r\theta}=\frac{X\cos\theta+Y\sin\theta}{\pi r}+\mathrm{i}(1-\nu)\frac{X\sin\theta-Y\cos\theta}{2\pi r} \tag{14.1.37b}$$

$$2G(u_r+\mathrm{i}u_\theta)=[\kappa\varphi(z)-z\overline{\varphi}'(\overline{z})-\overline{\psi}(\overline{z})]\mathrm{e}^{-\mathrm{i}\theta}=\left[-\kappa\frac{X+\mathrm{i}Y}{\pi(1+\kappa)}\ln r+\frac{X-\mathrm{i}Y}{2\pi(1+\kappa)}\mathrm{e}^{2\mathrm{i}\theta}\right]\mathrm{e}^{-\mathrm{i}\theta} \tag{14.1.38}$$

这里用到平面应力情况 $\kappa=(3-\nu)/(1+\nu)$。式(14.1.36)正是无限平面在原点受集中力 $F_x+\mathrm{i}F_y$(图 14.5)的应力函数，式(14.1.37)和式(14.1.38)则是对应的应力分量和位移分量。这里 $F_x+\mathrm{i}F_y$ 为原点上外部物体施予弹性域的力，$F_x+\mathrm{i}F_y=-(X+\mathrm{i}Y)$。与式(14.1.37)对应的应力分量实函数形式为

$$\sigma_r=-\frac{3+\nu}{4\pi r}X\cos\theta,\quad \sigma_r=\frac{1-\nu}{4\pi r}X\cos\theta,\quad \tau_{r\theta}=\frac{1-\nu}{4\pi r}X\sin\theta$$

下面叙述一个极有应用价值的命题。

在式(14.1.30)和式(14.1.31)中与介质物理性质有关的部分仅仅是参数 κ。于是得出如下 Michell 定理。

Michell 定理 不计体力的平面问题中，应力分布与材料性质无关的充要条件是每一条封闭边界上外力的主矢为零。

例如，图 14.6 中(a)和(b)情况下应力分布与材料性质无关，(c)和(d)情况下应力分布与材料性质有关。

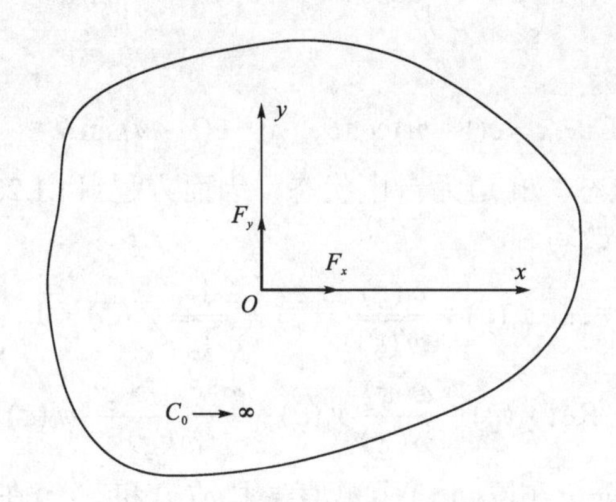

图 14.5　无限平面在原点受集中力

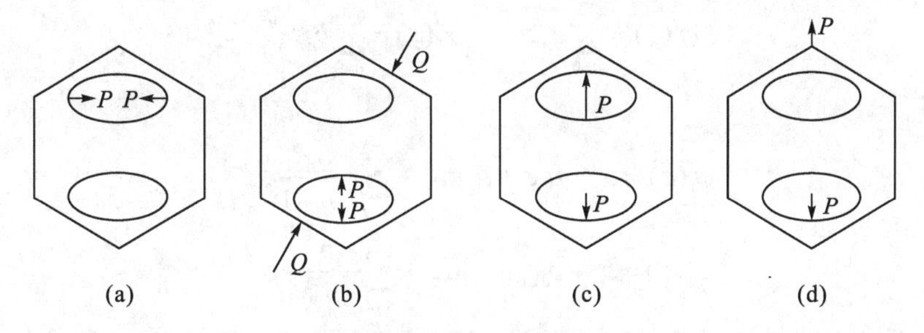

图 14.6　多连域孔内受外力

14.1.5　含椭圆孔的无限域问题

z 平面上含椭圆孔的无限域到 ς 平面上单位圆外部无限域(图 14.7)的保角变换为

$$z=\omega(\varsigma)=c\left(\varsigma+\frac{m}{\varsigma}\right) \tag{14.1.39}$$

式中，c 和 $m(<1)$ 为实数。z 平面上椭圆孔的半长轴和半短轴分别在轴 Ox 和轴 Oy 上，分别为

$$a=c(1+m),\quad a=c(1-m)$$

且 $0\leqslant m=(a-b)/(a+b)\leqslant 1$。

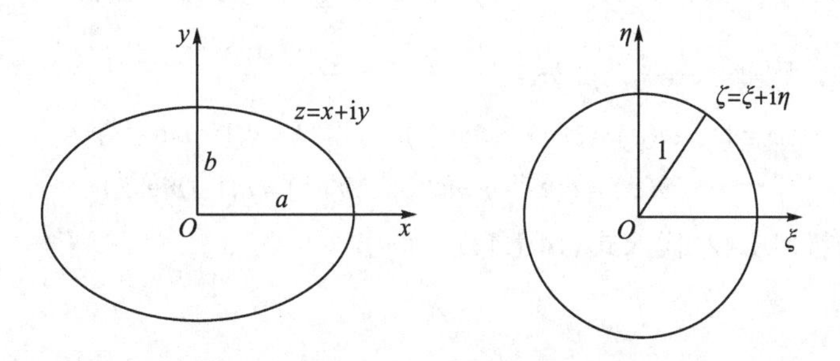

图 14.7　式(14.1.39)的像和原像

变换的实函数描写为

$$x=c\left(\rho+\frac{m}{\rho}\right)\cos\theta,\quad y=c\left(\rho-\frac{m}{\rho}\right)\sin\theta$$

椭圆孔边沿曲线Γ的方程为

$$\Gamma:\quad x=c(1+m)\cos\theta,\quad y=c(1-m)\sin\theta$$

设无限远处为均匀应力状态，孔边为自由状态，因而方程(14.1.23b)和方程(14.1.24)中$F(z)=0$，$M_{AB}=0$，方程改写为

$$|\varsigma|=1:\ \varphi_1(\varsigma)+\frac{\omega(\varsigma)}{\omega'(\varsigma)}\overline{\varphi}_1'(\overline{\varsigma})+\frac{1}{\overline{\omega'(\varsigma)}}\overline{\chi}_1'(\overline{\varsigma})=0 \tag{14.1.40a}$$

$$|\varsigma|=1:\ \mathrm{Re}\{\chi_1(\varsigma)-\frac{\omega(\varsigma)}{\omega'(\varsigma)}\chi_1'(\varsigma)-\frac{\omega(\varsigma)\ \overline{\omega}(\overline{\varsigma})}{\omega'(\varsigma)}\varphi_1'(\varsigma)\}=0 \tag{14.1.40b}$$

由式(14.1.21)可知，应力分量在域$|\varsigma|>1$上单值要求$\varphi_1'(\varsigma)$和$\chi_1''(\varsigma)$在域$|\varsigma|>1$上单值，因此有如下形式

$$\varphi_1'(\varsigma)=\sum_{n=0}^{\infty}a_n\varsigma^{-n},\quad \chi_1''(\varsigma)=\sum_{n=0}^{\infty}b_n\varsigma^{-n} \tag{14.1.41}$$

由此导出

$$\begin{aligned}\varphi_1(\varsigma)&=a_c+a_0\varsigma+a_1\ln\varsigma+\sum_{n=2}^{\infty}\frac{a_n}{-n+1}\varsigma^{-n+1}\\ \chi_1'(\varsigma)&=b_c+b_0\varsigma+b_1\ln\varsigma+\sum_{n=2}^{\infty}\frac{b_n}{-n+1}\varsigma^{-n+1}\end{aligned} \tag{14.1.42}$$

式中，a_c、b_c为积分常数，因其与应力无关，因此取为零。将式(14.1.41)和式(14.1.42)代入式(14.1.22)，计算沿曲线Γ绕行一周的位移增加量：

$$2G(u_x+\mathrm{i}u_y)_\Gamma=\kappa\varphi_1(\varsigma)-\frac{\omega(\varsigma)}{\overline{\omega}'(\overline{\varsigma})}\overline{\varphi}_1'(\overline{\varsigma})-\frac{1}{\overline{\omega}'(\overline{\varsigma})}\overline{\chi}_1'(\overline{\varsigma})=\kappa 2\pi a_1+2\pi\overline{b}_1$$

因此，位移单值条件要求：

$$\kappa a_1+\overline{b}_1=0 \tag{14.1.43}$$

将式(14.1.40a)改写为

$$|\varsigma|=1:\ \omega'(\varsigma)\overline{\varphi}_1(\overline{\varsigma})+\overline{\omega}(\overline{\varsigma})\varphi_1'(\varsigma)+\chi_1'(\varsigma)=0 \tag{14.1.44}$$

注意到：

$$\omega'(\varsigma)=c\left(1-m\frac{1}{\varsigma^2}\right),\quad \overline{\omega}'(\overline{\varsigma})=c\left(1-m\frac{1}{\overline{\varsigma}^2}\right),\quad \omega''(\varsigma)=2cm\frac{1}{\varsigma^3}$$

在∂S上，有$\rho=1$，因此$\varsigma=\mathrm{e}^{\mathrm{i}\theta}$，此外

$$\begin{aligned}\rho=1:\ &\omega(\varsigma)=c(\mathrm{e}^{\mathrm{i}\theta}+m\mathrm{e}^{-\mathrm{i}\theta}),\quad \omega'(\varsigma)=c(1-m\mathrm{e}^{-\mathrm{i}2\theta})\\ &\overline{\omega}(\overline{\varsigma})=c(\mathrm{e}^{-\mathrm{i}\theta}+m\mathrm{e}^{\mathrm{i}\theta}),\quad \overline{\omega}'(\overline{\varsigma})=c(1-m\mathrm{e}^{\mathrm{i}2\theta})\end{aligned}$$

将式(14.1.41)和式(14.1.42)代入式(14.1.44)，得出

$$
\begin{aligned}
&c(1-m\mathrm{e}^{-\mathrm{i}2\theta})[\bar{a}_0\mathrm{e}^{-\mathrm{i}\theta}-\mathrm{i}\bar{a}_1\theta-\sum_{n=2}^{\infty}\frac{\bar{a}_n}{n-1}\mathrm{e}^{(n-1)\mathrm{i}\theta}] \\
&+c(\mathrm{e}^{-\mathrm{i}\theta}+m\mathrm{e}^{\mathrm{i}\theta})\sum_{n=0}^{\infty}a_n\mathrm{e}^{-n\mathrm{i}\theta}+b_0\mathrm{e}^{\mathrm{i}\theta}+\mathrm{i}b_1\theta-\sum_{n=2}^{\infty}\frac{b_n}{n-1}\mathrm{e}^{-(n-1)\mathrm{i}\theta}=0
\end{aligned}
\tag{14.1.45}
$$

此式对任意θ值都满足的充要条件是$\mathrm{e}^{-n\mathrm{i}\theta}$和$\theta$的系数为零。

(1) θ的系数为零要求

$$c\bar{a}_1-b_1=0$$

与式(14.1.43)联解，给出

$$a_1=0,b_1=0 \tag{14.1.46}$$

(2) $\mathrm{e}^{-n\mathrm{i}\theta}(n=-1,0,1,2,3)$的参数为零时：

①$\mathrm{e}^{\mathrm{i}\theta}$的系数为零要求

$$-c\bar{a}_2+\frac{1}{3}cm\bar{a}_4+cma_0+b_0=0 \tag{14.1.47a}$$

②e^{0}的系数为零要求

$$\frac{1}{2}cm\bar{a}_3+cma_1=0 \tag{14.1.47b}$$

③$\mathrm{e}^{-\mathrm{i}\theta}$的系数为零要求

$$c\bar{a}_0+cm\bar{a}_2+cma_2+ca_0-b_2=0 \tag{14.1.47c}$$

④$\mathrm{e}^{-2\mathrm{i}\theta}$的系数为零要求

$$ca_1+cma_3-\frac{1}{2}b_3=0 \tag{14.1.47d}$$

⑤$\mathrm{e}^{-3\mathrm{i}\theta}$的系数为零要求

$$ca_2+cma_4-cm\bar{a}_0-\frac{1}{3}b_4=0 \tag{14.1.47e}$$

此外

$$a_k=0(k\geqslant 3),\quad b_k=0(k\geqslant 5) \tag{14.1.47f}$$

再将式(14.1.41)和式(14.1.42)代入式(14.1.21)，取极限：

$$\sigma_x^{\infty}+\sigma_y^{\infty}=4\lim_{\varsigma\to\infty}\mathrm{Re}\left[\frac{\varphi_1'(\varsigma)}{\omega'(\varsigma)}\right]=4\,\mathrm{Re}\left[\frac{a_0}{c}\right]$$

$$\sigma_y^{\infty}-\sigma_x^{\infty}+2\mathrm{i}\tau_{xy}^{\infty}=2\lim_{\varsigma\to\infty}\frac{\{\bar{\omega}(\bar{\varsigma})[\varphi_1''(\varsigma)\omega'(\varsigma)-\varphi_1'(\varsigma)\omega''(\varsigma)]+\chi_1''(\varsigma)\omega'(\varsigma)-\chi_1'(\varsigma)\omega''(\varsigma)\}}{[\omega'(\varsigma)]^3}=2\frac{b_0}{c^2}$$

于是有

$$a_0=\mathrm{Re}\,a_0=\frac{c}{4}(\sigma_x^{\infty}+\sigma_y^{\infty}),\quad b_0=\frac{c^2}{2}\left[\sigma_y^{\infty}-\sigma_x^{\infty}+2\mathrm{i}\tau_{xy}^{\infty}\right] \tag{14.1.48}$$

利用这些关系，可给出系数的表达式。

由式(14.1.46)和式(14.1.47b、d)得

$$b_3=0$$

由式(14.1.47a)和式(14.1.47f)得

$$\bar{a}_2=ma_0+b_0/c$$

由式(14.1.47c)得

$$\begin{aligned} b_2 &= c(a_0+\overline{a}_0)+cm(a_2+\overline{a}_2) \\ &= c(a_0+\overline{a}_0)+cm\left[m(a_0+\overline{a}_0)+\frac{1}{c}(b_0+\overline{b}_0)\right] \\ &= c(1+m^2)(a_0+\overline{a}_0)+m(b_0+\overline{b}_0) \end{aligned}$$

由式(14.1.47e)得

$$b_4 = 3c(a_2-m\overline{a}_0)=3\overline{b}_0$$

最后，得出复应力函数［式(14.1.41)］具体形式：

$$\varphi_1'(\varsigma)=\sum_{n=0}^{\infty}a_n\varsigma^{-n}=a_0+\left(m\overline{a}_0+\frac{1}{c}\overline{b}_0\right)\varsigma^{-2} \tag{14.1.49a}$$

$$\chi_1''(\varsigma)=\sum_{n=0}^{\infty}b_n\varsigma^{-n}=b_0+[c(1+m^2)(a_0+\overline{a}_0)+m(b_0+\overline{b}_0)]\varsigma^{-2}+3\overline{b}_0\varsigma^{-4} \tag{14.1.49b}$$

按两类情况计算应力和位移分量：

1)仅存在σ_y^∞

$$a_0=\operatorname{Re}a_0=\frac{c}{4}\sigma_y^\infty,\quad b_0=\frac{c^2}{2}\sigma_y^\infty$$

$$\varphi_1'(\varsigma)=\frac{1}{4}\sigma_y^\infty c[1+(m+2)\varsigma^{-2}]$$

$$\chi_1''(\varsigma)=\frac{c^2}{2}\sigma_y^\infty\{1+(1+m)^2\varsigma^{-2}+3\varsigma^{-4}\}$$

$$\sigma_x+\sigma_y=4\operatorname{Re}\frac{\varphi_1'(\varsigma)}{\omega'(\varsigma)}=\sigma_y^\infty\operatorname{Re}\frac{[1+(m+2)\varsigma^{-2}]}{\left(1-m\dfrac{1}{\varsigma^2}\right)} \tag{14.1.50a}$$

$$\begin{aligned} \sigma_y-\sigma_x+2\mathrm{i}\tau_{xy}=&\frac{-\sigma_y^\infty}{(1-m\varsigma^{-2})^3}2(m+1)\left(1+m\frac{1}{\overline{\varsigma}}\right)\varsigma^{-3} \\ &+\frac{\sigma_y^\infty}{(1-m\varsigma^{-2})^3}\{1+(1-m+m^2)\varsigma^{-2}+[3+m(1+m)^2]\varsigma^{-4}-m\varsigma^{-6}\} \end{aligned} \tag{14.1.50b}$$

这里用到

$$\varphi_1''(\varsigma)=-\frac{1}{2}\sigma_y^\infty c(m+2)\varsigma^{-3}$$

$$\chi_1'(\varsigma)=\frac{c^2}{2}\sigma_y^\infty[\varsigma-(1+m)^2\varsigma^{-1}-\varsigma^{-3}]$$

由式(14.1.50a)可得

$$\sigma_x+\sigma_y=\sigma_y^\infty\frac{\rho^4+2\rho^2\cos2\theta-m^2-2m}{\rho^4-2m\rho^2\cos2\theta+m^2}$$

在点$\rho=1,\ \theta=0$或$\theta=\pi$，有$\sigma_x=0$，σ_y就是孔边周向正应力σ_t：

$$\sigma_t=\sigma_y^\infty\frac{3-m^2-2m}{1-2m+m^2}=\sigma_y^\infty\frac{(3+m)(1-m)}{(1-m)^2}=\sigma_y^\infty\frac{3+m}{1-m}=\sigma_y^\infty\left(1+2\frac{a}{b}\right) \tag{14.1.51}$$

再计算

$$\sigma_y-\sigma_x+2\mathrm{i}\tau_{xy}=\frac{-2(m+1)\sigma_y^{\infty}}{\varsigma^6-3m\varsigma^4+3m^2\varsigma^2-m^3}\left(1+m\frac{1}{\varsigma}\right)\varsigma^3$$

$$+\frac{\sigma_y^{\infty}}{\varsigma^6-3m\varsigma^4+3m^2\varsigma^2-m^3}\{\varsigma^6+(1-m+m^2)\varsigma^4+[3+m(1+m)^2]\varsigma^2-m\}$$

$$\sigma_y-\sigma_x=-2(m+1)\sigma_y^{\infty}\frac{A_1B_1+A_2B_2}{A_1^2+A_2^2}+\sigma_y^{\infty}\frac{A_1C_1+A_2C_2}{A_1^2+A_2^2}$$

整理得到

$$\sigma_y-\sigma_x=-2(m+1)\sigma_y^{\infty}\rho^2\left[\frac{A_1[\rho(1+m\rho^{-1}\cos\theta)\cos3\theta-m\sin\theta\sin3\theta]}{A_1^2+A_2^2}\right.$$

$$\left.+\frac{A_2[\rho(1+m\rho^{-1}\cos\theta)\sin3\theta+m\sin\theta\cos3\theta]}{A_1^2+A_2^2}\right]$$

$$+\sigma_y^{\infty}\left[\frac{A_1\{\rho^6\cos6\theta+(1-m+m^2)\rho^4\cos4\theta+[3+m(1+m)^2]\rho^2\cos2\theta-m\}}{A_1^2+A_2^2}\right.$$

$$\left.+\frac{A_2\{\rho^6\sin6\theta+(1-m+m^2)\rho^4\sin4\theta+[3+m(1+m)^2]\rho^2\sin2\theta\}}{A_1^2+A_2^2}\right]$$

在点$\rho=1,\theta=0$或$\theta=\pi$，有

$$\sigma_y-\sigma_x=-2(m+1)\sigma_y^{\infty}\frac{(1+m)}{(1-m)^3}+\sigma_y^{\infty}\left[\frac{\{1+(1-m+m^2)+[3+m(1+m)^2]-m\}}{(1-m)^3}\right]$$

$$=\sigma_y^{\infty}\frac{3-5m+m^2+m^3}{(1-m)^3}=\sigma_y^{\infty}\frac{(3+m)(1-m)^2}{(1-m)^3}=\sigma_y^{\infty}\frac{3+m}{1-m}=\sigma_y^{\infty}\left(1+2\frac{a}{b}\right)$$

因为式中$\sigma_x=0$，因此又得到式(14.1.51)。

$$\mathrm{i}2\tau_{xy}=-2(m+1)\sigma_y^{\infty}\frac{A_1B_2-A_2B_1}{A_1^2+A_2^2}+\sigma_y^{\infty}\frac{A_1C_2-A_2C_1}{A_1^2+A_2^2}$$

$$=-2(m+1)\sigma_y^{\infty}\rho^2\left\{\frac{A_1[\rho(1+m\rho^{-1}\cos\theta)\sin3\theta+m\sin\theta\cos3\theta]}{A^2+B^2}\right.$$

$$\left.-\frac{A_2[\rho(1+m\rho^{-1}\cos\theta)\cos3\theta-m\sin\theta\sin3\theta]}{A_1^2+A_2^2}\right\}$$

$$+\sigma_y^{\infty}\left(\frac{A_1\{\rho^6\sin6\theta+(1-m+m^2)\rho^4\sin4\theta+[3+m(1+m)^2]\rho^2\sin2\theta\}}{A_1^2+A_2^2}\right.$$

$$\left.-\frac{A_2\{\rho^6\cos6\theta+(1-m+m^2)\rho^4\cos4\theta+[3+m(1+m)^2]\rho^2\cos2\theta-m\}}{A_1^2+A_2^2}\right)$$

式中用到：

$$A_1=\mathrm{Re}(\varsigma^2-m)^3=\rho^6\cos6\theta-3m\rho^4\cos4\theta+3m^2\rho^2\cos2\theta-m^3$$

$$A_2=\mathrm{Im}(\varsigma^2-m)^3=\rho^6\sin6\theta-3m\rho^4\sin4\theta+3m^2\rho^2\sin2\theta$$

$$B_1 = \mathrm{Re}[(1+m\frac{1}{\varsigma})\varsigma^3] = \rho^2[\rho(1+m\rho^{-1}\cos\theta)\cos 3\theta - m\sin\theta\sin 3\theta]$$

$$B_2 = \mathrm{Im}[(1+m\frac{1}{\varsigma})\varsigma^3] = \rho^2[\rho(1+m\rho^{-1}\cos\theta)\sin 3\theta + m\sin\theta\cos 3\theta]$$

$$\begin{aligned} C_1 &= \mathrm{Re}\{\varsigma^6 + (1-m+m^2)\varsigma^4 + [3+m(1+m)^2]\varsigma^2 - m\} \\ &= \rho^6\cos 6\theta + (1-m+m^2)\rho^4\cos 4\theta + [3+m(1+m)^2]\rho^2\cos 2\theta - m \end{aligned}$$

$$\begin{aligned} C_2 &= \mathrm{Im}\{\varsigma^6 + (1-m+m^2)\varsigma^4 + [3+m(1+m)^2]\varsigma^2 - m\} \\ &= \rho^6\sin 6\theta + (1-m+m^2)\rho^4\sin 4\theta + [3+m(1+m)^2]\rho^2\sin 2\theta \end{aligned}$$

2)仅存在τ_{xy}^{∞}

$$a_0 = 0, \quad b_0 = \mathrm{i}c^2\tau_{xy}^{\infty}$$

$$\varphi_1'(\varsigma) = -\mathrm{i}c\tau_{xy}^{\infty}\varsigma^{-2}$$

$$\chi_1''(\varsigma) = \mathrm{i}c^2\tau_{xy}^{\infty}(1-3\varsigma^{-4})$$

$$\sigma_x + \sigma_y = 4\,\mathrm{Re}\frac{\varphi_1'(\varsigma)}{\omega'(\varsigma)} = -4\,\mathrm{Re}\left[\mathrm{i}\tau_{xy}^{\infty}\frac{\varsigma^{-2}}{1-m\varsigma^{-2}}\right] \tag{14.1.51a}$$

$$\sigma_y - \sigma_x + 2\mathrm{i}\tau_{xy} = \frac{2\tau_{xy}^{\infty}\mathrm{i}}{(1-m\varsigma^{-2})^3}\left\{2\varsigma^{-3}\left(1+m\frac{1}{\varsigma}\right) + [1-3m\varsigma^{-2} - 3\varsigma^{-4} + m\varsigma^{-6}]\right\} \tag{14.1.51b}$$

这里用到：

$$\varphi_1''(\varsigma) = \mathrm{i}2c\tau_{xy}^{\infty}\varsigma^{-3}$$

$$\chi_1'(\varsigma) = \mathrm{i}c^2\tau_{xy}^{\infty}(\varsigma + \varsigma^{-3})$$

在椭圆的半短轴趋零的情况下，含椭圆孔的平面演变为平面的 Griffith 裂纹模型。因此，精确分析含椭圆孔的平面在远处受单轴均匀拉压和均匀剪切的应力分布，对断裂力学的产生和发展具有重大的意义。

§14.2 用复变函数解柱体自由扭转问题

14.2.1 翘曲函数的解析函数表达

按第 9 章所述，柱体自由扭转问题就是讨论在截面所占区域S满足拉普拉斯方程(9.1.7)和边界条件(9.1.9)的翘曲函数$\varphi(x,y)$，进而按方程(9.1.6)和方程(9.1.10)分别算出应力分布和截面的扭转模数D。据此引入解析函数$F(z)$，使翘曲函数$\varphi(x,y)$与它的共轭函数$\psi(x,y)$分别作为其实部和虚部：

$$F(z) = \varphi(x,y) + \mathrm{i}\psi(x,y)$$

对于任意两正交的方向$\boldsymbol{n}$和$\boldsymbol{t}$，两共轭函数的方向导数有关系：

$$\frac{\partial\varphi(x,y)}{\partial n} = \frac{\partial\psi(x,y)}{\partial t}, \quad \frac{\partial\varphi(x,y)}{\partial t} = -\frac{\partial\psi(x,y)}{\partial n} \tag{14.2.1a}$$

以及

$$\frac{\partial\varphi(x,y)}{\partial x}=\frac{\partial\psi(x,y)}{\partial y},\quad \frac{\partial\varphi(x,y)}{\partial y}=-\frac{\partial\psi(x,y)}{\partial x} \tag{14.2.1b}$$

因此翘曲函数 $\varphi(x,y)$ 的边界条件(9.1.9)便转化为其共轭函数 $\psi(x,y)$ 的边界条件：

$$\partial S:\ \frac{\partial\psi}{\partial s}=\frac{\mathrm{d}}{\mathrm{d}s}\frac{x^2+y^2}{2}$$

或改写为

$$\partial S:\quad \psi=\frac{z\overline{z}}{2}+c_1 \tag{14.2.2}$$

这里用到 $z\overline{z}=x^2+y^2$。式中，积分常数 c_1 不影响应力，因此取其为零。式(14.2.1)又可改写为解析函数 $F(z)$ 的形式：

$$\partial S:\quad F(z)-\overline{F}(\overline{z})=\mathrm{i}z\overline{z} \tag{14.2.3}$$

应力分量算式(9.1.6)可以改写为

$$\tau_{zx}-\mathrm{i}\tau_{zy}=G\alpha\left(\frac{\partial\varphi}{\partial x}-\mathrm{i}\frac{\partial\varphi}{\partial y}-y-\mathrm{i}x\right)$$

根据式(14.2.1b)，将上式用解析函数 $F(z)$ 表示为

$$\tau_{zx}-\mathrm{i}\tau_{zy}=G\alpha[F'(z)-\mathrm{i}\overline{z}] \tag{14.2.4}$$

截面的扭转模数 D 的算式(9.1.10)也可用解析函数 $F(z)$ 表示。首先将式(9.1.10)改写为

$$D=\iint_S\left(\frac{\partial x\varphi}{\partial y}-\frac{\partial y\varphi}{\partial x}+\frac{\partial yx^2}{\partial y}+\frac{\partial xy^2}{\partial x}\right)\mathrm{d}x\mathrm{d}y$$

利用格林公式将上式化为封闭的边界曲线上的线积分：

$$D=-\oint_{\partial S}\varphi(x\mathrm{d}x+y\mathrm{d}y)-\oint_{\partial S}xy(x\mathrm{d}x-y\mathrm{d}y)$$

用解析函数 $F(z)$ 表示为

$$D=-\frac{1}{4}\oint_{\partial S}[F(z)+\overline{F}(\overline{z})]\mathrm{d}(z\overline{z})+\frac{1}{4\mathrm{i}}\oint_{\partial S}\overline{z}^2z\mathrm{d}z \tag{14.2.5}$$

这里用到：

$$-\oint_{\partial S}xy(x\mathrm{d}x-y\mathrm{d}y)=\frac{1}{4\mathrm{i}}\oint_{\partial S}\overline{z}^2z\mathrm{d}z \tag{14.2.6}$$

事实上，

$$\oint_{\partial S}xy(x\mathrm{d}x-y\mathrm{d}y)=\frac{1}{8\mathrm{i}}\oint_{\partial S}(z^2-\overline{z}^2)(z\mathrm{d}z+\overline{z}\mathrm{d}\overline{z})=\frac{1}{4\mathrm{i}}\oint_{\partial S}z^3\mathrm{d}z+z^2\overline{z}\mathrm{d}\overline{z}-\overline{z}^2z\mathrm{d}z-\overline{z}^3\mathrm{d}\overline{z}$$

其中，

$$\oint z^3\mathrm{d}z=0,\quad \oint_{\partial S}\overline{z}^3\mathrm{d}\overline{z}=0,$$

$$\oint_{\partial S}z^2\overline{z}\mathrm{d}\overline{z}=\frac{1}{2}\oint_{\partial S}z^2\mathrm{d}\overline{z}^2=\frac{1}{2}\oint_{\partial S}\mathrm{d}(z^2\overline{z}^2)-\oint_{\partial S}\overline{z}^2z\mathrm{d}z=-\oint_{\partial S}\overline{z}^2z\mathrm{d}z$$

于是，式(14.2.6)得证。

引入保角变换：

$$z = \omega(\varsigma) \tag{14.2.7}$$

使区域 S 映射为 ς 平面的单位圆 $|\varsigma|=1$ 的内部。边界条件(14.2.2)改写为

$$|\varsigma|=1: \quad F_1(\varsigma) - \overline{F}_1(\overline{\varsigma}) = \mathrm{i}\omega(\varsigma)\overline{\omega}(\overline{\varsigma}) \tag{14.2.8}$$

这就为幂级数形式的解提供了方便的形式。

写出式(14.2.4)和式(14.2.5)的变换形式：

$$\tau_{zx} - \mathrm{i}\tau_{zy} = G\alpha\left[\frac{F_1'(\varsigma)}{\omega'(\varsigma)} - \mathrm{i}\overline{\omega}(\overline{\varsigma})\right] \tag{14.2.9}$$

$$D = -\frac{1}{4}\oint_{\partial S}[F_1(\varsigma) + \overline{F}_1(\overline{\varsigma})]\mathrm{d}[\omega(\varsigma)\overline{\omega}(\overline{\varsigma})] + \frac{1}{4\mathrm{i}}\oint_{\partial S}\omega(\varsigma)[\overline{\omega}(\overline{\varsigma})]^2\,\mathrm{d}\omega(\varsigma) \tag{14.2.10}$$

式中，

$$F_1(\varsigma) = F\left[\omega(\varsigma)\right] \tag{14.2.11}$$

14.2.2 心形截面的抗扭模数

对于实数 c，取

$$z = \omega(\varsigma) = c(1+\varsigma)^2 \tag{14.2.12}$$

当 $\varsigma = \rho\mathrm{e}^{\mathrm{i}\theta}$ 时，则

$$x = c(1+2\rho\cos\theta + \rho^2\cos^2\theta - \rho^2\sin^2\theta), \quad y = 2c\rho(1+\rho\cos\theta)\sin\theta$$

当 $\rho = 1$ 时，

$$x = 2c(1+\cos\theta)\cos\theta, \quad y = 2c(1+\cos\theta)\sin\theta \tag{14.2.13}$$

在区间 $0 \leqslant \theta \leqslant 2\pi$，式(14.2.13)正是心形线的方程(图 14.8)。由此可见，式(14.2.12)将 z 平面上图 14.8 所示心形域变换为 ς 平面的单位圆内部。

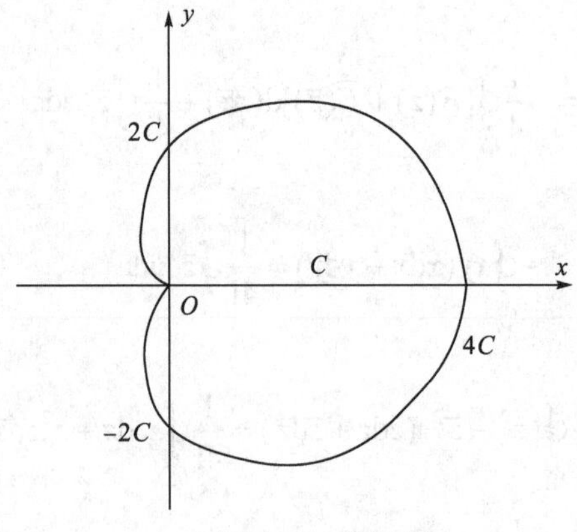

图 14.8 心形域

计算得到

$$|\varsigma|=1: \quad \omega(\varsigma) = c(1+\varsigma)^2_{|\varsigma|=1} = (a_0 + a_1\varsigma + a_2\varsigma^2)_{\varsigma=\mathrm{e}^{\mathrm{i}\theta}} = a_0 + a_1\mathrm{e}^{\mathrm{i}\theta} + a_2\mathrm{e}^{2\mathrm{i}\theta},$$

$$\omega'(\varsigma) = 2c(1+\varsigma)_{\varsigma=\mathrm{e}^{\mathrm{i}\theta}} = a_1 + 2a_2\mathrm{e}^{\mathrm{i}\theta}$$

这里$a_0=c,\quad a_1=2c,\quad a_2=c$。

对复常数序列b_n，取

$$F_1(\varsigma)=\sum_{n=0,1}^{\infty}b_n\varsigma^n\text{，}\quad F_1'(\varsigma)=\sum_{n=1,2}^{\infty}nb_n\varsigma^{n-1}$$

边界条件(14.2.8)、应力分量表达式(14.2.9)分别写为

$$|\varsigma|=1\text{：}\quad \sum_{n=0,1}^{\infty}b_n\mathrm{e}^{in\theta}-\sum_{n=0,1}^{\infty}\overline{b}_n\overline{\varsigma}^{-in\theta}=\mathrm{i}[a_0+a_1\mathrm{e}^{\mathrm{i}\theta}+a_2\mathrm{e}^{2\mathrm{i}\theta}][\overline{a}_0+\overline{a}_1\mathrm{e}^{-\mathrm{i}\theta}+\overline{a}_2\mathrm{e}^{-2\mathrm{i}\theta}] \tag{14.2.14a}$$

$$\tau_{zx}-\mathrm{i}\tau_{zy}=G\alpha\left[\frac{\sum_{n=1,2}nb_n\varsigma^{n-1}}{2c(1+\varsigma)}-\mathrm{i}c(1+\overline{\varsigma})^2\right]=\mathrm{i}G\alpha c\left[\frac{2+\varsigma}{1+\varsigma}-(1+\overline{\varsigma})^2\right] \tag{14.2.14b}$$

由式(14.2.14)求出：

$$b_1=\mathrm{i}4c^2,\quad b_2=\mathrm{i}c^2,\quad b_0=\mathrm{i}3c^2 \tag{14.2.15}$$

b_0不影响应力，故不予计算。最后结果为

$$F_1(\varsigma)=\mathrm{i}c^2(4\varsigma+\varsigma^2) \tag{14.2.16}$$

$$\tau_{zx}-i\tau_{zy}=\mathrm{i}G\alpha c\left[\frac{2+\varsigma}{1+\varsigma}-(1+\overline{\varsigma})^2\right] \tag{14.2.17}$$

为了按线积分算式计算截面抗扭模数，引入单位圆上复变量$\sigma=\varsigma/\rho$，式(14.2.10)成为

$$D=-\frac{1}{4}c^2\oint_{|\sigma|=1}\left[b_1\sigma+b_2\sigma^2+\overline{b}_1\frac{1}{\sigma}+\overline{b}_2\frac{1}{\sigma^2}\right]\mathrm{d}\left[(1+\sigma)^2\left(1+\frac{1}{\sigma}\right)^2\right]+\frac{1}{4i}c^4\oint_{|\sigma|=1}(1+\sigma)^2\left(1+\frac{1}{\sigma}\right)^4d(1+\sigma)^2$$

整理得

$$D=-\frac{1}{2}\mathrm{i}c^4\oint_{|\sigma|=1}\left[4\sigma+\sigma^2-4\frac{1}{\sigma}-\frac{1}{\sigma^2}\right](1+\sigma)\left(1+\frac{1}{\sigma}\right)\left[\left(1+\frac{1}{\sigma}\right)-\frac{1}{\sigma^2}(1+\sigma)\right]\mathrm{d}\sigma$$

$$+\frac{1}{2\mathrm{i}}c^4\oint_{|\sigma|=1}(1+\sigma)^2\left(1+\frac{1}{\sigma}\right)^4(1+\sigma)\mathrm{d}\sigma$$

再整理，然后用留数定理，得其结果为

$$D=17\pi c^4 \tag{14.2.18}$$

其中用到：

$$f_1=\left[4\sigma+\sigma^2-4\frac{1}{\sigma}-\frac{1}{\sigma^2}\right](1+\sigma)\left(1+\frac{1}{\sigma}\right)\left[\left(1+\frac{1}{\sigma}\right)-\frac{1}{\sigma^2}(1+\sigma)\right]$$

$$=-6+8\sigma+6\sigma^2+\sigma^3-18\frac{1}{\sigma}-6\frac{1}{\sigma^2}+8\frac{1}{\sigma^3}+6\frac{1}{\sigma^4}+\frac{1}{\sigma^5}$$

$$f_2=(1+\sigma)^2\left(1+\frac{1}{\sigma}\right)^4(1+\sigma)=35+35\frac{1}{\sigma}+21\frac{1}{\sigma^2}+7\frac{1}{\sigma^3}+\frac{1}{\sigma^4}+21\sigma+7\sigma^2+\sigma^3$$

$$\oint_{|\sigma|=1}f_1\mathrm{d}\sigma=-18\cdot 2\pi\mathrm{i}$$

$$\oint_{|\sigma|=1}f_2\mathrm{d}\sigma=35\cdot 2\pi\mathrm{i}$$

主要参考书目

A.M.卡兹. 1961. 弹性理论. 王知民, 译. 北京: 人民教育出版社.

陆明万, 罗学富. 1990. 弹性理论基础. 北京: 清华大学出版社.

钱伟长, 叶开沅. 1980. 弹性力学. 北京: 科学出版社.

Timoshenko S P, Goodier J N. 1990. 弹性理论. 徐芝纶, 译. 北京: 高等教育出版社.

王敏中, 王炜, 武际可. 2002. 弹性力学教程. 北京: 北京大学出版社.

谢贻权, 林钟祥, 丁皓江. 1988. 弹性力学. 杭州: 浙江大学出版社.

Fung Y C. 1965. Foundation of Solid Mechanics. New Jersey: Prentice-Hall, INC.

习 题 解 答

第1章

1.1　$\boldsymbol{S}:\boldsymbol{T}=S_{kl}T_{kl}=T_{kl}S_{kl}=\boldsymbol{T}:\boldsymbol{S}$

$\boldsymbol{S}\cdot\cdot\boldsymbol{T}=S_{kl}T_{lk}=T_{lk}S_{kl}=\boldsymbol{T}\cdot\cdot\boldsymbol{S}$

1.2　按题设条件，在坐标系$Ox_1x_2x_3$中

$$u_k=S_{kl}v_l \tag{1}$$

在坐标系$O'x_1'x_2'x_3'$中

$$u'_{p'}=S'_{p'q'}v'_{q'} \tag{2}$$

但对于任何满足条件(1.2.11)的变换系数$Q_{q'p}$，有

$$u'_{p'}=Q_{p'k}u_k, u_k=Q_{p'k}u'_{p'} \tag{3}$$

$$v'_{q'}=Q_{q'l}v_l, v_l=Q_{q'l}v'_{q'} \tag{4}$$

式(2)成为

$$Q_{p'k}u_k=S'_{p'q'}Q_{q'l}v_l$$

两端用$Q_{p'm}$缩约，

$$Q_{p'm}Q_{p'k}u_k=Q_{p'm}S'_{p'q'}Q_{q'l}v_l$$

注意到式(1.2.11)

$$Q_{p'm}Q_{p'k}=\delta_{mk}$$

得到

$$u_m=Q_{p'm}S'_{p'q'}Q_{q'l}v_l$$

与式(1)比较，得到

$$S_{ml}=Q_{p'm}Q_{q'l}S'_{p'q'} \tag{5}$$

或

$$S'_{p'q'}=Q_{p'm}Q_{q'l}S_{ml} \tag{6}$$

由张量的定义，式(5)和(6)表明，$\boldsymbol{S}$为二阶张量。

1.3　等号左端

$$\boldsymbol{u}\times\boldsymbol{v}=e_{klm}u_lv_m\boldsymbol{i}_k$$

等号右端

$$\boldsymbol{e}:(\boldsymbol{u}\otimes\boldsymbol{v})=(e_{klm}\boldsymbol{i}_k\otimes\boldsymbol{i}_l\otimes\boldsymbol{i}_m):(u_pv_q\boldsymbol{i}_p\otimes\boldsymbol{i}_q)=e_{klm}\boldsymbol{i}_ku_pv_q\delta_{lp}\delta_{mq}=\boldsymbol{i}_ke_{klm}u_lv_m$$

与前所的相等。

1.4　$\boldsymbol{a}\otimes\boldsymbol{b}$为对称二阶张量，则有$a_jb_i=a_ib_j$。如果$\boldsymbol{S}$为对称二阶张量，必有$\boldsymbol{e}:\boldsymbol{S}=\boldsymbol{0}$。因此$\boldsymbol{a}\times\boldsymbol{b}=\boldsymbol{e}:(\boldsymbol{a}\otimes\boldsymbol{b})=\boldsymbol{0}$

1.5 $\boldsymbol{S}^{(s)}:\boldsymbol{T}^{(a)}=S_{kl}^{(s)}T_{kl}^{(a)}=-S_{lk}^{(s)}T_{lk}^{(a)}=-\boldsymbol{S}^{(s)}:\boldsymbol{T}^{(a)}$

于是第一式证毕。同理可证第二式。计算第三式左端

$$\boldsymbol{S}:\boldsymbol{T}=(S_{kl}^{(s)}+S_{kl}^{(a)})(T_{kl}^{(s)}+T_{kl}^{(a)})=S_{kl}^{(s)}T_{kl}^{(s)}+S_{kl}^{(s)}T_{kl}^{(a)}+S_{kl}^{(a)}T_{kl}^{(s)}+S_{kl}^{(a)}T_{kl}^{(a)}$$

按前两式的结果，右端第2、3两项为零，得到所要求证的结果。

1.6 按对偶张量的定义式(1.4.41)：

$$\boldsymbol{W}=-e_{klm}\omega_m\boldsymbol{i}_k\otimes\boldsymbol{i}_l=-\boldsymbol{e\omega}=-e_{klm}\omega_m\boldsymbol{i}_k\otimes\boldsymbol{i}_l=e_{lkm}\omega_m\boldsymbol{i}_k\otimes\boldsymbol{i}_l=-\boldsymbol{W}^{\mathrm{T}}$$

这里用到$e_{klm}=-e_{lkm}$。

1.7 计算等号左端 $\int_{\partial v}\boldsymbol{x}\times(\mathrm{d}\boldsymbol{a}\cdot\boldsymbol{\sigma})=\boldsymbol{i}_j e_{jkl}\int_{\partial v}x_k\sigma_{ml}n_m\mathrm{d}a=\boldsymbol{i}_j e_{jkl}\int_v(x_{k,m}\sigma_{ml}+x_k\sigma_{ml,m})\mathrm{d}v$

整理得到

$$\int_{\partial v}\boldsymbol{x}\times(\boldsymbol{\sigma}\mathrm{d}\boldsymbol{a})=\boldsymbol{i}_j e_{jkl}\int_v(\delta_{km}\sigma_{lm}+x_k\sigma_{lm,m})\mathrm{d}v=\int_v\boldsymbol{i}_j e_{jkl}(\sigma_{kl}+x_k\sigma_{ml,m})\mathrm{d}v=\int_v(\boldsymbol{e}:\boldsymbol{\sigma}+\boldsymbol{x}\times\mathrm{div}\boldsymbol{\sigma})\mathrm{d}v$$

这就是所要求证的等式的右端。

1.8 (1)分三部分证明。第一，等号右端ijk或pqr两组中之任何一组，有两个或两个以上标号相同，则值为零。与左端一致。第二，等号右端ijk或pqr两组中标号同为偶排列或同为奇排列，则值为1。与左端一致。第三，等号右端ijk或pqr两组中标号各为偶排列和奇排列，则值为-1。与左端一致。证毕。

(2)计算$e_{ijk}e_{imn}=e_{1jk}e_{1mn}+e_{2jk}e_{2mn}+e_{3jk}e_{3mn}$，这里每一项有81个分量，其中非零的有$3\times4$个：

(j,k,m,n)分别等于$(2,3,2,3)$、$(2,3,3,2)$、$(3,2,2,3)$和$(3,2,3,2)$，得到[$e_{123}e_{123},e_{123}e_{132},e_{132}e_{123},e_{132}e_{132}$]，即$(1,-1,-1,1)$；

(j,k,m,n)分别等于$(3,1,3,1)$、$(3,1,1,3)$、$(1,3,3,1)$和$(1,3,1,3)$，得到[$e_{231}e_{231},e_{231}e_{213},e_{213}e_{231},e_{213}e_{213}$]，即$(1,-1,-1,1)$；

(j,k,m,n)分别等于$(1,2,1,2)$、$(1,2,2,1)$、$(2,1,1,2)$和$(2,1,2,1)$，得到[$e_{312}e_{312},e_{312}e_{321},e_{321}e_{312},e_{321}e_{321}$]，即$(1,-1,-1,1)$。

等号右端对应地有

(j,k,m,n)分别等于$(2,3,2,3)$、$(2,3,3,2)$、$(3,2,2,3)$和$(3,2,3,2)$，得到$(1,-1,-1,1)$；

(j,k,m,n)分别等于$(3,1,3,1)$、$(3,1,1,3)$、$(1,3,3,1)$和$(1,3,1,3)$，得到$(1,-1,-1,1)$；

(j,k,m,n)分别等于$(1,2,1,2)$、$(1,2,2,1)$、$(2,1,1,2)$和$(2,1,2,1)$，得到$(1,-1,-1,1)$。

因此原式得以证明。

(3)由(2)缩约，得到证明。

(4)由(3)缩约，得到证明。

1.9 $|(\boldsymbol{a}\times\boldsymbol{b})\cdot\boldsymbol{c}|$

1.10 等号左端$\nabla\times\nabla\times\boldsymbol{u}=\boldsymbol{i}_p e_{pkl}\partial_k(e_{lmn}\partial_m u_n)=\boldsymbol{i}_p e_{pkl}e_{lmn}\partial_k\partial_m u_n$。利用习题1.8(2)的结果

$$\nabla\times\nabla\times\boldsymbol{u}=\boldsymbol{i}_p(\delta_{pm}\delta_{kn}-\delta_{pn}\delta_{km})\partial_k\partial_m u_n=\boldsymbol{i}_p(\partial_p\partial_k u_k-\partial_k\partial_k u_p)=\nabla\otimes\nabla\cdot\boldsymbol{u}-\nabla\cdot\nabla\otimes\boldsymbol{u}$$

注意到$\nabla\cdot\nabla\otimes\boldsymbol{u}=\Delta\boldsymbol{u}$，便得到所要求证的结果。

第 2 章

2.1 $u_x=\varepsilon_x x+\frac{\gamma_{xy}-\psi_z}{2}y$，$u_y=\varepsilon_y y+\frac{\gamma_{xy}+\psi_z}{2}x$

2.2 应变分量为零，位移是无限小刚体位移

$$u_x=a-\frac{\psi_z}{2}y+\frac{\psi_y}{2}z，\ u_y=b+\frac{\psi_z}{2}x-\frac{\psi_x}{2}z，\ u_z=c+\frac{\psi_x}{2}y-\frac{\psi_y}{2}x$$

2.3 ①$u_x=\varepsilon x+\frac{1}{2}\gamma y+a+\frac{1}{2}(z\psi_y-y\psi_z)$

$$u_y=-\varepsilon y+\frac{\gamma}{2}x+b+\frac{1}{2}(x\psi_z-z\psi_x)$$

$$u_z=c+\frac{1}{2}(y\psi_x-x\psi_y)$$

式中，a、b、c、ψ_x、ψ_y、ψ_z为小变形刚体位移。

②坐标系$Ox'y'z'$中对应的位移分量

$$u_x'=\frac{1}{2}\gamma x'-2\varepsilon y'+a'+\frac{1}{2}(z'\psi_y'-y'\psi_z')$$

$$u_y'=-\frac{\gamma}{2}y'-2\varepsilon y'+b'+\frac{1}{2}(x'\psi_z'-z'\psi_x')$$

$$u_z=c'+\frac{1}{2}(y'\psi_x'-x'\psi_y')$$

式中，a'、b'、c'、ψ_x'、ψ_y'、ψ_z'为小变形刚体位移。

2.4 由几何方程得到

$$\varepsilon_x=-2Ay，\ \varepsilon_y=2vAy，\ \varepsilon_z=2vAy，\ \gamma_{yz}=0，\ \gamma_{zx}=0，\ \gamma_{xy}=0$$

变形后空间坐标为ξ,η,ς

$$\xi=x+u_x=x(1-2Ay)，\ \eta=y+u_y=y+A[x^2+v(y^2-z^2)]，\ \varsigma=z+u_z=x+2vAyz$$

平面

$$a\xi+b\eta+c\varsigma+d=0 \tag{1}$$

在变形前为

$$ax(1-2Ay)+by+bA[x^2+v(y^2-z^2)]+c(x+2vAyz)+d=0 \tag{2}$$

整理后如果此式有形式

$$G(ex+h)=0$$

则平面$x=\text{const.}$变形后成为平面$a\xi+b\eta+c\varsigma+d=0$。但式(2)总含$y,z$。因此，平面$x=\text{const.}$在变形后不再保持平面。

2.5 只需求证变形前平面$ax+by+cz+d=0$变形后有方程$A\xi+B\eta+C\varsigma+D=0$.

2.6 (1)满足式(2.2.9a)～式(2.2.9d)。式(2.2.9e)不满足。

(2)不满足式(2.2.9b)、式(2.2.9c)、式(2.2.9e)和式(2.2.9f)。

2.7 当

$$-C\lambda\mu - A\mu^2 - B\lambda^2 = 0$$

满足协调方程。

2.8 一个主应变$\varepsilon_1 = 150\,\mu$，对应的主方向为(1,0,0)，余下两个主应变和主方向为$\varepsilon_2 = 101.7\mu$，$\varepsilon_3 = -141.7\mu$，对应的主方向分别为

$$(0.000, 0.646, 0.763) \text{和} (0.000, -0.763, -0.646)$$

体积应变为$\theta = 110\mu$。

应变偏量为

$$\begin{bmatrix} \varepsilon_x' & \gamma_{xy}'/2 & \dot{\gamma}_{xz}/2 \\ \cdot & \varepsilon_y' & \dot{\gamma}_{yz}/2 \\ \cdot & \cdot & \varepsilon_z' \end{bmatrix} = \begin{bmatrix} 113.3 & 0 & 0 \\ \cdot & -76.6 & 120 \\ \cdot & \cdot & -36.7 \end{bmatrix} \times 10^{-6}$$

2.9 $Ox'y'z'$ 中描写的位移分量

$$u_p' = m_{pj}u_j = m_{pj}a_{ji}x_i = m_{pj}a_{ji}m_{qi}x_q'$$

$Ox'y'z'$ 中描写的应变分量为

$$\varepsilon_{rs}' = m_{rj}(a_{ji} + a_{ij})m_{si}/2$$

第 3 章

3.1 设AC的外法线单位矢量为$(n_x^{(1)}, n_y^{(1)})$，AB的外法线单位矢量为$(n_x^{(2)}, n_y^{(2)})$。因为这两条边上外加载荷为零，所以对A的邻近处的应力分量满足应力边界条件

$$\sigma_x n_x^{(1)} + \tau_{yx} n_y^{(1)} = 0, \quad \tau_{xy} n_x^{(1)} + \sigma_y n_y^{(1)} = 0,$$

$$\sigma_x n_x^{(2)} + \tau_{yx} n_y^{(2)} = 0, \quad \tau_{xy} n_x^{(2)} + \sigma_y n_y^{(2)} = 0$$

将这四个方程作为三个应力分量的线性代数方程，在两条边不重合的条件下，其系数矩阵的秩必然等于3，因此应力分量只有零解。

3.2 应力分量σ_x和τ_{xy}表示法线为x轴方向的截面上，应力矢量的x分量和y分量，或法线为负x轴方向的截面上，应力矢量的负x分量和负y分量。

在边界$x = 0, y \geqslant 0$上，它们应与静水压力一致，因此$\sigma_x = -\gamma y$，$\tau_{xy} = 0$。

3.3 $f_x = f_y = 0, f_z = -B$

3.4 设$\tau_{xy} = g_k(x, y)$，$(k = 1, 2, \cdots)$，由式(3.2.11)

$$\frac{\partial \sigma_x}{\partial x} = -\frac{\partial \tau_{yx}}{\partial y} - f_x, \quad \frac{\partial \sigma_y}{\partial y} = -\frac{\partial \tau_{xy}}{\partial x} - f_y$$

由此得到

$$\sigma_x = -xf_x - \int^{x,y} \frac{\partial g_k}{\partial y} \mathrm{d}x, \quad \sigma_y = -yf_y - \int^{x,y} \frac{\partial g_k}{\partial x} \mathrm{d}y, \quad (k = 1, 2, \cdots)$$

3.5 平面$x + \sqrt{6}y + 3z = 1$的法线单位矢量为

$$(n_x, n_y, n_z) = \begin{bmatrix} 1 & \sqrt{6} & 3 \end{bmatrix} \times \frac{1}{4}$$

根据式(3.2.3)，可得$(p_x, p_y, p_z) = \left[-2,\ \ 3-\sqrt{6},\ \ 5+\sqrt{6}\right]\times\dfrac{1}{4}a$。这里$a$理解为应力的量度单位。

$$\sigma_n = 1.356a,\quad \tau_n = 1.378a$$

3.6 (1)主应力分别为

$$3.303a, -0.303a, -a$$

对应的主方向分别为

$$(n_x^{(1)}, n_y^{(1)}, n_z^{(1)}) = (-0.398, 0.000, 0.917)，\ (n_x^{(2)}, n_y^{(2)}, n_z^{(2)}) = (0,1,0)$$

$$(n_x^{(3)}, n_y^{(3)}, n_z^{(3)}) = (0.917, 0, 0.398)$$

最大剪应力为 $2.152a$。

(2)主应力分别为

$$300a, 120.7a, -20.7a$$

对应的主方向分别为

$$(n_x^{(1)}, n_y^{(1)}, n_z^{(1)}) = (0,0,1)，\ (n_x^{(2)}, n_y^{(2)}, n_z^{(2)}) = (-0.924, 0.383, 0)$$

$$(n_x^{(3)}, n_y^{(3)}, n_z^{(3)}) = (0.383, 0.924, 0)$$

最大剪应力为 $160.4a$。

第 4 章

4.1 E为单轴应力与对应的正应变之比；v为单轴应力状态下横向正应变与轴向正应变之比反号；G为剪应力与对应的剪应变之比。

在纯剪切应力状态下，计算余应变能密度。一方面，根据式(4. 3. 12)和式(4.3.24a)，可得

$$w_c = \frac{1+v}{E}\tau_{xy}^2$$

另一方面，根据式(4.3.11)和式(4.3.26)：

$$w_c = \frac{1}{2G}\tau_{xy}^2$$

两者比较，得到

$$G = \frac{E}{2(1+v)}$$

4.2 根据式(4.2.5)

$$w_c(\boldsymbol{\sigma}) = \sigma_x\varepsilon_x + \sigma_y\varepsilon_y + \sigma_z\varepsilon_z + \tau_{yz}\gamma_{yz} + \tau_{zx}\gamma_{zx} + \tau_{xy}\gamma_{xy} - w(\boldsymbol{\varepsilon})$$

两端作全微分，得到

$$\begin{aligned} \mathrm{d}w_c(\boldsymbol{\sigma}) = {} & \sigma_x\mathrm{d}\varepsilon_x + \sigma_y\mathrm{d}\varepsilon_y + \sigma_z\mathrm{d}\varepsilon_z + \tau_{yz}\mathrm{d}\gamma_{yz} + \tau_{zx}\mathrm{d}\gamma_{zx} + \tau_{xy}\mathrm{d}\gamma_{xy} \\ & + \varepsilon_x\mathrm{d}\sigma_x + \varepsilon_y\mathrm{d}\sigma_y + \varepsilon_z\mathrm{d}\sigma_z + \gamma_{yz}\mathrm{d}\tau_{yz} + \gamma_{zx}\mathrm{d}\tau_{zx} + \gamma_{xy}\mathrm{d}\tau_{xy} - \mathrm{d}w(\boldsymbol{\varepsilon}) \end{aligned} \tag{1}$$

利用全微分式(4.2.3)和式(4.2.4)

$$\delta w=\frac{\partial w}{\partial\varepsilon_x}\delta\varepsilon_x+\frac{\partial w}{\partial\varepsilon_y}\delta\varepsilon_y+\frac{\partial w}{\partial\varepsilon_z}\delta\varepsilon_z+\frac{\partial w}{\partial\gamma_{yz}}\delta\gamma_{yz}+\frac{\partial w}{\partial\gamma_{zx}}\delta\gamma_{zx}+\frac{\partial w}{\partial\gamma_{xy}}\delta\gamma_{xy}$$

式(1)成为

$$\mathrm{d}w_c(\boldsymbol{\sigma})=\varepsilon_x\mathrm{d}\sigma_x+\varepsilon_y\mathrm{d}\sigma_y+\varepsilon_z\mathrm{d}\sigma_z+\gamma_{yz}\mathrm{d}\tau_{yz}+\gamma_{zx}\mathrm{d}\tau_{zx}+\gamma_{xy}\mathrm{d}\tau_{xy} \tag{2}$$

但是有全微分形式不变性

$$\delta w_c=\frac{\partial w_c}{\partial\sigma_x}\delta\sigma_x+\frac{\partial w_c}{\partial\sigma_y}\delta\sigma_y+\frac{\partial w_c}{\partial\sigma_z}\delta\sigma_z+\frac{\partial w_c}{\partial\tau_{yz}}\delta\tau_{yz}+\frac{\partial w_c}{\partial\tau_{zx}}\delta\tau_{zx}+\frac{\partial w_c}{\partial\tau_{xy}}\delta\tau_{xy} \tag{3}$$

比较式(2)和式(3)，得到

$$\varepsilon_x=\frac{\partial w_c}{\partial\sigma_x},\varepsilon_y=\frac{\partial w_c}{\partial\sigma_y},\varepsilon_z=\frac{\partial w_c}{\partial\sigma_z},\gamma_{yz}=\frac{\partial w_c}{\partial\tau_{yz}},\gamma_{zx}=\frac{\partial w_c}{\partial\tau_{zx}},\gamma_{xy}=\frac{\partial w_c}{\partial\tau_{xy}}$$

这就是所要求证的结果。

4.3 $\dfrac{\sigma_x}{\varepsilon_x}=\dfrac{E(1-v)}{1-2v^2}$，$\sigma_y/\sigma_x=v/(1-v)$

4.4 $v=\dfrac{1}{2}\left(1-\dfrac{E}{3K}\right)=\dfrac{1}{2}(1-\dfrac{1.5}{3\times1.25})=0.3$

4.5 由式(4.3.17)所示的关系

$$\gamma_{xy}=\frac{\tau_{xy}}{G},\quad \gamma_{yz}=\frac{\tau_{yz}}{G},\quad \gamma_{zx}=\frac{\tau_{zx}}{G}$$

因此如果在一个坐标系下应力张量为对角形，则应变张量也为对角形；反之亦然。所以应力主方向与应变主方向一致。

4.6
$$\sigma_x=\frac{E}{1-v^2}\left[\varepsilon_0\left(1-\frac{v}{3}\right)+\frac{2v}{3}(\varepsilon_{60}+\varepsilon_{-60})\right]$$

$$\sigma_y=\frac{E}{1-v^2}\frac{2}{3}\left[(\varepsilon_{60}+\varepsilon_{-60})+\left(v-\frac{1}{3}\right)\varepsilon_x\right]$$

$$\tau_{xy}=\frac{E}{2(1+v)}\frac{2\sqrt{3}}{3}(\varepsilon_{60}-\varepsilon_{-60})$$

4.7
$$\sigma_x=\frac{210\times10^3}{1-0.3^2}(-130+0.3\times130)=-21\text{MPa}$$

$$\sigma_y=\frac{210\times10^3}{1-0.3^2}(130-0.3\times130)=21\text{MPa}$$

$$\tau_{xy}=\frac{210\times10^3}{2(1+0.3)}(2\times75+130-130)=12.1\text{MPa}$$

第 5 章

5.1 (1) $x^2+y^2+z^2=a^2$：$n_x=x/a$，$n_y=y/a$，$n_z=z/a$，$\overline{p}_x=-pn_x$，$\overline{p}_y=-pn_y$，$\overline{p}_z=-pn_z$，因此应力边界条件为

$$x\sigma_x+y\tau_{yx}+z\tau_{zx}=-xp,\quad x\tau_{xy}+y\sigma_y+z\tau_{zy}=-yp,\quad x\tau_{xz}+y\tau_{yz}+z\sigma_z=-zp$$

(2) ∂V：$n_x = \dfrac{\partial f}{\partial x}\Big/a$，$n_y = \dfrac{\partial f}{\partial y}\Big/a$，$n_z = \dfrac{\partial f}{\partial z}\Big/a$，$\bar{p}_x = -pn_x$，$\bar{p}_y = -pn_y$，$\bar{p}_z = -pn_z$

式中，$a = \sqrt{\left(\dfrac{\partial f}{\partial x}\right)^2 + \left(\dfrac{\partial f}{\partial y}\right)^2 + \left(\dfrac{\partial f}{\partial z}\right)^2}$。因此应力边界条件为

$$\frac{\partial f}{\partial x}\sigma_x + \frac{\partial f}{\partial y}\tau_{yx} + \frac{\partial f}{\partial z}\tau_{zx} = -\frac{\partial f}{\partial x}p\text{，}\quad \frac{\partial f}{\partial x}\tau_{xy} + \frac{\partial f}{\partial y}\sigma_y + \frac{\partial f}{\partial z}\tau_{zy} = -\frac{\partial f}{\partial y}p\text{，}$$

$$\frac{\partial f}{\partial x}\tau_{xz} + \frac{\partial f}{\partial y}\tau_{yz} + \frac{\partial f}{\partial z}\sigma_z = -\frac{\partial f}{\partial z}p\text{，}\quad p = \gamma z$$

5.2　体力为 $f_x = f_y = 0, f_z = -\rho g$。柱面应力边界条件为

$$n_x\sigma_x + n_y\tau_{xy} = 0\text{，}\quad n_x\tau_{xy} + n_y\sigma_y = 0\text{，}\quad n_x\tau_{zx} + n_y\tau_{zy} = 0$$

端面（$z=0$）应力边界条件为

$$\sigma_z = 0\text{，}\quad \tau_{zy} = \tau_{zx} = 0\text{。}$$

5.3　平衡方程

$$(\lambda+2G)\frac{\partial}{\partial x}\nabla^2\psi + f_x = 0\text{，}\quad (\lambda+2G)\frac{\partial}{\partial y}\nabla^2\psi + f_y = 0\text{，}\quad (\lambda+2G)\frac{\partial}{\partial z}\nabla^2\psi + f_z = 0$$

因此，如果体力有势

$$f_x = (\lambda+2G)\frac{\partial F}{\partial x}\text{，}\quad f_y = (\lambda+2G)\frac{\partial F}{\partial y}\text{，}\quad f_z = (\lambda+2G)\frac{\partial F}{\partial z}$$

那么函数 ψ 的控制方程成为

$$\nabla^2(\psi + F) = \text{const.}$$

5.4　$\sigma_x = \dfrac{\partial^2\chi_3}{\partial y^2} + \dfrac{\partial^2\chi_2}{\partial z^2} - F,\ \tau_{yz} = -\dfrac{\partial^2\chi_1}{\partial y\partial z}$

$$\sigma_y = \frac{\partial^2\chi_1}{\partial z^2} + \frac{\partial^2\chi_3}{\partial x^2} - F,\ \tau_{zx} = -\frac{\partial^2\chi_2}{\partial z\partial x}$$

$$\sigma_z = \frac{\partial^2\chi_2}{\partial x^2} + \frac{\partial^2\chi_1}{\partial y^2} - F,\ \tau_{xy} = -\frac{\partial^2\chi_3}{\partial x\partial y}$$

5.5　用几何方程求应变，再用本构方程求应力，分别得到

$$\varepsilon_x = 2A\nu x\text{，}\quad \varepsilon_y = 2A\nu x\text{，}\quad \varepsilon_z = -2Ax\text{，}\quad \gamma_{yz} = \gamma_{zx} = \gamma_{xy} = 0$$

$$\sigma_x = 0\text{，}\quad \sigma_y = 0\text{，}\quad \sigma_z = -2EAx\text{，}\quad \tau_{yz} = \tau_{zx} = \tau_{xy} = 0$$

A 为弯曲后梁中性线的曲率之半。

代入平衡方程(5.1.2)，得到此方程得到满足的结果。代入边界条件验证：

$x = \pm h/2$：$\sigma_x = \tau_{xy} = \tau_{xz} = 0$，得到满足；

$y = \pm b/2$：$\sigma_y = \tau_{xy} = \tau_{yz} = 0$，得到满足；

S：$z = l$，$|x| \leqslant h/2, |y| \leqslant b/2$，只能放松处理为

$$\int_S \sigma_z \mathrm{d}x\mathrm{d}y = 0\text{，}\quad \int_S \tau_{zx}\mathrm{d}x\mathrm{d}y = 0\text{，}\quad \int_S \tau_{zy}\mathrm{d}x\mathrm{d}y = 0$$

$$\int_S \sigma_z x\mathrm{d}x\mathrm{d}y = -M,\ \int_S \sigma_z y\mathrm{d}x\mathrm{d}y = 0,\ \int_S (x\tau_{zy} - y\tau_{zx})\mathrm{d}x\mathrm{d}y = 0$$

得到满足；

5.6　代入应变协调方程验证，得到满足。求应力，得到

$$\tau_{zx}=-G\alpha y\text{，}\tau_{zy}=G\alpha x\text{，其余分量为零}$$

代入平衡方程验证，得到满足。代入应力边界条件。圆柱面上

$$n_x\sigma_x+n_y\tau_{xy}=0\text{，}n_x\tau_{xy}+n_y\sigma_y=0\text{，}n_x\tau_{zx}+n_y\tau_{zy}=0$$

前两个方程恒等地满足，后一个方程为

$$\frac{x}{a}(-G\alpha y)+\frac{y}{a}(G\alpha x)=0$$

得到满足。在端面 S 上

S：$z=l,x^2+y^2\leqslant a^2$ 只能放松处理为

$$\int_S\sigma_z\mathrm{d}x\mathrm{d}y=0\text{，}\int_S\tau_{zx}\mathrm{d}x\mathrm{d}y=0\text{，}\int_S\tau_{zy}\mathrm{d}x\mathrm{d}y=0$$

$$\int_S\sigma_z x\mathrm{d}x\mathrm{d}y=0,\int_S\sigma_z y\mathrm{d}x\mathrm{d}y=0,\int_S(x\tau_{zy}-y\tau_{zx})\mathrm{d}x\mathrm{d}y=M$$

前 5 个方程恒等地得到满足，最后一个方程给出

$$GI_p\alpha=M$$

这里 $I_p=\dfrac{\pi a^4}{2}$。结论题给出的应变场是给定问题的解。

5.7　代入平衡方程验证，得到满足。代入 B-M 方程验证，也得到满足。验证边界条件与题 5.5 解相同。结论：题目给出的应力场是图 5.6 所示梁的纯弯曲问题的解。

5.8　代入平衡方程验证，得到满足。代入 B-M 方程验证，也得到满足。验证边界条件与题 5.1 第 1 小题的解答相同。结论：题目给出的应力场是给定问题的解。

实心的胡克介质物体中的应变分量为 $\varepsilon_x=\varepsilon_y=\varepsilon_z=-\dfrac{1-2v}{E}p$。因此，距离为 a 的两点受压后的接近量为

$$\Delta a=-\frac{1-2v}{E}ap$$

5.9　由方程(5.3.3)、方程(5.3.2)和方程(4.3.20)导出。

第 6 章

6.1　解的唯一性定理的内容为：与给定的外加作用相应的响应是唯一的。这里“唯一”的含义是：应力和应变场是唯一的，位移场最多差一个刚体位移。

与定理的证明相关的理论框架是：零外加作用对应的物体的应变能为零，根据应变能的正定性，零外加作用对应的应变张量、应力张量在 V 中处处为零，位移矢量最多存在刚体位移。如果刚体位移被约束，则位移矢量也在 V 中处处为零。在这些基础上，用归一法证明两个解的差对应的外加作用为零作用。

6.2　(1)将材料力学的应力分布描写为

$$\sigma_x = \sigma_y = 0\text{，}\ \sigma_z = \frac{P}{A}\text{，其余应力分量为零}$$

满足的应力边界条件是

柱体侧面：$n_x\sigma_x + n_y\tau_{xy} = 0$，$n_x\tau_{xy} + n_y\sigma_y = 0$，$n_x\tau_{zx} + n_y\tau_{zy} = 0$

柱体端面，只能放松处理为

$$\int_S \sigma_z \mathrm{d}x\mathrm{d}y = P\text{，}\ \int_S \tau_{zx}\mathrm{d}x\mathrm{d}y = 0\text{，}\ \int_S \tau_{zy}\mathrm{d}x\mathrm{d}y = 0$$

$$\int_S \sigma_z x\mathrm{d}x\mathrm{d}y = 0,\ \int_S \sigma_z y\mathrm{d}x\mathrm{d}y = 0,\ \int_S (x\tau_{zy} - y\tau_{zx})\mathrm{d}x\mathrm{d}y = 0$$

(2) 将材料力学的应力分布描写为平面应力状态

$$\sigma_x = -\frac{My}{I}, \sigma_y = 0, \sigma_z = 0\text{，其余应力分量为零}$$

满足的应力边界条件是

①柱体侧面，$y = \pm h/2$：$\tau_{xy} = 0$，$\sigma_y = 0$；

②柱体端面，只能放松处理为

$$\int_{h/2}^{h/2} \sigma_x \mathrm{d}y = 0\text{，}\ \int_{h/2}^{h/2} \tau_{xy}\mathrm{d}y = 0\text{，}\ \int_{h/2}^{h/2} \sigma_x y\mathrm{d}y = -M$$

(3) 将材料力学的应力分布描写为

$$\sigma_x = -\frac{Pxy}{I}, \sigma_y = 0, \sigma_z = 0\text{，}\ \tau_{xy} = -\frac{6P}{h^3}\left(\frac{h^2}{4} - y^2\right)\text{，其余应力分量为零。}$$

满足的应力边界条件是

①柱体侧面，$y = \pm h/2$：$\tau_{xy} = 0$，$\sigma_y = 0$；

②柱体端面，只能放松处理为

$$\int_{h/2}^{h/2} \sigma_x \mathrm{d}y = 0\text{，}\ \int_{h/2}^{h/2} \tau_{xy}\mathrm{d}y = -P\text{，}\ \int_{h/2}^{h/2} \sigma_x y\mathrm{d}y = 0$$

第 7 章

7.1 $u_x = a + \frac{z}{2}\psi_y - y\omega_t$

$u_y = b - \frac{z}{2}\psi_x + x\omega_z$

$u_z = c + \frac{1}{2}(y\psi_x - x\omega_y)$

$\varepsilon_x = \varepsilon_y = \varepsilon_z = \gamma_{xy} = \gamma_{yz} = \gamma_{zx} = 0$

7.2 $\varepsilon_r = c_1 - c_2/r^2$，$\varepsilon_\theta = c_1 + c_2/r^2$，其余应变分量为零。

7.3 将材料力学的应力分布描写为

$\sigma_r = \sigma_\theta = \sigma_z = 0$，$\tau_{z\theta} = \frac{M}{I_p}r$，其余应力分量为零。

满足的应力边界条件是

柱体侧面$x^2+y^2=a^2$：$\tau_{r\theta}=0$，$\sigma_r=0$，$\tau_{z\theta}=0$

柱体端面$z=l$，只能放松处理为

$$\int_0^{2\pi}\int_0^a \sigma_z r\mathrm{d}r\mathrm{d}\theta=0\,,\quad \int_0^{2\pi}\int_0^a \sigma_z r\cos\theta\mathrm{d}r\mathrm{d}\theta=0\,,\quad \int_0^{2\pi}\int_0^a \sigma_z r\sin\theta\mathrm{d}r\mathrm{d}\theta=0$$

$$\int_0^{2\pi}\int_0^a \tau_{z\theta} r\cos\theta\mathrm{d}r\mathrm{d}\theta=0\,,\quad \int_0^{2\pi}\int_0^a \tau_{z\theta} r\sin\theta\mathrm{d}r\mathrm{d}\theta=0\,,\quad \int_0^{2\pi}\int_0^a \tau_{z\theta} r^2\mathrm{d}r\mathrm{d}\theta=M$$

前 5 个方程得到满足。注意到

$$\int_0^{2\pi}\int_0^a r^3\mathrm{d}r\mathrm{d}\theta=I_p$$

因此，第 6 个方程也得到满足。

7.4　按途径 2，求位移分量的一阶导数，得出应变分量

$$\varepsilon_\rho=\frac{p_a}{2G}\frac{-\left(\dfrac{b}{\rho}\right)^3+\dfrac{1-2\nu}{1+\nu}}{\left(\dfrac{b}{a}\right)^3-1}\,,\quad \varepsilon_\phi=\varepsilon_\theta=\frac{p_a}{2G}\frac{\dfrac{1}{2}\left(\dfrac{b}{\rho}\right)^3+\dfrac{1-2\nu}{1+\nu}}{\left(\dfrac{b}{a}\right)^3-1}\text{，其余应变分量为零}$$

按式(5.1.4)，容易得出应力分量

$$\sigma_\rho=\frac{p_a}{2G}\frac{-2G\left(\dfrac{b}{\rho}\right)^3+(3\lambda+2G)\dfrac{1-2\nu}{1+\nu}}{\left(\dfrac{b}{a}\right)^3-1}\,,\quad \sigma_\phi=\sigma_\theta=\frac{p_a}{2G}\frac{G\left(\dfrac{b}{\rho}\right)^3+(3\lambda+2G)\dfrac{1-2\nu}{1+\nu}}{\left(\dfrac{b}{a}\right)^3-1}$$

验证平衡方程(7.3.14)，其中第二、第三两个方程为恒等式，第一个方程的验证结论是肯定的。边界条件为

$$\rho=a:\ \sigma_\rho=-p_a\,;\quad \rho=b:\ \sigma_\rho=0$$

利用弹性常数λ、G和ν之间的关系，可以将σ_ρ的表达式改写为

$$\sigma_\rho=p_a\frac{1-\left(\dfrac{b}{\rho}\right)^3}{\left(\dfrac{b}{a}\right)^3-1}$$

因此这两处的边界条件得到满足。于是可以结论：题目给出的位移场是球壳受内压p_a问题的解。

第 8 章

8.1　平面应变问题有应力和应变关系式(8.1.12)：

$$\varepsilon_x=\frac{1-\nu^2}{E}\left(\sigma_x-\frac{\nu}{1-\nu}\sigma_y\right),\quad \varepsilon_y=\frac{1-\nu^2}{E}\left(\sigma_y-\frac{\nu}{1-\nu}\sigma_x\right),\quad \gamma_{xy}=\frac{2(1+\nu)}{E}\tau_{xy}$$

将E和ν用E'和ν'代替，第一式成为

$$\varepsilon_x=\frac{(1+\nu)^2\left[1-\dfrac{\nu^2}{(1+\nu)^2}\right]}{E(1+2\nu)}\left(\sigma_x-\frac{\dfrac{\nu}{1+\nu}}{1-\dfrac{\nu}{1+\nu}}\sigma_y\right)$$

整理后成为

$$\varepsilon_x=\frac{1}{E}(\sigma_x-\nu\sigma_y)$$

对于$\dfrac{(1+\nu)}{E}$将E和ν用E'和ν'代替，成为

$$\frac{\left(1+\dfrac{\nu}{1+\nu}\right)(1+\nu)^2}{E(1+2\nu)}=\frac{1+\nu}{E}$$

证毕。

8.2 首先，证明满足协调方程(8.3.6)，即：

$$\left(\frac{\partial^2}{\partial r^2}+\frac{\partial}{r\partial r}+\frac{\partial^2}{r^2\partial\theta^2}\right)(\sigma_r+\sigma_\theta)=0$$

将$\sigma_r+\sigma_\theta=-\dfrac{(1+\nu)P}{2\pi}\dfrac{\cos\theta}{r}$代入便得以证明。

其次，证明满足平衡方程，即式(8.1.17)对应的齐次方程

$$\frac{\partial\sigma_r}{\partial r}+\frac{\partial\tau_{\theta r}}{r\partial\theta}+\frac{\sigma_r-\sigma_\theta}{r}=0\text{，}\quad\frac{\partial\tau_{r\theta}}{\partial r}+\frac{\partial\sigma_\theta}{r\partial\theta}+2\frac{\tau_{r\theta}}{r}=0$$

将应力分量代入便得以证明。

再次，证明满足边界条件。这里要求$r\to\infty$，σ_r、σ_θ、$\tau_{r\theta}\to 0$，可以代入直接证明。还要求$r\to 0$，σ_r、σ_θ、$\tau_{r\theta}$满足局部平衡条件。事实上将应力分量代入

$$\int_0^{2\pi}(\sigma_r\cos\theta-\tau_{r\theta}\sin\theta)r\mathrm{d}\theta+P=0\text{，}\quad\int_0^{2\pi}(\sigma_r\sin\theta+\tau_{r\theta}\cos\theta)r\mathrm{d}\theta=0$$

便得到肯定的结论。

最后证明满足位移单值条件。由应力分量求应变分量，组成位移的微分方程

$$\frac{\partial u_r}{\partial r}=-\frac{P}{4\pi E}(1+\nu)(3-\nu)\frac{\cos\theta}{r}$$

$$\frac{\partial u_\theta}{r\partial\theta}+\frac{u_r}{r}=\frac{P}{4\pi E}(1+\nu)^2\frac{\cos\theta}{r}$$

$$\frac{\partial u_r}{r\partial\theta}+\frac{\partial u_\theta}{\partial r}-\frac{u_\theta}{r}=P\frac{1-\nu^2}{2\pi E}\frac{\sin\theta}{r}$$

积分求位移，得

$$u_r=-P\frac{(1+\nu)(3-\nu)}{4\pi E}\ln r\cos\theta\text{，}\quad u_\theta=P\frac{(1+\nu)(3-\nu)}{4\pi E}\ln r\sin\theta+P\frac{(1+\nu)^2}{4\pi E}\sin\theta$$

满足单值条件。于是命题证毕。

这是一个应力分布与弹性常数有关的例子。

对于平面应变问题，只需将 v 换为 v_1，便得到应力的表达式

$$\sigma_r = -P\frac{3+v_1}{4\pi}\frac{\cos\theta}{r}，\quad \sigma_\theta = P\frac{1-v_1}{4\pi}\frac{\cos\theta}{r}，\quad \tau_{r\theta} = P\frac{1-v_1}{4\pi}\frac{\sin\theta}{r}$$

式中，$v_1 = v/(1-v)$。

8.3　平面应力问题和平面应变问题有相同的应力分布的前提条件是应力分布与弹性常数无关。除了满足平衡方程和协调方程外，解应力还要满足相应的位移、应变和应力的单值条件。这个条件在多连域问题中还要单独给予考虑。因此，“无体力情况下平面应力问题和平面应变问题有相同的应力分布”的命题只对单连域成立。

8.4

方法 1，直接代入 Navier 方程证明。

方法 2，求应变，再求应力，验证平衡方程。

应变分量为

$$\varepsilon_x = \frac{1}{2G}\left[(1-v)\frac{\partial^4\psi}{\partial x\partial y^3} - v\frac{\partial^4\psi}{\partial x^3\partial y}\right]，\quad \varepsilon_y = \frac{1}{2G}\left[(1-v)\frac{\partial^4\psi}{\partial y\partial x^3} - v\frac{\partial^4\psi}{\partial x\partial y^3}\right]$$

$$\gamma_{xy} = \frac{1}{2G}\left[(1-v)\left(\frac{\partial^4\psi}{\partial x^4} + \frac{\partial^4\psi}{\partial y^4}\right) - 2v\frac{\partial^4\psi}{\partial x^2\partial y^2}\right]$$

体积应变为

$$\varepsilon_x + \varepsilon_y = \frac{1}{2G}(1-2v)\frac{\partial^4}{\partial x\partial y}\nabla^2\psi$$

应力分量为

$$\sigma_x = \frac{\partial^2}{\partial x\partial y}\frac{\partial^2\psi}{\partial y^2}，\quad \sigma_y = \frac{\partial^2}{\partial x\partial y}\frac{\partial^2\psi}{\partial x^2}$$

$$\tau_{xy} = \frac{1}{2}\left[(1-v)\left(\frac{\partial^4\psi}{\partial x^4} + \frac{\partial^4\psi}{\partial y^4}\right) - 2v\frac{\partial^4\psi}{\partial x^2\partial y^2}\right]$$

无体力平衡方程为

$$\frac{\partial\sigma_x}{\partial x} + \frac{\partial\tau_{yx}}{\partial y} = \frac{1-v}{2}\frac{\partial}{\partial y}\nabla^4\psi = 0，\quad \frac{\partial\tau_{xy}}{\partial x} + \frac{\partial\sigma_y}{\partial y} = \frac{1-v}{2}\frac{\partial}{\partial x}\nabla^4\psi = 0$$

因为

$$\nabla^4\psi = 0$$

于是命题证毕。

8.5　代入平衡方程和协调方程，分别得到

$$g'(y) - \frac{6q}{h^3}\left(\frac{h^2}{4} - y^2\right) = 0，\quad f''(y) + g''(y) - 12q\frac{y}{h^3} = 0$$

解出 $f(y)$ 和 $g(y)$，得

$$g(y) = \frac{6q}{h^3}\left(\frac{h^2}{4}y - \frac{1}{3}y^3\right) + C_1$$

有

$$g''(y)=-\frac{12q}{h^3}y，\quad f''(y)=-g''(y)+12q\frac{y}{h^3}=24q\frac{y}{h^3}$$

$$f(y)=4q\frac{y^3}{h^3}+C_2y+C_0$$

边界条件要求

$$(\sigma_y)_{y=-\frac{h}{2}}=g\left(-\frac{h}{2}\right)=-\frac{6q}{h^3}\left(\frac{h^3}{8}-\frac{1}{24}h^3\right)+C_1=-q$$

$$(\sigma_y)_{y=\frac{h}{2}}=g\left(\frac{h}{2}\right)=\frac{6q}{h^3}\left(\frac{h^3}{8}-\frac{1}{24}h^3\right)+C_1=0$$

$$(\tau_{xy})_{y=\pm\frac{h}{2}}=0$$

得到

$$C_1=-q/2$$

端面条件为

$$\int_{-\frac{h}{2}}^{\frac{h}{2}}\sigma_x\mathrm{d}y=0，\quad \int_{-\frac{h}{2}}^{\frac{h}{2}}y\sigma_x\mathrm{d}y=0$$

得出

$$C_0=0，\quad 4q\frac{2}{5}\frac{h^2}{32}+C_2\frac{2}{3}\frac{h^3}{8}=0，\quad C_2=-\frac{3q}{5h}$$

最后得出

$$f(y)=q\left(4\frac{y^3}{h^3}-\frac{3}{5}\frac{y}{h}\right)，\quad g(y)=6q\left(\frac{y}{4h}-\frac{y^3}{3h^3}\right)-\frac{q}{2}$$

8.6　设两端面的约束力矩为M_0,只需改动上题的端面条件为

$$x=a：\quad \int_{-\frac{h}{2}}^{\frac{h}{2}}\sigma_x\mathrm{d}y=0，\quad \int_{-\frac{h}{2}}^{\frac{h}{2}}y\sigma_x\mathrm{d}y=M_0$$

得出

$$C_0=0，\quad 4q\frac{2}{5}\frac{h^2}{32}+C_2\frac{2}{3}\frac{h^3}{8}=M_0，\quad C_2=\frac{1}{J}M_0-\frac{3q}{5h}$$

确定M_0需要计算挠曲线，可令端截面的挠度为零导出一个代数方程而求得。

8.7　代入双调和方程直接验证便得到肯定的结论。

$$\sigma_x=\lambda_k\sin\lambda_k x[(\lambda_k A_k+2D_k)\cosh\lambda_k y+(\lambda_k B_k+2C_k)\sinh\lambda_k y+\lambda_k C_k y\cosh\lambda_k y+\lambda_k D_k y\sinh\lambda_k y)]$$

$$\sigma_y=-\lambda_k^2\sin\lambda_k x(A_k\cosh\lambda_k y+B_k\sinh\lambda_k y+C_k y\cosh\lambda_k y+D_k y\sinh\lambda_k y)$$

$$\tau_{xy}=-\lambda_k\cos\lambda_k x[(\lambda_k A_k+D_k)\sinh\lambda_k y+(\lambda_k B_k+C_k)\cosh\lambda_k y+\lambda_k C_k y\sinh\lambda_k y+\lambda_k D_k y\cosh\lambda_k y)]$$

8.8　将式(8.6.5)分别用于内外层，得到

$$u_r=\frac{qa^2}{E_a(c^2-a^2)}\left[c^2\frac{1+v_a}{r}+(1-v_a)r\right]-\frac{p_c c^2}{E_a(c^2-a^2)}\left[a^2\frac{1+v_a}{r}+2(1-v_a)r\right]，\quad a\leqslant r\leqslant c$$

$$u_r = \frac{p_c c^2}{E_b(b^2-c^2)}\left[b^2\frac{1+\nu_b}{r}+(1-\nu_b)r\right], \quad c \leqslant r \leqslant b$$

式中，p_c为层间压力强度。由如下位移连续条件确定

$$(u_r)_{r=c+0} = (u_r)_{r=c-0}$$

得出

$$\frac{qa^2}{E_a(c^2-a^2)}[(1+\nu_a)c+(1-\nu_a)c] - \frac{p_c c^2}{E_a(c^2-a^2)}\left[(1+\nu_a)\frac{a^2}{c}+2(1-\nu_a)c\right]$$
$$= \frac{p_c c^2}{E_b(b^2-c^2)}\left[(1+\nu_b)\frac{b^2}{c}+(1-\nu_b)c\right]$$

解出p_c便得到解答。

8.9　取应力函数为

$$U = f(r)\sin 2\theta$$

双调和方程要求

$$\nabla^2\nabla^2 U(r,\theta) = \left[\left(\frac{\partial^2}{\partial r^2}+\frac{\partial}{r\partial r}-\frac{4}{r^2}\right)\left(\frac{\partial^2}{\partial r^2}+\frac{\partial}{r\partial r}-\frac{4}{r^2}\right)f(r)\right]\sin 2\theta = 0$$

由此得

$$\left(\frac{d^2}{dr^2}+\frac{d}{rdr}-\frac{4}{r^2}\right)\left(\frac{d^2}{dr^2}+\frac{d}{rdr}-\frac{4}{r^2}\right)f(r) = 0$$

取$f(r) = Hr^\lambda$，代入方程得

$$H[(\lambda-2)^2-4](\lambda^2-4)r^{\lambda-4} = 0$$

式中H为常量。此式成立的充要条件是λ满足特征方程

$$[(\lambda-2)^2-4](\lambda^2-4) = 0$$

此方程的四个根分别为2、4、−2和0，因此$f(r)$和U的解分别是

$$f(r) = Ar^2+Br^4+Cr^{-2}+D$$
$$U = (Ar^2+Br^4+Cr^{-2}+D)\sin 2\theta$$

按式(8.3.12)，对应的应力分量为

$$\sigma_r = -(2A+6Cr^{-4}+4Dr^{-2})\sin 2\theta$$
$$\sigma_\theta = (2A+12Br^2+6Cr^{-4})\sin 2\theta$$
$$\tau_{r\theta} = -(2A+6Br^2-6Cr^{-4}-2Dr^{-2})\cos 2\theta$$

问题的边界条件是

$$r\to\infty: \quad \sigma_r \to 2q\cos\theta\sin\theta = q\sin 2\theta$$
$$\sigma_\theta \to -2q\cos\theta\sin\theta = -q\sin 2\theta$$
$$\tau_{r\theta} \to q(\cos^2\theta-\sin^2\theta) = q\cos 2\theta$$
$$r=a: \quad \sigma_r = 0, \quad \tau_{r\theta} = 0$$

这些条件要求

$$B=0, \quad A=-q/2, \quad 2A+6Ca^{-4}+4Da^{-2}=0, \quad 2A-6Ca^{-4}-2Da^{-2}=0$$

得到

$$C = Aa^4,\quad D = -2Aa^2$$

最后将结果表达为

$$\sigma_r = q\left(1 - 4\frac{a^2}{r^2} + 3\frac{a^4}{r^4}\right)\sin 2\theta$$

$$\sigma_\theta = -q\left(1 + 3\frac{a^4}{r^4}\right)\sin 2\theta$$

$$\tau_{r\theta} = q\left(1 + 2\frac{a^2}{r^2} - 3\frac{a^4}{r^4}\right)\cos 2\theta$$

8.10 将式(8.6.4)中取$b \to \infty$和$p_b = 0$，得出

$$\sigma_r = -p_a\frac{a^2}{r^2},\quad \sigma_\theta = p_a\frac{a^2}{r^2}$$

令$p_a = p$，将之叠加在如下应力场上

$$\sigma_r = -p,\quad \sigma_\theta = -p$$

便得到所要的结果

$$\sigma_r = -p\left(1 - \frac{a^2}{r^2}\right),\quad \sigma_\theta = -p\left(1 + \frac{a^2}{r^2}\right)$$

第9章

9.1 取轴线为坐标轴Oz，圆筒扭转的材料力学解为

$$\tau_{zx} = -\alpha Gy,\quad \tau_{zy} = \alpha Gx\text{，其余应力分量为零}$$

式中α与扭矩M的关系为

$$M = \alpha GD,\quad D = \frac{\pi}{2}(b^4 - a^4)$$

这里a,b分别为内外半径。取封闭曲线Γ为圆$x^2 + y^2 = c^2$，$a < c < b$，作积分

$$H_\Gamma = \oint_\Gamma \tau_{zx}\mathrm{d}x + \tau_{zy}\mathrm{d}y = \alpha G\oint_\Gamma x\mathrm{d}y - y\mathrm{d}x$$

用高斯公式

$$\oint_\Gamma x\mathrm{d}y - y\mathrm{d}x = \int_{A_\Gamma}\left(\frac{\partial x}{\partial x} + \frac{\partial y}{\partial y}\right)\mathrm{d}x\mathrm{d}y = 2\int_{A_\Gamma}\mathrm{d}x\mathrm{d}y = 2A_\Gamma$$

于是有

$$H_\Gamma = \oint_\Gamma \tau_{zx}\mathrm{d}x + \tau_{zy}\mathrm{d}y = 2\alpha GA_\Gamma$$

应力环流定理得到验证。

9.2 取$F = A\left(1 - \frac{x^2}{a^2} - \frac{y^2}{b^2}\right)$在外边界$c_0$上恒为零，在内边界$c_1$上为常量

$$k_1 = A(1 - \mu^2)$$

因此已满足全部边界条件。代入式(9.2.8)，得出 $-2A\left(\frac{1}{a^2}+\frac{1}{b^2}\right)=-2$，因此 $A=a^2b^2/(a^2+b^2)$。

9.3 首先求应力和应变分量

$$\tau_{zx}=-2\alpha GA\frac{y}{b^2}，\quad \tau_{zy}=2\alpha GA\frac{x}{a^2}$$

$$\alpha\left(\frac{\partial\varphi}{\partial x}-y\right)=-2\alpha A\frac{y}{b^2}，\quad \alpha\left(\frac{\partial\varphi}{\partial y}+x\right)=2\alpha A\frac{x}{a^2}$$

注意到题 9.2 的结果 $A=a^2b^2/(a^2+b^2)$，由此给出翘曲函数 φ 的微分方程

$$\frac{\partial\varphi}{\partial x}=\frac{b^2-a^2}{b^2+a^2}y，\quad \frac{\partial\varphi}{\partial y}=\frac{b^2-a^2}{b^2+a^2}x$$

其解为

$$\varphi=\frac{b^2-a^2}{b^2+a^2}xy+C$$

式中，C 为积分常数，它表示轴向的刚体位移，不是截面的翘曲，可以不必写出。

由此可见，翘曲函数是 x 的奇函数，也是 y 的奇函数。翘曲分布的特点是，截面为对称图形，则翘曲位移成反对称分布。

9.4 因为对称性，四个空孔内边界的应力函数值相同，记其为 k_1，外边框的剪应力为

$$\tau=\alpha Gk_1/t$$

内部的十字形薄壁上的剪应力为零。在外边框壁的中线上用剪应力环流定理，得到

$$\tau\cdot 8a=2\alpha G(2a)^2$$

于是得出

$$k_1=at$$

截面的扭转模数近似为

$$D=2(2a)^2k_1=8a^3t$$

9.5 (1)圆环形截面和实心圆截面的扭转模数分别为

$$D_1=\frac{\pi}{2}a_1^4(1-\alpha^4)=\frac{1}{2\pi}A_1^2\frac{1+\alpha^2}{1-\alpha^2}，\quad D_2=\frac{\pi}{2}a_2^4=\frac{1}{2\pi}A_2^2$$

式中，A_1 和 A_2 分别为圆环形截面和实心圆截面的物质面积，两者的比就是材料重量比。

$$A_1=\pi b_1^2(1-\alpha^2)，\quad A_2=\pi b_2^2$$

令 $D_1=D_2$，得到

$$A_1/A_2=\sqrt{\frac{1-\alpha^2}{1+\alpha^2}}$$

(2)壁厚相等的圆形与正方形薄壁截面的扭转模数分别为

$$D_3=\frac{\pi}{4}d_3^3t=\frac{1}{4\pi^2t^2}A_3^3，\quad D_4=d_4^3t=\frac{A_4^3}{64t^2}$$

式中，A_3 和 A_4 分别为圆形与正方形薄壁截面的物质面积，两者的比就是材料重量比。

$$A_3=\pi d_3t，\quad A_4=4d_4t$$

令 $D_3=D_4$，得到

$$A_3/A_4 = \frac{\sqrt[3]{4\pi^2}}{4} \approx 0.8513$$

9.6 按材料力学方法给出的槽形截面的弯曲剪应力分布是：在上下两翼，剪应力呈线性分布，角点 B 处最大，其值为

$$\tau_1 = \frac{Q}{t_a} \cdot \frac{abt_a}{I_z}$$

在腹板，剪应力呈抛物线分布，得到

$$\tau_2 = \frac{Q}{t_b} \cdot \frac{abt_a + t_b(b^2 - y^2)/2}{I_z}$$

这个力系存在合力，数值上等于腹板剪应力的和。在截面的上下对称线上，合力的作用点 C 到形心 O 的距离为 e，那么力系对点 C 的矩为零，得到

$$\tau_1 \cdot \frac{at_a}{2} \cdot 2b = (e-d)\int_{-b}^{b} \tau_2 t_b \mathrm{d}y$$

由此解出 e：

$$e = d + \frac{a^2 t_a}{2at_a + 2bt_b/3}$$

9.7 按式(9.5.12)，要求

$$\partial S:\quad \left[\frac{P_x}{2I_y}x^2 - f(y)\right]\frac{\mathrm{d}y}{\mathrm{d}s} = 0$$

只需要在曲线边界上

$$\frac{P_x}{2I_y}x^2 - f(y) = 0$$

改写为

$$\frac{P_x}{2I_y}\frac{\nu y^2 + a^2}{1+\nu} - f(y) = 0$$

得到

$$f(y) = \frac{P_x}{2I_y}\frac{\nu y^2 + a^2}{1+\nu}$$

应力函数的控制方程(9.5.10)改写为

$$S:\quad \nabla^2 \Phi = 0$$

取解为

$$S:\quad \Phi = 0$$

由式(9.5.8)得应力分量为

$$S:\quad \tau_{zx} = \frac{P_x}{2I_y}\left(\frac{\nu y^2 + a^2}{1+\nu} - x^2\right),\quad \tau_{zy} = 0$$

9.8 在题设条件下，无体力平衡方程(5. 1. 2)简化为

$$\frac{\partial \tau_{zx}}{\partial z} = 0,\quad \frac{\partial \tau_{zy}}{\partial z} = 0,\quad \frac{\partial \tau_{xz}}{\partial x} + \frac{\partial \tau_{yz}}{\partial y} + \frac{\partial \sigma_z}{\partial z} = 0$$

前两个方程要求τ_{zx}和τ_{zy}只是x、y的函数，后一方程要求σ_z为z的线性函数。不失普遍性，用三个x、y的函数$A(x,y)$、$B_x(x,y)$、$B_y(x,y)$将σ_z表示为

$$\sigma_z = A(x,y) + (l-z)\left(\frac{\partial B_x}{\partial x} + \frac{\partial B_y}{\partial y}\right)$$

于是前两个平衡方程得到满足，第三个平衡方程成为

$$\frac{\partial(\tau_{zx} - B_x)}{\partial x} + \frac{\partial(\tau_{zy} - B_y)}{\partial y} = 0$$

引入应力函数φ和两个一元函数$f_x(x)$和$f_y(y)$生成应力分量τ_{zx}和τ_{zy}

$$\tau_{zx} = \frac{\partial\varphi}{\partial y} + B_x + f_y\text{，}\quad \tau_{zy} = -\frac{\partial\varphi}{\partial x} + B_y + f_x$$

则平衡方程全部得以满足。B-M 方程(5.3.2)改写为

$$\frac{\partial^2}{\partial x^2}\left[A + l\left(\frac{\partial B_x}{\partial x} + \frac{\partial B_y}{\partial y}\right) - z\left(\frac{\partial B_x}{\partial x} + \frac{\partial B_y}{\partial y}\right)\right] = 0$$

$$\frac{\partial^2}{\partial y^2}\left[A + l\left(\frac{\partial B_x}{\partial x} + \frac{\partial B_y}{\partial y}\right) - z\left(\frac{\partial B_x}{\partial x} + \frac{\partial B_y}{\partial y}\right)\right] = 0$$

$$\frac{\partial^2}{\partial y\partial x}\left[A + l\left(\frac{\partial B_x}{\partial x} + \frac{\partial B_y}{\partial y}\right) - z\left(\frac{\partial B_x}{\partial x} + \frac{\partial B_y}{\partial y}\right)\right] = 0$$

$$\nabla^2\left[A + l\left(\frac{\partial B_x}{\partial x} + \frac{\partial B_y}{\partial y}\right) - z\left(\frac{\partial B_x}{\partial x} + \frac{\partial B_y}{\partial y}\right)\right] = 0$$

$$\nabla^2\left(\frac{\partial\varphi}{\partial y} + B_x\right) + f_y'' - \frac{1}{1+v}\frac{\partial}{\partial x}\left(\frac{\partial B_x}{\partial x} + \frac{\partial B_y}{\partial y}\right) = 0$$

$$\nabla^2\left(-\frac{\partial\varphi}{\partial x} + B_y\right) + f_x'' - \frac{1}{1+v}\frac{\partial}{\partial y}\left(\frac{\partial B_x}{\partial x} + \frac{\partial B_y}{\partial y}\right) = 0$$

这里

$$\nabla^2\varphi = \left(\frac{\partial^2}{\partial x^2} + \frac{\partial^2}{\partial y^2}\right)\varphi$$

前四个方程都是z的线性函数，它们成立的充要条件是A和$\left(\frac{\partial B_x}{\partial x} + \frac{\partial B_y}{\partial y}\right)$用如下线性形式表示

$$A = A_0 + A_1x + A_2y \tag{1}$$

$$\left(\frac{\partial B_x}{\partial x} + \frac{\partial B_y}{\partial y}\right) = C_0 + C_1x + C_2y$$

式中，A_0、A_1、A_2和C_0、C_1、C_2都常量。令

$$\frac{\partial B_x}{\partial x} = C_{x0} + C_{x1}x\text{，}\quad \frac{\partial B_y}{\partial y} = C_{y0} + C_{y1}y$$

则

$$B_x = xC_{x0} + \frac{1}{2}C_{x1}x^2 + g_y(y)\text{，}\ B_y = yC_{y0} + \frac{1}{2}C_{y1}y^2 + g_x(x)$$

因为 $A(x,y)$、$B_x(x,y)$、$B_y(x,y)$ 都是彼此独立的函数，前面得到的 B-M 方程后两式可以分别独立地得出以下两种情况：

(1) 如果取 $B_y \equiv 0$ 和 $f_x = 0$，对应的 φ 记为 φ_x，所得 B-M 方程后两式为

$$\frac{\partial}{\partial y}\nabla^2\varphi_x = -\frac{\nu}{1+\nu}C_{x1} - g_y'' - f_y''\text{，}\ \frac{\partial}{\partial x}\nabla^2\varphi_x = 0$$

因此

$$\nabla^2\varphi_x = -\frac{\nu}{1+\nu}yC_{x1} - g_y' - f_y' + X(x)\text{，}\ \nabla^2\varphi_x = Y(y)$$

两式右端应相等，得出 $X = Y = C_x$，C_x 为常量。

$$\nabla^2\varphi_x = -\frac{\nu}{1+\nu}yC_{x1} - f_y' - g_y' - C_x$$

将 $g_y(y)$ 合并到 $f_y(y)$ 中不失一般性，因此得出与 C_{x0} 无关的方程：

$$\nabla^2\varphi_x = -\frac{\nu}{1+\nu}yC_{x1} - f_y' - C_x \tag{2}$$

(2) 如果取 $B_x \equiv 0$ 和 $f_y = 0$，对应的 φ 记为 φ_y，所得 B-M 方程后两式为

$$\frac{\partial}{\partial y}\nabla^2\varphi_y = 0\text{，}\ \frac{\partial}{\partial x}\nabla^2\varphi_y = \frac{\nu}{1+\nu}C_{y1} + f_x'' + g_x''$$

因此

$$\nabla^2\varphi_y = Y(y)\text{，}\ \nabla^2\varphi_y = \frac{\nu}{1+\nu}xC_{y1} + f_x' + g_x' + X(x)$$

两式右端应相等，得出 $X = Y = C_y$，C_y 为常量。

$$\nabla^2\varphi_y = \frac{\nu}{1+\nu}xC_{y1} + f_x' + g_x' + C_y$$

将 $g_x(x)$ 合并到 $f_x(x)$ 中不失一般性，因此得出与 C_{y0} 无关的方程：

$$\nabla^2\varphi_y = \frac{\nu}{1+\nu}xC_{y1} + f_x' + C_y \tag{3}$$

由式(1)(2)(3)导出如下四类工程常见情况：

①杆的拉压和纯弯曲问题。取常量 C_{y0}、C_{y1}、C_y、C_{x0}、C_{x1}、C_x 和函数 $f_x(x)$、$f_y(y)$ 为零，应力场改写为

$$\sigma_Z = A_0 + A_1x + A_2y\text{，}\ \tau_{zx} = \tau_{zy} = 0 \tag{4}$$

②柱体在端截面内受 Ox 方向横向集中力的弯曲问题。取常量 C_{y0}、C_{y1}、C_y、C_{x0}、C_x、A_0、A_1、A_2 和函数 $f_x(x)$ 为零，应力场改写为

$$\tau_{zx} = \frac{\partial\varphi}{\partial y} + \frac{1}{2}C_{x1}x^2 + f_y\text{，}\ \tau_{zy} = -\frac{\partial\varphi}{\partial x}\text{，}\ \sigma_z = (l-z)C_{x1}x \tag{5}$$

应力函数 $\varphi(x,y)$ 满足方程

$$\nabla^2\varphi_x = -\frac{\nu}{1+\nu}yC_{x1} - f_y' \tag{6}$$

③柱体在端截面内受Oy方向横向集中力的弯曲问题。取常量C_{x0}、C_{x1}、C_x、C_{y0}、C_y、A_0、A_1、A_2和函数$f_y(y)$为零，应力场改写为

$$\tau_{zx}=\frac{\partial\varphi}{\partial y}，\quad \tau_{zy}=-\frac{\partial\varphi}{\partial x}+\frac{1}{2}C_{y1}y^2+f_x，\quad \sigma_z=(l-z)C_{y1}y \tag{7}$$

应力函数$\varphi(x,y)$满足方程

$$\nabla^2\varphi_x=\frac{v}{1+v}xC_{y1}+f_x' \tag{8}$$

④柱体的自由扭转问题取如下常量C_{y0}、C_{y1}、C_{x0}、C_x、C_{x0}、C_{x1}、C_{y0}、C_y和函数$f_x(x)$、$f_y(y)$为零，应力场改写为

$$\tau_{zx}=\frac{\partial\varphi}{\partial y}，\quad \tau_{zy}=-\frac{\partial\varphi}{\partial x}，\quad \sigma_z=0 \tag{9}$$

应力函数$\varphi(x,y)$满足方程

$$\nabla^2\varphi=C \tag{10}$$

这里

$$C=C_y-C_x$$

第 10 章

10.1　在式(10.2.14)和式(10.2.15)中，取$\rho\to\infty$，分别得到

$$\sigma_\rho=-p_a\frac{a^3}{\rho^3}，\quad \sigma_\varphi=\sigma_\theta=\frac{p_a}{2}\frac{a^3}{\rho^3}，\quad u_\rho=\frac{ap_a}{4G}\frac{a^2}{\rho^2}$$

到空穴中心距离为r处应力分量的值正比于a^3/ρ^3。

10.2　在式(10.4.12)中取$q(\xi,\eta)=p$，得到

$$W(x,y)=\frac{1-v^2}{\pi E}p\int_{(\xi,\eta)\in S}\frac{1}{\sqrt{(\xi-x)^2+(\eta-y)^2}}\mathrm{d}\xi\mathrm{d}\eta \qquad (x,y)\in\Pi$$

这里，S：$1-\dfrac{\xi^2}{a^2}-\dfrac{\eta^2}{a^2}\geqslant 0$

(1)如果$(x,y)\in S$，图(a)用变量s、ψ代替ξ、η，$\mathrm{d}\xi\mathrm{d}\eta=s\mathrm{d}s\mathrm{d}\psi$，$\sqrt{(\xi-x)^2+(\eta-y)^2}=s$，因此

$$W(x,y)=\frac{1-v^2}{\pi E}p\int_{(\xi,\eta)\in S}\mathrm{d}s\mathrm{d}\psi=\frac{1-v^2}{\pi E}2p\int_0^{\psi_1}2\sqrt{a^2-r^2\sin^2\psi}\,\mathrm{d}\psi$$

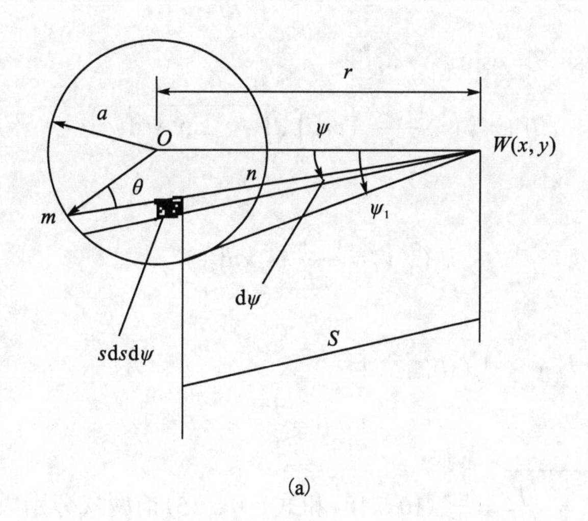

(a)

再引入θ代换ψ，使$a\sin\theta = r\sin\psi$，

$$\mathrm{d}\psi = a\cos\theta\mathrm{d}\theta \Big/ r\sqrt{1-\frac{a^2}{r^2}\sin^2\theta}$$

得出

$$W(x,y) = 4\frac{1-v^2}{\pi E}pr\left[\int_0^{\pi/2}\sqrt{1-\frac{a^2}{r^2}\sin^2\theta}\mathrm{d}\theta - \left(1-\frac{a^2}{r^2}\right)\int_0^{\pi/2}\left(1\Big/\sqrt{1-\frac{a^2}{r^2}\sin^2\theta}\right)\mathrm{d}\theta\right]$$

注意到椭圆积分的定义，取$e = a/r$，则

$$W(x,y) = 4\frac{1-v^2}{\pi E}pr[E(e)-(1-e^2)K(e)]$$

(2) 如果 $(x,y)\in\{\Pi - S\}$)，图 (b) 用变量 s、ψ 代替 ξ、η，$\mathrm{d}\xi\mathrm{d}\eta = s\mathrm{d}s\mathrm{d}\psi$，$\sqrt{(\xi-x)^2+(\eta-y)^2} = s$。

类似地推演得到

$$W(x,y) = \frac{1-v^2}{\pi E}p\int_{(\xi,\eta)\in S}\mathrm{d}s\mathrm{d}\psi = \frac{1-v^2}{\pi E}2p\int_0^{\pi/2}2\cos\theta\mathrm{d}\psi$$

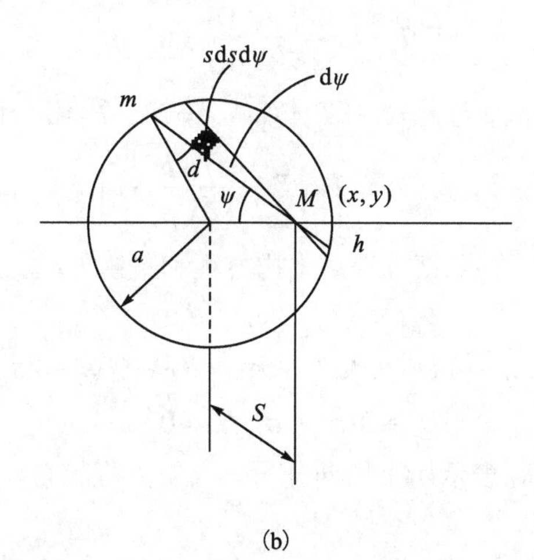

(b)

仍引入θ代换ψ，使$a\sin\theta=r\sin\psi$，得出

$$W(x,y)=\frac{1-\nu^2}{\pi E}4pa\int_0^{\pi/2}\sqrt{1-e^2\sin^2\psi}\,\mathrm{d}\psi$$

或

$$W(x,y)=\frac{1-\nu^2}{\pi E}4paE(e)$$

这里$e=r/a$。

10.3 设两球半径为R，式(10.5.3)中

$$A=B=\frac{1}{R}$$

取$q(\xi,\eta)=q_0\sqrt{1-\frac{\xi^2}{a^2}-\frac{\eta^2}{a^2}}$，式(10.5.18)和式(10.5.15)前两式分别成为

$$a=b=\left(\frac{3}{4}kRP\frac{E(0)}{1}\right)^{1/3}，\quad \frac{2}{3}\pi a^2q_0=P，\quad kq_0\pi aK(0)=\delta$$

式中，$E(0)=K(0)=\pi/2$，第一式改写为

$$\pi a^2=\pi^{5/3}\left(\frac{3}{8}kR\right)^{2/3}P^{2/3}$$

接触面积与压力P的2/3次幂成比例。第2、第3两式联解得$\frac{3\pi k}{4a}=\frac{\delta}{P}$，因此

$$P^{2/3}/\delta=\frac{2}{(3\pi k)^{2/3}}(R)^{1/3}$$

压力P与球心接近量间不存在线性关系。

第11章

11.1 将方程(11.2.7)用于稳态情况，得到

$$\nabla^2T=\frac{\mathrm{d}}{\rho^2\mathrm{d}\rho}\rho^2\frac{\mathrm{d}T}{\mathrm{d}\rho}=0$$

通解为$T=c_2+c_1/\rho$，边界条件为$\rho=a$：$T=T_0$；$\rho=b$：$T=0$。由此得到

$$b\geqslant\rho\geqslant a：\ T=T_0\frac{a}{b-a}\left(\frac{b}{\rho}-1\right)$$

11.2 这是球对称问题，有几何方程、本构方程和平衡方程如下

$$\varepsilon_\rho=u'(\rho)，\quad \varepsilon_t=u/\rho$$

$$\sigma_\rho=(\lambda+2G)\varepsilon_\rho+2\lambda\varepsilon_t-(3\lambda+2G)\alpha T，\quad \sigma_t=2(\lambda+G)\varepsilon_t+\lambda\varepsilon_\rho-(3\lambda+2G)\alpha T$$

$$\sigma'_\rho+2(\sigma_\rho-\sigma_t)/\rho=0$$

这里$u(\rho)$为位移分量，角标t表示两个切向分量。三组方程综合，得到位移的控制方程：

$$(\lambda+2G)\frac{\mathrm{d}}{\mathrm{d}\rho}\left[\frac{1}{\rho^2}\frac{\mathrm{d}}{\mathrm{d}\rho}(\rho^2 u)\right]-(3\lambda+2G)\frac{\mathrm{d}T}{\mathrm{d}\rho}=0$$

其解为

$$u=c_1\rho+c_2\frac{1}{\rho}+\frac{1+v}{1-v}\alpha\frac{1}{\rho^2}\int_a^\rho T\rho^2\mathrm{d}\rho$$

$$\sigma_\rho=c_1\frac{E}{1-2v}-c_2\frac{2E}{1+v}\frac{1}{\rho^3}-\frac{2\alpha E}{1-v}\frac{1}{\rho^3}\int_a^\rho T\rho^2\mathrm{d}\rho$$

$$\sigma_t=c_1\frac{E}{1-2v}+c_2\frac{2E}{1+v}\frac{1}{\rho^3}-\frac{\alpha E}{1-v}\left(1-\frac{1}{\rho^3}\int_a^\rho T\rho^2\mathrm{d}\rho\right)$$

边界条件要求$\rho=a$：$\sigma_\rho=0$；$\rho=b$：$\sigma_\rho=0$，得出

$$\sigma_\rho=\frac{2\alpha E}{1-v}\left[\frac{\rho^3-a^3}{b^3-a^3}\frac{1}{\rho^3}\int_a^b T\rho^2\mathrm{d}\rho-\frac{1}{\rho^3}\int_a^\rho T\rho^2\mathrm{d}\rho\right]$$

$$\sigma_t=\frac{2\alpha E}{1-v}\left[\frac{2\rho^3+a^3}{2(b^3-a^3)}\frac{1}{\rho^3}\int_a^b T\rho^2\mathrm{d}\rho+\frac{1}{2\rho^3}\int_a^\rho T\rho^2\mathrm{d}\rho-\frac{1}{2}T\right]$$

将前题结果代入，得到

$$\sigma_\rho=\frac{\alpha ET_0}{1-v}\frac{ab}{b^3-a^3}\left[a+b-\frac{1}{\rho}(b^2+ab+a^2)+\frac{a^2b^2}{\rho^3}\right]$$

$$\sigma_t=\frac{\alpha ET_0}{1-v}\frac{ab}{b^3-a^3}\left[a+b-\frac{1}{2\rho}(b^2+ab+a^2)-\frac{a^2b^2}{2\rho^3}\right]$$

第12章

12.1 $G=E/2(1+v)=200/2(1+0.22)=81.97\mathrm{GPa}$

$\lambda=2vG/(1-2v)=\dfrac{2\times0.22}{1-2\times0.22}81.97=64.41\mathrm{GPa}$

$\rho=\gamma/g=7800\mathrm{kg/m^3}$

$c_2=\sqrt{G/\rho}=3242\mathrm{m/s}$，$c_1=\sqrt{(\lambda+2G)/\rho}=5411\mathrm{m/s}$

12.2 球对称变形的动量方程为

$$(\lambda+2G)\frac{\partial}{\partial\rho}\left[\frac{1}{\rho^2}\frac{\partial}{\partial\rho}(\rho^2u_\rho)\right]-\frac{\gamma}{g}\frac{\partial^2u_\rho}{\partial t^2}=0$$

或

$$\left[\frac{1}{\rho^2}\frac{\partial}{\partial\rho}(\rho^2u_\rho)\right]-\frac{1}{c_1^2}\frac{\partial^2u_\rho}{\partial t^2}=0$$

令

$$u_\rho(\rho,t)=\frac{\partial\Phi}{\partial\rho}$$

方程改写为

$$\frac{\partial}{\partial\rho}\frac{\partial^2\rho\Phi}{\rho\partial\rho^2}-\frac{\partial}{\partial\rho}\frac{1}{c_1^2}\frac{\partial^2\Phi}{\partial t^2}=0$$

积分一次，进一步引入任意函数 $F(t)$，使

$$\frac{\partial^2\rho\Phi}{\partial\rho^2}-\frac{1}{c_1^2}\frac{\partial^2\rho\Phi}{\partial t^2}=F(t)$$

取 $F(t)$ 为零不影响应力分布，因此，这个方程的通解为

$$\rho\Phi(\rho,t)=[f(\rho-ct)+g(\rho+ct)]$$

第 13 章

13.1

(1) 总势能为挠度 $V(x)$ 的泛函，$\Pi[V]=\int_0^l\left\{\frac{1}{2}EI(V'')^2-qV\right\}\mathrm{d}x$，自变函数满足条件：

$$x=0,l：V=0，0\leqslant x\leqslant l\text{ 上连续}$$

变分方程

$$\delta\Pi[V]=0$$

的欧拉方程和自然边界条件分别为

$$0\leqslant x\leqslant l：\{EI(V'')\}''-q=0$$

$$x=0,l：V''=0$$

(2) 总势能为挠度 $V(x)$ 的泛函，$\Pi[V]=\int_0^l\frac{1}{2}EI(V'')^2\mathrm{d}x-PV\left(\frac{l}{2}\right)-HV'\left(\frac{l}{2}\right)$，自变函数满足条件：

$$x=0,l：V=0，0\leqslant x\leqslant l\text{ 上连续}$$

变分方程

$$\delta\Pi[V]=0$$

的欧拉方程和自然边界条件分别为

$$0\leqslant x\leqslant l/2，l/2\leqslant x\leqslant l：\{EI(V'')\}''=0$$

$x=0,l$：$V''=0$

$$x=l/2：(EIV'')_{x=\frac{l}{2}-0}=(EIV'')_{x=\frac{l}{2}+0}+H，(EIV'')'_{x=\frac{l}{2}-0}=(EIV'')'_{x=\frac{l}{2}+0}-P$$

13.2 $\delta\int_S\left[\frac{\partial^2U}{\partial x^2}\frac{\partial^2U}{\partial x^2}-\left(\frac{\partial^2U}{\partial x\partial y}\right)^2\right]\mathrm{d}x\mathrm{d}y$

$$=\int_S\left(\frac{\partial^2U}{\partial x^2}\frac{\partial^2\delta U}{\partial y^2}+\frac{\partial^2U}{\partial y^2}\frac{\partial^2\delta U}{\partial x^2}-2\frac{\partial^2U}{\partial x\partial y}\frac{\partial^2\delta U}{\partial x\partial y}\mathrm{d}x\mathrm{d}y\right.$$

$$=\int_S\frac{\partial}{\partial y}\left(\frac{\partial^2U}{\partial x^2}\frac{\partial\delta U}{\partial y}\right)+\frac{\partial}{\partial x}\left(\frac{\partial^2U}{\partial y^2}\frac{\partial\delta U}{\partial x}\right)-\frac{\partial^3U}{\partial y\partial x^2}\frac{\partial\delta U}{\partial y}-\frac{\partial^3U}{\partial x\partial y^2}\frac{\partial\delta U}{\partial x}$$

$$-2\frac{\partial}{\partial y}\left(\frac{\partial^2 U}{\partial x\partial y}\frac{\partial\delta U}{\partial x}\right)+2\frac{\partial^3 U}{\partial x\partial^2 y}\frac{\partial\delta U}{\partial x}\Bigg)\mathrm{d}x\mathrm{d}y$$

$$=\int_{\partial S}\left(n_y\frac{\partial^2 U}{\partial x^2}\frac{\partial\delta U}{\partial y}+n_x\frac{\partial^2 U}{\partial y^2}\frac{\partial\delta U}{\partial x}-2n_y\frac{\partial^2 U}{\partial x\partial y}\frac{\partial\delta U}{\partial x}\right)\mathrm{d}s$$

$$-\int_{\partial S}\left(n_y\frac{\partial^3 U}{\partial y\partial x^2}-n_x\frac{\partial^3 U}{\partial x\partial y^2}\right)\delta U\mathrm{d}s+\int_S\left(\frac{\partial^4 U}{\partial y^2\partial x^2}+\frac{\partial^4 U}{\partial x^2\partial y^2}-2\frac{\partial^4 U}{\partial x^2\partial^2 y}\right)\delta U\mathrm{d}x\mathrm{d}y$$

$$=\int_{\partial S}\left(n_y\frac{\partial^2 U}{\partial x^2}\frac{\partial\delta U}{\partial y}+n_x\frac{\partial^2 U}{\partial y^2}\frac{\partial\delta U}{\partial x}-2n_y\frac{\partial^2 U}{\partial x\partial y}\frac{\partial\delta U}{\partial x}\right)\mathrm{d}s-\int_{\partial S}\left(n_y\frac{\partial^3 U}{\partial y\partial x^2}-n_x\frac{\partial^3 U}{\partial x\partial y^2}\right)\delta U\mathrm{d}s$$

当∂S：$\delta U=0$，$\delta\frac{\partial U}{\partial x}=\delta\frac{\partial U}{\partial y}=0$，则$\delta\int_S\left[\frac{\partial^2 U}{\partial x^2}\frac{\partial^2 U}{\partial y^2}-\left(\frac{\partial^2 U}{\partial x\partial y}\right)^2\right]\mathrm{d}x\mathrm{d}y=0$。

13.3

(1) 总势能$\Pi[V]=\int_0^l\{2EIA^2-Aqx(l-x)\}\mathrm{d}x=2EIA^2l-Aq\frac{l^3}{6}=f(A)$，使

$$\frac{\mathrm{d}f}{\mathrm{d}A}=0$$

得出

$$4EIAl-q\frac{l^3}{6}=0,\quad A=\frac{ql^2}{24EI}$$

最大挠度$V\left(\frac{l}{2}\right)=\frac{ql^4}{96EI}$。准确解为$V\left(\frac{l}{2}\right)=\frac{ql^4}{EI384/5}=\frac{ql^4}{76.4EI}$。

(2) 总势能$\Pi[V]=\int_0^l 2EIA^2\mathrm{d}x-P\frac{l^2}{4}-H\times 0=2EIA^2l-A\frac{Pl^2}{4}$，使

$$\frac{\mathrm{d}f}{\mathrm{d}A}=0$$

得出

$$4EIAl-P\frac{l^2}{4}=0,\quad A=\frac{Pl}{16EI}$$

最大挠度$V\left(\frac{l}{2}\right)=\frac{Pl^3}{64EI}$。

因为近似解的对称性选择不当，这个解不能用以近似计算弯曲力矩H产生的挠度。如果仅仅用来计算横向集中力P的挠度，则最大挠度的准确解为

$$V\left(\frac{l}{2}\right)=\frac{Pl^3}{48EI}$$

13.4 用应力函数为自变函数，只有应力边界条件，总余能［式(13.5.10)］简化为

$$\frac{1}{h}\Pi_C(U)=\frac{1}{2E}\int_S\left[\left(\frac{\partial^2 U}{\partial x^2}\right)^2+\left(\frac{\partial^2 U}{\partial x^2}\right)^2-2\frac{\partial^2 U}{\partial x^2}\frac{\partial^2 U}{\partial x^2}\right]\mathrm{d}x\mathrm{d}y$$

取近似函数为

$$U=\frac{1}{2}\sigma_0 y^2\left(1-\frac{y^2}{6b^2}\right)+(x^2-a^2)^2(y^2-b^2)^2(A_0+A_{20}x^2+A_{02}y^2+\cdots)$$

则满足应力边界条件：

$$x=\pm a,|y|\leqslant b：\ \sigma_x=\frac{\partial^2 U}{\partial y^2}=\sigma_0\left(1-\frac{y^2}{b^2}\right),\ \ \tau_{xy}=-\frac{\partial^2 U}{\partial y\partial x}=0$$

$$y=\pm b,|x|\leqslant a：\ \sigma_y=\frac{\partial^2 U}{\partial x^2}=0,\ \ \tau_{xy}=-\frac{\partial^2 U}{\partial y\partial x}=0$$

仅仅取 A_0 项，代入计算，得出

$$\frac{1}{h}\Pi_C(U)=f(A_0)$$

令 $f'(A_0)=0$，得

$$A_0\left(\frac{64}{7}+\frac{256b^2}{49a^2}+\frac{64b^4}{7a^4}\right)=\frac{\sigma_0}{a^4b^2}$$

特例：$a=b$ 时

$$A_0=0.04253\frac{\sigma_0}{a^6}$$

$$\sigma_x=\sigma_0\left(1-\frac{y^2}{b^2}\right)-0.1702\sigma_0\left(1-\frac{x^2}{a^2}\right)^2\left(1-3\frac{y^2}{b^2}\right)$$

$$\sigma_y=-0.1702\sigma_0\left(1-3\frac{x^2}{a^2}\right)\left(1-3\frac{y^2}{b^2}\right)^2$$

$$\tau_{xy}=-0.6805\sigma_0\frac{xy}{a^2}\left(1-\frac{x^2}{a^2}\right)\left(1-\frac{y^2}{b^2}\right)$$

主题词索引

（汉语词）

符 号 索 引

E，G，K，ν	弹性模量，切变模量，体积模量，泊松比
S	平面区域
∂S	平面区域的边界
V	空间区域
∂V	空间区域的边界
x,y,z	直角坐标
r,θ,z	柱坐标
ρ,φ,θ	球坐标
u_x,u_y,u_z	位移分量
$\varepsilon_x,\varepsilon_y,\varepsilon_z$，$\gamma_{xy},\gamma_{yz},\gamma_{zx}$	应变分量
ε，γ	正应变，剪应变
$\sigma_x,\sigma_y,\sigma_z$，$\tau_{xy},\tau_{yz},\tau_{zx}$	应力分量
σ，τ	正应力，剪应力
f_x,f_y,f_z	体力
p_x,p_y,p_z	面力

外国人名索引

（英语名）